Das Buch

Jean-Jacques Rousseaus Formel von der naturgegebenen Gleichheit aller Individuen führt auf einen Irrweg. Diese These stellt Robert Ardrey auf und liefert Beweise: In einer sich geschlechtlich fortpflanzenden Spezies ist Gleichheit ein unerreichbares Ideal. Die Erkenntnisse der Zoologie, Anthropologie und Verhaltensforschung zeigen dies mit bestürzender Klarheit. Ardrey forscht den Spuren des Homo sapiens als sozialem Wesen nach, indem er das Verhalten des heutigen Menschen mit dem des Primitiven und des vorgeschichtlichen Menschen vergleicht. Auf diese Weise versucht er, die Ursachen der gegenwärtigen Gesellschaftskrisen aufzudecken: die Revolte der jungen Generation, die Diskussion um die Geburtenkontrolle, die Zerstörung der Umwelt, die wachsende Verstädterung – Symptome des Marsches in die falsche Richtung. Ardrey sieht das erstrebenswerteste Ziel des Menschen in einer gerechten Gesellschaft, einer Gesellschaft, die allen ihren Mitgliedern die gleichen Entfaltungsmöglichkeiten einräumt und dabei in der Lage ist, die ungleichen Lebensansprüche der Individuen zu schützen: »Jede Gesellschaft bedarf eines ausreichenden Maßes an Ordnung, um ihr Bestehen zu sichern, und eines ausreichenden Maßes an Unordnung, um die Entwicklung des Individuums zu gewährleisten.« Zweck des Gesellschaftsvertrages ist es, das Gleichgewicht zwischen Ordnung und Unordnung herzustellen.

Der Autor

Robert Ardrey, geboren 1908 in Chicago, studierte Anthropologie. Eine Afrikareise lieferte erste Anregungen für seine Forschungstätigkeit; seine Arbeitsgebiete sind Anthropologie, Zoologie und vergleichende Verhaltensforschung. Er lebt heute in Rom.

Robert Ardrey:

Der Gesellschaftsvertrag

Das Naturgesetz von der Ungleichheit der Menschen

Deutsch von Ilse Winger

Deutscher
Taschenbuch
Verlag

dtv

Von Robert Ardrey
sind im Deutschen Taschenbuch Verlag erschienen:
Adam kam aus Afrika (577)
Adam und sein Revier (881)

Im Text ungekürzte Ausgabe
Oktober 1974
Deutscher Taschenbuch Verlag GmbH & Co. KG,
München

ISBN 3-217-00399-3
Titel der Originalausgabe: ›The Social Contract‹
Umschlaggestaltung: Celestino Piatti
Gesamtherstellung: C. H. Beck'sche Buchdruckerei,
Nördlingen
Printed in Germany · ISBN 3-423-01028-3

Inhalt

Dem Gedächtnis
von Jean-Jacques Rousseau

Wehrlos im Paradies

1

Eine Gesellschaft ist eine Gruppe ungleicher Lebewesen, die sich zum Zwecke der Befriedigung gemeinsamer Bedürfnisse zusammenfindet.

Bei jeder sich geschlechtlich fortpflanzenden Spezies ist Gleichartigkeit der Individuen von Natur aus unmöglich. Daher ist Verschiedenartigkeit das oberste Gesetz aller sozialen Gruppen, der menschlichen wie der tierischen Gesellschaften. Bei den Wirbeltieren lautet dann das zweite Gesetz: Gleichheit der Möglichkeiten; bei den Insektengesellschaften treten hin und wieder genetisch festgelegte Kasten auf, bei Wirbeltieren niemals. Abgesehen von einigen ganz seltenen Arten ist jedem Wirbeltier die Möglichkeit gegeben, seine Genialität oder seine Einfalt unter Beweis zu stellen.

Ist eine Gemeinschaft von Gleichen – seien es Affen oder Krähen, Löwen oder Menschen – eine Unmöglichkeit, so ist anderseits eine gerechte Gesellschaft durchaus zu verwirklichen. Da das Tier, im Gegensatz zum Menschen, kaum jemals versucht ist, das Unmögliche anzustreben, bleibt seinen Gesellschaften die Realisierung des Möglichen selten versagt.

In einer gerechten Gesellschaft, wie ich sie verstehe, herrscht so viel Ordnung, daß ihre Mitglieder – wie immer sie von der Natur ausgestattet sein mögen – geschützt sind; es herrscht aber auch genügend Unordnung, um jedem Individuum die Entfaltung seiner spezifischen genetischen Begabungen zu gestatten. Dieses umweltbedingte Gleichgewicht zwischen Ordnung und Unordnung bezeichne ich als Gesellschaftsvertrag. Daß es sich dabei um ein biologisches Gebot handelt, wird im Lauf der Untersuchung verschiedener Spezies deutlich werden.

Der Mensch hat versagt, weil er ein biologisches Gebot mißachtet hat. Obwohl wir zu den Wirbeltieren zählen, haben wir seit Anbeginn unserer Kultur das Gesetz der gleichen Möglichkeiten ignoriert. Obwohl wir Lebewesen sind, die sich geschlechtlich fortpflanzen, leugnen wir heute das Gesetz der Ungleichheit. Und mögen wir schließlich auch noch so aufgeklärt sein, wir streben nach dem Unerreichbaren und verhindern so die Verwirklichung des Möglichen.

2

Diese Behauptungen verstehen sich keineswegs von selbst. Wäre das der Fall, so bestünde kein Anlaß, dieses Buch zu schreiben, und keine Notwendigkeit, es zu lesen. Sie sollen auch keineswegs schnell akzeptiert oder verworfen werden; sie sind einfach nicht zur sofortigen Konsumation bestimmt. Der Leser soll vielmehr schrittweise in die Thematik dieser Probleme eingeführt werden. Beginnen wir mit dem Traum, der den ereignisreichen Jahren des 20. Jahrhunderts die Segnungen eines Irrenhauses beschert hat.

In den letzten zweihundert Jahren war das Leitmotiv menschlichen Strebens die Philosophie des Unmöglichen. Wir haben die Kontrolle über die Natur perfektioniert, als wären wir nicht selbst ein Teil dieser Natur. Wir rühmen uns der Herrschaft über unsere physische Umwelt, in Wahrheit haben wir sie zerstört. Wir haben nach der Verwirklichung menschlicher Gleichheit gesucht wie frühere Generationen nach dem Heiligen Gral.

Den großen Abenteuern des heutigen Menschen kann das Erregende nicht abgesprochen werden: wir haben etwas erreicht. Unser Traum von der Gleichheit hat uns Menschenmassen befreien und – noch größere – Menschenmassen in die Sklaverei schicken lassen. Wir haben für neue Helden gesorgt, für neue Mythen und neue Großtaten; wir haben neue Despoten kreiert, neue Gefängnisse und neue Greuel erfunden. Wir haben die alten Götter durch neue ersetzt, neue Altäre geweiht und neue Hymnen komponiert. Wir haben neue Riten und neue Segenssprüche ersonnen, neue Flüche entdeckt und neue Galgen für die Ungläubigen errichtet. Wissenschaften haben wir zu Kulten degradiert und ehrliche Menschen zu Lügnern gemacht. Es ist uns sogar gelungen, die – großartige, wenn auch falsche – Vision von der menschlichen Gleichheit, wie sie das 18. Jahrhundert gekannt hatte, auf eine einfachere Formel zu reduzieren: auf das allgemeine Mittelmaß, das jeder Größe entbehrt.

Die naturbedingte Unmöglichkeit gleichartiger Lebewesen ist

für diese Untersuchung zwar fundamental, doch ist sie nicht alles. Wenn wir einen Gesellschaftsvertrag skizzieren wollen, der weder in die Tyrannis noch ins Chaos führt, dann möchte ich diese Unmöglichkeit vorerst als Teil einer umfassenderen Irrlehre betrachtet wissen. Die Philosophie des Unmöglichen basiert auf dem Glaubenssatz: Der Mensch ist König. Die Griechen hatten ein Wort dafür: *Hybris.*

Seinen Kopf zu hoch tragen heißt die Götter versuchen, heißt den Blitzschlag herausfordern, der uns den Schädel zertrümmert. Die skeptischen Griechen, die ihre Götter nie in übertriebenem Maß verehrten, zogen natürliche Erklärungen den übernatürlichen vor. Doch nie – weder bei den frühen jonischen Philosophen noch in den späteren Auseinandersetzungen der großen griechischen Denker – stößt man auf die Annahme, der Mensch könne die Natur beherrschen. Selbst den berühmten Ausspruch Protagoras': »Der Mensch ist das Maß aller Dinge«, würde ich eher als Lobpreisung des Individuums interpretieren und nicht als ein Leugnen von Kräften, die stärker sind als der Mensch.

Das Gedankengut des Westens hat die verschiedensten Strömungen gekannt: einmal brandeten sie an diesen Felsen, dann wieder legten sie jene Ebenen frei. Wir haben uns an die Götter und an Gott gewandt, an die Natur und ihre Gesetze, um Antwort auf unsere Fragen zu finden. Zwischen der Schicksalsergebenheit des Sklaven und dem kühnen Wagemut des Seefahrers schwanken wir hin und her. Bestenfalls suchten wir nach essentiellen Lösungen; schlechtestenfalls gingen wir ihnen aus dem Weg. Bisher jedoch hat kaum jemand ernsthaft angenommen, der Mensch sei ungleich größer als sein Schatten. Niemals hat sich das Menschengeschlecht bisher der Hybris und ihren verheerenden Folgen ausgesetzt. Die Phrase von der »Eroberung des Weltraumes« wäre selbst dem kühnsten Griechen als gefährliche Möglichkeit erschienen, wie sie auch heute noch – allen Mondflügen zum Trotz – nur geringen Realitätswert besitzt.

Es ist nun einmal bei den Menschen so: Knall kommt vor dem Fall. Keine der Beweisführungen, wonach die Erde sich um die Sonne dreht – und sie waren den kirchlichen Stellen unangenehm genug –, sprach von der Möglichkeit, die Erdbahn ändern zu können. Kein Beweis zum Gesetz der Schwerkraft deutete jemals an, der Mensch könne den Apfel nach oben fallen machen. Selbst die Konstrukteure von Überschallflugzeugen gehen bei ihren Berechnungen noch immer von dieser »Apfeltheorie« aus. Für die Pioniere der Wissenschaft hat die Erforschung der Naturgesetze nur dazu gedient, bestimmte Kräfte zu entdecken, die Veranlagung und Wesen des Menschen beeinflussen. Doch für die große Zahl der späteren Wissenschaftler bedeuteten diese Entdeckungen etwas ganz anderes: Der Mensch beherrscht die Natur.

Der Rationalismus des 18. Jahrhunderts, der das Übernatürliche als lenkende Macht verneint hat, ließ ein Vakuum zurück, das selbst die gründlichsten Gelehrten nicht füllen konnten. So strebten die ersten modernen Forscher (Darwin zählte nicht zu ihnen) mit dem für das 19. Jahrhundert typischen Optimismus nach der Vervollkommnung des Menschen; die Totalherrschaft des Materialismus bahnte sich an. Mit Hilfe der Wissenschaft ist der Mensch zu allem fähig. Sozialistische und kapitalistische Philosophiesysteme waren in gleichem Maß materialistisch orientiert. Unabhängig von den Gesetzen der Natur und den Gesetzen des Göttlichen gingen wir daran, das Paradies aufzubauen.

Und dieses Paradies des Unmöglichen hat tatsächlich etwas Faszinierendes. Wenn Tiere träumen könnten, so würden sie sich vermutlich unseren materiellen Himmel erträumen. Und es ist sehr gut möglich, daß der Hominide mit dem kleinen Gehirn, der sich durch die Millionen Jahre der Evolution schleppte, Sehnsucht nach etwas wie unserem Supermarkt gehabt hat. Aber sogar er hatte, glaube ich, inmitten der feindseligen afrikanischen Nacht ein Gefühl der Sicherheit. Wir haben es verloren.

Eine Philosophie des Unmöglichen ist in Wahrheit gar keine Philosophie. Und die Zukunft eines Paradieses ohne Philosophie ist ungewiß. Ziellos wandern wir unsere Straßen entlang, besuchen Schulen, schlucken Drogen oder Fernsehmenüs, paaren uns, streiten, fürchten uns vor unseren Kindern, bemitleiden die Unglücklichen und meiden ihre Gegenwart, beneiden die Glücklichen und werben um ihre Gunst, arbeiten, um unser sinnloses Leben zu vergessen, trinken, um unsere sinnlose Arbeit zu vergessen, kaufen Pistolen, verurteilen alle Kriege und preisen die Würde des Menschen.

Man darf nicht behaupten, daß der Mensch, der in seinem selbstgezimmerten Himmel thront, seine Würde verloren hat. Schließlich entbehrt auch der Büffel, der aus dem afrikanischen Busch äugt, nicht der Würde, mag sein Gehirn auch klein sein. Noch darf man behaupten, wir könnten nicht lernen. Auch die Amöbe kann lernen. In den zwanziger Jahren hat man folgendes Experiment gemacht: In einem verdunkelten Raum behinderte ein starker Lichtstrahl die Bewegungsfähigkeit von Amöben. Unter den hirnlosen Schülern gab es einen, der es nie lernte. Immer wieder versuchte er, den Lichtstrahl zu überqueren. Dann gab es einen andern, der »begriff«; bereits nach fünf fruchtlosen Versuchen gab er auf und bewegte sich nicht mehr in diese Richtung. Organismen ohne Gehirn und ohne Nervensysteme können also nicht nur lernen, auch ihre Begabung – und das ist wichtig – ist sehr unterschiedlich.

Wir haben unsere Würde: Es ist die Würde, die allen Lebewesen eigen ist. Wir haben Fehler gemacht, aber es muß auch unter uns – wie bei den Amöben – solche geben, die zu lernen imstande sind. Was aber müssen wir lernen? Früher einmal hätten wir, stark im Glauben, unsere Sorgen einem Priester anvertraut. Doch der Glaube ist verlorengegangen, und die Priester fehlen. Der Mensch – allwissend und allmächtig – hat keinen anderen Gesprächspartner als sich selbst. Und, was das schlimmste ist, wir haben es so gewollt.

Wer wird uns retten? Wer wird uns belehren? Wir wenden uns an die Wissenschaft, die den Wettstreit der Nationen, die über Wirtschaftswunder und Katastrophen entscheidet. Es ist die Wissenschaft, die mit kosmischer Gleichgültigkeit dem Menschenschicksal gegenüber das Gleichgewicht des Kriegsschreckens willkürlich verlagert. Es ist die Wissenschaft, die hier Leben rettet und es dort zerstört, die neue Mittel findet, das Leben zu verlängern, und neue Mittel, es unerträglich zu machen. Voll und ganz hat die Wissenschaft die Rolle des unbekannten Gottes übernommen. Und doch, wäre ich ein Wissenschaftler – ein echter Wissenschaftler, der unter Magenverstimmungen leidet und von allen außer seinen Kindern hoch verehrt wird – und man flehte mich an, uns alle zu retten, ich würde mir wahrscheinlich einen falschen Schnurrbart aufkleben, mich verkleiden und durch die Hintertür auf Nimmerwiedersehen verschwinden.

Ganz so schlimm ist es jedoch nicht. Was Gott gegeben hat, kann er auch wieder nehmen. Und es liegt in der Macht jenes modernen Gottes, des Wissenschaftlers, die Menschheit von der Illusion ihrer absoluten Herrschaft zu befreien – einer Illusion, die die Wissenschaft gemeinsam mit antiquierten Philosophen geschaffen hat. Ein solcher Rebellengott müßte allerdings sehr mutig und sehr angesehen sein.

Das Naturgesetz wurde auf verschiedenste Weise definiert, wie es auch oft auf unterschiedlichste Art mißbraucht wurde.

Im Gegensatz zu dem vom Menschen geschaffenen Gesetz kann man sie als jene Gesetze definieren, die man erst dann erkennt, wenn man sie verletzt hat. In dieser tristen Situation befindet sich heute der *Homo sapiens*, der verzweifelt vor dem selbstverschuldeten Chaos steht und fragt: »Was habe ich getan?« Er mag Zuflucht suchen bei der sozialen Paranoia, wie es die Jugend gerne tut: Es ist der Fehler irgendeines anderen Menschen. Der reife Mensch muß etwas tiefer schürfen und die Frage stellen: »Was haben wir falsch gemacht?« Heute wächst eine Generation von Wissenschaftlern heran, die, falls sie den Mut dazu aufbringt, diese Frage beantworten kann.

Ein Naturgesetz wird weder vom Staat noch von der Kirche, also nicht von Menschen gemacht. Der Mensch kann es nur untersuchen, erkennen und beweisen. Die Selbstverständlichkeit, mit der »natürliche Gesetze« immer wieder zitiert wurden, um einen Status quo zu sanktionieren, hat dem Terminus heute einen üblen Beigeschmack gegeben. Aber es gibt Naturgesetze. Und der Mensch kann sie weder ändern noch aus der Welt schaffen. Diese Gesetze kennen keinen Unterschied zwischen dem Menschen mit seinem großen Gehirn und dem Büffel mit seinem kleinen. Es ist Aufgabe der Wissenschaft, diese Gesetze aufzuzeigen.

Zum Leidwesen des Laien können die Wissenschaftler sich jedoch nicht auf die gleichen Antworten einigen. Heftige Widersprüche innerhalb etablierter Religionen waren seit jeher an der Tagesordnung. Heute kämpft die Wissenschaft mit den gleichen Problemen. Eine Generation von Paläontologen – Raymond Dart, Robert Broom, L. B. Leakey – hat nachgewiesen, daß die menschliche Entwicklung vom sanften Waldaffen zum *Homo sapiens* keineswegs so verlief, wie man sich das zu Zeiten Darwins vorgestellt hatte. Eine Generation von Ethologen, allen voran Konrad Lorenz, Niko Tinbergen und C. R. Carpenter, hat bewiesen, daß Tiere in freier Wildbahn sich wesentlich anders verhalten, als wir bisher angenommen haben. Eine Generation von Populationsgenetikern – Sewall Wright, J. B. S. Haldane, Sir Ronald Fisher – hat unsere alte Auffassung von der Vererbung grundlegend verändert. Eine Generation von Biologen, unter ihnen Sir Julian Huxley, George Gaylord Simpson und Ernst Mayr, hat die Erkenntnisse unseres Jahrhunderts mit der älteren Darwinschen Theorie verschmolzen und damit eine neue Biologie geschaffen, die so revolutionär ist, daß selbst aktive Mitarbeiter sie manchmal nicht zur Gänze begreifen.

Heute gibt es kaum einen Naturwissenschaftler, der die evolutive Kontinuität des Menschen und der Natur in Zweifel zieht oder behaupten würde, es gäbe einen Entwicklungsverlauf für Menschen, einen anderen für die Natur. Es mag schwer sein, sich von den zwei Jahrhunderte gültigen Überzeugungen zu trennen, und mancher ist dazu einfach nicht imstande. Die Trennung ist jedoch unumgänglich; die Illusion von der menschlichen Omnipotenz hat uns zwar zu kühnen Träumen inspiriert, uns aber auch das Zeitalter der Angst beschert. Wir bauen Paradiese, an die wir nicht glauben.

Wenn wir unseren Hochmut ablegen; wenn wir uns als Teil von etwas viel Älterem, viel Größerem sehen, als wir es sind; wenn wir die Natur als unseren Partner, nicht als unseren Sklaven betrachten und begreifen, daß die Gesetze, die für uns gelten, für alle Geltung haben – nur dann wird unser Glaube wiederkehren. Unsere geistigen Fähigkeiten sind unvorstellbar. Wir verfügen über Kräfte, wie sie Lebewesen niemals zuvor gekannt haben. Doch wir werden diese Kräfte nur dann für eine positive Lösung der Menschheitskonflikte einsetzen können, wenn wir unsere Überheblichkeit ablegen und die Philosophie des Möglichen akzeptieren.

3

Da wir den Menschen als einen Teil der Natur untersuchen, darf die Fähigkeit zur Lüge nicht ausgeklammert werden. Einige Sprachforscher haben behauptet, nur die Vielgestaltigkeit der menschlichen Kommunikationsmittel habe die Lüge möglich gemacht. Hier möchte ich nachdrücklich festhalten, daß das Lügen ein natürlicher Prozeß ist. Der Mensch hat sich für genügend Dinge zu verantworten; für das Lügen muß er es nicht tun.

Zu den unverschämtesten Lügnern in der Pflanzenwelt gehören bestimmte Orchideenarten. Um einen Begriff davon zu bekommen, was man in der Natur als Ehrlichkeit beziehungsweise Diebstahl bezeichnen könnte, müssen wir uns vor Augen halten, daß die Pflanzen sich *vor* den Vögeln und fliegenden Insekten entwickelt haben und daß sie daher zu ihrer Verbreitung von

Wind und Wasser abhängig waren. Es war dies kein sehr leistungsfähiges und auch ein eher farbloses System, weil die Blumen fehlten. Dann kamen die Insekten und mit ihnen die Sinneswahrnehmungen: Die Düfte, die wir lieben, die Farben, die uns erfreuen, sie haben sich entwickelt, um dieses Insekt und jenen Vogel anzulocken. Es kam zur Bildung von Partnerschaften, die die Zoologen als Symbiose bezeichnen; so bietet zum Beispiel die Fuchsie dem Kolibri ihren Nektar, damit dieser als Gegenleistung ihren Blütenstaub verbreite – ein durchaus faires Übereinkommen. Betrüger gibt es jedoch überall.

Es gibt Orchideenarten, die die Naturwissenschaftler schon seit den Tagen Darwins beschäftigten. Diese Orchideen schienen keinerlei Gegenleistung zu bieten, trotzdem kamen die Insekten, um ihre Pflicht zu tun. 1928 endlich gelang es der Biologin Edith Coleman, an Hand der australischen Orchidee *Cryptosylia* das Problem zu lösen. Eine perfekte Nachahmung des Weibchengeruches einer bestimmten Fliegenart wirkt auf das Männchen als Aphrodisiakum. Die Blume zieht das Fliegenmännchen magisch an. Dort wieder trifft es auf einen Teil der Orchidee, der eine perfekte Nachahmung des weiblichen Fliegenbauches darstellt. Jetzt ist das Männchen überwältigt, und bei seinen verzweifelten Versuchen, mit der Orchidee zu kopulieren, wird es über und über mit Pollen bestäubt. Mir ist kein schamloserer Betrug in der Natur bekannt.

Doch Betrug ist in der Natur gang und gäbe. So gibt es zum Beispiel Tiefseefische, die mit Laternen auf ihren Mäulern durch die dunklen Wasser ziehen. Kleinere Fische werden von dem Licht angezogen und prompt verspeist. Auf Ceylon lebt eine der Viper ähnliche Giftschlange mit einem hellen Schwanzende, das sich wie ein Wurm schlängeln kann. Man hat beobachtet, wie Eidechsen in den Schwanz beißen und blitzartig in das Maul der lebenden Falle geraten. Schlangen sind nicht umsonst für ihre faszinierende Wirkung auf ihre Beutetiere berühmt. Eine Madagaskarschlange, die *Langaha nasuta*, trägt auf ihrem Kopf ein seltsames Gebilde, das einem Finger gleicht. Das Opfer betrachtet es meist zu lange ... Eine südamerikanische Schlange, die *Oxybelis*, hat das schier Unmögliche gemeistert. Sie ist eine Baumschlange, und abgesehen vom hellen Hals ähnelt der Körper einer Liane. Die Oberseite ist olivfarben, die Unterseite etwas heller, seitlich verläuft ein horizontaler schwarzer Streifen. Die Zunge zeigt genau dasselbe Farbmuster, und wenn sie aus dem schmalen Maul herausschnellt, wirkt sie wie eine Verlängerung des Körpers. Von Zeit zu Zeit ist die *Oxybelis* bereit, Faszination auszustrahlen. Sie beginnt ihren lebhaft gefärbten Hals zu strecken und wieder zusammenzuziehen und erreicht damit eine unvergleichliche Wirkung. Forscher berichten von Eidechsen, die sich zögernd und doch unwiderstehlich angezogen – man kann hier nur ein anthropomorphisierendes Wort verwenden – dem Tier nähern und gefressen werden.

Doch nicht nur Bösewichter in der Natur bedienen sich des Betrugs. Auch das bedrohte Beutetier weiß sich mit List zu verteidigen. Ein tropischer Fisch namens *Chactodon* zum Beispiel hat an beiden Seiten seines Schwanzes Flecken, die wie Augen aussehen. Er schwimmt scheinbar Kopf voran, tatsächlich aber rückwärts. Kaum greift ihn ein Raubfisch an, verschwindet er mit Höchstgeschwindigkeit in die andere Richtung. Letztlich ist jede Art von Tarnung Betrug. Daß Fische wie auch Meeresvögel meist helle Unterseiten haben, um sich, vom Wasser aus gesehen, nicht gegen den Himmel abzuheben, ist schon lange bekannt. Im Zweiten Weltkrieg machte man sich diese Kenntnis zunutze, als englische Flugzeuge auf der Suche nach feindlichen Unterseebooten weit erfolgreicher waren, wenn ihre Unterseite weiß gestrichen war. Diese Theorie findet weitere Erhärtung durch ein sehr eigenartiges Lebewesen, den Nilkatzenfisch, der infolge einer unglückseligen Mutation eine weiße Oberseite und die dunkle Färbung unten hat. Er kompensiert dieses Malheur, indem er mit der Unterseite nach oben schwimmt.

Ein äußerst gelungenes Täuschungsmanöver vollführt der in Ceylon beheimatete Würger *(Hemipus picatus leggei)*. In der ornithologischen Zeitschrift ›Ibis‹ hat W. W. A. Phillips schon vor dreißig Jahren seine Art des Nestbaus beschrieben. Als Nistplatz wählen die Eltern einen sehr auffälligen Ort, und zwar eine offene Astgabel. Hier bauen sie aus Fasern ein winziges Körbchen und verputzen die Außenseiten mit Flechten und Spinnweben. Bis auf etwa einen Meter Entfernung kann man das Nest nicht von einem Astknoten unterscheiden. Das ist jedoch erst der Anfang des großangelegten Täuschungsmanövers.

Der Ceylon-Würger zeigt eine perfekte evolutive Einheit von Körper, Kultur und Verhalten. Die Eltern sind schwarz-weiß. Die Jungen sind gefleckt und verschmelzen im Farbton mit dem mit Flechten ausgekleideten Nest. Und das Verhalten der Vogelkinder ist so erstaunlich, daß es dem Betrachter Ehrfurcht abfordert: Ein Vogelpaar hat im allgemeinen drei Junge, und wenn die Eltern das Nest verlassen, bleiben die Kinder unbeweglich sitzen, die Schnäbel emporgestreckt, so daß sie sich fast berühren. Sie bieten eine perfekte Nachahmung alter Baumspäne an der Bruchstelle eines Astes. Und sie bewegen sich nicht, bis die Eltern zurückkehren. Was jeden Entwicklungsforscher daran verblüfft, ist die Gesellschaftslüge, bei der jedes Familienmitglied die ihm zugeteilte Rolle spielt.

Die Geschichte des Betrugs in der Natur ließe sich endlos fortsetzen. Die menschliche Kommunikation hat, wie die meisten unserer Fähigkeiten, lediglich die grandiose Ausweitung eines uralten Themas ermöglicht. Wir können einander durch den Gebrauch von Worten mit größter Überzeugung betrügen; wir haben unsere Möglichkeiten, wie der Würger von Ceylon die seinen hat. Der Mensch ist jedoch, soviel ich weiß, das einzige Lebewesen, das sich selbst belügen kann.

Daß wir einander erfolgreich belügen, ist natürlich; daß wir uns selber erfolgreich belügen, ist ein Wunder der Natur. Und daß drei für das Verständnis des Menschen grundlegende Wissenschaften – Psychologie, Anthropologie und Soziologie – fortwährend und mit Erfolg sich selber belügen, einander belügen, ihre Schüler und die Öffentlichkeit belügen, das ist ein einmaliges Wunder des Zeitalters der Wissenschaften.

Lebten wir in einem anderen Zeitalter, wir könnten uns über die wundersamen Widersprüche amüsieren, die auch bei den gelehrtesten Menschen zu finden sind. Doch unser Zeitalter ist anders. Es bringt die dunklen Widersprüche an den Tag. Wie ein unbeleuchteter Munitionszug kommen die Folgen unseres Handelns auf uns zu. Dann steht in den Zeitungen: »Die Wissenschaft hat festgestellt«, und wir fühlen etwas wie Beruhigung. Unsere Kinder gehen in die Schule, und wir danken Gott für die Erziehung, unsere letzte und beste Hoffnung. Besteht die Welt noch lange genug, so werden sie eher imstande sein, mit dem Debakel, das wir angerichtet haben, fertig zu werden. Aber stimmt das auch? Oder wird bei ihnen die Gehirnwäsche nur noch gründlicher sein? Wir gehen unserer Arbeit nach, und der wissenschaftliche Mythos wiegt uns in Sicherheit. Es bleibt die Frage offen: Wessen Schuld ist größer, die des Wissenschaftlers, der sich selber belügt, oder die des verantwortungsbewußten Laien, der es verabsäumt, Fragen zu stellen?

Ich habe harte Worte für die Wissenschaften des Menschenverständnisses gebraucht, deren Aufgabe es ist, den Menschen mit dem Menschen zu versöhnen und der gesamten Menschheit jene Verständigungsmöglichkeiten zu geben, die heute so sichtlich fehlen. Aber nicht nur jene wenigen, die ganze wissenschaftliche Gemeinschaft muß verurteilt werden; denn sie hat sich eine Art Tempelpsychologie zugelegt. Ich habe die Wissenschaft als die einzige Religion bezeichnet, die uns einen Weg des Glaubens weisen kann. Doch der Wissenschaftler wendet sich nur ungern gegen einen anderen Wissenschaftler. Wie bei jeder Religion dominiert die Tempelpsychologie. Wie ein Priester, der seine Messe lateinisch liest, so legt der Wissenschaftler seine Ergebnisse in einem Fachjargon vor, den auch der intelligenteste Laie nicht übersetzen und daher auch nicht in Frage stellen kann. Wie der Teilnehmer an einem Stammesritual, so versteckt der Wissenschaftler seine persönliche Identität hinter der stilisierten Maske seines Berufes. Der junge Priester, der seinen hart erarbeiteten Doktortitel erhält, wird damit auch in die Mysterien des Tempels eingeweiht. Es wird zu Streitgesprächen und Kontroversen kommen, doch immer wird er sich ausschließlich an seine Kollegen wenden. Er wird die Sprache seines Faches perfekt beherrschen lernen, bis der Jargon sogar für Mitglieder einer anderen Disziplin unverständlich wird und zweifellos für jeden Laien. Er wird den Mythos der Unfehlbarkeit aufrechterhalten oder exkommuniziert werden: das heißt, keine Professur erhalten.

Die Veröffentlichung von James D. Watsons ›Doppelhelix‹ (1968) ist ein sehr guter Beweis dafür, wie selten Tempelgelübde gebrochen werden. Hätte Watson für seine Entdeckung des DNS-(Desoxyribonukleinsäure-)Moleküls nicht den Nobelpreis erhalten, wäre das Buch vielleicht niemals publiziert worden. Der Verlag seiner eigenen Universität lehnte die Veröffentlichung ab. Als das Buch endlich doch erschien, löste es einen solchen Entrüstungssturm aus, daß es sofort ein Bestseller wurde. Ich glaube kaum, daß ein wissenschaftliches Buch über die Entdeckung der Kernsäure zu einer derartigen Sensation geworden wäre, Watson aber hat mit bewundernswertem Mut und mit brutaler Deutlichkeit die Inside-Story erzählt, hat die offenkundigen menschlichen Schwächen des Wissenschaftlers geschildert. Es ist eine Geschichte, wie sie kaum jemals erzählt wurde.

Die Molekularbiologie ist weit entfernt von den humanistischen Wissenschaften, die ich verurteile. Doch es ist allen Wissenschaftlern anzulasten, daß sie sich vor der Öffentlichkeit verstecken und damit das wohlbekannte Bild der Unfehlbarkeit bewahren. Auf diesem Bild lehnen Kulturanthropologie, Verhaltenspsychologie und Umweltsoziologie wie drei betrunkene

Freunde an einem Laternenpfahl; in ihrer euphorischen Hochstimmung sind sie davon überzeugt, das ewige Licht hochzuhalten, während sie in Wahrheit nichts anderes hochhalten als sich selber.

Jeder verkörpert nur einen Zweig der Wissenschaft, eine Teildisziplin, der er sich verschrieben hat. Allesamt aber bekennen sie sich zu einem gemeinsamen Postulat: Das menschliche Gehirn verdankt der evolutiven Erfahrung wenig oder gar nichts. Seit den Tagen des französischen Soziologen Emile Durkheim leugnet der Soziologe jeden biologischen Einfluß auf unsere soziale Ordnung und behauptet in einer kümmerlichen Paraphrase von Protagoras, das wahre Studium der Soziologie sei die Soziologie. Der Verhaltensforscher geht davon aus, daß das menschliche Verhalten durch den bedingten Reflex festgelegt sei, daß das Neugeborene als unbeschriebenes Blatt in diese Welt eintritt, ohne genetische Prägung, ohne angeborene Identität und – wie Pawlows speichelnde Hunde – auf Belohnung und Strafe in vorhersagbarer Weise reagiert. Der Mensch ist Lehm – mehr nicht. B. F. Skinner mit seiner Bekräftigungstheorie ist heute der Papst dieser Psychologie. Die Kulturanthropologie, der dritte Trunkenbold, behauptet, der Mensch sei ausschließlich das Produkt seiner Kultur. Warum die Jugendlichen sich heute gegen eine Kultur auflehnen, die sie angeblich selbst geschaffen haben, auf diese Frage wissen die Anthropologen keine rechte Antwort.

Und diese drei Wissenschaften des Menschenverständnisses bestimmen die Erziehung unserer Kinder, indem sie diktieren, wer ein Doktorat erhält und der Lehrer unserer Kinder wird. Hier haben wir ein echtes Establishment, eine Gesellschaft zur wechselseitigen Unterstützung, wie unsere drei Betrunkenen unter der Laterne. B. F. Skinner wendet sich gegen den größten europäischen Verhaltensforscher: »Das Buch von Konrad Lorenz ›Das sogenannte Böse‹ (1963) kann in die Irre führen, wenn es unsere Aufmerksamkeit von den manipulierbaren Variabeln in der gegenwärtigen Umwelt ablenkt und phylogenetische Zufälligkeiten hervorhebt, die durch ihre Unantastbarkeit zu einer ›Es-kann-nichts-getan-werden-Einstellung‹ führen müssen.« Dem Leser, der sich in diesem Jargon nicht zurechtfindet, sei versichert, daß der Psychologe Skinner damit die Umweltsoziologie verteidigt. In einem Angriff auf eines meiner eigenen Bücher macht der bekannte Kulturanthropologe Ashley Montagu die bemerkenswerte Feststellung: »Das wesentliche am menschlichen Verhalten ist, daß es erlernt wird. Was immer ein Menschenwesen tut, muß es von anderen Menschenwesen lernen.« Damit eilt Professor Montagu dem Psychologen Skinner zu Hilfe.

Mit ihren Mechanismen der reziproken Bekräftigung scheint diese Gesellschaft praktisch unanfechtbar. Wohl gibt es Abtrünnige: Harry F. Harlow, Psychologieprofessor an der Universität von Wisconsin, hat unwiderlegbar bewiesen, daß die Neugierde, der angeborene Trieb zum Lernen, in jedem Neugeborenen ebenso wie in jedem Jungtier vorhanden ist. Und doch bleibt die Lerntheorie von Belohnung und Strafe weiterbestehen. Psychologen an der Universität von Kalifornien in Los Angeles können eindeutig beweisen, daß kleine wilde Nager ohne Belohnung oder Drohung in einem Ausmaß lernen können, das jeden Menschen in Erstaunen versetzt. Und doch bleibt Skinner unangefochten. Jerry Hirsch, ein Psychologe an der Universität von Illinois, hat Skinners (von Laboratoriumsratten abgeleitete) Schlußfolgerungen angegriffen; die mit domestizierten, im Labor gezüchteten Versuchstieren durchgeführten Experimente seien für den Menschen irrelevant. Darauf antwortete Skinner mit einer der erstaunlichsten Feststellungen in der sogenannten wissenschaftlichen Literatur: »Wir sind in erster Linie an dem domestiziertesten aller Tiere interessiert – am Menschen.« Ganz allgemein gilt jedoch in den Naturwissenschaften die Definition, daß es sich bei einem domestizierten Tier um ein Produkt gesteuerter Inzucht handelt, und das ist der Mensch – abgesehen von kurzen erfolglosen Bemühungen in Zeiten der Sklaverei – doch wohl kaum.

Das alles ist keine Wissenschaft. Was bedeutet es also, wenn der Laie liest: »Die Wissenschaft hat festgestellt«? Was lernt sein Kind wirklich unter dem Namen Wissenschaft? Das Erbe der Überzeugungen, die Bischof Wilberforce im 19. Jahrhundert in seinen Debatten mit dem Darwin-Schüler T. H. Huxley vertreten hat; die Verteidigung des Menschen als ein einzigartiges Wesen, gestützt auf eine Unzahl von Rationalisierungen; Antievolutionismus abzüglich der göttlichen Schöpfung.

Die Rationalisierungen variieren. Da gibt es die Berufung auf die Kultur, wie sie von Marshall Sahlins, einem der jüngeren Vertreter der Kulturanthropologie, 1960 demonstriert wurde. Er stützte sich auf die von Sir Solly Zuckerman 1932 veröffentlichten Behauptungen, die ihrerseits zur Gänze auf dem Studium gefangener Paviane im Londoner Zoo beruhen. Zuckerman kommt zu dem Schluß, Primatengesellschaften basierten auf der sexuellen Anziehung. Sahlins wies nach, daß das bei menschlichen Gesellschaften nicht der Fall ist. In der Septembernummer 1960 des ›Scientific American‹ legt er sein Credo dar:

»Es besteht ein gewaltiger Unterschied, gelegentlich sogar ein echter Gegensatz zwischen der rudimentärsten menschlichen Gesellschaft und der fortgeschrittensten subhumanen Primatengesellschaft. Diese Diskontinuität deutet darauf hin, daß die Entstehung der menschlichen Gesellschaft weniger der Ausdruck der Primatennatur des Menschen ist, als vielmehr eine Unterdrückung derselben erfordert hat. Das soziale Leben des Menschen ist kulturell und nicht biologisch bestimmt.«

Sahlins Credo überdauerte genau ein Jahr. 1961 veröffentlichten S. L. Washburn und Irven de Vore im gleichen ›Scientific American‹ ihre bereits klassische Untersuchung von Pavianen in freier Wildbahn. Washburn ist Professor für Anthropologie in Berkeley, und obwohl ich gelegentlich die Klingen mit ihm kreuze, halte ich ihn für unseren bedeutendsten Anthropologen. De Vore war sein Schüler und ist heute Professor in Harvard. Zehn Monate lang haben sie gemeinsam in Ostafrika Pavianherden beobachtet. »Unsere Beobachtungen liefern keinen Beweis für die Theorie, daß die Primärbindungen der Primatenherde die Sexualität sei.« Zu Sahlins Behauptung über die sexuelle Anziehung erklären sie: »Aus unseren Beobachtungen geht hervor, daß der Sexualität eine wesentlich weniger wichtige, zeitweise sogar eine gegenteilige Rolle zukommt.«

Untersuchungen der Primatengesellschaften aus den sechziger Jahren, auf die wir noch zurückkommen werden, haben die Schlußfolgerungen von Washburn und de Vore bestätigt; J. J. Petters Untersuchungen verschiedener Lemurenspezies in Madagaskar ergaben, daß zwar kurze Paarungszeiten, das ganze Jahr hindurch jedoch enge soziale Bindungen bestehen. Die gleichen Feststellungen machte man bei japanischen Makaken und bei Rhesusaffen. George Schallers Berggorillas leben in Herden bis zu 27 Tieren unter der absoluten Kontrolle eines einzigen – des dominierenden – Männchens; die sexuelle Aktivität ist gering. In 466 Stunden konnte Schaller zweimal eine Kopulation beobachten, beide Male von untergeordneten Männchen in Gegenwart des gelangweilten Führers. 1965 beobachteten Jane B. Lancaster und Richard B. Lee vierzehn Primatenpopulationen in freier Wildbahn und kamen zu dem Schluß: »Es ist absolut klar, daß die Basis sozialer Primatengesellschaften nicht eine permanente sexuelle Anziehung sein kann.« Im folgenden Jahr schrieben die Harlows bereits über den ›Tod der Sextheorie‹.

Und was geschah in der Zwischenzeit mit der Diskontinuität zwischen menschlichen und tierischen Gesellschaften? Mit der Folgerung, daß »das soziale Leben des Menschen kulturell, nicht biologisch bestimmt sei«? Gar nichts. Soziologie und Kulturanthropologie hielten an ihren Behauptungen fest. Und mit ähnlicher Gleichgültigkeit ignorierten sie die Erkenntnisse der Linguistik.

Eine der Sahlinschen Theorie vergleichbare Rationalisierung sieht in der Sprache, in der menschlichen Fähigkeit zur verbalen Kommunikation den Beweis für unsere kulturelle Unabhängigkeit vom evolutiven Hintergrund. Intensive Studien der Kommunikation unter Tieren haben die revolutionären Behauptungen von Sprachforschern wie Noam Chomsky und Eric Lenneberg jedoch bestätigt. Diese erklären, ein Kind könne nur deshalb eine Sprache so schnell erlernen, weil biologische Muster vorhanden seien, wie ja auch motorische Muster das Gehen möglich machen; unsere einzigartige Fähigkeit des Sprechens gehöre ebenfalls zu den Merkmalen, die wir auf evolutivem Weg erhalten haben.

Heute zerstören harte Beweise die wesentlichste Prämisse der drei Wissenschaften des Menschenverständnisses – die Behauptung, es bestünde eine Diskontinuität zwischen Menschen und anderen Tieren. Noch vor kurzem wäre ich bereit gewesen, eine einzige Fähigkeit, die wir mit keinem Lebewesen unter dem Rang des *Homo* teilen, als spezifisch menschlich gelten zu lassen: unser Wissen um den Tod und die Neigungen zum Ritual. Noch in meinem Buch ›Adam kam aus Afrika‹ habe ich zwar angedeutet, daß Forscher, die die Beschränktheit des Tieres postulieren, ihre Meinung meistens revidieren müssen, bekannte mich jedoch zu der vorherrschenden Ansicht, wonach kein Tier den Tod erkennt. In späteren Jahren stieß ich wieder und wieder auf die Elefantengeschichte. Und ich wurde eines Besseren belehrt.

Es ist merkwürdig, daß jene vier Tiere, die sich dem Bewußtsein des Menschen am stärksten eingeprägt haben – der Löwe, der Wolf, der Bär und der Elefant – gleichzeitig auch die am wenigsten erforschten sind. George Schallers dreijährige Beobachtungen der Löwen Ostafrikas gehören zu den wichtigsten und erregendsten Studien, die jemals über eine Spezies in freier Wildbahn gemacht wurden. Über den Wolf wissen wir nur wenig, unsere Kenntnisse vom Bären sind äußerst spärlich, und von jenem unergründlichen Wesen, dem Elefanten, ahnen wir gerade so viel, daß wir die Zeit herbeisehnen, wo jemand ihn genauso gründlich erforschen wird wie Tinbergen seine Silbermöwen.

Zwei Wissenschaftler, Richard Laws aus Cambridge und Irven Buss von der Washington State University, gelten heute als die anerkannten Autoritäten für die gewaltigen grauen Dickhäuter. Beide sind jedoch Ökologen und haben sich weniger auf das Verhalten des Elefanten konzentriert als auf sein etwas rücksichtsloses Benehmen gegenüber seiner Umwelt. 1963 traf ich Buss während seiner Inspektionsfahrten in Westuganda und hörte zum ersten Mal die Elefantengeschichte. Buss, dessen Proportionen denen eines Elefanten nicht unähnlich sind, wirkt auch dann respekteinflößend, wenn man nichts von seiner wissenschaftlichen Berühmtheit weiß.

Damals war der amerikanische Wissenschaftler damit beschäftigt, Bewegungen und Pfade der Elefantenherden festzustellen. Da der Elefant trotz seiner Größe die Eigenschaft besitzt, sich in der äquatorialen Luft so gut wie aufzulösen, ist eine derartige Aufgabe nicht einfach. Begleitet von einem Photographenteam trafen wir im Rift Valley in Tansania auf eine Herde von sechzig Tieren. Es war bereits zu dunkel, um zu photographieren, und so saßen wir zwischen den sich schiebenden, kreisenden grauen Massen und machten uns so unauffällig wie möglich. Am folgenden Morgen sollte photographiert werden. Doch da war die Herde verschwunden. In der Nacht waren die Tiere die 600 Meter hohe Wand des Talkessels hinaufgeklettert und nicht mehr zu sehen.

Vor solchen Situationen stand Buss immer wieder. Sein Plan war, ein Mitglied der Elefantenherde mittels Tranquilizer einzuschläfern und ihm einen Radiosender umzuhängen. War das Tier wieder erwacht, wollte er mit einem kleinen Flugzeug den Signalen folgen. Die Lösung schien gut, doch gab es zwei Schwierigkeiten. Die Technik, einem Tier mit einem Gewehr eine Injektion zu geben, war damals ziemlich neu, und welche Dosis für ein so gewaltiges Tier notwendig ist, konnte man nur annähernd schätzen. Das zweite Problem war die soziale Verteidigung. Wir werden später noch sehen, daß Verteidigung normalerweise die Primärfunktion jeder Gesellschaft ist, sei sie tierisch oder menschlich. Die Elefanten haben ein perfektes Verteidigungssystem entwikkelt, und einer der ersten Versuche von Buss endete katastrophal.

Was wir als Elefantenherden bezeichnen, ist im allgemeinen eine Familie von einigen ausgewachsenen Kühen und ihren Jungen. Buss wählte eine junge Kuh – ihr Kalb stand dicht bei ihr – als Ziel. Doch kaum war der Pfeil in ihre Haut eingedrungen, wußte Buss, daß er die Dosis überschätzt hatte. Die Kuh fiel wie ein Kartenhaus in sich zusammen. Buss und seine afrikanischen Helfer hatten für solche Fälle ein Gegenmittel zur Hand, sie konnten sich dem Tier jedoch nicht nähern. Eine wütende Phalanx trompetender Tiere umringte die zusammengebrochene Kuh; man konnte nur warten und hoffen. Nach einer Stunde und 45 Minuten starb das Tier.

Aber es war nicht Buss, der seinen Tod als erster erkannte, sondern die Elefantenfamilie. Ganz plötzlich gaben die Tiere die Verteidigung auf und wanderten ziellos umher. Erst in diesem Augenblick begriff Buss, was geschehen war. Das ist aber noch nicht das Ende der Elefantengeschichte. Die älteste Kuh, vielleicht die Großmutter der Herde, trieb die anderen zum Waldrand. Das kleine Kalb umkreiste seine tote Mutter. Die Alte kehrte zurück, spielte ein wenig mit dem Jungtier und schob es nach einer Weile zu der am Waldrand wartenden Herde. Dann kehrte die Alte nochmals zurück. Sie brach Zweige ab, riß ein paar Grasbüschel aus und bedeckte damit Rumpf und Kopf des verendeten Tieres. Hierauf kehrte sie zu ihrer Familie zurück, und alle verschwanden mit der den Elefanten eigenen Lautlosigkeit im Dunkel des Waldes.

Ein Erkennen des Todes war eindeutig. Doch das darauffolgende Ritual? War das nur die unerklärliche Reaktion einer seltsamen alten Elefantenkuh? Ich erzählte die Geschichte einer kleinen Gesellschaft während der Überfahrt von Neapel nach New York. Ein Pater – Kanadier und Mitglied eines Ordens, der seit vielen Jahren in den entlegensten Winkeln Ugandas in der Mission tätig war – hörte mir fassungslos zu. Vor siebzehn Jahren, kurz nach seiner Ankunft aus Montreal, sollte er einem Wilddieb, den ein Elefant im Busch niedergetrampelt hatte, die Sterbesakramente geben. Als er an die bezeichnete Stelle kam, fand er die Leiche von Zweigen und Gras bedeckt.

In seinem Buch ›The Deer and the Tiger‹ schildert George Schaller, wie er in Indien (hier handelt es sich um eine andere Elefantenspezies) einen Büffel als Köder für Tiger aussetzte. Die Tigermutter tötete den Büffel und zog sich zurück, während ihre Kinder sich über den Kadaver hermachten. Ein Elefant tauchte auf, und das letzte Tigerkind zog sich erschreckt zurück. Der Elefant brach ein paar Zweige ab und bedeckte den Kadaver.

Die vielleicht gespenstischste Version der Elefantengeschichte stammt von George Adamson, dem berühmten George aus den Elsa-Büchern seiner Gattin Joy. Adamson war viele Jahre oberster Wildhüter im NFD, dem Northern Federated District in Kenia, der von Angehörigen verschiedener Eingeborenenstämme und einer Unzahl von Tieren bewohnt wird. Ich kenne niemanden, der mehr über Tiere in der Wildnis weiß und seine Erlebnisse objektiver beurteilt. Adamson erinnert sich zum Beispiel an eine alte Eingeborenenfrau, die auf dem langen Heimweg erschöpft am Straßenrand zusammenbrach. Erschrocken wachte sie auf; sie war umringt von Elefanten, die sie sanft mit dem Rüssel betasteten. Während sie wie erstarrt dalag, wurde sie mit Zweigen bedeckt.

Die unheimlichste Erinnerung Adamsons betrifft einen Elefanten, den er in der kleinen Distrikthauptstadt Isiola schoß. Eine verzweifelte Nachbarin rief ihn zu Hilfe: ein Elefant zertrampelte auf dem Weg zu den Obstbäumen ihren Rosengarten. In einem solchen Fall war Adamson verpflichtet einzugreifen; schweren Herzens nahm er sein Gewehr, ging in den Garten und erschoß das Tier. Das Fleisch wurde an die Ortsbewohner verteilt, die Überreste des Kadavers lud man auf einen Lastwagen und warf sie ein paar Meilen von Isiola entfernt weg. Den Rest würden die Hyänen besorgen. Das taten sie auch. Doch wenige Tage später tauchten in dem zertrampelten Rosengarten wieder Elefanten auf. Einer trug den Schulterknochen des erschossenen Tieres. Er legte ihn genau an der Stelle hin, wo Adamson den Elefanten getötet hatte.

Noch vor zehn Jahren hätte man diese Geschichten als Jägerlatein abgetan. Heute geht das nicht mehr. Und die Streiter für die Philosophie von der menschlichen Einzigartigkeit können das rätselhafte Erbe, das wir in uns tragen, nicht länger ignorieren.

4

Der gebildete, interessierte Leser wird sich vielleicht wundern, warum hundert Jahre nach Darwins ›Die Abstammung des Menschen‹ andere gebildete interessierte Menschen sich noch immer gegen die Konsequenzen der Evolutionstheorie wehren. Religiöse Motive halte ich heute nicht mehr für ausschlaggebend. Doch in der akademischen Gemeinschaft trifft man mitunter auf Fachleute, die nicht gern zugeben, daß sie ihre Ausbildung zu früh erhielten oder es versäumt haben, sich über die Fortschritte der modernen Biologie zu informieren. Und besonders unter jenen, die sich für Intellektuelle halten, reagieren viele auf die Behauptung, Geist sei nicht alles, mit Abscheu und Ärger. Der stärkste Widerstand kommt jedoch zweifellos von jenen, die im Lauf der Jahre ihren ehrlichen Liberalismus zugunsten eines unehrlichen Dogmas fallengelassen haben, die unter dem vielfarbigen Mantel des Humanismus die nackte Selbstgerechtigkeit verstecken.

Ich kenne keine bezeichnendere Stelle in einem sogenannten wissenschaftlichen Text als jene in Sol Tax' Einführung zu ›Horizons of Anthropology‹, einer Reihe von Essays junger Forscher. Tax selbst ist Professor an der Universität von Chicago und als führender Wissenschaftler auf seinem Gebiet Herausgeber unserer lesenswertesten Zeitschrift ›Current Anthropology‹. Was er schreibt, ist allerdings viel eher ein politisches Bekenntnis als eine wissenschaftliche Aussage, und man vermeint ob solcher Hybris ein fernes Donnergrollen zu hören: »Ob wir Archäologen, Sprachforscher oder Geographen sind, ob wir das Verhalten der Affen oder die Feinheiten des menschlichen Geistes studieren, wir alle nennen uns Anthropologen. Und wir alle tragen in uns die liberale Tradition unserer Vorfahren. Die Menschheit ist eine Einheit: Wir achten alle Völker und Kulturen; wir lehnen Vorurteile gegen andere Völker und die gewaltsame Unterdrükkung einer Nation durch eine andere strikt ab. Wir glauben an das Selbstbestimmungsrecht aller Völker. Ganz entschieden wenden wir uns gegen den Mißbrauch unseres Wissens durch Politiker und scheinheilige Staatsmänner. Als Wissenschaftler wissen wir niemals die ganze Wahrheit; wir müssen uns vorwärtstasten und weiterlernen. Doch wir wissen unendlich mehr als die zungenfertigen Rassenpolitiker – sei es in den Vereinigten Staaten oder in Südafrika. Wir glauben an die Gleichheit der Menschen, nicht weil wir absolute Gleichheit beweisen können, sondern weil wir mit Sicherheit wissen, daß, welche Unterschiede auch immer zwischen großen Populationen bestehen mögen, diese für die Politik der Nationen ohne Bedeutung sind. Die Erkenntnis kommt aus unserem Wissen als Anthropologen, doch sie erfreut uns auch als Bürger dieser Welt.«

Das sind nicht die Worte eines freien Geistes, das sind nicht die Aussagen einer freien Wissenschaft. Daß der erste Satz dieses Kapitels, »Eine Gesellschaft ist eine Gruppe ungleicher Lebewesen«, bei Tax nur wütende Schmähungen auslösen wird, ist bedauerlich. Mein Bedauern ist jedoch erträglich. In einer Zeit, in der der Großteil der Menschheit vom Vorgefühl einer Katastrophe gepeinigt wird, muß die Anthropologie, die Wissenschaft vom Menschen, mehr bieten als bloße Selbstbewunderung.

Daß nicht alle Kollegen mit Tax übereinstimmen, zeigt bereits das Buch, zu dem er sein Vorwort geschrieben hat. Am heftigsten aber wurde seine Gedankenrichtung einige Jahre später von Julian H. Steward angegriffen. Steward (Universität von Illinois) ist wie Tax ein Kulturanthropologe von hohem Rang, allerdings mit einer präziseren Vorstellung von den Aufgaben der Anthropologie. In einem Brief an die Zeitschrift ›Science‹ schreibt er:

»Wer behauptet, der Sozialwissenschaftler könne seine Wissenschaft nicht vom menschlichen Mitgefühl trennen, dem antworte ich: Er kann es, und er muß es auch tun ... Es ist Aufgabe des Sozialwissenschaftlers, eine Methodik zu entwickeln, die prognostische Hypothesen gestattet, nicht aber moralische Predigten zu halten.«

Die Wissenschaften des Menschenverständnisses sind zweifellos verpflichtet, zum Wohlergehen und zum friedlichen Zusammenleben der Menschen beizutragen. Sonst hätten sie keine Existenzberechtigung. Eine solche Verpflichtung jedoch setzt Demut und Objektivität voraus. Es geht nicht an, als Bürger dieser Welt mit sich zufrieden zu sein, wenn diese Welt in Bedrängnis ist.

Die Suche nach Hypothesen mit prognostischem Wert liegt auch dieser Arbeit, wie schon meinen älteren Untersuchungen, zugrunde. Hätten die etablierten Doktrinen über Unabhängigkeit und Einzigartigkeit des Menschen, über seine Möglichkeiten zur Vervollkommnung derartige Hypothesen geliefert, stünde alles zum besten. Doch glaube ich kaum, daß dieses Jahrhundert eine so ungeheuerliche Bilanz des Schreckens und der Greuel aufzuweisen hätte, der edlen Vorsätze, die frustriert und der üblen, die verwirklicht wurden, wären wir nicht fast ausschließlich vom Irrtum geleitet. Ebensowenig kann ich glauben, daß das Vermächtnis dieses Jahrhunderts an das nächste so viele unbeantwortete Probleme beinhalten muß. Wir haben der Philosophie des Unmöglichen ihre Chance gegeben. Darf jetzt nicht eine andere Philosophie zum Zug kommen?

Daß eine von der evolutiven Natur des Menschen abgeleitete

Hypothese einen prognostischen Wert haben kann, beweist bis zu einem gewissen Grad der unglückselige Vietnamkrieg. In meinem Buch ›Adam und sein Revier‹ habe ich die Geschichte und Merkmale einer biologischen Kraft namens Territorialität untersucht; sie wurde zum erstenmal bei den Vögeln festgestellt, und zwar von dem englischen Amateurornithologen Eliot Howard. Heute wissen wir, daß auch viele andere Spezies ihr Territorium – jenes Stückchen Welt, das ihnen gehört – gegen jeden Eindringling verteidigen und daß sie damit wahrscheinlich auch dann Erfolg haben, wenn der Eindringling wesentlich stärker ist. Eine Folgeerscheinung dieses Phänomens habe ich als Freundschaft-Feindschaft-Komplex bezeichnet; daß nämlich eine Gruppe von Verteidigern eines Territoriums sich zusammenschließt und so jede Bedrohung die gemeinsamen Anstrengungen vervielfacht. Ich habe behauptet, auch der Mensch sei eine territoriale Spezies. Wir verteidigen unseren Besitz oder unsere Heimat aus biologischen Gründen – nicht weil wir wollen, sondern weil wir müssen.

Ich habe diese Überlegungen 1966 niedergeschrieben, als die Eskalation des amerikanischen Engagements in Vietnam kaum ein Jahr alt und der amerikanische Optimismus noch eine echte Kraftquelle war. In Anwendung des territorialen Prinzips prophezeite ich damals, daß der Krieg nicht zu gewinnen sei. Ein mächtiger Eindringling kann – setzt er sich über die moralischen Aspekte hinweg – einen territorialen Verteidiger mit einem einzigen Schlag vernichten. Doch der Versuch, durch schrittweise Eskalation des Krieges der moralischen Verurteilung zu entgehen, gibt auch dem schwächsten Verteidiger die Möglichkeit, seine eigenen unberechenbaren biologischen Reserven zu mobilisieren. In unserer Unfähigkeit, die Rolle Hitlers zu spielen, haben wir uns zum Narren der Evolution gemacht.

Amerikas tiefste Erniedrigung hat noch eine ironische Fußnote. Ein echtes Verständnis der evolutiven Natur des Menschen hätte den Krieg niemals zugelassen. Es war der Glaube an seine *rationale* Natur – daß nämlich der Mensch, durch hohe Bestrafung abgeschreckt und durch angemessene Belohnung verlockt, Vernunft annehmen wird –, der uns auf einen Erfolg der Eskalationspolitik hoffen ließ. Beschämt müssen wir eine zweite Fußnote setzen. Die letzte Entscheidung, den Krieg zu intensivieren – und jener Wahnsinn, Nordvietnam zu bombardieren –, wurde nicht von den vielgeschmähten Generalen getroffen, sondern von einer Gruppe der klügsten und gebildetsten Männer der ganzen USA. Ja, gebildet waren sie ohne Zweifel.

Der Krieg in Vietnam war das kostspieligste Experiment, das jemals zur Überprüfung einer wissenschaftlichen Theorie erdacht und von einer Elite sanktioniert wurde. Wie die Ereignisse zeigen, benahmen sich die Vietnamesen – wild und ungebärdig – völlig anders als B. F. Skinners gezähmte Ratten. Instinktiv lehnt der Mensch das Postulat ab, daß Macht Recht bedeute. Das territoriale Prinzip ist Teil dieser Ablehnung. Während bei geringfügigen Anlässen oft das allgemeine Prinzip gilt, wonach der Mensch, vor die Wahl gestellt, das Angenehmere, Schmerzlosere vorzieht, gibt es einen Punkt, wo das Irrationale die *ratio* besiegt. Zu viel uralte Weisheit liegt im Naturgesetz, als daß es das Überleben von Populationen und den Besitz eines Territoriums von den Ungewißheiten einer beliebigen Bekräftigungstheorie abhängig machen würde. Viel zu gewaltig ist das Kräftespiel der Evolution, als daß es eine so rationale Schlußfolgerung wie »Macht ist Recht« zulassen würde. Und so begann, als wir zu fragen aufhörten: *Wann werden die Vietnamesen zur Vernunft kommen?*, ein mühseliger Abschnitt amerikanischer Geschichte. Noch haben wir uns nicht die Frage gestellt: *Wann werden wir zur Vernunft kommen?*

Ich habe das mißglückte amerikanische Abenteuer in Südostasien nicht ohne Grund erwähnt, sondern um die prognostischen Werte von Hypothesen zu überprüfen, die sich nicht auf die menschliche Einzigartigkeit, sondern auf unser evolutives Erbe stützen. Der *Homo sapiens* ist kein rationales Wesen; wäre er das, müßte die Geschichte neu geschrieben werden. Da wir jedoch über Kräfte der Vernunft verfügen, wie sie kein anderes Lebewesen besitzt, haben wir die Möglichkeit, unseren Irrationalismus und seine Quellen zu untersuchen. Wir wissen um das Gebot: Erkenne dich selbst. Nur die Hybris hindert uns daran.

Die Dämmerung des 20. Jahrhunderts breitet sich über uns aus: über die Straßen unserer Stadt, über unsere Autobahnen, die Parkplätze. Sie schleicht in unsere Gärten, durch unsere Gänge, in die Verwaltungsbüros von Staat und Industrie. Sind das unsere Kinder? Sie scheinen fremd. Sind das unsere Eltern? Wir erkennen sie nicht. Die Dämmerung wird stärker, man kann nicht mehr unterscheiden zwischen arm und reich, zwischen Gebildeten und Analphabeten, zwischen Russen, Chinesen, Franzosen und Amerikanern. Rassenunterschiede sind nicht mehr wahrzunehmen, und wir müssen sehr genau schauen, um einander überhaupt zu sehen. Sehr nahe müssen wir das gedruckte Wort an unser Auge halten, und selbst dann verdunkelt ein unnatürlicher Schatten noch seine Bedeutung. Doch diese Dämmerung ist seltsam, fremd und unnatürlich, denn die Sonne, wenn wir sie sehen könnten, steht im Zenit.

Die Uhr tickt. Nie zuvor gab es eine Nacht der Gefahr wie diese. Es ist eine Nacht, die wir selbst heraufbeschworen haben.

5

Der Mensch steht vor dem Abgrund. Wir wissen es. Kein Stern erhellt das Dunkel. Wir wandern umher, verloren, und die Angst ist – wie ein sehr alter Hund – unser einziger Begleiter. Wo ist Norden? Wo ist Süden? Wo liegt das Hochland, wo die Schlucht? Wir wissen es nicht. Wir suchen nach Licht: es gibt keines. Wir strecken die Hand aus, und die Nacht umfängt sie. Wir gehen weiter, denn das Weitergehen liegt in unserer Natur. Doch welchen Weg? Und wie nahe ist der Abgrund?

Drei Milliarden Jahre organischer Evolution liegen hinter uns. Ein ganz respektables Alter, fast ein Drittel des Weltenalters. Drei Milliarden Jahre der Zufälle und Gelegenheiten, der unzählbaren Versuche und unzählbaren Irrtümer, des vergessenen Versagens und des Erfolgs haben schließlich jenes Wesen hervorgebracht, das wir Mensch nennen. Die Irrtümer und Fehler können wir nach kurzem Bedauern vergessen, sie waren nicht die Schuld unserer Vorfahren. Experimente wurden gemacht, für unzulänglich befunden und verworfen. Wird im großen Buch des Lebens einmal stehen, daß nach drei Milliarden Jahren das größte Experiment, der Mensch, für unzulänglich befunden wurde?

Aussterben an sich ist nichts Neues, das Bewußtsein des Aussterbens ist es. Ein großer Wissenschaftler nannte die Geschichte einmal ein Gebeinhaus der Arten. Und vielleicht besteht die Einzigartigkeit des Menschen eben darin, das erste tragische Tier zu sein. Soweit wir wissen, sind wir die ersten Lebewesen, denen Selbsteinschätzung gegeben ist, Erinnerung an längst Vergangenes und Visionen der Zukunft. Uns wurden Freuden zuteil, die die anderer Lebewesen übertreffen, weil wir sie über die Zeit hinweg genießen dürfen. Uns wurde die einzigartige Erkenntnis geschenkt, den Augenblick als etwas zu erfassen, was es zuvor noch nie gegeben hat. Als etwas Einmaliges, das niemals wiederkehrt.

Unsere größte Freiheit besteht darin, daß wir um den Abgrund wissen, so wie wir ihn auch selber aufreißen durften.

In den ersten Jahren suchender Erkenntnis lebte ein tragischer Dichter. Und er erzählte das Drama eines Königs – schon damals eine archaische Figur der Erinnerung –, und die Geschichte war von solcher Kraft, daß sie wieder und wieder erzählt wurde, jahrhundertelang, bis heute. Der König hatte, so scheint es, in aller Unschuld die Götter beleidigt. Und als er endlich die Wahrheit begriff, stach er sich, von Entsetzen gepackt, die Augen aus.

Ist es wirklich eine unbegreifliche Nacht, durch die wir unseren ungewissen Weg ertasten? Oder haben wir uns die Blindheit selbst zugefügt? Haben wir wie Ödipus unser Augenlicht gelöscht? Haben wir in unserer Unwissenheit – denn es war ja Unwissenheit – verborgene, allmächtige Götter beleidigt? Weigern wir uns heute hinzusehen, entsetzt über die Folgen? Ist nicht nur der Abgrund, ist auch das Dunkel unser Werk? Es ist nicht ausgeschlossen.

Wir gleiten aus. Wir fallen – welche Schmach für den *Homo sapiens* – auf den Bauch, wir suchen, tasten, greifen nach festem Boden. Und irgendwo in der schwarzen, uferlosen Leere ertönt ein Lachen. Wir richten uns ein wenig auf und starren in das undurchdringliche Dunkel. Das Lachen wird zu höhnischem Kichern. Irgend etwas dort draußen beobachtet uns. Etwas, das sehen kann, während wir es nicht können.

Ödipus, Ödipus, es kann nicht Nacht sein, was dich umgibt.

Zufall einer Nacht

I

Das Material der Evolution heißt Vielfalt, da die natürliche Auslese aus einer Vielfalt von Lebewesen ihre Wahl trifft. Unser genetisches Erbe ist unterschiedlich, und ebenso unterschiedlich müssen daher die angeborenen Fähigkeiten sein, sich der Umwelt anzupassen. Keine Stufe in der Entwicklung des Lebens hat mehr zur Vielfalt beigetragen als jene Fortpflanzung, die die Folge der geschlechtlichen Umarmung ist.

Je primitiver der Organismus, desto geringer ist die individuelle Identität, desto langsamer der evolutive Fortschritt. Wenden wir unsere Schritte zurück, vergegenwärtigen wir uns die schattenhaften Räume des ersten Lebens, und wir treffen auf jene Lebewesen, die existierten, bevor es die Sexualität gab. Die ersten, die wir kennen, hinterließen vor mehr als drei Milliarden Jahren ihre fossilen Spuren in den Felsen Südafrikas. Eine Art Leben muß nicht allzu lange nach der Entstehung der Erde begonnen haben. Die Ahnen unserer frühesten Vorfahren waren ausdauernde Lebewesen wie die Amöbe, die eine so erfolgreiche Lebensform gefunden hat, daß sie uns immer begleiten wird.

Die Vielfalt entwickelte sich dann in einem Zeitabschnitt, den wir Präkambrium nennen; es war jedoch keine Vielfalt wie bei den höheren Organismen. Vermehrung fand durch Teilung statt, so daß Mutter- und Tochterzellen genau das gleiche genetische Material aufwiesen. Klone entwickelten sich, oder auch – wie bei den Algen – Zellketten; und da alle Mitglieder durch Teilung von einer gemeinsamen Zelle abstammten, waren sie alle aus dem gleichen genetischen Material aufgebaut. Durch Mutation – das Ersetzen eines Gens durch ein neues infolge äußerer Einwirkung – konnte hin und wieder eine zufällige Veränderung entstehen. Und wenn solche mit neuen Fähigkeiten ausgerüstete Klone sich neuen Umwelten anpassen konnten, entstand tatsächlich Vielfältigkeit. Vielleicht gab es auch andere Möglichkeiten der Veränderung und damit andere Wege zur Vielfalt, die wir heute noch nicht kennen. Im großen gesehen gingen Veränderungen jedoch langsam vor sich, und Verschiedenheiten kamen kaum zustande.

Unser Wissen über das Präkambrium – jenen Zeitabschnitt vor den Lebewesen mit hartem Panzer, die saubere fossile Spuren hinterließen – ist in den letzten Jahren bedeutend größer geworden und trotzdem immer noch gering. Wir wissen zum Beispiel nicht, wann die ersten Anfänge geschlechtlicher Vermehrung stattgefunden haben. Vielleicht liegen sie weiter zurück, als wir annehmen. Jedenfalls ersetzte die sexuelle Fortpflanzung vor einer halben Milliarde Jahren die Zellteilung und wurde zur gängigen Methode, für Nachfahren zu sorgen. Manche konservative Organismen hielten zwar weiterhin an der altbewährten Teilung fest. Doch bereicherte die Vereinigung zweier Individuen, im Gegensatz zur Teilung, das Glücksspiel des Überlebens mit so entscheidenden mathematischen Möglichkeiten zur Vielfalt, daß die Sexualität sich bald allgemein durchsetzte.

Der amerikanische Genetiker Sewall Wright hat nachgewiesen, daß eine ungünstige Umweltveränderung mitunter einen ganzen Klon identischer Mitglieder vernichten kann. In einer Population verschiedenartiger Mitglieder wird sie jedoch nur jene Individuen vernichten, die sich am wenigsten anpassen können; die anderen überleben. Bestimmte Arten von Protozoen und Rädertierchen zum Beispiel halten sich so lange an die Zellteilung, als die Umstände günstig sind; in schlechten Zeiten gehen sie zur geschlechtlichen Vermehrung über. In der präkambrischen Welt, der Welt der Algen und Amöben, waren die Nachkommen zumeist identisch und gleichwertig. Seit fünfhundert Millionen Jahren der sexuellen Vermehrung sind unsere Kinder jedoch verschieden geartet und weisen ungleiche Fähigkeiten auf. Die Welt, die wir kennen, ist von unglaublicher Mannigfaltigkeit.

Diese Welt war das Ziel der Untersuchungen Darwins und seines Zeitgenossen Alfred Russell Wallace. Wie groß die Variabilität von Individuen einer einzigen Spezies ist, kann heute die Polizei feststellen: keine zwei Menschen, nicht einmal eineiige Zwillinge, haben die gleichen Fingerabdrücke. Darwin und Wallace brauchten jedoch nicht die Polizei, um sich über eine Wahrheit zu informieren, die jeder Naturwissenschaftler erkennen kann. Doch es war Darwin, der sich als erster mit diesen Gedanken auseinandersetzte, die schließlich zu seinem Werk ›Die Entstehung der Arten‹ führten. Er kannte Thomas Malthus' berühmte Arbeit ›An Essay on the Principle of Population‹, in der die These aufgestellt wird, die Nahrungsmittelmenge beschränke notwendigerweise die Bevölkerungszahl, da die Bevölkerung sich schneller vermehre, als die notwendige Nahrung beschafft werden könne. Bereits 1839 zog Darwin den logischen Schluß: verschiedenartige Individuen, die sich einer beschränkten Nahrungsmenge gegenübersehen, müssen notgedrungen in Wettstreit treten; die erfolgreichsten, die sich am besten der Umwelt anpassen, werden mehr Nachkommen zeugen als die anderen. Das heißt, es kommt zu einer natürlichen Auslese – eine der großen Erkenntnisse in der Geschichte des menschlichen Denkens.

Darwin war nicht nur ein Perfektionist, er war auch ein großer Zauderer. Zur Verzweiflung seiner Freunde war ›Die Entstehung der Arten‹ nach neunzehn Jahren noch immer nicht vollendet. Wallace arbeitete während dieser Zeit im Fernen Osten, und als er im Februar 1858 auf den Molukken an Tropenfieber erkrankte, hatte er anscheinend nichts Besseres zu tun, als nachzudenken. Auch er hatte vor Jahren Malthus gelesen, doch wußte er nichts von Darwins jahrelanger Beschäftigung mit dem Problem der natürlichen Auslese. Als er jetzt über die Frage der unterschiedlichen Sterblichkeit grübelte, kam auch er zu dem Schluß: Tiere, die am besten mit den Umweltbedingungen fertig werden, überleben. »Plötzlich erkannte ich auch blitzartig, daß dieser Prozeß notwendigerweise *die Rasse verbessern* würde, denn in jeder Generation werden die minderwertigen Lebewesen getötet, und die stärksten bleiben übrig – mit anderen Worten, *die Tauglichsten überleben.*«

Wallace faßte seine Gedanken in einem langen Brief zusammen und schickte ihn mit erregten Begleitworten an Darwin nach England. Damals war die Postbeförderung noch recht langsam, und Darwin erhielt die Nachricht erst am 18. Juni; die Welt schien plötzlich für ihn einzustürzen. Jahrelang hatten seine besten Freunde ihn gewarnt, daß es einmal so weit kommen würde. Jetzt eilten diese Freunde, unter ihnen der berühmteste Geologe seiner Zeit, Sir Charles Lyell, ihm zu Hilfe. Die zwanzig Jahre hingebungsvoller Arbeit eines Menschen durfte keinesfalls durch den Gedankenblitz eines einzigen Mannes zunichte gemacht werden. Darwin sollte so schnell wie möglich einen Auszug aus seinem Manuskript der Öffentlichkeit vorlegen.

Am Abend des 1. Juli 1858 – ein historisches, wenn auch vergessenes Datum – wurden beide Arbeiten der Linnaean Society in London vorgelegt. Thomas Bell führte den Vorsitz, die

Arbeiten wurden wie üblich vom Sekretär der Gesellschaft vorgelesen. Darwin war zu dieser Zeit in seinem Landhaus, Wallace immer noch im Fernen Osten. Der Lesung folgte keine Diskussion. Vielleicht war das Thema für manche zu neu, für andere vielleicht zu traumatisch. Der Präsident der Gesellschaft jedenfalls scheint nicht beeindruckt gewesen zu sein, denn er berichtete später: »Dieses Jahr war von keinerlei großen Entdeckungen gekennzeichnet, die einen Zweig der Wissenschaft sozusagen revolutioniert hätten.« Doch langsam verbreitete sich in wissenschaftlichen und religiösen Kreisen das Gerücht einer bevorstehenden Krise.

Wallace zog jeden Anspruch auf Priorität zurück und schrieb etwa fünfzig Jahre später: »Der große Erfolg, den ich für meine Arbeit von 1858 beanspruche, ist, daß sie Darwin gezwungen hat, sein Werk ›Die Entstehung der Arten‹ niederzuschreiben und zu veröffentlichen.« So war es auch. Im darauffolgenden Jahr, am 24. November 1859, erschien die erste Auflage und war innerhalb eines Tages vergriffen. Das Feuer der Diskussionen, das Wallace entzündet hatte, ist bis heute nicht erloschen.

Allmählich fand der Begriff der natürlichen Auslese den ihm zukommenden Platz nicht nur in der Biologie, sondern in allen Untersuchungen der Lebensprozesse. Der Terminus erregte zu Darwins Zeiten Ärgernis, wie es seine Folgeerscheinungen heute noch tun. Darwin dachte an Malthus, als er schrieb: »Die Nahrungsmenge ist für jede Spezies im Durchschnitt konstant, während der Populationszuwachs zumeist in geometrischer Progression verläuft.« Die wenigsten widersprachen diesem harten Gesetz des Verhungerns. Auch heute, angesichts der gigantischen Bevölkerungsexplosion, wird die These, wonach die Menschen sich nur so lange vermehren, bis das beschränkte Nahrungsmittelreservoir erschöpft ist, kaum jemals angezweifelt.

Daß Malthus aller Wahrscheinlichkeit nach nicht recht hatte, wird uns in einem späteren Kapitel beschäftigen. Doch nicht der Einfluß des Verhungerns, der Einfluß des Zufalls schien unannehmbar. Er beleidigte die religiösen Überzeugungen des 19. Jahrhunderts, wie er heute die sozialen Überzeugungen des 20. Jahrhunderts beleidigt. Vielleicht kann unsere menschliche Natur sich nicht mit dem Gedanken abfinden, daß wir Produkte des Zufalls und nicht Teil eines grandiosen Plans sind. Obwohl die natürliche Auslese ein großartiger Mechanismus ist, schrekken wir – vielleicht aus angeborener Feigheit – davor zurück, aus permanenter Unordnung bis in alle Ewigkeit Ordnung schaffen zu müssen. Das ist einfach zuviel für uns. Und trotzdem bildet die zufallsbedingte und unvermeidliche Vielfältigkeit der Lebewesen die Basis der Evolutionstheorie. Darwin konnte die Vielfalt nicht erklären, er konnte sie nur konstatieren. Da er der Meinung war, die Verschiedenartigkeiten der Eltern würden in den Nachkommen verschmelzen, wurde das Problem der konstanten Vielfalt zum großen und frustrierenden Rätsel seiner Karriere. Er konnte nicht wissen, daß knapp sechs Jahre nach dem Erscheinen seines Buches ›Die Entstehung der Arten‹ ein Augustinermönch namens Gregor Mendel, der in seinem kleinen Klostergarten in Österreich Kreuzungsversuche an Erbsen anstellte, seine Ergebnisse der Brünner »Gesellschaft für das Studium der Naturwissenschaften« vorgelegt hatte. Die Gesellschaft hörte ihn höflich an und veröffentlichte seine Arbeit in ihrer obskuren Zeitschrift. Wahrscheinlich hielt man den Mönch für verrückt. Als er zwei Jahre später zum Abt seines Klosters ernannt wurde, verschwand Mendel von der Bildfläche der Wissenschaft ebenso unbemerkt, wie er aufgetaucht war.

Mendel lieferte eine sehr präzise Beschreibung der Gene – er nannte sie Elemente – und der verschiedenen Kombinationen, die durch Vererbung immer wieder entstanden. Ich bezweifle jedoch, daß er, als er starb, wirklich wußte, was er da entdeckt hatte. Bald beschäftigten sich resolutere Detektive mit der geheimnisvollen Zufälligkeit der Empfängnis. Wie um die seltsame Koinzidenz des Jahres 1858 noch zu übertreffen, entdeckten 1900 nicht weniger als drei Wissenschaftler gleichzeitig Mendels in Vergessenheit geratene Arbeit. Mit der Wiederentdeckung Mendels wurde die Genetik geboren. Und die Geburt kam gerade zur rechten Zeit.

Das Ende des 19. Jahrhunderts brachte schlechte Zeiten für die Evolutionstheorie. Zu viele Soziologen folgten Herbert Spencers frühen Überlegungen und übertrugen Darwins »Überlebenskampf« in die Arena des Menschen: hier erklärten sie im Namen des Sozialdarwinismus die brutalen Folgen menschlicher Macht zum Naturgesetz. Zu viele Soziologen hatten sich – außerstande, die Lücken in Darwins Gedankengängen zu schließen – dem uferlosen Problem der Tierklassifikation zugewandt. Julian Huxley hat diese Periode mit dem schönen Satz beschrieben: »Berauscht von den ersten Erfolgen der evolutiven Stammesgeschichte gingen sie – wie eine Forstbehörde der Wissenschaft – daran, das Feld der Biologie mit einer Wirrnis von Stammbäumen zu bepflanzen.«

Mit der Wiederentdeckung Mendels kam neues Leben in die Biologie. Die Evolutionstheorie entwickelte sich allmählich von einer einleuchtenden und überzeugenden Hypothese zu einer modernen Wissenschaft. Zoologen hörten auf, in muffigen Museen Vogelbälger zu klassifizieren, und begannen Primeln zu pflanzen – eine wesentlich gesündere Beschäftigung. Überall wurde experimentiert. In Amerika begründete Thomas Hunt Morgan den Kult der Fruchtfliege; ein unscheinbares Insekt, der Verehrung des Genetikers aber deshalb wert, weil es binnen zehn Tagen fortpflanzungsreif wird. Doch mit jedem neuen Experiment ergaben sich neue Schwierigkeiten und neue Widersprüche. 1930 endlich brachten drei weise Männer der Populationsgenetik – Fisher, Haldane und Wright – durch geniale Rechenoperationen eine mathematische Ordnung in das Problem der Vererbung. Die Populationsgenetik – das Erbpotential einer Fortpflanzungsgemeinschaft – gab der modernen Evolutionstheorie eine solide Basis.

Es war ein weiter Weg vom Klostergärtlein bis zur Entdeckung der Doppelhelix des DNS-Moleküls (Kernsäuremoleküls). Doch wie Darwin – ungeachtet des zweifelhaften Wertes der Malthus-Theorie und seines eigenen Unvermögens, die Variationen zu erklären – das Prinzip der natürlichen Auslese richtig erkannt hatte, so wählte Gregor Mendel durch einen glücklichen Zufall bei seinen Erbsen gerade jene Merkmale, die seine Gesetze beweisen konnten. Hätte er sich andere ausgesucht, mit einer komplexeren genetischen Determinierung – zum Beispiel ein Merkmal, das durch die Wirkung verschiedener Gene zustande kommt, oder mehrere Merkmale, die durch ein einziges Gen entstehen –, seine Berechnungen hätten nicht mehr gestimmt, er hätte seine Versuche aufgegeben, und wir hätten seine Auferstehung nicht mehr erlebt. Doch trotz der Einfachheit ihres »Ein-Gen-eine-Folge«-Ursprungs (Huxley spricht von einer »Billardball-Genetik«) und trotz der komplizierten Berechnungen, die sich später als notwendig erwiesen, konnten die Mendelschen Gesetze die Vielfalt der Lebewesen erklären. Und damit können wir uns zufriedengeben.

Es geht um das Prinzip der Rekombination: Bei der geschlechtlichen Fortpflanzung steuern die Eltern mit verschiedenen Kombinationen von Genpaaren je die Hälfte zu einem neuen »genetischen Vorschlag« bei. Das befruchtete Ei ist die zufallsbedingte Rekombination der elterlichen Möglichkeiten, der Zufall einer Nacht.

Theodosius Dobzhansky, gleichfalls ein Anhänger von Morgans Fruchtfliegen, hat die theoretischen Konsequenzen der Mendelschen Gesetze folgendermaßen interpretiert: Haben die Eltern 5 Genpaare, so gibt es 32 mögliche Rekombinationen. Haben sie 20 Genpaare, sind es 1048576. Bei 32 Paaren gibt es über zwei Milliarden neuer Möglichkeiten für das Kind. Das einfachste Tier besitzt Hunderte von Genen, der Mensch hat mehr als 10000. Unsere Mathematik reicht nicht aus, die Wahrscheinlichkeit einer Kombination auszurechnen, die zwei identische Lebewesen zur Folge hätte.

Gemäß den Mendelschen Gesetzen sprechen wir von theoretischen Möglichkeiten. Es gibt jedoch praktische Grenzen. Gene tendieren zu einer Wiedervereinigung in bestimmten Gruppen, wodurch der Zufall reduziert wird. Einige Kombinationen sind so weit hergeholt, daß eine Befruchtung gar nicht stattfindet. Der englische Philosoph L. L. Whyte nennt so etwas innere Selektion, ein Prozeß, bei dem die Gene einem völlig anders gearteten Eindringling keinen Zutritt gewähren. Überdies gibt es noch die weitgehende Einschränkung, die die Evolution selber hervorgebracht hat, um das Spiel des Zufalls zu reduzieren: sie beschränkt die genetische Verschiedenheit der Eltern. Wir werden darauf noch zurückkommen.

Doch abgesehen von allen erdenklichen Einschränkungen der theoretischen Möglichkeiten reduzieren wir lediglich Zahlen jenseits unserer Vorstellungskraft auf Zahlen, die immer noch jenseits unseres Vorstellungsvermögens liegen. Nehmen wir Bruder und Schwester, Kinder eines Elternpaares. Es gibt zwar eineiige Zwillinge, die aus einem einzigen befruchteten Ei entstehen; sonst aber ist die Wahrscheinlichkeit, daß zwei Geschwister genetisch gleich sind, eins zu einer Trillion.

Der Zufall der Nacht, der so weitgehend unser Leben bestimmt, schließt die Gleichheit aus. Jeden Monat reift in der Frau ein neues befruchtungsfähiges Ei, und niemals sind zwei Eier gleich. Auf dem Höhepunkt der sexuellen Umarmung gelangen unzählige Spermien in den weiblichen Genitaltrakt, die alle verschieden sind. Bei diesem ersten Versuch zur natürlichen Auslese ist es völlig unbestimmt, welches Spermium das Ei befruchten wird, und ob es überhaupt zu einer Befruchtung kommt. Auch wenn – was der Normalfall ist – nur ein Menschenwesen entsteht, so würde doch ein Teelöffel männlicher

Spermien ausreichen, um alle heute lebenden Mitglieder der Spezies *Homo sapiens* zu zeugen – und alle wären verschieden!

Jedes durch sexuelle Rekombination entstandene Lebewesen ist ein genetischer Zufall. Jedes Individuum wird damit zum Pionier, zum biologischen Abenteurer. Gemeinsames Erbe kann unter gleichzeitig Lebenden eine gemeinsame Veranlagung zur Folge haben oder eine beschränkte Ähnlichkeit zwischen Vorfahren und Nachkommen. Doch die Strategie des Sexus erlaubt kein Gefängnis der Gleichartigkeit. Sind wir auch nicht gleich erschaffen, so sind wir doch frei erschaffen.

2

Henry Allen Moe war jahrzehntelang Direktor der Guggenheim Foundation in Amerika. Ich lernte ihn vor dreißig Jahren kennen; damals war ich stolzer Besitzer eines Stipendiums und überzeugt, niemals zuvor einem freundlicheren, klügeren und empfindsameren Menschen begegnet zu sein. Moe wurde später Präsident der American Philosophical Society. An einem Abend im Jahr 1965 hielt er in Washingtons Cosmos Club eine Rede, um sich für einen Preis, der ihm für seine Beiträge zur Wissenschaft, Literatur und Kunst in Amerika zuerkannt worden war, zu bedanken. Kaum ein anderer Amerikaner – nur dieser empfindsame, kluge, freundliche Mann – hätte den Mut aufgebracht, derart ketzerische Behauptungen aufzustellen. Er sagte unter anderem:

»In seinem Werk ›History of English Law‹ zitiert F. W. Maitland, der brillanteste und progressivste englische Rechtshistoriker, den heiligen Paulus: ›Es ist besser zu heiraten, als zu brennen.‹ Und dann wagt es Maitland, an der Heiligen Schrift Kritik zu üben: ›Wenige Postulate haben mehr Schaden angerichtet als dieses.‹

Ähnlich zitiere ich aus den ›Heiligen Schriften‹ der Vereinigten Staaten Thomas Jeffersons ›Alle Menschen werden gleich erschaffen‹ und wage die Feststellung, daß kaum ein Ausspruch mehr nach einer Erklärung verlangt als dieser ... Zweifellos mußte der Ausspruch damals getan werden, insbesondere im Zusammenhang mit der Unabhängigkeitserklärung.

Dessenungeachtet wage ich heute zu erklären, daß kaum eine Feststellung mehr Schaden angerichtet hat als diese ... Zu behaupten, alle Menschen seien gleich erschaffen, ist – das weiß heute jeder, und niemand bezweifelt es, nur spricht es keiner aus – die Apotheose des Irrtums.«

Als seine Rede im Druck erschien, fügte Moe eine Fußnote hinzu, daß Jeffersons Feststellung, die zum Dogma der säkularen amerikanischen Religion werden sollte, 1776 gemacht wurde. Kaum dreizehn Jahre später hatte sich das Gedankengut der Französischen Revolution bereits weit genug davon entfernt, daß in der *Erklärung der Rechte des Menschen und des Bürgers* festgehalten wurde: »Frei und gleich an Rechten werden die Menschen geboren und bleiben es.«

Die französische Erklärung, die zwar in ihrer Prämisse falsch ist, läßt einen Spielraum, Jeffersons Phrase hingegen, als absolute Wahrheit postuliert, ist eindeutig falsch und läßt keinen. So blieb das amerikanische Gedankengut – zunehmend verzerrt und unglaubwürdig – fast 200 Jahre lang an ein Kreuz revolutionärer Propaganda festgenagelt, an ein kurzlebiges politisches Schlagwort, das nicht einmal sein kluger Autor heute noch ernst nehmen würde. In unserer religiösen Anschauung sind wir längst keine Fundamentalisten mehr, die zeitgenössischen Sozialtheoretiker klammern sich jedoch immer noch an antiquierte Glaubensbekenntnisse.

Die geschlechtliche Rekombination sorgt für Vielfalt unter den Lebewesen. Diese Vielfalt wird durch die Wertung der Umwelt zur Ungleichheit.

Ich habe jede Rekombination als »genetischen Vorschlag« bezeichnet: ein neues einzigartiges Wesen wird in einer bestimmten Umwelt dem Test der Entwicklung unterzogen. Dieses Wesen, dieses befruchtete Ei, dieser von düsteren Himmeln und der Schlange noch unberührte Genotypus wird im Mutterleib zum erstenmal auf die Probe gestellt. Es erfolgt Teilung auf Teilung in Übereinstimmung mit der kodifizierten Anordnung des genetischen Materials. Das fötale Leben kann in den ursprünglichen Instruktionen einen Fehler haben: dann wird der Vorschlag zurückgezogen und das Wesen absorbiert. Verläuft die Entwicklung ohne Hindernis, wird also aus dem genetischen Vorschlag durch die Geburt ein unabhängiges Wesen, dann begegnen wir bereits der Überlegenheit: die Lebenden sind den Toten überlegen, die Geborenen den Ungeborenen.

Jetzt haben wir auch schon einen Phänotypus vor uns. Das ist ein äußerst wichtiger genetischer Terminus. Der Genotypus ist jenes unabhängigste aller Wesen, das zufällig befruchtete Ei, niemandem verpflichtet als seinen genetischen Erinnerungen, die sich vereinigt haben, um es hervorzubringen. Der Phänotypus ist das Ei plus Erfahrung. Schon im Mutterleib kann der sich entwickelnde Fötus nicht genügend abgeschirmt worden sein: von Unterernährung, Drogen, Krankheit, Unglücksfällen oder Alkoholismus der Mutter. Bereits im Mutterleib ruft die Umwelt bestimmte Veränderungen im genetischen Schicksal hervor. Das Neugeborene ist bereits ein Phänotypus, ein durch die Umwelt beeinflußter Genotypus. Und wenn das neue Lebewesen mit den verschiedensten Erfahrungen konfrontiert wird, kommt es zur Wechselwirkung zwischen genetischer Bestimmung und Umwelteinflüssen, die dem Phänomen der individuellen Existenz neue Richtungen weist, neue Farbtöne gibt.

Der Zufall der Empfängnis bedingt, daß zwei Lebewesen niemals genetisch identisch sind; die Zufälle des Lebens bedingen, daß zwei Lebewesen niemals genau den gleichen Entwicklungsvorgang verfolgen. Die Verschiedenartigkeit unserer Anfänge ist durch die Verschiedenartigkeit unserer Geschichte gegeben. Bis auf einen gewaltigen Unterschied: Unser Beginn ist vom Zufall diktiert, unsere Lebenswege, so verschiedenartig sie auch sein mögen, sind es keineswegs. Jede Population von Menschen oder Waldmäusen, von Meerkatzen oder Silberlöwen muß sich in der Natur mit ungefähr der gleichen Umwelt auseinandersetzen, mit den gleichen Anforderungen, Gefahren und Möglichkeiten. Eine Vielfalt von Lebewesen begegnet einer einzigen Form des Seins. Unordnung trifft auf Ordnung.

Die Einmaligkeit dieses Spielfeldes bringt die Ungleichheit der Spieler an den Tag. Bis zu einem gewissen Grad allerdings fördert die Umwelt die Gleichheit, indem sie hoffnungslose Varianten ausschaltet. Ein junges Zebra, das seiner Familie nicht folgen kann, wird vom Löwen gefressen. Ein krankes Karibu gehört dem Wolf. Alle Überlebenden haben etwas gemein: Sie haben überlebt. Auch bei der Formung des Phänotypus fördert die Umwelt bis zu einem gewissen Grad die Gleichheit. So verschiedenartig wir zuerst noch sind, wir lernen unsere Lektion vom selben Lehrer. Doch sind der Ausbildung von Muskeln, Verhalten und Geist im Sinn der einheitlichen Umweltansprüche bestimmte Grenzen gesetzt. Die Erfahrung kann die Möglichkeiten des zufälligen Eis fördern oder reduzieren, aber sie kann nicht erschaffen, was nicht vorhanden war. Und wir können unseren Nachfahren nicht die Muskeln oder die Klugheit weitergeben, die wir im Überlebenskampf erworben haben.

Daß erworbene Merkmale vererbt werden können, war – wie wir wissen – eine Entwicklungsinterpretation Lamarcks. Darwin, außerstande, die Variation der Lebewesen zu erklären, kam oft in Versuchung, sich dieser Interpretation anzuschließen, doch zum Glück blieb er größtenteils standhaft. Der Lamarckismus wurde im Laboratorium ungezählte Male widerlegt. Viele Mäusegenerationen haben ihre Schwänze geopfert – es wurden wieder Mäusekinder mit Schwänzen geboren. Jemand hat einmal spöttisch bemerkt, die Opferung der Mäuseschwänze sei völlig sinnlos gewesen, wo doch die Juden seit Jahrtausenden die Vorhaut entfernen, ohne daß dies auf die männlichen Nachfahren irgendeinen Einfluß gehabt hätte. Trotzdem glauben die Marxisten in ihrer Naivität heute noch immer, daß ein neues Gesellschaftssystem einen neuen Menschen hervorbringen wird. Das ist Lamarckismus, und Lyssenko war sein Prophet, von Stalin mit Macht und Glorienschein versehen. Diese Macht verbannte die westliche Genetik aus der sowjetischen Wissenschaft, wie sie N. I. Wawilow, einen der bedeutendsten Genetiker der Welt, in ein sibirisches Arbeitslager verbannte, wo er 1943 starb. Lyssenko ist heute von der marxistischen Bildfläche verschwunden; doch das Versagen der russischen Landwirtschaft erinnert ständig an ihn. Von der Erinnerung an Wawilow blieben keine Spuren zurück, am allerwenigsten bei jenen, die in jugendlicher Schwärmerei Marxismus und Progressivität gleichsetzen und den Wettstreit der Menschen und Ideen mit politischer Konterrevolution verwechseln.

Eine Wissenschaft, die so mathematisch, so abstrakt ist wie die Genetik, kann zum Glücksrad der Politik werden. Es ist auch denkbar, daß eine brutale Macht mittels entsprechender Umwelt schon das Neugeborene in phänotypisches Mittelmaß zwingt. Gleich nach der Geburt könnte es in die Sicherheit, in den Konformismus flüchten. Zum Glück ist das eine evolutive Unmöglichkeit, wie auch Konrad Lorenz in seinem Buch ›Das sogenannte Böse‹ nachgewiesen hat. Ist die Umwelt auch noch so hart, jedes Lebewesen wird diese Härte herausfordern, wird nach Nonkonformität streben und mit Hilfe einer angeborenen Aggressivität sein genetisches Potential zu verwirklichen suchen. Der Trieb, sich zu erfüllen, die Möglichkeiten der eigenen Begabung zu perfektionieren, ist Teil unserer genetischen Veranlagungen.

Im Zusammenhang mit der vorliegenden Untersuchung kann man sagen: die Aggression ist eine den Spezies angeborene natürliche Garantie, daß die Unordnung – die durch die geschlechtliche Rekombination entstandene Mannigfaltigkeit – sich ungestört entwickeln kann. Der englische Psychoanalytiker Anthony Storr, der in seiner Arbeit ›Human Aggression‹ die von Konrad Lorenz aufgestellten Thesen auf hervorragende Weise weiterführt, schreibt über Kinder:

»Es gibt einen Trieb, sich an die Mutter festzuklammern, um ihrer Zuneigung und ihres Schutzes sicher zu sein. Doch es gibt auch den Trieb, die Umwelt zu erforschen und zu meistern, unabhängig zu handeln ... Es ist eine wichtige Funktion des Aggressionstriebes, dafür zu sorgen, daß die Mitglieder einer Spezies genügend unabhängig werden, um für sich selbst zu sorgen und später einmal ihre eigenen Jungen zu beschützen.«

Storr zitiert die amerikanische Analytikerin Clara Thompson über dasselbe Thema:

»Die Aggression muß keineswegs immer zerstörend sein. Sie entspringt einer angeborenen Neigung, zu wachsen und das Leben zu meistern, die für alles Lebende charakteristisch zu sein scheint. Nur wenn diese Lebenskraft in ihrer Entwicklung gehemmt wird, treten Ärger, Wut oder Haß als zusätzliche Faktoren hinzu.«

Man könnte vielleicht sagen, daß Rebellion und Wettkampf die Partner der Aggressivität sind. Dabei müssen wir gar nicht an Darwins »Überlebenskampf« denken oder an das »Überleben des Tauglichsten«, wie es im 19. Jahrhundert zum Schlagwort geworden war. Hier geht es um keinen so hohen Einsatz, und Lorenz weist mit Recht darauf hin, wie selten der Schauplatz tierischer Entscheidungen mit Leichen bestückt ist. Die Selbstbehauptung des Individuums, nicht die Vernichtung des Feindes ist das eigentliche Ziel der Aggression. Eine solche Aggression aber verlangt nach Wettbewerb. Ich zitiere nochmals Storr:

»Die natürliche Veranlagung zur Aggression braucht eine Opposition. Allzu nachgiebige Eltern geben dem Kind nichts, wogegen es sich auflehnen kann, keine Rechtfertigung des angeborenen Wunsches nach Unabhängigkeit. Kein Kind kann seine jungen Kräfte erproben, wenn es in einem Sirup umherschwimmt.«

Die in unseren Genen kodifizierte Aggression fordert die volle Entwicklung eines Individuums als natürliche Notwendigkeit. Und die Verschiedenartigkeit der Individuen, die alle ähnlich kodifiziert sind, verlangt den Wettstreit, ohne den es keine natürliche Auslese gibt. Und schließlich bringt der Wettstreit zwischen Angehörigen einer Population nicht nur das genetische Material unseres Ursprungs zur Reife, sondern bestimmt – durch unendliche Auswahl – auch die Ungleichheit in bezug auf die Anforderungen der Umwelt.

»Die menschliche Evolution basiert auf der Ungerechtigkeit«, schrieb Sir Arthur Keith vor fünfundzwanzig Jahren. Ich bin selten anderer Meinung als dieser bewundernswerte Anthropologe, hier jedoch hat er unrecht. Die Evolution des Menschen basiert wie die Evolution der Schwalben auf der Erkenntnis der Ungleichheit und der Selektion unter Ungleichen. Ungerechtigkeit beginnt erst dort, wo falsche Wertkategorien gelten; wo der Wert nicht anerkannt, wo Unwertes gelohnt wird. Obwohl die Ungerechtigkeit als signifikant für das menschliche Leben bezeichnet werden muß – vom Menschen selbst in Dimensionen gehoben, die die Tierwelt nicht kennt –, hat sie nichts mit der Evolution an sich zu tun. Von der natürlichen Auslese aus gesehen ist Ungerechtigkeit eine Fehlanpassung.

Ich habe betont, daß unter Lebewesen mit geschlechtlicher Fortpflanzung Gleichheit von Natur aus unmöglich ist. Dazu möchte ich nachdrücklich feststellen, daß in der Geschichte der Wirbeltiere bis herauf zum Menschen die Gleichheit der Möglichkeiten ein Naturgesetz ist. Diese Möglichkeiten werden von den Totalitären ebenso zunichte gemacht wie von den Gleichheitsaposteln.

Zwei Entwicklungen haben die Evolution während der letzten 500 Millionen Jahre gekennzeichnet. Die erste war die der Insekten und ihrer im Meer wohnenden Verwandten, wie zum Beispiel der Hummer; sie alle haben weiche Körper, die von einer harten Schale umschlossen sind. Die zweite betrifft die Wirbeltiere, bei denen ein weicher Körper ein hartes Skelett umschließt. Wohl gibt es Abweichungen, wie zum Beispiel bei der Schildkröte und beim Gürteltier mit ihren harten Panzern, doch im allgemeinen liegt unsere Stärke im Rückgrat – vom urzeitlichen Fisch bis herauf zum Löwen oder Vogel.

Obwohl die Wirbeltiere heute dominieren, ist ihre triumphale Stellung nicht ganz eindeutig. Laut Simpson gibt es unter den heute lebenden mehr als eine Million Spezies nur vierzigtausend Wirbeltiere. Bei einer künftigen Katastrophe könnten sehr wohl die Insekten uns alle überleben. Doch das Experiment des Lebens hat in der Anatomie wie im Verhalten für Streuung gesorgt.

Das Insekt ist größtenteils vom programmierten Instinkt als Verhaltensmaßstab abhängig, das Wirbeltier vom programmierten Lernen. Und die endgültigen Resultate im Intelligenzwettbewerb stehen noch nicht fest.

Das Insekt ist natürlich keineswegs ausschließlich abhängig von den kodifizierten Instruktionen seines genetischen Materials. Dem holländischen Ethologen G. P. Baerends ist es gelungen, die beachtliche Lern- und Gedächtnisfähigkeit der Grabwespe nachzuweisen. Das Weibchen gräbt ein Loch, tötet oder lähmt eine Raupe, legt ihre Eier darauf und gräbt sie ein. Dann gräbt sie ein oder zwei weitere Löcher und wiederholt diesen Vorgang. Inzwischen sind die Jungen im ersten Loch aus dem Ei geschlüpft und haben die Raupe verzehrt. Die Wespe öffnet jedes Loch von neuem und stopft weiteren Vorrat hinein.

Bis zu diesem Punkt kann man die Handlungsweise des Grabwespenweibchens als ausschließlich instinktgelenkt bezeichnen. Doch Baerends stellte fest, daß die Wespe jeden Morgen alle drei Löcher öffnete, bevor sie sich auf Raupensuche begab. So nahm er aus einem Loch Vorrat heraus und schwindelte ihn in ein anderes, noch bevor die Wespe ihre Morgeninspektion machte. Für gewöhnlich wurden sechs bis sieben Raupen benötigt. Und die Wespe versah tatsächlich die Löcher, die er bestohlen hatte, mit mehr und jene, die er versorgt hatte, mit weniger Raupen. Sie war also nicht nur imstande, zwischen den jeweils erforderlichen Mengen zu unterscheiden, sondern sie merkte sich während ihrer fünfzehnstündigen Raupenjagd auch den unterschiedlichen Bedarf der Nester.

Niko Tinbergen, der Pionierethologe aus Oxford, bemerkt hierzu, daß dieser Grad an Lernfähigkeit zwar erstaunlich, das Lernen jedoch auf eine ganz bestimmte instinktive Handlung beschränkt sei. Man könne nicht behaupten, die Grabwespe habe zählen gelernt; sie hat nur ein sehr anspruchsvolles Instinktprogramm aus der Erfahrung ergänzt. Diese Ausbildung einer Fähigkeit hat vielleicht zur Kastenbildung bei den in Gemeinschaft lebenden Insekten geführt.

So wie die Wirbeltiere haben auch die Insekten ihre spezifischen Gesellschaften entwickelt. Seit der Jahrhundertwende haben Entomologen die erstaunliche soziale Organisation der Ameisen, der Termiten und der Bienen erforscht. Am berühmtesten sind wahrscheinlich die Untersuchungen Karl von Frischs über die Honigbienensprache, die sich in Tänzen ausdrückt. Bei allen diesen Gesellschaften wird das Mitglied in seine Rolle oder in eine Anzahl von Rollen hineingeboren. Das Vorhandensein der Kasten hat uns gezeigt, wie weit zurück die Entwicklung der ersten Gesellschaften liegt. Kürzlich wurde in New Jersey ein Stück Bernstein gefunden, dessen Alter auf etwa 100 Millionen Jahre geschätzt wird. Eingeschlossen in dem Bernstein – wie um Zeugnis abzulegen beim Jüngsten Gericht – war eine Arbeiterameise!

Die Entwicklung von Lebenssystemen, die von programmierten Instinkten bestimmt werden, findet einen selektiven Vorteil in spezialisierten Klassen von Lebewesen, nicht aber im Individuum. Doch die Entwicklung von Lebenssystemen, die auf programmiertem Lernen beruhen, findet einen selektiven Vorteil in der zufälligen Außerordentlichkeit von Individuen, nicht aber in festgefügten Kasten. Bei allen Wirbeltiergesellschaften sind lediglich zwei Rollen biologisch determiniert, die des Männchens und die des Weibchens. Im übrigen bleibt das Individuum sich selbst überlassen. Ausnahmen sind so selten, daß sie einer Betrachtung wert scheinen.

Der Kampfläufer ist ein Vogel, dessen Gewohnheiten ich in meinem Buch ›Adam und sein Revier‹ beschrieben habe. Im Frühling wächst dem unternehmungslustigen Männchen eine prächtige Federhalskrause von solcher Buntheit, daß nicht ein Vogel dem anderen gleicht. Dann ziehen sie sich auf die sogenannten »Hügelplätze« an der holländischen Küste zurück. Dort stellt sich jeder Vogel auf seinem kleinen Hügel in Positur, stolziert umher und kämpft mit dem Rivalen. Etwas später erscheinen die Hennen zur Kopulation. Kürzlich angestellte Beobachtungen konnten hier Verhaltensfeinheiten feststellen, die bisher unbekannt waren.

Unter den Männchen gibt es zwei Klassen, die territorialen Männchen – echte Gladiatoren – und die Satellitenmännchen. Die dominierende territoriale Klasse zeichnet sich durch eine heller gefärbte Halskrause und ein höchst aggressives Verhalten aus. Der Satellit hat eine dunklere Halskrause, geht jedem Konflikt aus dem Weg und bleibt ergeben in der Nähe seines Herrn. Gelegentlich darf er – mit Billigung des territorialen Männchens – ein- oder zweimal kopulieren. Die Beobachter kamen zu dem Schluß, daß die Klassen – wie braune oder blaue Augen – genetisch bedingt seien. Die Verbindung zwischen Färbung und Verhalten entsteht durch den sogenannten Polymorphismus; das ist ein genetischer Terminus für die Bestimmung verschiedener Merkmale durch ein einziges Genpaar oder durch das Zusammenwirken einer Gengruppe. Die Kastenzugehörigkeit wird beim Kampfläufer nicht direkt vererbt, sie kommt durch die übliche zufällige geschlechtliche Rekombination zustande, tritt jedoch in jeder Generation in einem konstanten Verhältnis auf.

Ist dieser Schluß richtig, dann weist der Kampfläufer das einzige genetisch bestimmte Klassensystem innerhalb einer Spezies auf, dem ich bei den Wirbeltieren bis jetzt begegnet bin. Es gibt aber auch Beispiele einer sozialen Determinierung, die an menschliche Verhältnisse erinnern. Sie kommen bei verwandten Affenarten vor, beim japanischen *Macaca fuscata* und beim Rhesusaffen, vielleicht auch bei anderen Affenarten.

Das japanische Äffchen ist das soziale Genie in der Primatenfamilie. Der kleine Affe, der seit vielen Jahren von japanischen Wissenschaftlern erforscht wird, lebt in den vielleicht größten organisierten Gesellschaften, die von Primaten – humanen und subhumanen – erreicht wurden, bevor der Mensch die ersten Städte gründete. In diesen Kolonien leben die Männchen in einer bestimmten Rangordnung, wie es bei den meisten Affenarten üblich ist. Ungewöhnlich ist dagegen eine ähnliche Ordnung unter den Weibchen. Beobachtungen weisen sogar darauf hin, daß – falls die Kolonie nicht zu groß wird – der Sohn eines ranghohen Weibchens weit bessere Chancen hat, unter den Männchen einen hohen Rang zu erreichen. Kinji Imanishi kommt zu dem Schluß, daß ein Sohn, der mit einer besonders erfolgreichen Mutter auszukommen gelernt hat, auch die besten Chancen hat, mit ebenso dominierenden Männchen fertig zu werden.

Der verwandte indische Rhesusaffe wurde im Labor gründlicher als alle anderen Primaten studiert. Vor dreißig Jahren brachte C. R. Carpenter, der Pionierforscher von Primaten in freier Wildbahn, eine große Anzahl dieser Tiere von Indien auf die winzige Santiagoinsel vor der Küste von Puerto Rico. Die von ihm errichtete Kolonie ist heute noch vorhanden und wird ständig beobachtet. Vor kurzem konnte man dort ein ähnliches Verhalten feststellen wie Imanishi in Japan.

Auch das Rhesusäffchen lebt in ziemlich großen organisierten Horden, wo es eine Rangordnung der Weibchen gibt. Und bei den meisten Horden gelingt es den heranwachsenden Söhnen dominierender Weibchen, weit ältere Mitglieder in der männlichen Hierarchie zu überrunden. Carl Koford berichtet allerdings über eine merkwürdige Beobachtung, die solche Sitten unnatürlich erscheinen läßt. Zwei junge Prinzlinge, die einen hohen Rang erhalten hatten, verschwanden aus ihrer Horde und wurden zu Einzelgängern. Später schlossen sie sich anderen Banden an, wo sie einen niederen Rang einnahmen. »Vornehme Geburt erlaubt ein schnelles Vorwärtskommen in der sozialen Hierarchie, aber sie garantiert nicht die Nachfolge in der Führerrolle.«

Eines Tages werden wir mehr über dieses Thema wissen. Im Augenblick sind das meines Wissens die beiden einzigen Wirbeltierspezies, bei denen es eine soziale Diskriminierung gibt. Und eben diese Ausnahmen bestätigen die Regel. Gleichheit der Chancen ist ein Gesetz der Wirbeltiere. Die Trennung der Geschlechter ist überall vorhanden und sorgt automatisch für Arbeitsteilung. Doch abgesehen davon findet die Bewertung der Ungleichen sozusagen auf freiem Feld statt, das heißt ohne jede Einschränkung.

Die tierische Gerechtigkeit war vielleicht das erste Naturgesetz, das der zivilisierte Mensch systematisch zu verletzen begann. Vorteile der Geburt sind keine Garantie für genetische Überlegenheit. Jede Einschränkung durch Kasten, Klassen, Berufe oder Besitz verzerrt oder unterdrückt im heranreifenden Individuum die phänotypische Entfaltung der genetischen Begabung. Der Zufall der Nacht mit allen seinen reichen Variationsmöglichkeiten wurde beim Menschen, sozial gesehen, zu einer Fehlgeburt. Wohl hat es Revolutionen gegeben. Viel öfter jedoch findet man in der Menschheitsgeschichte den Verfall von Imperien, das Verschwinden von Königreichen, das Verlöschen genetisch verbrauchter Völker – alles Folgen einer ungerechten Ordnung.

Wir werden uns bald den Ungleichheiten der Populationen zuwenden. Doch vorerst müssen wir uns klarmachen, daß die animalische Gerechtigkeit die Fairneß, die Freiheit und die Offenheit eines Wettstreits zwischen Ungleichen widerspiegelt. Gäbe es keine Ungleichheit, so hätte die Gerechtigkeit keine Funktion. Mag sein, daß das Gleichheitsideal, das sich über die Natur des Menschen hinwegsetzt, deshalb so leicht in die Tyrannis führt.

Die Genetikergruppe der dreißiger Jahre – Wright, Fisher, Haldane – bestätigte mit ihrer Mathematik die allgemeinen Prinzipien der Mendelschen Gesetze. Doch sie ging noch einen Schritt weiter und begründete die Wissenschaft der Populationsgenetik. Ihr folgte eine neue Generation von Entdeckern der Gene – Dobzhansky, Ernst Caspari, C. D. Darlington, Kenneth Mather, C. H. Waddington, J. M. Thoday und viele andere –, die die Molekularexplosion von James D. Watson und Francis Crick vorbereitete. Eine ausgezeichnete Einführung für den Laien ist das Buch ›The Language of Life‹ von George und Muriel Beadle. Dr. Beadle erhielt den Nobelpreis für Medizin auf Grund seiner Forschungsarbeiten auf dem Gebiet der Genetik und war vor Jahren Präsident der Universität von Chikago. Die ersten Sätze des Vorworts lauten:

»Wenn wir für den Nichtwissenschaftler über Genetik schreiben, haben wir nicht die von C. P. Snow beschriebene Kluft zwischen den beiden Kulturen zu überbrücken, sondern jene, die sich zwischen Menschen auftut, die vor oder nach den fünfziger Jahren wissenschaftlichen Unterricht erhielten.«

Wenn prominente Persönlichkeiten des akademischen Lebens über Naturwissenschaften sprechen, meint man oft, sie hätten keinerlei Ausbildung erhalten. Wir dürfen jedoch nicht so voreilige Schlüsse ziehen. Diese Männer sind ganz einfach zu früh zur Schule gegangen.

Die Populationsgenetik hat die Biologie auf den Kopf gestellt. Ernst Mayr von der Harvard-Universität schreibt: »Die Ablöse des typologischen Denkens durch ein Populationsdenken ist vielleicht die größte theoretische Revolution in der Biologie.« Wie der Ausfall einer Atomexplosion so breiteten sich die Folgen dieser Revolution weit über die unmittelbare Nachbarschaft der Biologie aus. Sie hat die Nationalökonomie und deren Vorliebe für den typisch ökonomisch orientierten Menschen beeinflußt; sie hat die Psychologie des Behaviorismus und ihren Widerwillen gegen die menschlichen Varianten beeinflußt; sie wird dieses Kapitel und unsere Auseinandersetzung mit dem Zufall der Nacht beeinflussen.

Das Populationsdenken kennt keine Uniformität, es rechnet mit dem Variabilitätsbereich verschiedener Individuen in einer Gruppe. Der Variabilitätsbereich, nicht der Durchschnitt, ist die Realität. In seiner klassischen Studie ›Mankind Evolving‹ schreibt Dobzhansky: »Die Annahme der psychischen Einheit oder Einheitlichkeit des Menschen ist wahrscheinlich der Angelpunkt für viele Arbeitsphilosophien von Anthropologen, Psychologen, Soziologen wie auch Biologen.« Eine solche psychische Uniformität der Menschheit ist genauso unmöglich wie die Gleichartigkeit aller Mitglieder einer Pfadfindergruppe. Die Populationsgenetik akzeptiert den Variabilitätsbereich als eine Realität und läßt den nicht existierenden Durchschnittsmenschen in die Versenkung verschwinden.

Populationsgenetik ist ein ungebärdiges Kind der Mathematik, in einem Wald undurchdringlicher Gleichungen geboren. Sie ist aus dem Wald aufgetaucht und heute an jeder Straßenecke der Gedankenwelt zu finden – als eine Philosophie, die von Wahrscheinlichkeiten spricht, nicht von Gewißheit, von Horizonten, nicht von Taubenschlägen. Sie anerkennt den Wandel, lehnt das Unveränderliche ab und akzeptiert die Unordnung als Basis der Ordnung. Es ist eine Denkart, die offenbar scharfsinniger ist als unsere primitive und kindliche Anhänglichkeit an den Typus. Vielleicht sind wir noch nicht reif dafür. Jedenfalls steht das Denken in Populationen im Einklang mit der Natur und nicht im Widerspruch zu ihren Gesetzen. Und deshalb ist es revolutionär. Der größte Beitrag der Biologie des 20. Jahrhunderts betrifft vielleicht nur nebenbei das menschliche Wissen; in letzter Konsequenz betrifft er das Wie des menschlichen Denkens.

Die zufallsbestimmten Folgen der geschlechtlichen Rekombination waren auch für die Natur und nicht nur für den Naturforscher ein Problem. Die Möglichkeiten zur Vielfältigkeit sind so unendlich groß, daß eine unbeschränkte sexuelle Vereinigung die Lebewesen in ein Chaos gestürzt hätte. So hat die erste Einschränkung, die Isolation der Spezies, die Aufgabe, die Zufälligkeiten in vernünftigen Grenzen zu halten. Eine sexuelle Vereinigung zwischen Mitgliedern verschiedener Spezies bringt häufig unfruchtbare Nachkommen oder solche mit geringer Zeugungsfähigkeit hervor. Die reproduktiven Isolationsmechanismen sorgen jedoch dafür, daß eine solche sexuelle Vereinigung kaum jemals stattfindet.

Die Isolationsmechanismen, die bewirken, daß die Hundedame den Kater meidet, sind so vielfältig wie die Spezies selbst. Konrad Lorenz hat solche Isolationsmechanismen als »Schloß und Schlüssel« bezeichnet; im allgemeinen ist dieser Ausdruck jedoch nicht so wörtlich anwendbar wie in diesem Fall. Im Norden Kenias zum Beispiel gibt es zwei Zebraspezies, die mitunter in gemischten Herden leben. Das im ostafrikanischen Grasland lebende Zebra mit seinen breiten Streifen ist den Touristen gut bekannt und trägt den Namen Burchell-Zebra. Eine andere Spezies, das Grévy-Zebra, hat wesentlich schmälere Streifen, lebt in den trockenen Gebieten des Nordens und wandert bei Dürre manchmal nach Süden. Dann sieht man die gemischten Herden herumziehen. Doch hat man niemals einen Hybriden angetroffen und niemals den Versuch einer Kopulation beobachten können.

Auch unterschiedliches Verhalten allein kann Spezies isolieren. 1963 hat John Hurrell Crook von der Universität von Bristol eine Untersuchung über den Webervogel veröffentlicht. Dieser Vogel lebt in Kolonien, und zwar immer nur auf einem einzigen Baum. Jedes Männchen webt ein rundliches Nest, das von einem Zweig herabhängt, und die Bäume sehen aus, als wären sie über und über mit seltsamen Früchten behangen. Der gelbe Webervogel, *Ploceus cucullatus*, wählt gern einen Baum in der Nähe eines Dorfes oder eines Hauses, vielleicht um sich vor Schlangen und Wildkatzen zu schützen. So hört man in den ostafrikanischen Touristenunterkünften sehr häufig das Gezwitscher und Geflatter der Webervögel – ein Vergnügen, das in der Rechnung inbegriffen ist. Crook beobachtete auch die schwarzen westafrikanischen Webervögel, *P. nigerrimus*, die gemeinsam mit ihren gelben Verwandten auf Ölpalmen nisten.

In einer so engen Hausgemeinschaft genügt vielleicht schon die unterschiedliche Färbung, um die Spezies an einer Kreuzung zu hindern. Der deutlich ausgeprägte Verhaltensunterschied läßt allerdings darauf schließen, daß die Farbe allein nicht ausreicht. Die Männchen beider Spezies sind – eine Seltenheit bei Vögeln – polygam, bauen mehrere Nester, bevor sie sich nach Hausfrauen umsehen, und verteidigen den ganzen Raum als ihr Territorium. Selbst das Verteidigungsverhalten der Männchen ist unterschiedlich. Der gelbe Vogel stürzt dem Eindringling entgegen, macht an seiner Territoriumsgrenze halt, singt und beendet sein Lied mit einer tiefen Verbeugung. Wie Ritter aus alten Zeiten stehen sie einander gegenüber, schmettern ihre Kampflieder, verbeugen sich in flehender Abwehr. Gelegentlich jedoch breitet sich auf dem Feld der Ehre Verwirrung aus, und zwar dann, wenn der Eindringling ein schwarzer und der Verteidiger ein gelber Vogel ist. Das Verhaltensrepertoire des schwarzen Webervogels kennt weder Lied noch Verbeugung; dieser führt einen erregten Tanz aus. Und so findet man an der Territoriumsgrenze hin und wieder einen singenden, sich verbeugenden gelben Webervogel und ihm gegenüber einen umherhüpfenden schwarzen.

Vermutlich ist ein ähnlicher Verhaltensunterschied bei den Weibchen für die sexuelle Trennung der beiden Spezies verantwortlich. Zur Paarungszeit hängt das gelbe Männchen aus dem Nest heraus und zeigt durch eifriges Flügelschlagen an, welch ein begehrenswerter Nestbesitzer und Partner er doch ist. Kaum fliegt ein Weibchen durch das Geäst, gerät die ganze Kolonie in Aufruhr; je mehr Weibchen auftauchen, desto wilder wird das Flügelschlagen. Doch es kommt nicht zu Kämpfen. Schlüpft das Weibchen in ein Nest, ist die Sache entschieden. Fliegt es vorbei, so findet das Männchen sich damit ab. Bei den schwarzen Vögeln kommt die sexuelle Erregung jedoch ganz anders zustande. Überfliegt ein Weibchen ein Territorium, so nimmt das Männchen die Verfolgung auf. Seine Aufregung teilt sich den anderen Männchen mit, und diese schließen sich der Jagd an. Haben die Weber sich jedoch das falsche Weibchen ausgesucht, dann braucht die gelbe Dame nur im Nest eines Vogels zu verschwinden, der sich nicht an der Jagd beteiligt hat, und sie ist bei den Ihren in Sicherheit.

Ein letztes Beispiel für den Einfallsreichtum der Natur in bezug auf reproduktive Isolation: Bewohnern von Vororten ist der Anblick kopulierender Schnecken auf nächtlichem Rasen ein bekanntes Bild. Wie aber können Schnecken verschiedener Spezies einander im Dunkeln unterscheiden? Ein seltsames Zubehör ihres Liebeslebens liefert die Erklärung. Es heißt *spiculum amoris* oder Liebesspeer und ist ein schmales klingenähnliches Instrument aus dem gleichen Material wie das Schnekkenhaus. Während der Kopulation stößt der eine Partner seinen Liebesspeer in das Fleisch des anderen und löst damit den Höhepunkt der Erregung aus. Versuchen jedoch Mitglieder zweier verwandter Schneckenarten – *Cepaea hortensis* und *C. nemoralis* – zu kopulieren, ergeben sich Schwierigkeiten. *C. nemoralis* hat einen größeren Liebesspeer und auch mehr Kraft. Gehört der Partner der schwächeren Spezies an, dann setzt der stärkere Speerstoß jeder Intimität ein Ende.

Die Liebe ist demnach doch nicht ganz blind. Sexuelles Unterscheidungsvermögen ist ein Produkt der natürlichen Auslese; es beschränkt die Vereinigung auf jene Spezies genannter Tiergruppen, die genügend gemeinsames genetisches Material haben, um die Lebensfähigkeit der Nachkommen wahrscheinlich zu machen. Während theoretisch alle Mitglieder einer Spezies sich paaren können, ist die Auswahl in der Praxis doch wesentlich beschränkter. Die Evolution hat eine weitere Unterteilung hervorgebracht, die Population, um mehr Ordnung in die Vielfältigkeit zu bringen.

Ernst Mayr, die anerkannte amerikanische Autorität auf dem Gebiet der Spezies, bekennt sich zur Definition von Sewall Wright: »Spezies sind Gruppen, deren Unterteilungen sich erfolgreich paaren, um, wo immer sie in Berührung kommen, intergradierende Populationen zu bilden. Zwischen den Spezies selbst kommt es so selten zur Vermischung, daß keine Populationen entstehen.« Mit anderen Worten, Wright akzeptiert die frei sich vermischende Population als echte evolutive Einheit. Kreuzungen finden auch mit benachbarten Populationen statt, bis man an die Grenze der Spezies gelangt, wo keine weiteren Populationen zu finden sind. In seinem Werk ›Animal Species‹ untersucht Mayr ebenso wie Wright die Beziehungen zwischen Populationen, nicht zwischen Individuen. Wenden wir uns also der Population zu.

Simpson hat den Begriff der Population sehr treffend definiert: »Eine Population ist eine Gruppe von Organismen, die einander zwar ähnlich sind, sich jedoch von anderen Organismen, mit denen sie leben, unterscheiden. Sie stammen von einem nicht sehr weit entfernten gemeinsamen Vorfahren ab und leben seit vielen Generationen in der gleichen Umwelt.« Der amerikanische Psychologe John B. Calhoun hat diese Definition noch erweitert: »Unter einer Population verstehen wir eine nicht allzu weit verstreute Gruppe einer einzigen Spezies, die durch genetische und kulturelle Kontinuität durch mehrere Generationen charakterisiert ist. Die Population ist die größte Einheit, in der das Leben von Individuen realisiert wird.« In der Spezies Mensch kann man Nationen und Stämme als solche große Einheiten verstehen.

Für unsere Diskussion genügt es, eine Population als Gruppe von Lebewesen zu definieren, die eine ähnliche Umwelt haben, wo Männchen und Weibchen Gelegenheit geboten wird, sich kennenzulernen, zu paaren und fortzupflanzen. Wo diese Gelegenheit unwahrscheinlich wird, liegt die Grenze der Population. Nehmen wir zwei afrikanische Stämme wie die Kikuyu und die Massai: sie wohnen in benachbarten Regionen Ostafrikas, sind aber durch Sprache, Tradition, Sitten und unterschiedliche Lebensformen – hier Ackerbau, dort Viehzucht – voneinander getrennt. Da die Massai von Zeit zu Zeit Kikuyudörfer überfallen, um sich von dort Frauen zu holen, kommt es zu einer gewissen Vermischung. Trotzdem handelt es sich um physisch wie psychisch deutlich voneinander abweichende Populationen, wo jedes Individuum seine größte Realitätseinheit in seinem Stamm findet und nicht in dem Land namens Kenia. Daß die Grenzen der Populationen selten mit den Grenzen der Nationen identisch sind, ist das Kernproblem des unabhängigen Afrika.

Bei den Menschen ist im allgemeinen die Sprache die eindeutigste Grenze zwischen Populationen, weshalb die Sprachgrenze zumeist auch den politischen Grenzen entspricht; Schwierigkeiten ergeben sich auch sehr oft in jenen Nationen, die mehrere Sprachengruppen umfassen. Doch selbst in einer Population mit gemeinsamer Sprache sorgen Religion, Geographie, Sitten, Berufe und schließlich noch das Bildungsniveau dafür, daß die Wahrscheinlichkeit des Sichkennenlernens und der Paarung auf kleinere Gruppen reduziert wird. Die kleinste Einheit, die dazu eine echte Chance bietet, bezeichnet man als Deme oder Isolat, und Dobzhansky vermutet, daß Isolate auch heute nur in die Hunderte, selten in die Tausende gehen. Ehestatistiken in Frankreich haben sonderbarerweise gezeigt, daß Isolate in Gebirgsgegenden durchschnittlich 1100 Menschen umfassen, in Paris hingegen, wo man eine Vermischung auf breiter Ebene erwarten würde, nur 900.

Innerhalb solcher Isolate ist der Genaustausch vollständig. Man kann ihre Existenz jedoch nicht als Folge unserer kulturellen Vielfältigkeit erklären, denn Isolate bei Tierspezies sind erstaunlicherweise oft von ähnlicher Größe. Etwa 900 Präriehühner in Wyoming sind durch ihre Anhänglichkeit an einen bestimmten Paradeplatz, wo alle Kopulationen stattfinden, isoliert. Ähnlich sind Helmut Buechners Ugandaböcke durch ihr bevorzugtes Revier in reproduktive Gruppen von 1000 oder noch weniger Tieren unterteilt. George Bartholomews Untersuchung einer Brutkolonie von Pelzrobben auf St. Paul Island in Alaska ergab 800 Kühe und 40 Bullen.

In zwei getrennten Gebieten des Serengeti-Reservats in Tansania leben etwa 900 Elefanten. Da die hin und her wechselnden Mitglieder der männlichen Gruppen im westlichen Teil des Reservats anscheinend untereinander bekannt sind, ist anzunehmen, daß es sich um eine reproduktive Einheit handelt.

Wright, Simpson und viele andere sind der übereinstimmenden Ansicht, daß die Überlebenschance für die gesamte Population desto größer ist, in je mehr reproduktive Isolate eine Population zerfällt. Jedes Isolat entwickelt im Lauf der Generationen seinen eigenen Genpool, in dem sich der Zufall einer ungünstigen Paarung auf ein Minimum reduziert, während eine genügend große Anzahl von Mitgliedern für ausreichende Vielfalt sorgt. Eine zufällige günstige Mutation kann sich in einer so kleinen Gruppe auf alle Mitglieder verteilen. Die genetische Drift – eine allmähliche genetische Veränderung ohne bestimmten Grund – wird der Gruppe im Lauf von Generationen einen spezifischen genetischen Charakter geben. Wie immer das Schicksal des einzelnen Isolats sein mag, der Vorteil für die Population ist einleuchtend. Wir haben festgestellt, daß die Population, ungeachtet ihrer Fortpflanzungsgruppen, eine weitgehend uniforme Umwelt vorfindet. Doch ebensowenig wie zwei Individuen einander jemals völlig gleichen, können auch die Genpools zweier Isolate nicht identisch sein. Bei Veränderungen der Umwelt – Dürre, Raubtiereinfälle, Verschiebungen in der Nahrungsmittelversorgung, Seuchen – werden manche Gruppen besser geeignet sein, sich den neuen Gegebenheiten anzupassen. Und wenn die eine oder andere schwächere Gruppe zugrunde geht, wird der Rest sich mit den überlebenden Gruppen vermischen.

Der Begriff der Zeit – das Bild einer Population, die nicht nur in einem gegebenen Raum, sondern in sich verändernder Umwelt unzählige Generationen überlebt – hat das völlig neue Denken in Populationen hervorgebracht. Das Individuum mag sterben; in seinem Beitrag zur Population wird es unsterblich. Individuen mögen verschieden sein; im Variationsbereich liegt die Stärke der Population. Individuen können Erfolg haben oder versagen; die Summe ihrer Erfolge bedeutet das Überleben der Gruppe. Das Leben des einzelnen mag ereignislos verlaufen; sein genetischer Beitrag zur Population kann unter veränderten Umständen von entscheidender Bedeutung sein. Nicht das Individuum, die Population entwickelt sich.

Der co-adaptierte Genpool – das Reservoir genetischer Möglichkeiten einer ganzen Population – wurde von Waddington als das fortschrittlichste Konzept bezeichnet, das wir heute kennen. Die natürliche Auslese hat den Pool der Gene allmählich auf jene beschränkt, die sich mehr oder weniger miteinander vertragen. Durch diesen oder jenen Mechanismus – durch die

Verschiedenheit der Isolate, durch die stille Reserve der rezessiven Gene – ist aber auch eine Rückversicherung gegenüber einer ungewissen Zukunft gegeben.

Heterozygotie ist ein unheimliches Wort, doch gibt es kein Synonym dafür. Heterozygotie heißt Mischerbigkeit und bezeichnet ein Genpaar, bei dem das eine dominant ist und das typische Merkmal aufweist, während das andere rezessiv ist und nichts aufweist. Jemand hat braune Augen. Ist er homozygot – das heißt, seine beiden Gene sind dominant braun –, so kann er ausschließlich braunäugige Kinder haben. Ist er heterozygot, sind alle Möglichkeiten offen. Schon vor langer Zeit hat Kenneth Mather bewiesen, daß die Homozygotie, die die meisten Merkmale der Population steuert, diese für die gegenwärtigen Umstände am besten ausrüstet, während die verborgenen rezessiven Gene der Heterozygotie für bessere Chancen in der Zukunft sorgen. Damit hat die natürliche Auslese mehr Material zur Verfügung, und die Population vermag in Notzeiten »etwas Neues aus dem Zylinder zu zaubern«, wie Waddington sich ausdrückt.

Verschiedene Genetiker, vor allem J. M. Thoday, weisen auf die verblüffende Wandlung hin, die das althergebrachte Klischee vom »Überleben des Tauglichsten« bis heute durchgemacht hat. Die Populationsphilosophie fordert, daß wir von einer Tauglichkeit für heute *und* morgen sprechen. Ob wir nun eine Gruppe von Organismen auswählen, einen neuen Ideenbereich oder eine politische Partei, wir dürfen nicht nur die wahrscheinlichsten Aussichten für ein Überleben heute beurteilen, sondern auch die Fähigkeit, sich einer ungewissen Zukunft anzupassen.

Das Individuum, das im Klima von heute schlechte Chancen hat, kann uns im Klima von morgen retten; verschiedenartige Isolate verteilen das Risiko und verringern die Gefährdung der Population; rezessive Gene, da und dort verborgen, warten auf eine neue Umwelt, um selektive Alchimie zu betreiben – die Umwandlung von Schlacke in glänzendes Metall. Die Populationsphilosophie bringt Präzision in die Bewertung der Unordnung.

Die neue Denkungsart gibt uns auch einen neuen Maßstab für Populationen. Seit Melville Herskovits und seinem Kulturrelativismus war es in der Anthropologie Mode, alle Kulturen und menschlichen Bevölkerungen als gleich anzusehen. Die Argumente klingen bestechend. Da die Umwelten verschieden sind und jede Population ihre eigene Antwort auf die Herausforderung, der sie sich gegenübersieht, hat, kann man schwerlich

Bewertungen aufstellen. Der primitivste Stamm kann sich vielleicht tatsächlich besser an eine feindselige Umwelt anpassen als die fortgeschrittenste Nation. Aber der Kulturrelativismus basiert auf dem Begriff der Tauglichkeit, wie er *vor* der Populationsgenetik en vogue war. Er kennt nur einen einzigen Gradmesser – die Anpassungsfähigkeit eines Volkes an eine augenblickliche Situation. Er ignoriert die Fähigkeit eines Volkes und seiner Kultur, sich angesichts von Veränderungen erfolgreich weiterzuentwickeln. »Die Variation innerhalb einer Population ist das Rohmaterial der Evolution«, schrieb Haldane 1949. Diese Variabilität kann in Zeiten immer rascherer und größerer Veränderungen das einzige echte Aktivum der Population darstellen.

Will sie überleben, muß sich die Population weitgehend an ihre Umwelt anpassen. Wäre die Tauglichkeit in der Gegenwart das einzige Kriterium, der Kulturrelativismus hätte eine solide Basis. Doch Anpassung kann auch allzu perfekt sein. War eine Selektion in Richtung Gleichförmigkeit viele Generationen hindurch wirksam, mag oberflächlich betrachtet alles in Ordnung sein; die Verringerung der Varianten wird jedoch den Genpool der Population beeinflußt und die Überlebenschancen für später reduziert haben. Eine so extreme Variation, daß sie das Überleben heute gefährdet, eine so starke Konformität, daß sie die Zukunft in Frage stellt – beides sind Merkmale einer genetisch minderwertigen Population.

Wir können die Doktrin, alle Menschen seien gleich erschaffen – die Apotheose des Irrtums, wie Henry Allen Moe sagte –, beruhigt fallenlassen. Doch ebenso müssen wir die Annahme, alle menschlichen Populationen hätten sogar in bezug auf ihre Umwelt gleiche Möglichkeiten, als falsch verwerfen.

4

Keine Untersuchung der menschlichen Ungleichheit kann als vollständig gelten, solange sie nicht die tödliche Arena der Rassen betreten hat. Dort allerdings bietet sich dem Beschauer nicht viel mehr als das Bild der ratlosen Wissenschaften, die weiße Fahnen schwenken. Entgegen allen anderslautenden Behauptungen wissen wir fast gar nichts. Die Naturwissenschaft mag das Individuum mit Recht als biologische Einheit betrachten, als genetische Zufälligkeit, die von der Umwelt geformt wurde. Auch die Population ist eine biologische Einheit, da sie einen gemeinsamen Genpool besitzt, der von anderen Pools durch jene Grenze getrennt ist, wo eine Mischung selten stattfindet. Man kann daher Individuen und Populationen nach den Möglichkeiten vergleichen, mit denen sie gegenwärtigen oder künftigen Umweltanforderungen begegnen. Eine Rasse aber entsteht nicht durch reproduktive, sondern durch geographische Isolierung.

Eine Rasse oder Subspezies ist ein Mosaik von Populationen, die durch viele Generationen eine eigene Entwicklungslinie verfolgte und durch eine natürliche Schranke von anderen derartigen Mosaiken getrennt ist. In der letzten Eiszeit des Pleistozäns hat sich zum Beispiel ein europäischer Waldvogel vor den vordringenden Eismassen in irgendein isoliertes Waldgebiet geflüchtet, wo die Spezies überleben konnte. Zehntausend Jahre von den Artgenossen abgeschnitten und mit anderen Voraussetzungen der natürlichen Auslese konfrontiert, haben die isolierten Gruppen eine neue Tarnung und vielleicht neuartige Verhaltensmuster entwickelt. So wurden sie zu einer Subspezies, von den anderen Vögeln der Spezies zwar deutlich zu unterscheiden, aber doch wieder nicht so verschiedenartig, daß bei einem neuerlichen Kontakt eine Kreuzung unmöglich wäre. Eis und Tundra verschwanden, die verödeten Täler und Hochebenen waren wieder bewaldet, und die Vögel kehrten zurück. Zwischen den Populationen wurde Kontakt aufgenommen, und der Genaustausch bewirkte eine Hybridisierung der Randgruppen. Nach einigen tausend Jahren wird es im Herzland vielleicht noch ein paar reinrassige Vögel geben, im großen und ganzen jedoch besteht die Spezies aus hybriden Populationen. Eine eindeutige Trennungslinie gibt es nicht mehr.

Die Entwicklung der Menschenrassen in geographischer Isolierung fand zu einer Zeit statt, als weder Rad noch Boot bekannt waren, weder Waffen noch Werkzeuge, weder Ackerbau noch Haustiere, wo das Wasser und die Gebirge unüberwindliche Schranken darstellten und Entfernungen unüberbrückbar schienen. Doch wie nach dem Rückzug der Eisdecke die Vogelrassen die neuen Wälder wieder bevölkerten, so beseitigte der kulturelle Fortschritt die natürlichen Barrieren und ermöglichte eine Vermischung der Menschengruppen. Vermutlich hat es entlang der schmalen Rassengrenzen immer schon hybride Populationen gegeben. Jetzt begannen sie sich auszubreiten.

Betrachtet man das schwarze Afrika – und zwar jenen Teil des Kontinents südlich der Sahara –, dann versteht man vielleicht die Komplexität dieser wohl homogensten aller modernen Rassen. Migrationen spielten hier eine wichtige Rolle. Etwa bis zu Christi Geburt blieb die schwarze Rasse – die wir als Subspezies bezeichnen – bis auf einen Zweig, der sich entlang des Wüstenrandes bis zum Oberen Nil ausbreitete, auf Westafrika beschränkt. Die Eingeborenenstämme lebten fast ausschließlich vom Hirseanbau. Dann kam es plötzlich zu einer Veränderung. An der ostafrikanischen Küste landeten Schiffe aus Indonesien und brachten neue Pflanzen wie zum Beispiel die Banane und die Yamswurzel, Produkte mit höherem Nährwert, die auch in feuchten Gegenden gedeihen. In Westafrika kam es zu einer Bevölkerungsexplosion; jetzt konnte man sich in die feuchten Waldgebiete wagen. So begannen vor zweitausend Jahren Wanderungen nach Osten und Süden, um den Kontinent südlich der Sahara, den wir heute »Schwarzafrika« nennen, zu bevölkern. Hybridisierung sctzte ein. Über die Einwohner Afrikas vor den Negern ist nur wenig bekannt. Der gelbhäutige Buschmann der Kalahari ist ein Restvolk, das anscheinend früher einmal weite Landstriche von Ostafrika bis zum Kap bewohnt hat. Wahrscheinlich gab es noch andere primitive Jäger. Die wandernden Schwarzen, die sich einmal mit diesem, dann wieder mit jenem Volk vermischten, sind die heutigen Bantu. Als reinrassige »Neger« können heute nur die westafrikanischen Stämme und die Stämme am Oberen Nil bezeichnet werden. Stämme wie die Zulu und Xhosa in Südafrika und Kikuyu und Baganda in Ostafrika sind hybride Völker, deren Sprache und Körpermerkmale sich von jenen der reinen Elternrasse unterscheiden. Wenn diese Stämme im Westen weniger bekannt sind, so nur deshalb, weil Sklavenhandel fast ausschließlich mit westafrikanischen Negern betrieben wurde. Arabische Sklaven verschifften die Bantu nach dem Nahen und Fernen Osten.

So zerfällt die von uns als schwarz bezeichnete Rasse zunächst einmal in Neger und Bantu; die genetischen Ursprünge der Bantuvölker sind vermutlich ebenso vielfältig wie obskur. Eine andere Migration, jene vom Nordosten, schaffte völlig neue Gruppen. Hamitische Völker europiden Ursprungs kamen aus Südarabien, verbreiteten sich über Somaliland und Äthiopien und vermischten sich an den Rassengrenzen. Viele besaßen Rinderherden, und vor etwa fünf Jahrhunderten begann ihr Eroberungszug nach dem Süden. Zu ihnen gehören die Massai, die Watussi, vielleicht noch die Herero im weit entfernten Südwestafrika. Diese hochgewachsenen stolzen Krieger bilden Inselpopulationen in den Bantugebieten. Vielleicht ist ihre bemerkenswerte Statur das Ergebnis einer frühen Vermischung mit den großen reinblütigen Negern des Oberen Niltals. Keine andere Feindschaft zwischen Rassen läßt sich mit der Verachtung vergleichen, mit der diese Völker – die selbst ein Kreuzungsprodukt sind – auf ihre Bantunachbarn herabschauen.

Das alles gehört zum schwarzen Afrika. Was wir als Rasse bezeichnen, ist ein kompliziertes Mosaik aus einigen tausend Stämmen, jeder wieder eine Fortpflanzungsgemeinschaft mit einer gemeinsamen Geschichte, jedoch durch Sprache, Sitten, Überlieferungen und häufig auch durch Feindschaft von den Nachbarn getrennt. Angesichts dieser afrikanischen Vielfalt kann man Frank Livingstone von der Universität von Michigan verstehen, der eine seiner Arbeiten ›Über die Nichtexistenz menschlicher Rassen‹ betitelt hat.

Die Population mit ihrem co-adaptierten Genpool ist für den Wissenschaftler eine meßbare Wirklichkeit. Die ungeheuren Umweltveränderungen, die die Unabhängigkeit mit sich gebracht hat, sind ein eindeutiger Beweis für die Unhaltbarkeit des Kulturrelativismus. Manche Populationen – wie die Kikuyu in Kenia und die Ibo in Nigerien – konnten sich hervorragend den wechselnden Gegebenheiten anpassen. Sie waren tauglich für das große Morgen. (Die Ibo erwiesen sich sogar als derart tauglich, daß ihren weniger tüchtigen Nachbarn kein anderer Ausweg blieb, als sie abzuschlachten.) Andere Populationen hingegen haben bisher nur wenige oder gar keine Fähigkeiten dieser Art bewiesen.

Die athletischen Erfolge (wie zum Beispiel bei Olympischen Spielen) eines sehr kleinen Teils der menschlichen Spezies (auch wenn man die mit den Weißen vermischten Schwarzen Nord- und Südamerikas mitrechnet, gibt es kaum mehr Neger als Sowjetbürger) erinnern an Fishers Bemerkung, die natürliche Auslese sei ein Mechanismus, der dazu dient, einen hohen Grad an Unwahrscheinlichkeit hervorzubringen. Jeder Vermischung, jeder kulturellen Verschiedenheit, allen Umweltunterschieden zum Trotz haben sich einige gemeinsame Merkmale bei den Schwarzen erhalten: prachtvolle Zähne und die Fähigkeit, unendlich lange zu laufen, fast bis zum Mond zu springen oder einen Ball von San Franzisko bis nach Los Angeles zu schlagen. Die Erklärung kann nur in einem dominanten genetischen Erbe von gemeinsamen westafrikanischen Ahnen zu suchen sein.

Das Rassenproblem ist zwar keine Fiktion, doch wurde es niemals genauer untersucht. Nicht einmal die Ethologie hat dem unterschiedlichen Verhalten der Tierrassen genügend Aufmerksamkeit geschenkt. Eine bemerkenswerte, vielfach vergessene Ausnahme ist ein 1950 angestelltes Experiment von Van T. Harris, der damals an der zoologischen Fakultät von Michigan sein Doktorat machte. Harris kehrte später der Wissenschaft den Rücken, seine Dissertation ist vermutlich niemals veröffentlicht worden. Zwei Jahre später jedoch wurde seine Arbeit ausführlich von John Calhoun zitiert und nochmals genau überprüft. Da es sich nicht nur um eine bemerkenswerte Geschichte, sondern auch um ein fundiertes Forschungsexperiment und einen seltenen Ausflug der Naturwissenschaft auf das Gebiet des rassischen Verhaltens handelt, wird die Arbeit vermutlich noch lange von sich reden machen und die Experten beschäftigen.

Peromyscus maniculatus, die Weißfußmaus – in Amerika »deermouse« genannt –, ist eine Spezies, die sich an so viele verschiedene Habitate angepaßt hat, daß sie in Nordamerika in 66 Subspezies unterteilt wird – damit übertrifft sie sogar den *Homo sapiens*. Zwei der häufigsten Rassen sind die Prärie-Weißfußmaus, *Peromyscus maniculatus bairdii*, und die Waldrasse, *P. maniculatus gracilis*. Die Präriemaus hat einen kurzen Schwanz und kleine Ohren; sie meidet bewaldete Gebiete, selbst wenn unter den Bäumen Gras wächst. *Gracilis* dagegen hat einen langen Schwanz und große Ohren und ist ebenso kompromißlos auf das Waldleben eingestellt. Mit physiologischen Unterschieden lassen sich die ausgeprägten Vorlieben der beiden Mäuserassen nicht erklären. Im Laboratorium paaren sie sich munter, in der Natur jedoch fast nie; da trennen sie ihre geographischen Präferenzen, als läge ein Weltmeer zwischen ihnen.

Kaum jemand würde der »deermouse« eine komplizierte Psychologie zutrauen, doch Harris machte in den vierziger Jahren die Probe aufs Exempel. Er fing Exemplare beider Rassen ein und zog im Labor die Jungen auf, die weder Grasland noch Wald kannten. Er richtete zwei durch einen Tunnel verbundene Experimentierkammern ein, in der einen verteilte er als primitive Grasimitation kleine Papierstückchen, in die andere stellte er ein paar Zweige. Jetzt ließ er erwachsene Tiere, die er im Freien gefangen hatte, in seine Kammern. Erstaunlicherweise sahen sie in seinen Imitationslandschaften eine bekannte Umgebung; die Präriemäuse bevorzugten das Papiergrasland, die Waldmäuse ihren Pseudowald. Das unbegreifliche aber war, daß auch die im Labor geborenen Tiere die gleiche Wahl trafen; *gracilis* wandte sich den Zweigen zu, *bairdii* dem papierbestreuten Boden, obwohl sie weder Wald noch Feld jemals gesehen hatten.

Calhoun grübelte über das ästhetische Problem, daß Mäuse eine Imitation ihres Habitats akzeptieren. Doch etwas später fragten sich Forscher in Michigan, ob Harris nicht ein Irrtum unterlaufen sei. Und so versuchte 1962 ein anderer Wissenschaftler, Stanley Wecker, herauszufinden, was in der rassischen Psychologie der Weißfußmaus angeboren und was erlernt ist. Er suchte sich einen Eichenwald aus, der an ein offenes Feld grenzte. Dort baute er eine drei Meter breite und dreißig Meter lange Einfriedung, halb im Wald, halb im Feld gelegen. Diese unterteilte er in zehn Sektionen, wobei jede Barriere einen kleinen Durchgang hatte, so daß die Mäuse frei zirkulieren konnten. Außerdem installierte er einen Apparat, der die Bewegungen der Tiere genau registrierte. Als Versuchstiere nahm er nicht nur wilde Präriemäuse und ihre im Labor geborenen Jungen, sondern auch Nachfahren von Harris' Prärierasse, die seit zwanzig Generationen im Labor gezüchtet wurden.

Das Experiment bestätigte, was Harris schon vor Jahren festgestellt hatte: die eingefangenen Tiere bevorzugten ebenso das eingezäunte Feld wie die im Labor gezüchteten Generationen. Doch erst ein Experiment mit den Abkömmlingen der in den vierziger Jahren gefangenen Präriemaus konnte die Feinheiten des angeborenen Verhaltens illustrieren.

Das erste Experiment mit 13 Abkömmlingen von Harris' Mäusen ergab keine ausgeprägte Vorliebe für die Einfriedungen im Wald oder am Feld. Damit schien erwiesen, daß nach zwanzig Generationen im Labor die angeborenen Muster verschwunden waren. Jetzt errichtete Wecker zwei kleine Zuchteinfriedungen – eine im Wald, die andere auf dem Feld –, wo er neue Würfe aufziehen konnte. Die Eltern stammten aus jener zwanzigsten Generation von Präriemäusen, die keine Vorlieben mehr zeigten. Als die in der Feldeinfriedung aufgezogenen Mäuse alt genug waren, übersiedelte man sie in die lange Einfriedung, wo sie die Wahl zwischen beiden Habitaten hatten: ausnahmslos entschieden sie sich für den Feldsektor. Als die im Waldsektor aufgezogenen Tiere vor die gleiche Wahl gestellt wurden, blieben sie ebenso unentschieden wie ihre Eltern. Sie entschlossen sich nicht einmütig für den Waldsektor.

Was bedeutet das? Man muß wie Wecker zu dem Schluß kommen, daß eine frühe Erfahrung, die ein zwanzig Generationen brachliegendes Muster verstärkt, bereits ausreicht, um das Verhaltensmuster in seiner ursprünglichen Stärke zu aktivieren. Eine frühe Erfahrung aber, die – wie bei den im Wald aufgezogenen Mäusen – der Entwicklungsgeschichte der Rasse entgegengesetzt ist, hat keine weiteren Auswirkungen. Mit anderen Worten: Lernen fällt Lebewesen mit geeignetem evolutiven Erbe leichter als jenen, für die eine Umwelt keine evolutive Bedeutung hat.

Man kann von Mäuserassen nicht auf Menschenrassen schließen. Doch man kann sich die Bemerkungen bekannter Entwicklungsforscher über tierisches Lernen ins Gedächtnis rufen. Irenäus Eibl-Eibesfeldt nennt angeborene Mechanismen »jene Reaktionen und Zustände im Tier, von denen Konditionierung und Lernen abhängig sind«. S. L. Washburn und David Hamburg: »Die Evolution hat – durch Auslese – die biologische Basis geschaffen, so daß viele Verhaltensformen leicht, wie selbstverständlich, gelernt werden.« René Dubos: »Fraglos ist das Verhalten jedes Lebewesens in einer gegebenen Situation durch Umwelteinflüsse bedingt. Seine Merkmale jedoch sind durch Möglichkeiten und Beschränkungen determiniert, die der Organismus in seiner evolutiven und erlebten Vergangenheit erworben und beibehalten hat.« Sir Julian Huxley schreibt in ›Essay of a Humanist‹ über die Behavioristen: »Sie vergessen, daß selbst die *Fähigkeit* zu lernen, überhaupt zu lernen, nur in einem bestimmten Entwicklungsstadium zu lernen, eine Sache eher zu erlernen als eine andere, mehr oder weniger schnell zu lernen – daß das alles eine genetische Basis haben muß.« So sagt zum Beispiel auch Karl Lashley, der große Neurologe: »Wenn ich das Material über die Lokalisierung der Gedächtnisspuren ansehe, habe ich manchmal das Gefühl, daß die einzige Schlußfolgerung die ist: Lernen ist einfach nicht möglich.«

Die Überlegenheit eines Individuums, einer Population oder einer Rasse gegenüber einer Umwelt muß – in unserem Entwicklungsstadium – zum Großteil auf die Fähigkeit des Lernens zurückzuführen sein. Diese Lernfähigkeit aber – wir dürfen annehmen, daß sie bei den Populationen des *Homo sapiens* mehr oder weniger gleichmäßig verteilt ist – beruht heute auf einer biologischen Basis. Die Basis variiert infolge der natürlichen

Auslese je nach den Umwelten, in denen sich die heutigen Rassen entwickelt haben. Der Selektionsdruck auf die Stammesangehörigen im verseuchten tropischen Afrika kann nicht derselbe gewesen sein wie der, dem die Rinderhirten auf den windgepeitschten Steppen Zentralasiens ausgesetzt waren. Und die Selektion variierte nicht nur entsprechend den natürlichen Gegebenheiten, sondern auch – zumindest in den letzten zehntausend Jahren – entsprechend den stark unterschiedlichen Kulturmustern, die ein Teil unserer Umwelt geworden sind. Alle diese Kräfte wirkten zusammen, um bei den Völkern diese oder jene biologischen Fundamente zu stärken, die sich mehr oder weniger voneinander unterscheiden. Und nirgends war die Variation stärker beziehungsweise älter als bei jenen geographisch isolierten Gruppen, die wir als Rassen bezeichnen.

Wir können natürlich im Gleichschritt mit der intellektuellen Mode marschieren und behaupten, die biologische Geschichte habe keinen Einfluß auf die Intelligenz. Wenn wir aber für den subjektiven Terminus »Intelligenz« die besser meßbare und objektivere Bezeichnung »Lernfähigkeit« verwenden, kommen wir den Realitäten der *condition humaine* schon näher. Die Fähigkeit, die Richtung, die Leichtigkeit und das Ziel des Lernens müssen die genetische Basis für ein Überleben in einer gegebenen Umwelt erweitern und ergänzen. Wie die biologischen Qualitäten, so muß auch die Qualität des Lernens variieren.

Bisher haben wir uns für die *zufällige* Ungleichheit von Individuen und Populationen interessiert. Diese Ungleichheit beruht auf dem Zufall sexueller Rekombinationen, auf Mutationen und auf der genetischen Drift. Eine Ungleichheit der Rassen aber muß – wenn sie existiert – systematischer Art sein. Sie muß auf erkennbaren Faktoren einer unterschiedlichen natürlichen Auslese beruhen, die auf das Gemisch menschlicher Mosaike wirkt, das wir »Rasse« nennen. Derartige erkennbare Faktoren hat die Wissenschaft bis heute nicht festgestellt. Wir besitzen lediglich Beweise der Unterschiedlichkeit.

Bei der zahlenmäßig kleinen schwarzen Rasse – nach ihrer Anzahl die vermutlich jüngste der Rassen – gibt es so viele Beweise einer überlegenen anatomischen Ausstattung und neurologischen Koordination, daß sie als Unterteilung des *Homo sapiens* angesprochen werden muß. Wird aber eine rassische Unterscheidung auf dem Sportplatz akzeptiert, kann diese Unterscheidung dann im Schulzimmer abgelehnt werden? In den USA ist die mindere Lernfähigkeit des Negers ebenso unbestritten wie seine Überlegenheit auf dem Baseballfeld: Die Frage der Intelligenz jedoch bleibt ungelöst.

1966 berichtete eine vom Staat großzügig subventionierte Untersuchung, die ›Equality of Educational Opportunity‹ (Gleichheit der Bildungsmöglichkeiten), über die Leistungen von etwa 600000 Schülern in amerikanischen Schulen. Dieser sogenannte ›Coleman Report‹ verschwand sofort nach Erscheinen aus allen Buchläden und war auch bei Schulbuchverteilern nicht erhältlich. Ich habe ein Exemplar aus dem U. S. Government Printing Office (Staatsdruckerei) entwendet. Der Grund für das Verschwinden des Berichts aus allen Verkaufsläden stellte sich erst nach eingehendem Studium der 700 Seiten starken Statistiken heraus. Der Neger hat in den amerikanischen Schulen versagt, katastrophal versagt – ohne jeden statistischen Zweifel, ohne jede sentimentale Entschuldigung, ohne jede Erklärung. Ein solches Dokument kann in Kongreßnähe, wo der Neger entscheidende Stimmen besitzt, keinesfalls frei zirkulieren.

Ich spreche von »dem Neger«, wir wollen jedoch jede Art von typologischem Denken vermeiden. Es ist durchaus möglich, daß die akademischen Leistungen eines Negerstudenten hundertmal besser sind als die seiner weißen Kollegen. Nach oftmaligem Studium der Tabellen kommt man jedoch immer wieder zu dem gleichen Resultat: Nur 15 Prozent der schwarzen Studenten rangieren mit den besseren 50 Prozent der weißen an gleicher Stelle. Ob der Student aus einer integrierten oder segregierten Schule kommt, spielt dabei eine gewisse, jedoch keine wesentliche Rolle. Das sozioökonomische Niveau der Familie hat gleichfalls einen gewissen, jedoch keinen ausschlaggebenden Einfluß. Noch nachteiliger für die Schwarzen fiel die Statistik über die aus dem Orient kommenden Amerikaner aus, die in den USA zweifellos einer ebenso harten Diskriminierung ausgesetzt sind wie die Neger. Ihre Leistungen liegen konstant auf dem Niveau der weißen Studenten, in manchen Fächern übertreffen sie diese sogar.

Aufbauend auf dem ›Coleman Report‹ erschien 1969 in der Zeitschrift ›Harvard Educational Review‹ eine Arbeit Arthur Jensens aus Kalifornien, die eine Massenhysterie auslöste: sie spricht von einer genetisch bedingten inferioren Intelligenz des Negers. Die Untersuchung ist bestechend, so bestechend, daß

Jensen mit dem Tod bedroht wurde. Seine Feststellungen müssen jedoch mit Vorsicht angenommen werden. Wird tatsächlich die Intelligenz untersucht, nicht vielmehr eine Lernfähigkeit, die auf die materialistische Umwelt Amerikas ausgerichtet ist? Der ›Coleman Report‹ beschreibt die durchgeführten Tests sehr präzis.

»Diese Tests messen weder die Intelligenz noch das Verhalten beziehungsweise die Charaktereigenschaften. Ferner sind sie nicht ›kulturfrei‹ und wollen es auch keineswegs sein. Sie sind im Gegenteil ›kulturgebunden‹. Sie bewerten nur die ausschlaggebenden Fähigkeiten, um in unserer Gesellschaft einen guten Job zu bekommen, um Karriere zu machen, um in einer immer stärker technisierten Welt zurechtzukommen.«

Der überzeugte Rassist findet im ›Coleman Report‹ wenig Trost; dieser zeigt nämlich auf, daß 15 Prozent aller schwarzen Studenten immerhin *besser* abschneiden als die Hälfte der weißen Studenten. Genausowenig ist die Statistik über die orientalischen Amerikaner für jene ein Trost, die im Versagen der Schwarzen nichts als die Folge der Diskriminierung sehen. Und schließlich gibt er auch allen jenen – ob schwarz oder weiß –, die für eine Gesellschaft der Wirbeltiere absolute Chancengleichheit fordern, nur Rätsel auf. Am wenigsten wird sich wahrscheinlich der Pavian wundern; es muß sein Vorstellungsvermögen übersteigen, daß man ein paar Millionen Lebewesen von einem Kontinent, wo sie erfolgreich überlebt haben, auf einen anderen transportiert, wo diese Garantie nicht gegeben ist.

Wir wissen nichts über die Rasse. Wir wissen lediglich, daß der Zufall in einer Population – seien es Schweden, Engländer, Amerikaner oder vielleicht sogar Rhesusaffen – eine Variabilität der Intelligenz hervorbringt, so daß 3 bis 3,5 Prozent als schwachsinnig bezeichnet werden müssen. In den USA gibt es zwischen sechs und sieben Millionen geistig Geschädigter. Daß jedoch ein einziges geographisches Gebiet oder eine ökologische Nische von zwei Populationen verschiedener Subspezies bewohnt wird, das ist bei den Menschen selten und in der Natur praktisch unbekannt. Es ist eine vom Menschen geschaffene Situation, die eine vom Menschen geschaffene Antwort verlangt. Und bevor der Wissenschaftler – ohne daß sein Leben bedroht wird – nicht rassische Unterschiede studieren und eine systematische Ungleichheit der Intelligenz eindeutig beweisen oder widerlegen kann, hat der Berichterstatter kaum etwas zu bieten. Aber schließlich haben auch die Rassisten und die Gleichheitsapostel außer Emotionen wenig zu bieten.

Ordnung und Unordnung

1

Die Einsamkeit des Menschen ist auch die Einsamkeit des Tieres. Wir alle brauchen einander: der Pavian seine Horde, der Buchhalter seine Bürokollegen, der Büffel seine Herde auf den Weiten der Savanne, der Maurer seine Zechkumpane im Wirtshaus, der Sperling seine zwitschernden Artgenossen, die Hyäne ihr Rudel, der Bauer nach getaner Arbeit seine Frau, der Hering seine Schule in der kalten Nordsee. Und alle aus demselben Grund: allein können wir nicht überleben.

Das Tier kann nicht allein sein. Als Frank Fraser Darling, der schottische Naturforscher und Konservator, vor mehr als zwanzig Jahren diesen Gedanken äußerte, schien er nicht sonderlich revolutionär. Doch bis zu diesem Zeitpunkt sah man in den Tiergesellschaften etwas mehr oder weniger Zufälliges, Freiwilliges, Unorganisiertes. Man sprach von einem Gesellungsinstinkt, von der Herde und der Horde. Die menschliche Gesellschaft jedoch sah man mit anderen Augen an – als Notwendigkeit des einzigartigen Menschenlebens, mit Strukturen und Funktionen, wie sie ausschließlich den Bedürfnissen des Menschen entsprechen. Je mehr wir aber über die Tiergesellschaften wissen, desto deutlicher sehen wir alle Gruppenbildungen – von Tieren wie von Menschen – als Mechanismen mit gemeinsamen Triebfedern, mit einem gemeinsamen Räderwerk, das die subtilsten Vorgänge reguliert; sie alle haben sich entwickelt, um dem gleichen Bedürfnis nachzukommen – dem Bedürfnis des Individuums nach dem Artgenossen.

Ich habe eine Gesellschaft als Gruppe von ungleichen Lebewesen definiert, die sich zusammengeschlossen haben, um gemeinsame Bedürfnisse zu befriedigen. Im Tierreich gibt es jedoch Situationen, wo der Beobachter weder die Gruppenbildung noch die Organisation klar erkennen kann. Als Charles Darwin auf seiner berühmten Reise längere Zeit in Uruguay war, machte er eine Beobachtung, die man bis heute nicht ganz genau erklären kann. Auf einer Estanzia sah er eine Viehherde von mehr als zehntausend Tieren, die dem ungeübten Auge wie eine unorganisierte Ansammlung von Tieren erschien. Doch wie alle Viehzüchter wissen, ist eine solche Herde in Gruppen von fünfzig bis hundert Tiere unterteilt, die immer beisammen bleiben. Eines Nachts gab es eine Reihe furchtbarer Gewitterstürme. Das Vieh geriet in Panik, lief wild durcheinander, verlor sich in der Dunkelheit. Am Morgen sah es aus, als sei ein Spiel mit zehntausend Karten die ganze Nacht hindurch gemischt worden. Für die Viehhüter schien die Wiederherstellung der ursprünglichen Ordnung völlig unmöglich zu sein. Binnen 24 Stunden jedoch hatte jedes Tier zu seinen alten Partnern zurückgefunden und das normale soziale Leben wiederaufgenommen.

Heute würde man annehmen, tierische Xenophobie – die Angst vor Fremden und das Ausweichen vor ihnen – habe Darwins Rindern geholfen, einander wiederzufinden. Wenige Ordnungskräfte innerhalb von Tiergruppen erinnern in so starkem Maß an menschliches Verhalten wie diese. Die Xenophobie ist eine fundamentale Kraft jeder sozialen Struktur, die die Integrität der Gruppe gewährleistet; ich weiß keine andere, die unter zehntausend Stück Vieh so schnell Ordnung schaffen würde. Und doch ist sie nur einer von den strukturellen Mechanismen, die ein soziales Leben möglich machen.

Eine oberflächliche Behandlung der Herde und des Gesellungsinstinkts, wie man sie in der soziologischen Literatur noch gelegentlich antrifft, beschäftigt sich nicht mit den vielen Unterteilungen, die eine Herde aufweist und die eine soziale Realität sind. Man kann an Darwins Viehherde denken oder an die naive Erwartung der jüngeren Vergangenheit, das schwarze Afrika – in unseren Augen eine gewaltige, formlose Herde dunkelhäutiger Menschen – würde sich aus Vernunftgründen bereitwillig zusammenschließen. Heute entdecken wir, zutiefst enttäuscht, die versteckten Realitäten der Sprache, des Territoriums, des Stammes. Ein kurzer Blick auf die Gesellschaftsordnung der Tiere läßt erkennen, daß auch hier Werte vorhanden sind.

Nicht nur die Gruppenbildung der Tiere, auch die soziale Funktion der Schlichtung von Problemen zwischen Ungleichen entzieht sich oftmals dem Betrachter. Wir werden darauf noch zurückkommen. Der hervorragende britische Ornithologe David Lack hat über einen allerdings extremen Fall berichtet, der diese Funktion sehr gut darlegt. Inmitten einer Kolonie lebte ein blinder alter Pelikan. Pelikane fischen in engen, hochorganisierten Gruppen, tauchen alle gleichzeitig und sind eine erheiternde Illustration zu »Köpfchen unterm Wasser, Schwänzchen in die Höh'«. Monate-, wahrscheinlich sogar jahrelang hatte der blinde alte Pelikan nicht mehr in einer solchen Gruppe fischen können. Wie hat er überlebt? Vermutlich wurde er von den anderen gefüttert.

Die Ungleichheit des alten Pelikans war phänotypischer Art: Vermutlich war seine Blindheit die Folge einer Erfahrung – eines Streits oder eines Unglücksfalls. Die Pelikangesellschaft hat ihn gerettet. Doch der Zwang zur sozialen Ordnung überdeckt nicht nur die ordnungswidrigen Unglücksfälle der Lebenserfahrung, sondern auch die viel tiefer gelagerten Abenteuer des nächtlichen Zufalls.

Die Unordnung der Genotypen – das Naturgesetz, wonach sexuelle Zeugung Individuen mit unterschiedlichen Fähigkeiten hervorbringt – diktiert die als Gesellschaft bezeichnete phänotypische Ordnung. Mit anderen Worten: Wie der Mutterleib die Wiege des Eies, so ist die Gesellschaft die Wiege des Individuums; die Lebenserfahrung wird den vom Zufall bestimmten Bereich seiner Möglichkeiten aktivieren, reduzieren oder erweitern. Die Gesellschaft ist eine evolutive Erfindung, die zwischen den Notwendigkeiten von Ordnung und Unordnung einen Ausgleich herstellt. In erster Linie jedoch ist sie Schutz für den Verletzlichen.

Der Einzelgänger – wenn es ihn überhaupt gibt – ist eine seltene Blüte der Natur. Der schlaue Leopard ist ein solches Lebewesen. Mit seinen kräftigen Pranken braucht er bei der Jagd keine Hilfe. Kraftvoll und geschickt, benötigt er keinen Partner, der die Beute hütet. Sieht man ihn im afrikanischen Busch, so schläft er meistens in einer Astgabel, neben ihm hängen die Überreste eines riesigen Kadavers. Weder Löwe noch Hyäne können seine Beute erreichen; er ist das unabhängigste Lebewesen, dem man begegnen kann. Die souveräne Ruhe, mit der er eine gefleckte Pfote aus dem Gelbgrün des Fieberbaumes baumeln läßt, ist Ausdruck seiner absoluten Freiheit. Doch wenn das Leopardenweibchen in heftige Erregung gerät, muß er es suchen. Zwar ist sein sozialer Kontakt auf nur wenige Stunden der Kopulation beschränkt, doch kann es sich kein Leopard leisten, allzu weit von seinen Artgenossen zu leben.

Die wenigsten von uns sind so unabhängig wie der Leopard. Es gibt natürlich noch andere Spezies, die so gut ausgerüstet sind, daß sie mit einem Minimum an sozialem Kontakt auskommen. Dazu gehören der Dachs, der Marder, der Nerz; ein paar Reptilien wie das Chamäleon oder die Schlange sind vielleicht um ihre Selbstgenügsamkeit zu beneiden. Nicht zu beneiden ist jedenfalls die Gottesanbeterin, jenes zarte, gierige Insekt, das seine Vorderbeine scheinheilig zum Gebet faltet.

Das evolutive Dilemma der Gottesanbeterin entsteht durch die Gier des Weibchens, alles zu verschlingen einschließlich des Männchens. Wie ein solches Problem bei Spezies mit geschlechtlicher Fortpflanzung gelöst wird, ist eine knifflige Frage für den Psychiater. Die Evolution hat eine Erklärung gefunden; sie ist grausig, doch überzeugend. Das Weibchen hat schlechtere Augen als das Männchen und kann dieses nur erkennen, wenn es sich bewegt. Das Männchen hingegen hat einen scharfen Blick für alles, was sie tut, ob sie nun ihre Flügel putzt oder sich anderweitig pflegt. Zur Paarungszeit zieht das Weibchen natürlich das Männchen an; die lange Entwicklungsgeschichte der Spezies hat jedoch das Männchen den weniger anziehenden Eigenschaften seiner Gefährtin gegenüber mit Hemmungen ausgestattet. Magisch angezogen nähert sich das Männchen. Doch kaum dreht das Weibchen ihm den Kopf zu, erstarrt es. Bewegungslos kann das Männchen so mehrere Stunden lang stehen, oft sogar nur auf einem Bein, und bleibt dadurch für das Weibchen unsichtbar. Früher oder später wendet sich das Weibchen anderen Dingen zu. Und dann wagt das Männchen einen neuerlichen Versuch.

Daß Sex ein gefährliches Spiel ist, muß nicht weiter erläutert werden. Ein Zoologe namens Karl Roeder war jedoch von den Beziehungen zwischen diesen Insekten derart fasziniert, daß er die neurologischen Strukturen, die das Überleben der Spezies ermöglichen, genauestens untersuchte. Wohl gelingt es dem Männchen manchmal, mit einem einzigen Sprung den Rücken des Weibchens zu erreichen und es zu begatten, aber sehr oft mißlingt sein Versuch. Dann bemerkt sie im letzten Moment seine Bewegung, umklammert ihn mit ihren Vorderbeinen und beginnt ihn zu verspeisen; zuallererst beißt sie ihm den Kopf ab.

Kaum hat das Männchen seinen Kopf verloren, verliert es auch jede Furcht. Roeder stellte nämlich fest, daß das Zentrum der Hemmung im Gehirn des Männchens liegt, das Zentrum des Sexuallebens dagegen im Bauch. Kopflos im wahrsten Sinn des Wortes, nur seinem Paarungstrieb ausgeliefert, reißt das Männchen sich nun los, besteigt den Rücken des Weibchens –

wo es nicht gesehen werden kann – und kopuliert. Dann verlassen ihn allmählich die Kräfte, er läßt los und stirbt. Sobald er zu Boden sinkt, wird er vom Weibchen neuerlich bemerkt und endgültig gefressen.

Mir ist keine Spezies bekannt, wo der Sexualtrieb für das Männchen durchwegs nur Nachteile bringt. Im allgemeinen hat die geschlechtliche Fortpflanzung, die der natürlichen Auslese die Unordnung genetischer Vielfalt beschert, auch für eine gewisse Ordnung zwischen den Geschlechtern gesorgt – und sei sie von noch so kurzer Dauer. Es gibt eine Fliegenfamilie namens *Empidae*, bei der das Männchen dem kannibalischen Weibchen ein Geschenk bringt – ein bißchen Nahrung, eingewickelt in ein Netz. Während das Weibchen auspackt, kopuliert das Männchen. Es gibt sogar eine Spezies, wo das Männchen – sei es aus Faulheit oder aus Zynismus – dem Weibchen ein Päckchen ohne Nahrung übergibt. Trotzdem erfüllt es seinen Zweck.

Ob wir den Leoparden oder den Dachs betrachten, die Gottesanbeterin oder die Geschenke bringende Fliege – in jedem Fall haben wir es mit einer Teilgruppe der Gesellschaft zu tun, die vom Geschlecht diktiert wird. Diese ist etwas ganz anderes als eine Gruppe, die sich zur Befriedigung gemeinsamer Bedürfnisse zusammengeschlossen hat. Eine Population alleinlebender Tiere muß nahe genug beisammen wohnen, um zur Paarungszeit einen Kontakt zu ermöglichen. Doch das ist die Population oder Deme, von der die Genetik spricht, das heißt eine isolierte oder fast isolierte Gruppe von Individuen, deren Gene hinreichend co-adaptiert sind, um die Wahrscheinlichkeit lebensfähiger Nachkommen zu gewährleisten. Ihre Organisation ist rein genetischer Art, und was wir beobachten, sind nur die Erscheinungsformen des Genpools, aber keine echte Gesellschaft.

Es gibt auch andere Gruppierungen, die ich nicht als Gesellschaft bezeichne, weil ihnen jegliche Organisation fehlt. Je genauer man eine Herde studiert, desto mehr echte soziale und organisierte Unterteilungen können festgestellt werden. Vielleicht waren die riesigen Bisonherden, die einst den amerikanischen Westen bewohnten, nichts als Tiersammlungen; wir wissen es nicht. Die gewaltigen Zebraherden in Südwestafrika täuschen jedenfalls, so wie Darwins Rinderherden; sie sind Ansammlungen von Familiengruppen. Den riesigen Fischschulen des Herings und der Makrele fehlt, soweit wir wissen, jede Organisation. Sie brauchen einander, sonst würden sie keine Schulen bilden. Doch worin besteht dieses »Brauchen«, was kann die Funktion dieser Schulen sein? Auch unsere besten Forscher wissen darauf keine Antwort. Sie sind jedenfalls keine Gesellschaften, wie ich sie verstehe.

Und doch, wie die Fischschule den Ansatz einer sozialen Notwendigkeit zeigt, so existieren solche Ansätze selbst bei Lebewesen, die es schon vor Beginn der Sexualität gab. W. C. Allee war der erste namhafte amerikanische Forscher, der Tiergesellschaften untersucht hat. Zu seinem größten Erstaunen stellte er in seinem Labor fest, daß geschlechtslose, hirnlose einzellige Protozoen am besten in Gruppen mit einer »optimalen Anzahl« gedeihen. Allee sah darin einen Vorläufer sozialen Lebens. Er führte eine toxische Substanz, kolloidales Silber, ein und stellte fest, daß die Überlebensrate der Protozoen in Verbänden größer war als die der Einzelindividuen. Allee konnte für seine Protozoen ebensowenig eine Erklärung finden wie Darwin für seine Rinderherden. Doch er kam zu dem Schluß, daß »allen Lebewesen eine potentielle Soziabilität innewohnt. Somit ist das soziale Leben kein Zufall, der sporadisch bei höher entwickelten Tieren auftritt. Es ist ein normales und weitverbreitetes Phänomen.«

Unser Bedürfnis nach dem Partner mag so geheimnisvoll sein wie das der Protozoen oder der Makrele oder so offensichtlich wie jenes des hilflosen Vogelkindes, das seine Eltern braucht, um nicht zu verhungern. Es mag das Bedürfnis der Gefährlichen sein – Wolfsrudel und Löwenfamilie –, die nur in Gruppen erfolgreich jagen können. Es mag das Bedürfnis der Gefährdeten sein, zum Beispiel der jungen Pinguine, die erwachsene Tiere um sich haben müssen, die sie vor den gierigen Skuas schützen. Unser Bedürfnis kann so komplex sein wie das des Pavians, der seine Horde nicht nur zur Verteidigung des einzelnen braucht, sondern auch als erzieherisches Milieu, in dem das heranwachsende Junge lernen und reifen kann. Wie immer die Bedürfnisse beschaffen sein mögen, jede echte Gesellschaft – ob menschlich oder tierisch – weist bestimmte Strukturen auf, die ihre Mitglieder organisieren; sie erfüllt Funktionen, die das Individuum allein nicht übernehmen kann.

Vielleicht sehnen wir uns alle heimlich nach anarchistischer Autonomie. Und selbst bei den sozialsten Spezies kann es vorkommen, daß einige wenige es auch allein schaffen. Wir finden im vulkanischen Hochland des Kongo vielleicht ein mächtiges

Gorillamännchen, das allein durch das Bambusdickicht seines Weges zieht. Vielleicht begegnen wir einem gewaltigen Elefantenbullen, der längs des Limpopo die Bäume ausreißt und sich seiner anarchistischen Lebensweise freut. Nie jedoch werden wir eine Elefantenkuh oder ein Gorillaweibchen antreffen, das sich solchen Luxus leisten kann. Verwundbarkeit – die eigene und die der Jungen – wird sie in der Sicherheit des sozialen Gefüges halten.

Unser Bedürfnis nach dem Mitmenschen läßt uns Bündnisse eingehen, der Versuchung widerstehen, Kompromisse schließen, es läßt uns willig oder widerwillig die Regeln der sozialen Ordnung einhalten. Der Mensch, der andere Spezies betrachtet, wird unsere gemeinsame Notlage erkennen. Die Ordnung des Genpools genügt zwar für den Genotypus und seine Forderung nach Vielfalt, nicht aber für die Entwicklung des Phänotypus in der Auseinandersetzung mit der Umwelt. So hat uns die Evolution als Überlebensmechanismus – vornehmlich für den Verwundbaren – die organisierte Gesellschaft beschert. Und wir werden sehen, daß der Mensch – der Spaziergänger im All, der angebliche Herr über alle Dinge – in Wahrheit eines der verwundbarsten Geschöpfe ist, das die Natur jemals hervorgebracht hat.

2

Die Verteidigung beansprucht einen Großteil unserer nationalen Budgets, und ebenso verbraucht sie in den meisten Tiergesellschaften einen Großteil der Energien. So essentiell ist die Verpflichtung der Gruppe, den einzelnen zu schützen, daß das Alarmsignal bei fast allen Spezies zum Kriterium der Gesellschaft selbst wird. Wo das Alarmsignal fehlt, ist die Tiergruppe fast ausnahmslos keine Gesellschaft, sondern nur eine Tieransammlung.

Der Alarmruf kann eine einfache Warnung sein oder die umfassendsten Verteidigungsmechanismen auslösen. Wir alle kennen die dichten Starschwärme und die Fähigkeit des Schwarms, als ein geschlossenes Gebilde zu manövrieren. Wie die Vögel ihre Anweisungen für plötzliche Wendungen, für Kurven und Sturzflug weitergeben, ist uns nicht bekannt. Vielleicht werden wir es niemals erfahren. Niko Tinbergen aus Oxford, der gemeinsam mit Konrad Lorenz die Ethologie als neue Wissenschaft in Europa einführte, hat mit Hilfe der natürlichen Auslese immerhin erklärt, wie die Vögel diese Fähigkeit erworben haben.

Der gefährlichste Feind des Stars ist der Wanderfalke (*Falco peregrinus*). Während der Hühnerhabicht sich im Sturzflug auf seine Beute auf dem Boden hinunterstürzt, schlägt der Falke in der Luft zu. Diese Angriffsmethoden unterscheiden sich so deutlich voneinander, daß die erfahrene Krähe, die eben ein frisch gesätes Feld plündert, sofort die Flucht ergreift, wenn sie einen Habicht erspäht. Sieht sie einen Falken, so duckt sie sich nieder. Der Starenschwarm mit seinen zahlreichen Mitgliedern scheint dem Falken rettungslos ausgeliefert. Doch der Alarmruf wirkt Wunder.

Es klingt unglaublich, daß der Falke im Augenblick des Zustoßens eine Geschwindigkeit von fast 230 Kilometer pro Stunde erreicht. Um einen solchen Anprall zu überleben, besitzt der Falke kräftige Beine und Fänge; verfehlt er jedoch bei dieser enormen Geschwindigkeit sein Ziel und trifft die Beute mit seinen Flügeln statt mit den Fängen, dann bricht der Flügel. So haben Falke und Star im Lauf der Jahrtausende eine wohlausgewogene Wechselbeziehung entwickelt. Kaum ist ein Falke in Sicht, gibt ein Mitglied des Schwarms das Alarmsignal. Alle Stare drängen sich zusammen, Flügelspitze an Flügelspitze, und beginnen ihre Massenmanöver. Führer gibt es keinen. Irgendwie teilt sich allen Vögeln mit, wie und wann zur nächsten Schwenkung angesetzt wird.

Der Falke wagt es natürlich nicht, sich auf den geschlossenen Schwarm zu stürzen. Die soziale Verteidigung der Stare ist so perfekt, daß jeder Angriff Selbstmord wäre. So wartet der Falke. Kreist. Und die natürliche Auslese fordert ihren Tribut. Hat einer der Vögel schwächliche Flügel, versäumt er die nächste Wendung, dann wird er vom Schwarm getrennt und der Falke schlägt zu. Und der ungleiche Star wird keine Nachkommen hinterlassen, die den Genpool des Schwarms belasten.

Die Verteidigung des Stars zeigt die Bedeutung der Gesellschaft für eine Gruppe ungleicher Lebewesen. In jeder gefährlichen Situation wird ein Mitglied als erstes die Bedrohung spüren. Und mit dem Warnruf des ersten wird seine Wahrnehmung zum Gemeingut der Gruppe. Sichtet ein Präriehund in Wyoming einen Adler, dann stößt er einen ganz bestimmten

Bellaut aus, und alle Mitglieder der »Stadt« verschwinden in den unterirdischen Gängen. Entdeckt er einen Kojoten, dann gibt er ein anderes Warnsignal, und alle Mitglieder werden auf ihren Hügeln stehen und abwartend beobachten. Der Warnruf ist der soziale Mechanismus, der dafür sorgt, daß alle Mitglieder – außer den dümmsten und den leichtsinnigsten – auf die gemeinsame Bedrohung vorbereitet sind.

Während bei vielen Tiergesellschaften, beim Starenschwarm wie bei der »Stadt« der Präriehunde, der ausgestoßene Warnruf das Individuum selbst nicht gefährdet, kann bei manchen auch ein großes Risiko damit verbunden sein. Tiere, die sich in Gefahrenzeiten in Verstecke zurückziehen, geben durch den Warnruf ihren Standort preis. In solchen Fällen kann Tarnung eine Lösung sein. Vor Jahren suchten C. K. Brain, ein junger Wissenschaftler aus Rhodesien, und ich in den Hochwäldern der Vumba Mountains – einer Bergkette zwischen Rhodesien und Mozambique – nach dem Samango-Affen. Der Samango-Affe ist ein brauner, ziemlich großer Baumbewohner mit einem verknitterten, traurigen Gesicht. Auf eine gewisse Entfernung ist eine Horde gut auszunehmen, weil die schweren Tierkörper beim Umherspringen die Äste auf- und niederschnellen lassen. Nähert sich jedoch ein Eindringling, so hört jede Bewegung auf, und die Affen sind schwer zu finden. Dann herrscht absolute Stille, ab und zu unterbrochen von dem »twit-twit« der Vögel. Mein Begleiter klärte mich jedoch auf, daß das »twit-twit« der getarnte Alarmruf der Samango sei.

Die Tarnung der Elefanten ist noch wesentlich subtiler. Bei meinen ersten Tierbeobachtungen habe ich mich oft gefragt, wieso meine Anwesenheit von allen Mitgliedern einer Elefantenherde gleichzeitig bemerkt wurde. Es schien kein Signal zu geben, weder hörbar noch sichtbar, und soweit ich das beurteilen konnte, schienen die Tiere einander auch durch Bewegungen nichts mitzuteilen. Das Problem beschäftigte nicht nur mich, und Irvin Buss stieß schließlich in einem europäischen Zoo auf des Rätsels Lösung. Der Tierwärter führte Buss zu einer Elefantenkuh und wies ihn an, seine Hand an die Unterseite ihres Halses zu legen. Er konnte zwar nichts hören, spürte aber ein Vibrieren, das ihn an das Schnurren einer Katze erinnerte. Eine ungestörte Elefantenherde in den Wäldern Ugandas schnurrt leise vor sich hin; die Tiere können es hören, wir nicht. Bei der geringsten Störung hört das Schnurren auf. Das Alarmsignal der Elefanten ist die Stille.

Nur wenige Spezies haben so raffinierte Verhaltenssignale wie die Elefanten entwickelt, doch gibt es viele Variationen. Um seine Artgenossen vor ihrem ärgsten Feind, der Silbermöwe, zu warnen, hat zum Beispiel der Säbelschnäbler *(Recurvirostra avosetta)* einen bestimmten Warnruf entwickelt und einen anderen für alle übrigen Bedroher. Singsperlinge kennen drei Alarmstufen, eine bestimmte Rehart vier. Ungeachtet der Behauptungen der Bekräftigungstheoretiker und B. F. Skinners persönlicher Überzeugung, wonach »ein Tier zumindest einen Ruf aus einer anderen Motivation ausstoßen muß, bevor sein Ruf als Warnsignal gelten kann«, scheinen Alarmsignale angeboren zu sein. Amselkinder, deren hungriger Schrei aus dem Nest ertönt, schweigen sofort, wenn sie den Alarmruf der Eltern hören. Niko Tinbergen gelang der Nachweis, daß das Kücken der Silbermöwe, das sich noch im intakten Ei befindet und flehende Quieklaute ausstößt, sofort ruhig wird, wenn die Mutter das Alarmzeichen gibt.

Obwohl der Warnruf dem Individuum zum Vorteil gereicht, ist er gleichzeitig auch Gemeingut der Gruppe. Daß der Impuls zum Warnruf angeboren ist, wird deutlich, wenn das den Alarmruf ausstoßende Individuum damit seine eigenen Überlebenschancen gefährdet. Ein Vorfall, den ich mit meiner Frau im Sommer 1968 beobachtete, illustriert recht anschaulich ein Paradoxon der natürlichen Auslese.

Die Impala – eine etwas größere Antilope als die Gazelle – ist nicht nur eines der schönsten Tiere Afrikas, sie ist auch eines der wehrlosesten. Obwohl der Bock vor Stolz sein prächtiges leierförmiges Gehörn trägt, ist es als Waffe gänzlich ungeeignet. Die Impala Südafrikas ist eine beliebte Beute des Löwen – groß genug, um der Mühe wert zu sein, klein genug, um nur ein Minimum an Anstrengung zu erfordern. Daher schließen die Tiere sich stets in Rudeln zusammen, und der langgezogene Warnruf des Tieres, das als erstes die Gefahr wahrnimmt, bedeutet einen gewissen Schutz für alle. Doch diese Warnung kann auch ein freiwilliges Risiko einschließen.

Eines Nachmittags trafen wir auf eine Herde von 20 oder 25 grasenden Impalaböcken, hundert Meter weiter schlief eine Löwin unter einem Baum. Wir kamen ihr etwas zu nahe, und das Tier erwachte. Langsam erhob sie sich, und nun bemerkten sie auch die Impala. Gleich darauf konnten wir aus der Ferne den Warnruf hören. Jetzt bewegte sich die Löwin gelassen zum nächsten Baum, zum nächsten schattigen Platz. Da lösten sich zwei Impala von der Herde und liefen der Löwin nach, während sie unablässig Warnrufe in Richtung ihres Rudels ausstießen. Als die Löwin sich niederließ, blieben die beiden Tiere noch eine Weile stehen und warteten gespannt. Erst als die Löwin anscheinend eingeschlafen war, kehrten die Impala zu ihren Gefährten, die keinen Augenblick zu grasen aufgehört hatten, zurück.

Man kann nicht behaupten, die zwei Impala hätten in diesem speziellen Fall ein selbstmörderisches Risiko auf sich genommen. Und doch lassen sich die Überlebenschancen für eine Impala, die sich einer Löwin nähert, mit fast mathematischer Genauigkeit errechnen. Diese Berechnung wird noch dramatischer, wenn es sich um eine Thomson-Gazelle handelt, deren Warnsystem ganz anders funktioniert als das Schnauben der Impala.

Die »Tommie«-Gazelle, wie sie in Ostafrika genannt wird, ist das Entzücken aller Touristen. Ihre Zahl ist kaum zu schätzen – allein in der Serengeti gibt es mindestens 500000. Sie sind zarter als die Impala, wiegen selten mehr als 25 Kilo und haben unwahrscheinlich große, dunkle Augen. Ihr besonderer Schmuck ist ihr kleiner Stummelschwanz, der unablässig zu kreisen scheint. Doch ihr großes Pech ist: sie schmecken ausgezeichnet. Tommie-Fleisch gehört seit den Anfängen der Jagd zu den Lieblingsspeisen der Jäger. Und noch viel länger steht die kleine Gazelle auf der Speisekarte sämtlicher Raubtiere der Savanne, einschließlich des Löwen, wenn er gerade kein besseres Beutetier findet. Es ist ein reines Wunder, daß die Gazelle noch in so großer Anzahl vorhanden ist; vielleicht hat ihr als »stotting« bezeichnetes Verhalten wesentlich zum Überlebenserfolg der Spezies beigetragen.

»Stotting« nennt man das mit allen vier Beinen senkrecht In-die-Höhe-Schnellen des Tieres, das die Artgenossen vor einem herannahenden Feind warnt. Diese Sprünge sind so auffallend, daß das Warnsignal der Tommies im Umkreis von mehr als einem Kilometer zu sehen ist. Allerdings kann man sich auch kaum ein gefährlicheres Verhalten vorstellen; denn nähert sich ein Rudel jagender Hunde, das oft eine Geschwindigkeit von sechzig Kilometern erreicht, so muß das Hochspringen zu einem selbstmörderischen Zeitverlust führen.

Man ist versucht, die hüpfende Gazelle als dumm zu bezeichnen, denn ihr Verhalten angesichts der Gefahr erscheint in der Tat unsinnig. In einer ähnlichen menschlichen Situation würden wir zweifellos von Heldenmut sprechen, doch läßt sich dieser Begriff nicht auf Gazellen anwenden. Was kann ein Tier veranlassen, die eigenen Überlebenschancen zugunsten der Gruppe derart zu reduzieren?

Die Frage trifft den Kernpunkt der älteren Auffassungen über die natürliche Auslese – Auffassungen, die manche Biologen auch heute noch teilen. Seit Darwin sehen wir in der Selektion einen Prozeß, der zwischen tauglichen und weniger tauglichen Individuen auswählt. Aus dieser Sicht betrachtet wäre die kleine Gazelle längst ausgerottet. Dennoch haben wir auf den weiten Steppen Afrikas eine unerhört erfolgreiche Spezies, bei der dieses Verhalten nicht als Fehlanpassung ausgemerzt, sondern im Gegenteil sogar artspezifisch wurde. Mit der alten Auffassung der natürlichen Auslese kommen wir hier also nicht weiter.

Vor etwa hundert Jahren führte Alfred Russell Wallace den Begriff der Gruppenselektion ein, wonach die natürliche Auslese letztlich zwischen Gruppen wirksam wird. Wallace sprach jedoch von Menschengruppen, bei denen Eigenschaften wie Altruismus, Heroismus, Opferbereitschaft und Loyalität wertvolle Attribute für überdurchschnittliche Tauglichkeit sein können. Bei den Tieren blieb das Problem ungelöst, bis 1926 V. C. Wynne-Edwards' revolutionäres Werk ›Animal Dispersion in Relation to Social Behaviour‹ erschien. Wynne-Edwards von der Universität in Aberdeen ist ein zurückhaltender, distinguierter Wissenschaftler, von dem man sich eigentlich keine revolutionären Aktionen erwartet. Und doch wurde er durch sein umfangreiches Werk zur umstrittensten Figur auf dem Gebiet der Verhaltensforschung, seit Konrad Lorenz einer Welt von feindseligen Psychologen seine Auslegung des Begriffs »Instinkt« unterbreitet hat. Im Gegensatz zu Lorenz wird jedoch Wynne-Edwards bis heute lediglich von Biologen angegriffen. Seine Herausforderung besteht hauptsächlich in folgendem:

»Im Fall eines sozialen Gruppencharakters wird jener Mechanismus von den Eltern an die Nachkommenschaft weitergegeben, der im gegebenen Fall eine korrekte Reaktion im Interesse der Gemeinschaft, nicht im Interesse des Individuums gewährleistet.«

Mit anderen Worten: Die natürliche Auslese kann auf individueller Basis im täglichen Wettbewerb wirksam werden; sie kann aber auch auf Gemeinschaftsebene Merkmale begünstigen, die für die Gemeinschaft von Vorteil sind. Man denkt an einen Paviantrupp, dessen Führer seine Artgenossen unter Einsatz seines Lebens verteidigt, und man denkt auch an eine Nation, die angegriffen wird und deren junge Männer bereit sind, ihr Leben zu riskieren und dem Feind, so übermächtig er auch sein mag, entgegenzutreten.

Nur so läßt sich das Verhalten der Thomson-Gazelle erklären – als Produkt eines evolutiven Prozesses. Wieder ist der Genpool dafür verantwortlich. Gleichzeitig mit dem uralten Wettkampf zwischen Tommies und Raubtieren ist ein unsichtbarer Wettstreit zwischen den Gazellenherden vor sich gegangen. Jene Populationen, bei denen der angeborene Zwang, Warnsignale zu geben, am stärksten war, hatten offensichtlich bessere Überlebenschancen. Ein Merkmal, das früher vielleicht nur bei wenigen Populationen vorhanden war, begann sich unter dem Druck des Gruppenwettbewerbs zu verbreiten und ist heute zum Gemeingut der gesamten Spezies geworden.

Die Gesellschaft ist der Testboden für den Genpool. Ohne Rücksicht auf das Individuum muß die natürliche Auslese im Wettstreit der Gruppen nach phänotypischem Beweismaterial suchen, wie die genetischen Möglichkeiten sich bewähren. Erschrecken wir angesichts derart erbarmungsloser Götter? Vielleicht können wir, bei näherem Hinsehen, so etwas wie Unsterblichkeit erkennen.

3

Die Verteidigung in den Tiergesellschaften gilt in erster Linie den Jungen. Ein Paviantrupp auf Nahrungssuche bewegt sich durch Buschwerk und Steppe wie eine Kriegsflotte durch Ozeane; Mütter und Kinder im Zentrum, wo – Schlachtschiffen gleich – die stärksten Männchen führen, an der Peripherie die Zerstörer, junge Männchen, die sich beobachtend weit hinauswagen in das wogende gelbe Meer. Ein einziger bellender Warnlaut läßt alle Alten die Zähne fletschen; sie sind bereit, jeder Gefahr zu begegnen. Doch der unerhörte evolutive Erfolg des Pavians beruht nicht nur auf dem ausgezeichnet organisierten Verteidigungsverhalten, sondern auch auf seiner schnellen und anpassungsfähigen Intelligenz.

Der Elefant, das Tier mit den vielen Rätseln, weist auf eine soziale Funktion hin, die bei manchen Spezies die Bedeutung der Verteidigung noch übertrifft. Jeder Elefantenbeobachter in den Wäldern Afrikas muß sich die Frage stellen, warum eine so rigorose Gesellschaftsordnung beibehalten wird. Wohl gibt es nur aus Bullen bestehende Gruppen, denen sich die jüngeren nach Erreichen der Geschlechtsreife anschließen. Diese Gruppen sind locker, die Anzahl der Mitglieder wechselt. Was wir jedoch Elefantenherden nennen, wird ausschließlich von Kühen und Elefantenkindern gebildet, Gruppen mit jeweils zwölf, fünfzehn, oft zwanzig Mitgliedern. Manchmal ist zwar ein Bulle dabei, doch der Beobachter darf sich nicht täuschen lassen; es sind meistens Jungtiere, die noch unter der Herrschaft der Mutter stehen. Und diese Herrschaft ist hart. Kein Soldat würde diese Jungtiere beneiden.

Eine Frage drängt sich auf: Wozu diese strenge Ordnung? Kommt man einer Elefantenherde etwas zu nahe, so wendet man den Wagen (in ganz Afrika gibt es kaum einen Berufsfahrer, der nicht sofort umdrehen würde, wenn die Distanz zwischen ihm und der Herde nicht mehr gemütlich erscheint); und auch die Tiere treffen ihre Maßnahmen. Die Jungen verschwinden hinter der grauen Leibermasse der älteren Tiere. Da Elefanten nicht gut sehen, nehmen sie mit dem Rüssel Witterung auf. Heben sie auch die Stoßzähne angriffsbereit, so gibt es nur eines: Rückwärtsgang einschalten. Was aber hat der Elefant zu fürchten? Wohl jagt der Mensch seit 5000 Jahren den Elefanten seines Elfenbeins wegen. Eine solche Differenziertheit der Alarmanlage, eine derart strenge soziale Ordnung kann sich aber unmöglich in einer so kurzen Zeitspanne entwickelt haben. In ferner Vergangenheit war vielleicht der große, heute ausgestorbene Säbelzahntiger für die Jungen eine Gefahr. Heute kommt dem Elefanten außer dem Menschen niemand mehr zu nahe. Wenn der einzige selektive Faktor in der Entwicklung der Elefantengesellschaft die Verteidigung war, so müssen diese gewaltigen mobilen Festungen, die sich durch die Wälder schieben, wesentlich ängstlicher sein, als es den Anschein hat.

Erst seit kurzem weiß man, daß das Primat der Erziehung bei vielen Spezies ein sehr wichtiger selektiver Faktor ist: Wäre eine Anhäufung von Wissen für das erwachsene Tier nicht von größtem Überlebenswert, müßte man das langsame Heranreichen als Fehlanpassung bezeichnen, als Belastung der Gruppenenergie, die dem Überleben zuwiderläuft. Der Lebensrhythmus des Elefanten ist dem des Menschen ähnlich. Der Bulle ist ungefähr zwanzig Jahre alt, wenn er aus der strengen Disziplin der matriarchalischen Familienschule entlassen wird. Dort aber hat er unter Anleitung der ältesten und weisesten Elefantenkühe alles gelernt, was er für sein Leben braucht. Und das ist auch höchst notwendig, denn gerade auf Grund seines kolossalen Körpers ist der Elefant besonders verwundbar. Bedroht eine Dürre sein tägliches Quantum an Grünfutter und Wasser, so muß er oft Hunderte von Meilen die alten Fährten entlangziehen – die Elefantenpfade der afrikanischen Legenden –, um neue Nahrungsquellen zu finden. Vom Menschen geschaffene Tierreservate lassen die echten Bedürfnisse des Elefanten nicht mehr klar erkennen. Doch der Elefant behält auch in der geschützten Umwelt seine uralte Erziehung bei.

Der bekannte Primatenforscher K. R. L. Hall von der Universität in Bristol hat als einer der ersten darauf hingewiesen, daß die Jungtiere der Primaten in ihrer sozialen Gemeinschaft lernen, und zwar nicht weil man sie lehrt oder weil sie, wie dies in den amerikanischen Labors geschieht, bei Versagen bestraft und bei Erfolg belohnt werden, sondern weil eine innere Notwendigkeit sie dazu treibt, zu beobachten, zu erproben, sich Dinge einzuprägen. Das Jungtier lernt viel von der Mutter, und man hat behauptet, ein einjähriger Rhesusaffe wisse bereits so viel wie seine Mutter. Die Gesamtheit von Wissen und Erfahrung, die das Wissen jedes einzelnen Individuums übertrifft, liegt jedoch in der Gruppe selbst.

Hall untersuchte Pavianherden in einem Reservat auf dem Kap der Guten Hoffnung, wo er ein Weibchen freiließ, das er aus dem Hochland von Transvaal in den Süden Afrikas gebracht hatte. Die Nahrung war eine ganz andere, und das Pavianweibchen wußte nicht, was es fressen sollte und was nicht. Die Herden vertrieben es, wie sie jeden Fremdling vertreiben. Hall mußte das Tier füttern, sonst wäre es verhungert. Schließlich begann ein Trupp, das Äffchen am Rand seines Territoriums doch zu dulden. Und nach zwei Tagen hatte es sich auch bei der Nahrungssuche zurechtgefunden.

Die Bekräftigungstheorie mit ihren Strafen und Belohnungen hatte bisher unser Denken so sehr beherrscht, daß wir erst heute anfangen, über das Lernen zu lernen. Der Zoologe J. Lee Kavanau von der Universität von Kalifornien in Los Angeles unternahm einen aufregenden Versuch: Er baute ein Labyrinth mit 427 Meter geraden Bahnen, 1205 rechten Winkeln und mit 445 Sackgassen, die mehr als 50 Prozent des Raumes einnahmen. In dieses Labyrinth setzte er nicht jene überzüchteten domestizierten Tiere, die uns die angeblichen Beweise für die Bekräftigungstheorie geliefert haben, sondern in der Natur gefangene Weißfußmäuse. Ohne Nahrungsentzug, ohne Androhung von Strafe oder Aussicht auf Belohnung lernten die Mäuse in zwei bis drei Tagen durch das gesamte Labyrinth hin und zurück zu laufen. »Dieses Verhalten scheint Ausdruck einer angeborenen Neigung zu sein, umfassende motorische Aktivitäten zu erproben und zu entwickeln«, schreibt Kavanau. »Es ist unwahrscheinlich, daß dieser erstaunliche Lernvorgang die Fähigkeiten der Tiere auch nur annähernd erschöpfte.«

Unser imposantes menschliches Erziehungssystem wurde aufgebaut, bevor wir eine Ahnung vom Lernverhalten der Tiere hatten. Und heute negiert die Psychologie nicht nur die angeborene Aggressivität des Menschen, sondern sie leugnet auch einen angeborenen Trieb, zu lernen und die Umweltprobleme zu meistern. Washburn und Hamburg stellten fest: »Eine verlängerte Jugend hätte keinerlei Vorteil, würde nicht ein inneres Bedürfnis nach Aktivität zur Vergrößerung von Wissen und Geschicklichkeit führen.« Die beiden Forscher sprachen vom Affen. Wenn aber bei Affen und Mäusen ein angeborener Trieb feststellbar ist, dann muß man, davon ausgehend, auch auf jenen hervorragendsten Lernenden, auf den Menschen, schließen können.

Die Krise in unseren Bildungsanstalten ist größer, als Lehrer, Schüler und verwirrte Eltern ahnen. Die bedrängte Spezies Mensch sieht sich Studentendemonstrationen gegenüber, Sit-ins, Protestmärschen, Gewalttaten und einem unerklärlichen Vandalismus. Doch wir sehen uns nicht nur der brennenden Fackel einer entflammten Jugend gegenüber, sondern auch den erstarrten Orthodoxien von Erziehern, die von den Fortschritten auf dem Gebiet der Wissensvermittlung genausoviel wissen wie der Neandertaler vom Ackerbau. Und die Anhänger der Umwelttheorie tun ihr möglichstes, um die Umwelt in dieser Ignoranz zu belassen.

Das beste und großzügigste Laboratorium für Primatenforschung in den USA war Harry Harlows Tiergehege an der Universität von Wisconsin. Harlow ist ein eigenwilliger Geist in der amerikanischen Psychologie, der sich vom Behaviorismus weit entfernt hat und dessen Karriere von stiller Verzweiflung begleitet gewesen sein muß. Er hat als erster beim Schimpansen nachgewiesen, was heute alle Ethologen als »explodierendes Verhalten« bezeichnen. Harlows Ansehen ist so groß, daß seine

Schlußfolgerungen sich nicht ignorieren lassen. Immerhin hat es die akademische Welt zustande gebracht, seine Resultate so selektiv zu behandeln, daß niemand aus seiner beschaulichen Ruhe aufgeschreckt wird.

Harlows erster wissenschaftlicher Triumph betraf die Sexualität. Dem Anhänger der Umweltstheorie, der alle angeborenen menschlichen Triebe leugnet, ist das Problem des Geschlechtstriebes seit eh und je ein Dorn im Auge. 1958 veröffentlichte William A. Mason – der Jahre später auch Untersuchungen über das Springäffchen durchführte – in Wisconsin eine Arbeit, in der er nachweisen wollte, daß auch Sexualität erlernt sei. Mason legte der »American Psychological Association« das Ergebnis eines Experimentes mit sechs Rhesusaffen vor, die er völlig isoliert aufgezogen hatte, sowie mit einem wilden Rhesusaffen, der – noch nicht geschlechtsreif – im Alter von zwanzig Monaten gefangen wurde. Bei keinem der isolierten, unerfahrenen Tiere kam es zu geschlechtlicher Aktivität, während das wilde Äffchen sich normal entwickelte. Für die Umwelttheorie wurde die Arbeit zu einem Meilenstein. Die Doktrin – der Mensch ist nur das, was er gelernt hat – hatte somit auch das Sexproblem gelöst. Ungeachtet dessen, was seit 1958 geschehen ist, wird die Arbeit bis heute zitiert.

Niemand von uns – weder Mason noch ich selbst – verstand damals, was Ronald Hall später als Lernen in einem sozialen Zusammenhang, in einer sozialen Gemeinschaft bezeichnete. Aber irgend etwas schien sonderbar. 1960 sprach ich anläßlich eines Besuches in Kampala mit Niels Bolwig, dem damaligen Professor für Zoologie an der Makerere-Universität von Uganda, über das erstaunliche Problem. Er selbst hatte zwei Paviane, ein Männchen und ein Weibchen, von Geburt an gemeinsam aufgezogen. Sie kamen in keinerlei Kontakt mit erwachsenen Tieren, doch als sie geschlechtsreif wurden, paarten sie sich normal und erfolgreich.

Was stimmte da nicht? Im nächsten Jahr erschien in der Zeitschrift ›Natural History‹ ein ausführlicher Bericht von Margaret und Harry Harlow über ihre Versuche in Wisconsin, die Masons Experimente zu bestätigen schienen. Die Rhesuskolonie von Wisconsin war 1953 errichtet worden. Nicht weniger als 55 Affenbabies wurden 12 Stunden nach ihrer Geburt in isolierte Käfige gesetzt und wie Menschenbabies aufgezogen. Sie gediehen so gut, daß ihre Sterblichkeitsrate niedriger war als die der von ihren Müttern aufgezogenen Affenkinder. Ursprünglich wollten die Harlows die Tiere in die allgemeine Zucht eingliedern. Es gelang nicht: Die Affen wurden geschlechtsreif, aber sie paarten sich nicht. Eine andere Gruppe von 90 Tieren zog man mit sogenannten Ersatzmüttern auf – verschiedenen mechanischen Attrappen; der Erfolg war nicht viel besser, obwohl einige Tiere sich fortpflanzten. Das Band der Liebe zwischen Mutter und Kind schien die essentielle Basis für eine spätere erfolgreiche Sexualität zu sein. Das paßte wieder den Umwelttheoretikern und auch den Freudianern in den Kram, und so wurde die Arbeit oft und gern zitiert. Doch wo blieben Bolwigs mutterlose Paviane; durfte man sie vergessen? In der Harlow-Arbeit gab es auch Andeutungen über die Wichtigkeit des Spiels bei Jungtieren, die vorerst übersehen wurden.

Im November 1962 erschien jene Arbeit Harlows, die die Frage endgültig beantwortete. Die vorangegangenen Arbeiten hatten die Bedeutung der Mutter für die emotionelle Entwicklung des Säuglings zu stark in den Vordergrund gestellt. Nunmehr zeigt ein neues Experiment: Die Rolle der Mutter ist zwar sehr wesentlich, ihre Funktion jedoch entbehrlich; als lebenswichtig erwies sich vielmehr die Gesellschaft.

Die vielen von den Harlows isoliert aufgezogenen Tiere, die den Umweltaposteln den scheinbaren Beweis geliefert hatten, daß auch der Sexus erlernt sei, waren inzwischen fünf bis acht Jahre alt und ausnahmslos neurotisch. Apathisch lebten sie dahin, verbrachten die meiste Zeit damit, die Arme über den Kopf zu verschränken und sich hin und her zu wiegen. Zwanghafter Masochismus war eine Verhaltensnorm: Manche zwickten sich hundertmal am Tag an derselben Stelle oder kauten an ihren eigenen Körpern. 1960 versuchten die Harlows eine Gruppentherapie und schickten 19 Affen auf die Affeninsel im Zoo von Wisconsin. Zuerst gab es heftige Kämpfe, doch mit der Zeit ordneten sich die 19 Tiere leidlich gut in das soziale System ein. Kaum aber waren sie wieder im Laboratorium, hatten die Tiere alle Fortschritte vergessen. Nach zwei weiteren Jahren kamen die Harlows zu dem Schluß, daß die Folgen einer sozialen Isolation in der Kindheit irreparabel seien und eine entsprechende Therapie nur von vorübergehender Wirkung.

In der Zwischenzeit reifte das entscheidende Experiment. Vier kleine Rhesusaffenkinder wurden mit ihren Müttern aufgezogen, und zwar so, daß sie untereinander Kontakt hatten und spielen konnten. Das war die Kontrollgruppe. Wie vorauszusehen, zeigten die Kinder von Anfang an lebhafte, ungehemmte soziale Beziehungen: zuerst forschende Neugier, dann Spiel, dann Flucht und Verfolgung. Schon in den ersten sechs Monaten kam es zu angedeuteten sexuellen Experimenten, nach einem Jahr wurden sie häufiger und gereifter. Im zweiten Jahr entwickelte sich das ganze Repertoire des erwachsenen Sexualverhaltens, obwohl die Affen noch nicht geschlechtsreif waren. Die Jungen hatten allerdings immer noch Kontakt mit ihren Müttern.

Doch das Experiment beschäftigte sich auch mit zwei Gruppen von je vier Affenkindern, die keine Mutter hatten. Von Geburt an fehlte jeder Kontakt zu erwachsenen Tieren, es bestand keinerlei Möglichkeit zur Nachahmung. Die Harlows konstruierten ein Spielzimmer, das die normale Umwelt des Rhesusäffchens mit künstlichen Mitteln imitierte. Es gab eine Leiter und eine Schaukel, bewegliches Spielzeug, sogar einen künstlichen Baum. Jedes Affenkind wurde täglich 23 Stunden und 40 Minuten mit seiner Ersatzmutter aus Draht und Plüsch isoliert (jener Attrappe, die bei der Aufzucht der normalen Affenkinder so kläglich versagt hatte). Jeweils 20 Minuten durften die Äffchen jedoch zu viert in den Spielraum und konnten miteinander spielen. Der Anfang war entmutigend. Zwei Monate verbrachten sie nur damit, sich aneinanderzuklammern oder als eng umschlungene Gruppe umherzuwandern. Allmählich jedoch entspannten sich die Beziehungen. Es begann die gleiche Entwicklung, wie man sie bei den mit ihren Müttern lebenden Affenjungen beobachtet hatte. Nach einem Jahr unterschieden sich die Beziehungen dieser Tiere zueinander und das langsam einsetzende Sexspiel in keiner Weise von denen der privilegierten Kontrollgruppe. »Kein Mitglied der Gruppe zeigte Anzeichen einer Schädigung durch das Fehlen der Mutter.«

Für diese Affenkinder gab es kein Vorbild durch erwachsene Tiere. »Es scheint möglich und sogar wahrscheinlich, daß die Mutter-Kind-Beziehung entbehrlich ist; die Kind-Kind-Beziehung jedoch ist das *sine qua non* für eine spätere Anpassung an das normale Affenleben.« Mit anderen Worten, der soziale Zusammenhang ist – nach Ronald Hall – unentbehrlich für das Lernen der Primaten. Und dieses Lernen entwickelt sich, wie Harry und Margaret Harlow nachweisen konnten, völlig eigenständig, selbst in einer künstlichen Umwelt mit der anomalen Beschränkung des sozialen Kontakts auf 20 Minuten.

Lernen wird wie der Sauerstoff aus der Atmosphäre aufgenommen. Unser Genotypus enthält Instruktionen, nach denen wir als Lebewesen suchen, es erforschen, erproben, wagen und unsere sich entwickelnden Fähigkeiten in Beziehung zur Umwelt erweitern müssen.

Bei einer sozialen Spezies besteht diese Umwelt im wesentlichen aus Artgenossen. Wir können aus der Erfahrung der Alten Nutzen ziehen und an der Weisheit der Gesellschaft teilnehmen. Wir lernen das Schmerzvolle meiden und das Lustvolle suchen; wir werden konditioniert. Auch der positive oder negative Einfluß der Eltern tut seine Wirkung. Wir sind jedoch nicht ausschließlich das Produkt der Kind-Eltern-Beziehung, wie die Freudianer behaupten, noch sind wir simple identische Chiffren, wie es die Behavioristen gerne glauben möchten. Wir sind ungleich erschaffene Geschöpfe, die lernen, das Bestmögliche aus ihren Begabungen zu machen – und es oftmals auch nicht erlernen.

Ist eine organisierte Gesellschaft gerecht, so sorgt sie für gleiche Lernchancen. Sir Arthur Keith hat einmal gesagt, Kindererziehung sei die oberste Aufgabe jeder Spezies. Versagt sie hierin, so wird sie allmählich aussterben. Ungerechtigkeit, falsche Ideale, Leichtsinn, Gleichgültigkeit – all das kann zum Versagen beitragen. Und wie die Gesellschaft, die nicht zur Selbstverteidigung bereit ist, heute verloren ist, so wird die Gesellschaft, die ihre Jugend nicht zur Entfaltung ihrer latenten Fähigkeiten ermuntern kann, morgen verloren sein.

Bevor wir uns der dritten wichtigen Funktion der Gesellschaft zuwenden, wollen wir rasch noch einen Blick zurückwerfen auf das, was die moderne Biologie uns bisher gezeigt hat. Es gibt Kräfte der Unordnung. Es gibt die Vielfältigkeit unserer Zeugung, die nur durch die Möglichkeiten des Genpools beschränkt wird. Es gibt eine in unseren genetischen Anfängen kodifizierte Aggressivität von unterschiedlicher Stärke, die unsere ursprüngliche Vielfalt vergrößert, indem sie uns zur Entwicklung unserer Eigenart anspornt. Diese Aggressivität aber, die Ungleichheit manchmal abschwächt, sie jedoch viel öfter verstärkt, bedroht die sozialen Spezies, deren Mitglieder voneinander abhängig sind, mit Chaos und Vernichtung. Und so greift der soziale Mechanismus mit seinen ordnenden Kräften ein. Der Begabteste, der Aggressivste muß einen Teil seiner Überlegenheit der Gruppe opfern, wenn er selbst überleben will. Die Gruppe bietet den Schutz der Vielzahl: die überragenden Qualitäten der wenigen werden zur Überlebensgarantie für die vielen. Und schließlich ist da noch das Lernen, für die einzelnen Spezies von unterschiedlicher Bedeutung, doch von eminenter Wichtigkeit für den Menschen. Dieses Lernen kann im Teilhaben am Erfahrungsreservoir der Gesellschaft bestehen, es kann aber auch künftige Erfahrungen vorwegnehmen – in jedem Fall ist es in einer gerechten Gesellschaft für jedermann erreichbar. Und es ist überdies eine Ordnungskraft; es führt in die Unordnung der ungleich erschaffenen Lebewesen das Gesetz aller Wirbeltiere ein: Gleichheit der Chancen.

4

Als Ökologe beschäftigt sich Wynne-Edwards hauptsächlich mit dem Verhältnis des Tieres zu seiner Umwelt. In seinem Buch ›Animal Disposition‹ wird untersucht, auf welche Weise eine Gesellschaft die Anzahl der Tiere den im Habitat vorhandenen Nahrungsquellen anzugleichen imstande ist. Das ist ein so umfangreiches Thema, daß ich darauf nicht näher eingehen kann. Wynne-Edwards gibt aber auch eine verblüffende Definition: »Man kann die Gesellschaft als eine Gruppe bezeichnen, die mit vereinbarten Mitteln um vereinbarte Preise wetteifert.« Ich habe diese Definition bereits in meinem Buch ›Adam und sein Revier‹ erwähnt, jedoch hinzugefügt, daß sie über unser derzeitiges Verständnis allerdings so weit hinausgeht, daß man sie am besten ausreifen läßt.

Ich will hier nochmals meine Definition wiederholen: Eine Gesellschaft ist eine Gruppe ungleicher Lebewesen, die sich zusammengeschlossen hat, um gemeinsame Bedürfnisse zu befriedigen. In diesem Zusammenhang möchte ich auch eine weitere interessante Definition von Stuart Altmann anführen. Altman ist Kanadier und gehört zu den jungen Abenteurern, die die *terra incognita* der Verhaltensentwicklung erschließen wollen. Auf dem Gebiet der Tierkommunikation ist er bereits international anerkannt. Er hat das getan, was ich bisher nicht gewagt habe, nämlich eine klare Trennungslinie zwischen Population und Gesellschaft zu ziehen. Er definiert die Population im klassischen Sinn als eine Fortpflanzungsgemeinschaft, deren Grenzen dort liegen, wo Kreuzungen praktisch unmöglich werden. Die Gesellschaft ist – nach Altmann – eine Gruppe von Lebewesen, deren Kommunikation allen Mitgliedern verständlich ist. Wo die Kommunikation – ein wechselseitiges Verständnis der Signale – aufhört, liegen die Grenzen der Gesellschaft.

Aus Altmanns Gedankengängen ergibt sich, daß Population und Gesellschaft zusammenfallen können. Aber es muß nicht notwendigerweise so sein. Was als eine Gesellschaft erscheint, kann durch rassische, religiöse oder Stammeslinien in mehrere Fortpflanzungsgemeinschaften zerfallen. Solange alle die gleiche Sprache sprechen – was mehr figurativ als wörtlich aufzufassen ist –, solange sie die gleichen Signale haben, die gleichen Ziele verfolgen, die gleichen Regeln anerkennen, funktioniert auch eine große Gesellschaft. Der Augenblick aber, in dem die Kommunikation versagt, in dem sich an den Populationsgrenzen Mißverstehen einstellt – so daß Signale, Symbole, ein Ruf oder ein erhobener Schwanz nicht mehr für alle dieselbe Bedeutung haben –, kann für die Gesellschaft das Ende bedeuten.

Altmanns und Wynne-Edwards' Definition schließen einander nicht aus, im Gegenteil, sie stützen einander. Denn wenn der schottische Ökologe von vereinbarten Preisen spricht, so meint er Ziele, die von allen verstanden und akzeptiert werden. Für das Rotkehlchen-Männchen kann es das Territorium sein, das Stückchen Land, das gegen jeden Eindringling verteidigt wird und ausschließlich ihm gehört. Dem Dohlenmännchen wieder bedeutet das Territorium gar nichts, für ihn ist der höchste Rang innerhalb seines Schwarms das Ziel seiner Träume. Für das Rotkehlchen-Weibchen ist natürlich ein Männchen mit Territorium erstrebenswertestes Ziel, für das Dohlenweibchen ist es das ranghöchste Männchen. Alle – Männchen wie Weibchen – erstreben Preise, deren Wert von allen verstanden wird. Doch diese Preise sind vereinbart, sie haben symbolischen Wert. Das Territorium des Rotkehlchens mag die Nahrungsversorgung gewährleisten. Der Rang der Dohle mag die Chancen bei der begehrenswerten Partnerin vergrößern. Doch der eigentliche Wettkampf geht nicht um Nahrung oder um den Partner. Er geht um vereinbarte Preise, deren Wert die Gesellschaft festgesetzt hat.

Wynne-Edwards spricht von Preisen, »die mit vereinbarten Mitteln erreicht werden«. Die Gesellschaft ächtet bestimmte Mittel des Wettkampfs, die ihr Überleben gefährden. »Du darfst nicht töten«, ist ein soziales Gebot nicht nur der jüdisch-christlichen Gesellschaften, sondern fast aller Gesellschaften auf Erden. Ein ähnliches Gebot – ungeschrieben, aber von allen verstanden – kennen die Affen, die Wölfe, die Möwen und die Hyänen. Auch Joshuas Soldaten kannten es: »Du darfst nicht töten – außer Mitglieder anderer Gesellschaften.«

Nach Wynne-Edwards' Definition ist der Wettkampf der Lebewesen eine wesentliche Voraussetzung des Daseins überhaupt. Wettkampf wird und muß in allen Lebensbereichen stattfinden. Vom Wettkampf der Spermien im weiblichen Genitaltrakt bis zum Wettkampf der Alternden mit den Kräften des Verfalls, vom Wettkampf der Kinder um die Aufmerksamkeit der Eltern bis zum Wettkampf der Kameraden auf dem Spiel- und Sportplatz; vom Wettkampf der Frauen mit Hilfe von Kleidern und Kosmetik bis zum Wettkampf der Männer um Macht und Ansehen – überall der gleiche, nie endende Prozeß, den alle Spezies durchmachen. Und es muß so sein, da diese Universalität auf der natürlichen Vielfalt der Lebewesen beruht und auf dem angeborenen Trieb, unsere Möglichkeiten zu verwirklichen. Der Idealist, der Utopist mag den Wettkampf als notwendige Gegebenheit der Menschen leugnen. Doch hätte unseren tierischen Ahnen dieses Merkmal gefehlt, wir hätten – damals im Miozän – niemals den Schutz der Wälder verlassen.

Akzeptieren wir den Wettkampf als unentbehrlich für alle Lebewesen mit geschlechtlicher Fortpflanzung, dann verstehen wir auch Wynne-Edwards' Ansicht über die soziale Funktion und Altmanns Abstecken von sozialen Grenzlinien. Eine Gruppe reguliert durch gegenseitige Verständigung intern ihren Wettstreit, so daß der Kampf um die symbolischen Preise nach Regeln stattfindet, die keinen benachteiligen. Jenseits der Grenze dagegen, wo die Kommunikation versagt, können die Preise, die eine Gesellschaft festgelegt hat, völlig unverständlich sein. Für den Massai-Stamm Ostafrikas symbolisiert der Besitz von Vieh einen hohen Status, für den benachbarten Kikuyu ist es der Besitz politischer Macht und großer schwarzer Autos. Jedem erscheint der andere ein wenig verrückt. Bei der einen Gesellschaft mag der Preis in der Anzahl der Frauen bestehen, bei einer anderen in der Anzahl der Morgen Land, bei einer dritten in der Anzahl der Bankkonten in der Schweiz. Auch innerhalb einer Gesellschaft können sich die Maßstäbe verschieben: Glanz und Ansehen des Hof- und Ritterlebens, die Hand in Hand gingen mit der Verachtung von Geld und Handel, sind dem Glanz und Ansehen von Industrie und Reichtum gewichen. Weitere Veränderungen können wirtschaftliche und politische Führungspositionen zu den erstrebenswertesten Preisen machen.

Es handelt sich dabei um vereinbarte Preise, die den sozialen Partnern etwas bedeuten und die die Gesellschaft durch gemeinsame Ambitionen, gemeinsames Streben und auch gemeinsamen Neid zusammenhalten. Sie müssen jedoch innerhalb der von allen anerkannten Spielregeln verfolgt werden. Und damit kommen wir zur dritten sozialen Funktion, die man mit dem Klischee von »Gesetz und Ordnung« umschreiben kann; sie akzeptiert zwar den Wettstreit als unvermeidlich, sichert aber durch vereinbarte Regeln das für das Überleben der Gruppe notwendige Maß an Ordnung.

Die Funktion der Gesellschaft als ein Spielfeld, das – wie auch alle Sportplätze – von Vorschriften und Regeln beherrscht wird, mag für das Individuum weniger wichtig erscheinen als die Funktionen von Verteidigung und Erziehung. Diese Regeln aber schützen den einzelnen vor Ausbeutung durch den nächsten, ebenso wie die gemeinsame Verteidigung vor Ausbeutung durch andere schützt. Doch da steckt noch mehr dahinter. Erinnern wir uns an die Hypothese angeborener Bedürfnisse, die ich in ›Adam und sein Revier‹ aufgestellt habe.

Nach dieser Hypothese haben alle höheren Tiere einschließlich des Menschen drei angeborene Bedürfnisse: Identität, Stimulierung und Sicherheit. Ihre gegenteiligen Begriffe verdeutlichen diese Bedürfnisse noch: Anonymität, Langeweile, Angst. Sie variieren in der Größenordnung; naturgemäß muß nämlich das Bedürfnis des Weibchens nach Sicherheit größer sein als das des Männchens. Ebenso müssen Begabung und Erfahrung des Individuums seine Bedürfnisse beeinflussen. Erstaunlich ist, daß die Sicherheit als letztes Bedürfnis rangiert, und in je höherem Maß es befriedigt wird, desto bereitwilliger opfern wir es der Stimulierung. Solange wir in Armut und Entbehrung leben, bedeutet Sicherheit das einzig Erstrebenswerte; so mancher Irrtum der Gesellschaftsphilosophie ist darauf zurückzuführen. Kaum aber tritt ein Minimum an Wohlstand an die Stelle der Not, weicht die Sicherheit der Langeweile – ein keineswegs erstrebenswerter Zustand.

Genauso verblüffend wie der niedrige Rang der Sicherheit ist die hohe Wertigkeit der Identität: zu wissen, wer man ist, in den Augen des sozialen Partners Anerkennung zu finden; jene Einzigartigkeit zu spüren, die in Wahrheit nur dem befruchteten Ei zukommt. Ich behaupte, daß das unser entscheidendster Beweggrund ist. Wie viele Menschen entscheiden sich, vor die Wahl zwischen Vermögen und Ruhm gestellt, nicht für den Ruhm? Nur wenn wir der ärgsten Frustration, der Anonymität, ausgesetzt sind, steigen wir die Leiter der wichtigsten Bedürfnisse hinunter und suchen die Stimulierung, so wie wir die Leiter hinaufsteigen und sie suchen, wenn die Sicherheit befriedigt ist und sich die Langeweile einstellt.

Im Augenblick wollen wir die Dreiheit der angeborenen Bedürfnisse lediglich als Hypothese annehmen. Sie wird im Lauf unserer Untersuchung an Glaubwürdigkeit und an prognostischem Wert gewinnen. Vorläufig wollen wir uns damit begnügen, die psychologische Funktion der Gesellschaft für die Erfüllung der individuellen Bedürfnisse zu untersuchen. Ich behaupte nämlich, daß die Gesellschaft, die allen ihren Mitgliedern die gleiche Chance der Identität, Stimulierung und Sicherheit bietet, die Fährnisse der Gruppenselektion überleben wird; eine Gesellschaft hingegen, die in ihrer psychologischen Funktion versagt, wird im Lauf des langen Wettstreits allmählich ausgemerzt werden.

Schutz des Individuums vor äußeren Feinden; Schutz (durch Erziehung) des Rechts jedes Individuums auf gleiche Chancen für die Entwicklung seiner Möglichkeiten; Schutz der Mitglieder voreinander, wenn sie wetteifernd ihre angeborenen Bedürfnisse befriedigen: das sind die drei Ordnungsfunktionen, die jede Gesellschaft ihren Mitgliedern bieten muß, wollen Gesellschaft und Mitglieder überleben. Sie gelten für alle höheren Tiergesellschaften, insbesondere für die Primaten, und natürlich auch für den höchsten Primaten, den Menschen.

Seit uralten Zeiten haben wir den Anspruch auf äußere Verteidigung und innere Ordnung anerkannt. Er liegt unseren evolutiven Wurzeln am nächsten. Relativ spät, erst im Zeitalter des technischen Fortschritts, haben wir den Anspruch auf Erziehung erkannt oder zu erkennen begonnen, wie auch die Tatsache, daß die stärksten und dauerhaftesten Gesellschaften auf einer optimalen Entwicklung ihrer Mitglieder beruhen. Die psychologische Funktion jedoch ist uns weitgehend unbekannt, nur vage beginnen wir zu ahnen, daß mit wachsender Sicherheit auch Langeweile und Anonymität zunehmen. Die Errungenschaften unseres materiellen Fortschritts, die dem Individuum heute die Existenzangst nehmen, haben andere angeborene Bedürfnisse ignoriert oder verdrängt.

Und wir wissen nicht, was wir tun. Es gibt keine Katastrophe unserer Zeit, die sich mit dem Versagen der menschlichen Vernunft bei ihrer Konfrontation mit dem Menschen vergleichen läßt. Die Erkenntnisse des elisabethanischen Theaters vor beinahe fünf Jahrhunderten zeugen von wesentlich tieferer Einsicht in die Natur des Menschen.

Fassungslos stehen wir der zunehmenden Gewalttätigkeit in unseren einst friedlichen Straßen gegenüber. Bestürzt nehmen wir die steigende Kriminalität zur Kenntnis. In Amerika gibt man dem Rassenproblem die Schuld und übersieht, daß die Verbrechensrate auch in Ländern steigt, wo es keine Rassenunterschiede gibt. Oder man macht die Armut dafür verantwortlich und vergißt, daß 1930, in einer Zeit der Not und der Arbeitslosigkeit, die Kriminalität sich durchaus in Grenzen hielt. Wir suchen fieberhaft nach Erklärungen für die Revolte der Jugend, für die Verlockung durch Alkohol, Drogen und Pornographie. Und alle Erklärungen erweisen sich als unzulänglich. Doch warum übersieht unser Verstand diese einfache Erklärung?

Die hungrige Psyche hat den hungrigen Magen abgelöst.

5

Jean-Jacques Rousseau schreibt im Einleitungskapitel seiner ›Confessions‹ (1781): »Ich bin nicht gemacht wie irgendeiner von den Menschen, die ich je gesehen habe und, wie ich glaube, auch nicht wie irgendeiner von allen Sterblichen. Bin ich nicht besser, so bin ich doch wenigstens anders. Ob die Natur gut oder übel handelte, daß sie die Form, in die sie mich goß, zerbrach, darüber wird man urteilen können, wenn man mich gelesen hat.«

Daß alle Menschen verschieden sind; daß die Natur durch sexuelle Rekombination jede Form zerstört, aus der ein Mensch geschaffen wurde: Keine der beiden Feststellungen schmälert den unglaublichen Zufall einer Nacht, der der Menschheit einen Rousseau geschenkt hat. Seine Autobiographie, eines der hinreißendsten Bücher, die jemals geschrieben wurden, bestätigt diese Behauptung mit größter Eindringlichkeit. Er war eine Variante erster Ordnung, ein Genie, verachtet, verfolgt, erniedrigt und gepriesen, ein Einzelgänger, der einen unglaublich starken Einfluß auf seine Zeitgenossen ausübte. Sein Einfluß auf unser modernes Zeitalter ist einzigartig.

Rousseau schrieb seine leidenschaftlichen Meditationen hundert Jahre vor Darwin – doch auch er sah den Menschen mit ebensolcher Klarheit als ein in der Natur verwurzeltes Lebewesen. Zwar mißtraute er der Demokratie, dennoch schenkte er der Welt die Maxime, wonach jede Regierung den Regierten zu dienen habe. Er war kein Atheist, dennoch entthronte er Gott und legte das Geschick der Menschheit in die Hände der Gesellschaft; die katholische wie die protestantische Kirche reagierten mit bitterem Zorn. Er aber ließ sich nicht einschüchtern; er verdammte die Tyrannei und kämpfte für die Unabhängigkeit des Individuums wie kein anderer seiner Zeit. Trotzdem war sein ›Contrat social‹ eigentlich kein Vertrag, sondern vielmehr ein Dokument, das die Unterordnung des Individuums unter die Gruppe fordert. Wenn Dobzhansky schreibt, »Die Philosophie der modernen Demokratien – westlicher und östlicher Prägung – ist die Doktrin der Gleichheit, der natürlichen Güte, der unbegrenzten Möglichkeiten zur Vervollkommnung des Menschen«, so ist das, mit gewissen Einschränkungen, reinster Rousseau. Die Möglichkeit zur Vervollkommnung war der Beitrag des 19. Jahrhunderts. Und wie das Bildnis Gottes aus tausend Perspektiven gesehen werden kann, so verhält es sich auch mit dem Bildnis Rousseaus. Sein Bild bestimmt unsere Tage.

Und dieses Bild wird vermutlich auch die Zukunft beeinflussen. Wer daran zweifelt, muß nur die überschwenglichen Sätze der beiden Durants lesen:

»In erster Linie war er der Vater der romantischen Bewegung ... Doch was sollen wir unter romantischer Bewegung verstehen? Die Auflehnung des Gefühls gegen die Vernunft, des Instinkts gegen den Intellekt, des Einzelgängers gegen die Gesellschaft, der Mythen und Legenden gegen die Geschichte ... des Gefühlsausbruchs gegen konventionelle Schranken, der individuellen Freiheit gegen die soziale Ordnung, der Jugend gegen die Autorität, der Demokratie gegen die Aristokratie, des Menschen gegen den Staat?«

Das Bild des Revolutionärs Rousseau, wie es die Durants zeichnen, weist Züge auf, wie wir sie gerade heute in der Jugend wiederfinden. Mit dem Abklingen der romantischen Welle wurde so manches Idol fortgeschwemmt, scheinbar für immer. Doch mit dem Wiederaufleben der neuen Welle branden die gleichen Ideale an den gleichen alten Strand.

Die Idee, mit der sich die Durants auseinandersetzten, stammt im wesentlichen aus Rousseaus Frühwerk ›Discours sur l'origine et les fondements de l'inégalité parmi les hommes‹, auch als ›Deuxième Discours‹ bezeichnet, das 1755 erschien. Hier schildert er die primitiven Menschen: Sie gleichen einer dem anderen, und alle waren gut. Im Besitzrecht sieht er die Wurzel jeder Ungleichheit, in der Gesellschaft ein Instrument des Verderbens, das die Ungleichheit ein für allemal etabliert. 1762 stellt er in seinem ›Contrat social‹ eine revolutionäre Gesellschaft vor, in der es kein Besitzrecht gibt und die Individuen auf jede Unabhängigkeit zugunsten der *volonté générale* verzichten, um damit die ursprüngliche Freundschaft und Gleichheit weitgehend wiederzuerlangen. Dieses Prinzip sollte eines Tages als mystische Idee (wenn nicht als Realität) des totalitären Staates erneut von Bedeutung sein.

Rousseaus Werk erschien hundert Jahre vor Darwins ›Abstammung des Menschen‹, mein Buch erscheint hundert Jahre nach Darwin. Wenn ich Rousseaus Titel gewählt und ihm dieses Buch gewidmet habe, so vor allem deshalb, um hervorzuheben, was die Naturwissenschaften zu unserem Verständnis des Menschen und der Gruppe beigetragen haben. In vieler Hinsicht war Rousseau verblüffend modern. Er sah den Menschen als Teil der Natur. Er ging auf den Ursprung des Menschen zurück, um sein Geschick besser zu begreifen. Andeutungen lassen darauf schließen, daß er zwischen dem Entwicklungsweg der Tiere und dem der Menschen einen Zusammenhang sah, und man muß sich vor diesem Visionär, der Jahrhunderte vor der Ethologie die Wahrheit erahnte, wahrhaftig tief verneigen. Und letztlich wandte sich Rousseau – nicht weniger und nicht mehr als ich auch – der Natur und den Naturgesetzen zu, um Lösungen für den Menschen zu finden.

Wohl stellte er die richtigen Fragen, er stellte sie nur zu früh. Ohne die Entwicklungstheorie, ohne die Erkenntnisse der Naturwissenschaft des letzten Jahrhunderts, vor allem aber ohne die Wissensexplosion der letzten zwei, drei Jahrzehnte, die die Biologie praktisch zu einer neuen Wissenschaft gemacht haben, war Rousseau, wollte er dem Wesen der Natur auf den Grund kommen, einzig und allein auf seine Intuition angewiesen. Und kaum jemals hat ein Mensch so katastrophal danebengeraten. In ›Deuxième Discours‹ beschreibt er den Urmenschen:

»Er wandert in den Wäldern umher, ohne Beschäftigung, ohne Sprache, ohne Heimstatt, ohne Kriege und Bindungen, ohne den Mitmenschen zu brauchen und ohne ihm Böses tun zu wollen. Vielleicht sogar ohne jemand individuell zu erkennen.«

Fünfzig Hennen in einem Hühnerhof erkennen einander individuell. Und vermutlich auch die Viehherden Darwins.

»Männer und Frauen paarten sich zufällig, je nach den Begegnungen, Gelegenheiten und Bedürfnissen ... Ist der Appetit gestillt, so bedarf der Mann nicht mehr einer bestimmten Frau, die Frau nicht mehr eines bestimmten Mannes ... Der eine geht in diese Richtung, der andere in jene, und wahrscheinlich wissen sie nach neun Monaten nicht mehr, daß sie sich jemals gekannt haben.«

In der dunklen Nacht der Antarktis umkreisen die Skua-Paare getrennt den Kontinent. Doch sie finden einander wieder, wenn die Winternacht vorüber ist.

»Es ist undenkbar, daß der primitive Mensch einen anderen Menschen mehr gebraucht hat als ein Wolf oder ein Affe seinen Artgenossen.«

Rousseaus Vision des asozialen Urmenschen ist sein fundamentaler Irrtum. Er konnte nicht wissen, daß seit dem Mauslemur keine Spezies unserer Primatenfamilie ein einsames Leben geführt hat. Er konnte nicht wissen, daß das Leben in organisierten Gesellschaften für Tiere so charakteristisch ist, daß ein kurzer Hinweis auf den Leoparden genügt, um jene Ausnahmen zu nennen, die als Einzelgänger leben können. Er konnte nicht wissen, daß die Xenophobie in der Natur so weit verbreitet ist wie die Gruppenbildung.

»Der Mensch wird frei geboren, und überall ist er in Banden«, so lautet der berühmte erste Satz des ›Contrat social‹. Typischer für Rousseaus Gedankenrichtung ist vielleicht der erste Satz in ›Emile‹, einem Roman, der im selben Jahr erschien und den er für bedeutender hielt. Da oft behauptet wird, bei der Übersetzung gehe der Sinn verloren, will ich den Satz im Original zitieren:

Que la nature a fait l'homme heureux et bon, mais que la société le déprave et le rand misérable.

Mit diesem Satz begann das Zeitalter des Alibis: die Natur hat mich gut und glücklich erschaffen, und wenn ich anders bin, so ist das die Schuld der Gesellschaft. Zu Rousseaus grundlegendem Irrtum, daß der Mensch im Naturzustand keine Gesellschaft kannte, kommt sein schwerwiegender zweiter Irrtum, daß der Mensch im Urzustand glücklich und gut war. Daß Rousseau nichts vom Zwang des Territoriums im Tierleben wußte und in der Erfindung des Privateigentums den schrecklichen Fluch sah, mit dem die Menschheit sich selbst beladen hatte, ist im Grunde genommen bedeutungslos.

Ich glaube, man kann nicht oft genug betonen, daß Jean-Jacques Rousseau zu seiner Zeit jedes Recht hatte, sich zu irren. Woher sollte er wissen, daß die Menschen ungleich erschaffen wurden und daß Güte von Natur aus ebenso unwahrscheinlich ist wie Gleichheit? Woher sollte er wissen, daß die Einführung des vom Besitzer verteidigten Eigentums ebenso wie die Institution der Gesellschaft entwicklungsgeschichtliche Erfindungen sind, die dem Menschen und der gesamten Primatenfamilie vorausgehen? Wie konnte er – so lange vor Raymond Dart – wissen, daß der Mensch von räuberischen Primaten abstammt, die töteten, um zu leben? Nicht einmal Darwin wußte es.

Das Unglück ist nicht, daß Rousseau irrte. Das Unglück ist, daß wir, zwei Jahrhunderte später, uns noch immer irren; daß die biologischen Erkenntnisse seit Darwin nicht in unser Denken eingedrungen sind; daß die heutigen Forschungsrichtungen noch immer so starr an Rousseau festhalten, als gäbe es keine Naturwissenschaften. Der deutsche Philosoph Ernst Cassirer schreibt in einem Essay über Rousseau:

»Alle sozialen Kämpfe der Gegenwart werden immer noch von diesem einen ursprünglichen Impuls beflügelt. Sie wurzeln im Bewußtsein der *Verantwortung* der Gesellschaft, die Rousseau als erster postuliert hat und der Nachwelt weitergab.«

Diesen Impuls hat der ›Contrat social‹ gegeben. Rousseau erkannte, daß der Mensch nicht mehr in den Naturzustand zurückkehren kann und sich mit der Gesellschaft abfinden muß. Aber er kann eine Gesellschaft bilden, die das Eigentum mit allen seinen bösen Folgen abschafft; eine Gesellschaft, der sich jeder Mensch freiwillig und bedingungslos unterwirft, womit die Gleichheit erreicht wird. Die *volonté générale* muß unser Verhalten bestimmen. Und wer soll diese *volonté générale* verkörpern? »Es ist die beste und natürlichste Regel, daß die Weisesten die Menge regieren, wenn man sicher ist, daß sie für deren und nicht für ihr eigenes Wohlergehen sorgen.« Und wie steht es mit einer Regierung des Volkes durch das Volk? »Gäbe es eine Nation von Göttern, so könnte sie demokratisch regiert werden. Für den Menschen ist ein so vollkommenes System nicht geschaffen.«

Man kann Rousseau nicht als Schwärmer und Utopisten bezeichnen. Sein Glaube an den von ihm skizzierten ›Contrat social‹ scheint eher der Versuch zu sein, aus schlechten Prämissen das Beste zu machen; denn für ihn war die Gesellschaft an sich ein Unding.

Rousseaus Philosophie ist in Wahrheit zutiefst pessimistisch, und das wird, wie mir scheint, oft übersehen. Der Mensch bewegt sich unaufhaltsam dem Abgrund zu. Wieder aus ›Emile‹: »*L'homme qui médite, est un animal dépravé.*« Diese Feststellung wurde oft als zu radikal verworfen. Doch in einem fünf Jahre nach dem ›Contrat social‹ geschriebenen Brief entwickelte Rousseau einen ähnlichen Gedanken: »Ich bin sicher, daß mein Herz nur das Gute liebt. Was immer ich im Leben Böses tat, war nur die Folge des Nachdenkens. Und das wenige Gute, das ich tun konnte, entsprang einem spontanen Impuls.«

Ich muß gestehen, ich selbst habe Rousseaus Pessimismus nicht klar erkannt, bis ich einem Mann mit unsanfter Hand und unbeugsamem Geist begegnet bin – meinem *Advocatus diaboli*, Roger D. Masters, den ich mir als Herausgeber dieses Buches gewählt habe. Masters, Professor für Politische Wissenschaften am Dartmouth College, ist jung, schlank und trägt einen schwarzen Bart, der ebenso bemerkenswert ist wie sein Intellekt. Wie Amerika einmal einen Pionier hatte, der sich seinen Weg durch die Wildnis des Westens bahnte, so hat es heute einen Masters, der sich durch den akademischen Dschungel schlägt, um den biologischen Grundstein für die politischen Wissenschaften zu legen. Sein ideeller Beitrag zu dem vorliegenden Buch findet sich versteckt auf jeder einzelnen Seite. Als international anerkannte Autorität für die Rousseau-Forschung muß sein Beitrag zu diesem Kapitel besonders hervorgehoben werden, wie auch seine beschränkte Verantwortung, denn wir sind keineswegs über alle Interpretationen der gleichen Meinung. Jedenfalls war es Masters, der mich die Ähnlichkeit der Ideen, die Rousseaus und meinen Arbeiten zugrunde liegen, erkennen ließ. Er war es auch, der mich auf Jean-Jacques Rousseaus tiefen Pessimismus hinwies.

Rousseaus Leben war auf dem unerschütterlichen Glauben an den von Natur aus guten Menschen aufgebaut. Daß ihn dieser Glaube, wie aus den ›Confessions‹ zu ersehen ist, zu den unglaublichsten Hypokrisien führte, ist nicht von Bedeutung; Voraussetzungen wie diese *müssen* Hypokrisie zur Folge haben. Viel gravierender sind die Enttäuschungen, der Pessimismus und die Paranoia, die aus einem solchen Glauben über die menschliche Natur entstehen. Daß Rousseau von Kirche und

Staat seiner Ansichten wegen verfolgt wurde, ist bitter. Daß er sich jedoch mit seinen Freunden überwarf, daß er jene verdächtigte, die am unerschütterlichsten zu ihm standen, das ist die größte Tragik dieses Romantikers. Als er vom Kontinent verbannt wurde, half ihm sein Freund David Hume, der berühmte schottische Philosoph, in London Fuß zu fassen. Hume veranlaßte den englischen Maler Ramsay, Rousseaus Porträt zu malen, das heute in Edinburgh hängt. Rousseau aber, empört über etwas seiner Meinung nach Berechnendes, das aus dem Bild sprach, fühlte sich beleidigt und zerstritt sich mit Hume, wie er sich mit so vielen zerstritten hatte.

Ich muß nicht besonders hervorheben, daß auch mein Glaube an die menschliche Vernunft durchaus begrenzt ist. Niemals jedoch würde ich die Möglichkeiten des Verstandes leugnen, unser Wesen zu analysieren und so zu einer Kraft des Guten zu werden. Die Vision des Menschen als die eines gefallenen Engels erscheint mir als die trostloseste aller Philosophien. Der Glaube an seine ursprüngliche Güte macht den Menschen, wir wir ihn heute kennen, völlig unverständlich und beraubt ihn so jeder Hilfe. Wir werden zu verantwortungslosen Ungeheuern, und wir müssen Rousseaus Urteil, wonach der denkende Mensch *un animal dépravé* ist, wohl oder übel akzeptieren. Für derartige Lebewesen bleibt wahrscheinlich keine andere Lösung als Rousseaus ›Contrat social‹ – die totale Ordnung. Sie wird heute von unzähligen Panzern und Maschinengewehren aufrechterhalten.

Rousseau bescherte dem Menschen die Philosophie des Unmöglichen. Es muß den Beobachter jedoch entmutigen, daß wir sie nach zwei Jahrhunderten der Gegenbeweise – von der Französischen Revolution bis zur Besetzung Prags – noch immer nicht als das erkennen, was sie ist. Noch haben wir Zeit zu debattieren. Ist es wirklich die Gesellschaft, die den Menschen korrumpiert? Gibt es zu Rousseaus totaler Ordnung keine andere Alternative als den jugendlichen Traum vom totalen Chaos? Ich bin überzeugt, daß die Evolution selbst, deren Gesetze über unser Fassungsvermögen hinausgehen, darauf die Antwort gibt.

Ordnung und Unordnung sind untrennbar miteinander verbunden. Ohne das bestimmte Maß an Ordnung, das die Gesellschaft bietet, muß das verwundbare Individuum zugrunde gehen. Ohne jenes bestimmte Maß an Unordnung hingegen, das Entfaltung und Förderung aller Verschiedenheiten ihrer

Mitglieder gewährleistet, wird die Gesellschaft verdorren und im Wettkampf der Gruppenselektion ausgelöscht werden. Unser heutiges evolutives Denken kann die Gesellschaftsphilosophie mit der nachweisbaren Notwendigkeit strukturierter Unordnung im Rahmen der großen Ordnungsstrukturen bereichern.

Ich habe Rousseaus ›Contrat social‹ nicht als Vertrag, sondern als Dokument bezeichnet, das die restlose Aufgabe der Unordnung zugunsten der Ordnung fordert. Da eine solche Forderung ohne Gewehre und Polizei nicht realisiert werden kann, ist sie logischerweise eine Vergewaltigung des Naturgesetzes. Wir sehen auch, daß das Individuum gegenüber der Gruppe und die Gruppe gegenüber dem Individuum Verpflichtungen hat: es ist ein gerechter Vertrag. Wir werden diese Verpflichtungen noch näher untersuchen, doch vorerst müssen wir noch ein Paradoxon zur Kenntnis nehmen. Im Mittelpunkt des echten Vertrages steht auf der einen Seite das Individuum, das, um existieren zu können, die Ordnung der Zahl braucht, auf der anderen die Gruppe, die, um existieren zu können, die Unordnung der Vielfalt benötigt. Es ist kein Zufall, daß die Tyrannis ihre Macht auf den Pöbel stützt. Es ist kein Zufall, daß die Freiheit durch Gruppenbildung geschützt wird.

Ein gerechter Vertrag, der die wechselnden Anforderungen der Umwelt im Gleichgewicht hält, ist der Lebensnerv jeder dauerhaften sozialen Ordnung. J.-J. Rousseau hat recht; wir sind keine Götter. J.-J. Rousseau hat recht, wir sind ein Teil der Natur. Der Vertrag jedoch, von dem Rousseau spricht, ist eine Vereinbarung zwischen gefallenen Engeln, während mein Vertrag zwischen emporgestiegenen Affen gelten soll: das ist der entscheidende Unterschied. Er entwarf einen Vertrag für Wesen, die im Abstieg begriffen sind, deren Blütezeit unwiederbringlich dahin ist. Ich spreche – bei allem Zynismus – von Lebewesen auf dem Weg nach oben. Sein Vertrag sollte vor totaler Erniedrigung schützen. Meiner akzeptiert das Menschenwesen und seine ungewisse Zukunft; und versucht – allen Zweifeln zum Trotz – Mut einzuflößen.

Der Alphafisch

1

Eines Winternachmittags erschien in meinem Hotel in New York eine Frau mit einer Tiergeschichte. Sie war Psychiaterin am Long Island Hospital und liebte wie viele Bewohner der New Yorker Vororte den Winter, weil man dann Vögel füttern konnte. Eine Gruppe von sieben Meisen – jene frechsten unter den gefiederten Vorortebewohnern – gehörte zu ihren Lieblingen. Die Meisen warteten stets vor der Haustür auf sie und pickten gierig das Futter aus ihrer Hand. Dann, eines Morgens, war irgend etwas geschehen.

Es war kalt, Schnee war gefallen, Büsche und Bäume glitzerten im eisigen Frost. Ein halbes Dutzend kleiner Meisen wartete auf die Wohltäterin, aber sie näherten sich nicht der ausgestreckten Hand. An einem solchen Morgen mußten sie hungrig sein. Was war los? War es die Farbe ihres Mantels? Was machte die Vögel plötzlich so scheu? Sie gab das Futter in eine Schüssel und zog sich zurück. Die Meisen wagten sich noch immer nicht heran. Plötzlich gab es in den frostklirrenden Ästen ein Geflatter, und der siebente Vogel kam angeflogen. Sofort stürzten sich alle anderen ebenfalls auf die Schüssel und verzehrten gierig ihr Frühstück. Der Alpha war da.

Die Psychoanalyse wird oft die Wissenschaft vom Unbewußten genannt. Sigmund Freuds Entdeckung des Unbewußten und dessen Einfluß auf die menschlichen Entscheidungen ist – wie immer man zu Freud steht – einer der Marksteine der Wissenschaft. 1908 trafen Freud und seine Schüler in Salzburg zusammen. Damals wurde aus den Gedanken eines großen Geistes eine Wissenschaft für viele. Alle akzeptierten und akzeptieren noch heute den Begriff des Unbewußten. Doch bald sollten die Wege der Pioniere sich trennen.

Wir stellen das Vorhandensein eines Unbewußten fest: was aber sind seine Komponenten? Freud nannte – hauptsächlich in den ersten Jahren – die Sexualität als primäre Kraft, die verborgene Prozesse speist oder verändert. Weder Carl Jung noch Alfred Adler wollten ihm auf diesem Weg folgen. Besonders

Jung wehrte sich gegen Freuds Argument, wonach eine starke sexuelle Motivation des Kleinkindes in seinem Verhältnis zu Vater und Mutter lebenslängliche Folgen nach sich ziehe. Er sah die Kindheit von der Phantasie beherrscht – Phantasien, die sich in Archetypen ausdrücken, wie sie in den Mythen und Religionen der Menschen zu finden sind – und die Adoleszenz als die kritische Periode, in der die Innenwelt der Phantasie mit der Außenwelt der Realität einen Kompromiß schließen muß. Aus dieser Sicht entstanden die Jungschen Bezeichnungen »introvertiert« und »extravertiert«.

Alfred Adler ging seinen eigenen Weg, auf dem er nahezu in Vergessenheit geriet. Ein Vermächtnis hat er uns allerdings hinterlassen – den Begriff des Minderwertigkeitskomplexes. Doch war er weder ein so tiefschürfender Denker wie Jung noch ein so überzeugender Verfechter der eigenen Lehre wie Freud. Und doch – wenn wir die Bedeutung des Alphafisches verstehen wollen, müssen wir uns an Adler wenden. Sein Anliegen war nicht die Sexualität, sondern die Macht.

Jung und Freud konnten bis zu einem gewissen Grad in Einklang gebracht werden. Adler und Freud konnten es nicht. Die Freudsche Auffassung des Unangenehmen als Zustand wachsender Spannung und des Angenehmen als Entspannung ließen sich mit Adlers Machttrieb nicht vereinbaren. Auch Freuds Beschäftigung mit der Lebenskraft, die gegen den Todeswunsch steht, hatte mit Adlers Meditationen über die Macht nicht das geringste zu tun. Dazu kam noch das zentrale Thema der Familie, das eine ganze Generation von Freudianern faszinieren sollte. Adler hingegen sah alles in einem gesellschaftlichen Zusammenhang. Er war überzeugt, daß es keine Probleme im Leben gäbe, die nicht in eine der drei Kategorien, berufliche, soziale und sexuelle, einzuordnen wären. Daß das Berufliche an erster Stelle steht, schien natürlich allen Freudianern absurd. In seiner Arbeit ›Über den nervösen Charakter‹ sagt Adler, daß die Überlegenheit das Ziel jedes Menschen sei. Doch bei jenen, die ihren Mut und ihr Selbstvertrauen verlieren, verschiebe sich das Ziel von der nutzbringenden zur nutzlosen Seite des Lebens.

Einige Jahre später formulierte er klar und prägnant seine zentrale These: »Wie immer wir es auch nennen, stets werden wir bei Menschenwesen *eine* große Linie der Aktivität finden – den Kampf, von einer untergeordneten in eine leitende Stellung zu kommen, aus der Niederlage zum Sieg, von *unten* nach *oben*.

Es beginnt in unserer frühesten Kindheit und setzt sich fort bis zu unserem Lebensende.« Adler sprach nur von Menschenwesen, vom Geltungsdrang, der unsere unbewußten Kräfte mobilisiert. Der evolutive Aspekt interessierte ihn nicht. Erinnern wir uns an das Kapitel, wo ich die angeborene Aggressivität als eine Kraft bezeichnete, die den Organismus zur Erfüllung seiner genetischen Möglichkeiten treibt. Die gleiche Kraft ist im Tier zu finden, die Alfred Adler im Menschen beschreibt.

In den letzten zehn Jahren wurden in steigendem Maß Untersuchungen des Tierverhaltens, insbesondere der Primatenfamilie angestellt; sie haben Freuds Autorität untergraben. Die Sexualität nimmt im Leben der Tiere nicht den Platz ein, den wir ihr zugewiesen haben, und sie spielt im Leben der Menschen nicht die Rolle, die Freud postulierte. Der holländische Ethologe Adriaan Kortlandt führt aus: »Mehr und mehr kommt man zu der Erkenntnis, daß die klassische Lehre Freuds ein typisches Produkt der *Fin-de-siècle*-Gesellschaft ist. Das große Problem unserer Zeit heißt nicht mehr Sexualität, sondern Aggression und Angst.« Diese Worte Kortlandts, vor fünfzehn Jahren niedergeschrieben, sind weniger eine Feststellung als vielmehr eine Prophezeiung gewesen, betrachtet man sie im Licht der letzten Entwicklungen.

Alfred Adler hat zwar niemals Freuds Eleganz erreicht, weder wissenschaftlich noch stilistisch (seine Schriften lesen sich fast wie Zeitungsartikel), doch werden wir vermutlich seine Auferstehung erleben, wenn wir noch mehr über die evolutive Natur des Menschen wissen. Adler ist relevant, Freud ist es nicht. Adler gibt Antworten (seien sie falsch oder richtig) auf brennende Fragen, Freud spricht von weniger gefahrvollen Tagen. Vor allem aber: Es sind Adlers, nicht Freuds Aussagen über den Menschen, die heute gestützt werden durch das Studium der Natur, deren Teil wir sind. Wir können über den Alpha – Vogel, Kuh, Elefant, Affe, Eidechse, Ratte, Wolf, Elch, Löwe, Mensch – als ein Phänomen diskutieren, das praktisch bei allen sozialen Spezies vorhanden ist; der Ödipuskomplex dagegen hilft uns nicht viel weiter. Das zentrale Thema in Adlers Schriften, das ich zitiert habe, könnte von Konrad Lorenz stammen.

Das Drängen nach oben, der Kampf, von einer unter- zu einer übergeordneten Stellung zu gelangen, hat als Endprodukt den Alphafisch. Es gibt soziale Spezies – meist jene, die sich in gewaltigen Scharen zusammenfinden wie die Stare oder die Heringe –, die weder eine individuelle Führung noch einen Machtkampf kennen. Hin und wieder gebärdet sich auch der Mensch wie eine führerlose Herde – sei es aus Angst oder Leidenschaft –, doch ist dies ein anomales Verhalten. Wir müssen lange suchen, bis wir eine menschliche Gesellschaft ohne Präsidenten und ohne Könige finden, ohne Häuptlinge, ohne Generale oder Kapitäne, Orakel oder Propheten, ohne Individuen, die mehr Einfluß haben als die übrigen. Claude Lévi-Strauss bezweifelt, daß materielle Vorteile allein erklären können, warum manche Menschen Führer sein wollen. Es gibt Führer, weil »es in jeder Gruppe Menschen gibt, die, anders als ihre Mitmenschen, das Prestige um seiner selbst willen genießen, die gern Verantwortung tragen, denen die Last eines öffentlichen Amtes Freude macht. Diese individuellen Unterschiede werden zweifellos von den verschiedenen Kulturen mehr oder weniger gefördert, beziehungsweise verstärkt. Daß jedoch diese Unterschiede auch in einer so wettbewerbsfeindlichen Gesellschaft wie der der Nambikuara vorhanden sind, weist darauf hin, daß ihr Ursprung nicht kultureller Art ist. Sie sind vielmehr ein Teil jenes psychologischen Rohmaterials, aus dem jede Kultur aufgebaut ist.«

Der Alphafisch ist allgegenwärtig. Als prächtiger Kudu-Bulle, als Rhesusäffchen mit erhobenem Schwanz (zum Zeichen seiner Alphastellung) – es gibt ihn überall, wo es eine organisierte Gesellschaft gibt. Wie bei menschlichen Kulturen kann der Statuskampf auch in der Tierwelt variieren – beim Schimpansen ist er schwach, beim Pavian stark ausgeprägt –, und er kann auch innerhalb einer einzigen Spezies verschieden stark sein. Der Mensch hat ihn nicht erfunden. Aus dem Drang nach oben entsteht die Hierarchie der Rangordnung, von der mitunter unser Leben abhängt. Vielleicht sollten wir ihre Geschichte zurückverfolgen.

1920 bescherte der englische Amateurornithologe Eliot Howard der Naturwissenschaft den Begriff des Tierterritoriums. Zwei Jahre später erschien in Deutschland eine Untersuchung des Norwegers T. Schjelderup-Ebbe über die Sozialpsychologie des Hühnerhofs. Ihr Kernpunkt ist die Entdeckung der Hackordnung bei Hühnern. Innerhalb der Hennenschar gibt es von Alpha bis Omega eine genaue Rangabstufung, und jede Henne hat das Recht, eine rangniedere zu hacken, die jedoch nicht zurückpicken darf. So kann Alpha hacken, wen er will, aber niemand darf ihn hacken. Omega, das rangniedrigste Tier, wird natürlich von allen gepickt, ohne daß es sich zur Wehr setzen darf. So wurden innerhalb von zwei Jahren die Doppelprinzipien von Territorium und Dominanz entdeckt – zwei Begriffe, die heute noch die Tierverhaltensforscher faszinieren.

Howard hat unzählige Vogelspezies studiert, seine Schlußfolgerungen jedoch aus Vorsicht nur auf die Vogelwelt beschränkt. Auch Schjelderup-Ebbe beobachtete Sperlinge, Fasane, Enten und Gänse, Kakadus, Papageien und Kanarienvögel. Er aber war keineswegs so konservativ. »Despotismus«, schreibt er, »ist die Triebfeder der Welt, unauflöslich mit jeder Lebensform verbunden.« Ja er geht sogar über das Lebendige hinaus: »Es gibt nichts, was keinen Despoten hat ... der Sturm herrscht über das Wasser; der Blitz über den Felsen; das Wasser über den Stein, den es auflöst.« Er zitiert auch ein Sprichwort, wonach Gott der Herr über den Teufel sei.

Von einem guten Gedanken besessen sein ist menschlich, verzeihlich, vielleicht sogar notwendig, damit irgend jemand einem zuhört. Die Folge von Howards Bescheidenheit war, daß der Begriff des Territoriums jahrelang unbekannt blieb. Anderseits ließ sich der Mann, der die Hackordnung entdeckte, zweifellos etwas zu sehr hinreißen und verlieh damit seiner Entdeckung den Anstrich der Unseriosität. Später, als die europäische Ethologie Gestalt anzunehmen begann, war Konrad Lorenz der einzige, der die Bedeutung der Dominanz in sozialen Strukturen erkannte; einige der unvergeßlichen Erzählungen in seinem Buch ›Er redete mit dem Vieh, den Vögeln und den Fischen‹ schildern die subtilen Details des Statusstrebens bei Dohlen.

Niko Tinbergen dagegen widmete der Rangordnung kaum eine Seite, als er 1953 sein ›Social Behavior in Animals‹ veröffentlichte. Offenbar betrachtete er sie als ein seltsames Steckenpferd der amerikanischen Wissenschaft. Tatsächlich wurde die Untersuchung der Rangordnung ab 1930 zur wissenschaftlichen Domäne von drei Amerikanern.

G. K. Noble vom amerikanischen »Museum of Natural History« definierte das Territorium als »ein Gebiet, das verteidigt wird«. Ich glaube – mit Sicherheit weiß ich es nicht –, daß der so verwendbare Terminus Alphafisch ebenfalls aus Nobles Arbeiten stammt. Er stellte viele Experimente mit Fischen an, darunter jene verblüffenden mit Kampffischen, die ich in ›Adam kam aus Afrika‹ erwähnt habe: Man kühlt das Wasser im Tank der Kampffische so weit ab, daß die Männchen jedes Interesse am anderen Geschlecht verlieren; der Kampf um den Rang jedoch geht weiter. Das war eines der ersten Experimente, es wurde später durch Untersuchungen mit Hunderten anderen Spezies bestätigt und zeigt, daß sich keineswegs alles um die Liebe dreht.

Ungefähr zur gleichen Zeit erhärteten C. R. Carpenters klassische Studien von wilden Primaten nicht nur die Rolle des Territoriums im sozialen Leben der Primaten, sondern auch – und das schien vielen Forschern wesentlich wichtiger – die Bedeutung der Rangordnung. Carpenter entwickelte eine Methode, um bei den Gibbons in Thailand, bei den Brüllaffen in den Regenwäldern Panamas und bei einer Kolonie indischer Rhesusaffen auf der Santiagoinsel bei Puerto Rico die Stärke der Dominanz zu messen. Die Messungen ergaben wesentlich differenziertere Ergebnisse als die simple »Zurückhacken-verboten-Ordnung« im Hühnerhof. Carpenter stellte fest, daß der Rang sich jeweils aus den unterschiedlichen Tendenzen eines Tieres zusammensetzt, vor anderen Tieren Privilegien oder die Führungsrolle zu beanspruchen. Zwar kann es Beta gelegentlich gelingen, den Fruchtbaum vor Alpha zu erreichen, doch weit öfter ist es umgekehrt, und so bestätigt sich Alphas Rang.

Die Feststellung der Ausdrucksvarianten, die die Dominanz annehmen kann, ist Carpenters wichtigster Beitrag zu diesem Thema. Beim Rhesusaffen ist die Rangordnung streng und relativ stark ausgeprägt. Carpenter spricht von einem »hohen Dominanzgradienten«. Der Brüllaffe dagegen hat einen niedrigen Gradienten. Man könnte sagen, der Brüllaffe kennt zwar seinen Rang, betont ihn jedoch selten. Aus diesen frühen Untersuchungen resultieren zwei Verallgemeinerungen, die auch von Studien jüngeren Datums bestätigt werden: Bei jeder Affengesellschaft herrscht unter den Männchen eine gewisse Rangabstufung, und es gibt immer ein oder mehrere Tiere mit größerem Einfluß als die anderen. In solchen Gesellschaften dominieren die Weibchen. Nur beim Gibbon entspricht der Rang des Weibchens annähernd dem seines Partners.

Noble dehnte seine Studien der Dominanz auf Fische und Reptilien aus, Carpenter auf Primaten. W. C. Allee und einige seiner Kollegen in Chicago unterzogen 1930 Schjelderup-Ebbes ursprüngliche Entdeckung einer eingehenden Untersuchung. Die strenge Hackordnung bei Hühnern wurde mit nur geringfügigen Abweichungen bestätigt. (Jahre später bewies eine andere Untersuchung, daß es sich dabei nicht um eine Eigenheit der Domestikation handelt; Wildhühner zeigen genau dieselbe soziale Ordnung.) Nur beim weißbrüstigen Sperling konnte Allee eine ähnlich rigorose Hackordnung feststellen. Tauben zum Beispiel haben eine Rangordnung, die sich wie bei Carpenters Affen aus der Wahrscheinlichkeit der Dominanz ergibt. Mit anderen Worten: die rangniedere Taube darf zurückpicken, doch hat sie kaum eine Chance zu gewinnen. Allee teilte die Rangordnung in zwei Kategorien: das Hackrecht, bei dem der Untergeordnete weder zurückgehackt noch zurückhacken darf, und die Hackdominanz, wo er zwar zurückhacken darf, aber wahrscheinlich verliert. Daraus entwickelt sich der umfassendere Begriff der Hierarchie. Eine Hierarchie von Mitgliedern mit ungleicher Veranlagung bildet die Grundstruktur jeder Gesellschaft. Das vielleicht faszinierendste Kapitel in Allees ›Social Life of Animals‹ betrifft eine Untersuchung der Dionne-Fünflinge durch Wissenschaftler der Universität von Toronto. Die Fünflinge waren sozusagen identisch – das heißt, sie haben sich aus einem einzigen befruchteten Ei entwickelt. Dennoch bildete sich bereits in einem frühen Stadium eine soziale Hierarchie, die sich im Lauf der Jahre nur geringfügig veränderte. Wer wem einen Stoß gab und wer zurückstieß, wer eine Handlung anfing und wer sich anschloß – all das wurde zu einem Gradmesser der Hierarchie. Der Alphafünfling stand auch bei den Begabungstests immer an erster Stelle, während der größte und stärkste der Fünflinge in der sozialen Hierarchie nie mehr als den dritten Platz erreichte. Allee schreibt: »Was immer der Grund sein mag, wir sind zu einem interessanten und, wie mir scheint, wichtigen Schluß gekommen: Tiere mit dem gleichen Erbmaterial können bereits in einem frühen Stadium graduierte soziale Unterschiede entwickeln, die beweisen, daß kein Tier dem anderen gleich ist.«

Was also ist der Alphastatus wirklich?

2

Das Geheimnis der menschlichen Persönlichkeit läßt sich nicht in die Zwangsjacke der Logik pressen. Weder die Anordnung der Gene in den Chromosomen noch das Verständnis der Umweltanforderungen, weder das Bekenntnis auf der Couch des Psychiaters noch die Konstellation der Gestirne werden jemals zur Gänze erklären, warum ich ich bin und nicht du. Ein Blatt flattert lautlos vom herbstlichen Baum; ein Kind dreht sich in seinem Bett um; ein Mensch geht an einem Fenster vorbei; die letzten Funken verglimmen im Kamin. Aus solchen Komponenten sind wir vielleicht erschaffen. Wir kennen sie nicht und können sie daher nicht erklären. Wir können sie nicht voraussehen und können sie daher nicht einordnen. Der Utopist mag unserer Gegenwart ärgerlich den Rücken kehren. Der Eugeniker mag traurig seinen Nabel betrachten. Dem Mathematiker gehen die Antworten aus. Entweder ist das Leben um so viel größer als wir, oder wir sind um so viel größer als das Leben: nicht einmal das wissen wir mit Sicherheit. Es gibt Geheimnisse, die künftigen Spezies vielleicht so klar erscheinen werden wie eine Leuchtschrift an der Wand. Irgend etwas aber wird uns immer unbegreiflich bleiben. Und vielleicht ist das ganz gut so.

Zu diesen Geheimnissen gehört auch der Alphafisch. Woher kommt er? Welcher Motor treibt ihn an? Wir können ihn erkennen, ihm folgen, ihn bewundern, ihn uns nutzbar machen. Viele haben versucht, ihn zu beschreiben, aber nur wenige hatten den Mut, eine Erklärung zu versuchen.

Konrad Lorenz, der sich intensiv mit seinen kleinen Dohlen befaßt hat, gibt uns die vielleicht beste Schilderung eines dominierenden Vogels: »Für die Stellung innerhalb der Rangordnung sind durchaus nicht nur die Körperkräfte, sondern mindestens ebensosehr der persönliche Mut, die Energie, ich möchte sagen die Selbstsicherheit des betreffenden Vogels maßgebend.« Auf den ersten Blick mag man diese Beschreibung für anthropomorph halten, jeder Tierbeobachter wird ihr jedoch zustimmen. Ein Merkmal, für das wir kein besseres Wort als »Charakter« haben, gehört zu jeder Beschreibung eines Alphas. Dieses Phänomen beeindruckte Fraser Darling bei der Beobachtung des schottischen Rotwilds. Zwei Hirsche kämpfen nur dann miteinander, wenn sie gleichrangig sind. Lange Zeit messen sie den Gegner, dann kommt es zum Kampf, oder die Tiere gehen auseinander. Darling ist überzeugt, daß die Einschätzung des Gegners eher nach psychologischen als nach physischen Gesichtspunkten erfolgt.

Unsere Auffassung des Herrentieres datiert noch aus der guten alten Zeit des 19. Jahrhunderts, als Tennyson von der »Natur, blutigrot mit Fängen und Klauen« sprach. Das ist jedoch nicht die letzte Antwort auf die Frage der tierischen Veranlagung. C. K. Brain beobachtete in Rhodesien einen Trupp gefangener Meerkatzen und stellte fest, daß Alpha kleiner und zwei Jahre jünger war als Omega. Die auffallendsten Merkmale des Alphas waren Selbstsicherheit und ein furchtloser, ruhiger Blick. Als Brain dem Trupp ein älteres und stärkeres Männchen zuführte, wurde das Tier derart geschlagen und gedemütigt, daß man es entfernen mußte. Es starb an seinen Verletzungen.

Dieser Bericht über die Meerkatzen illustriert sehr deutlich, daß für die Dominanz Größe und Stärke allein nicht ausschlaggebend sind. C. R. Carpenter hat im Sommer 1966 die berühmten Affenkolonien in Japan besucht. Er erzählte mir von einer großen Kolonie, wo eines der drei ranghöchsten Männchen 35 Jahre alt war und seit zehn Jahren nicht mehr gekämpft hatte. Kortlandt berichtete Ähnliches von den Waldschimpansen im östlichen Kongo. Der unbestrittene Alphaschimpanse war mindestens 40 Jahre alt und wurde von wesentlich stärkeren Tieren respektiert.

Hohes Alter spielt offensichtlich bei der Alphastellung eine Rolle; auch wenn das Tier schon altersschwach ist – die Gruppe hat sich einfach an ihren Führer gewöhnt. Eine bemerkenswerte Untersuchung, die William D. Altus vor einigen Jahren an Menschen durchgeführt hat, stellt zwar die Bedeutung des hohen Alters nicht in Frage, fügt dem Problem jedoch eine neue, geheimnisvolle Dimension hinzu.

Seit Sir Francis Galton häufen sich die Beweise, daß bedeutende Männer nicht nur rein zufällig meistens erstgeborene Söhne sind. Man hat diese Tatsache einfach hingenommen; es gab zu viele Erklärungen dafür, wie zum Beispiel das Erstgeburtsrecht. Spätere Untersuchungen hervorragender amerikanischer Wissenschaftler durch ›Who's Who‹ ergaben ebenfalls eine unverhältnismäßig große Anzahl erstgeborener Söhne. Obwohl man das Erstgeburtsrecht in den USA als bedeutungslos ausschalten kann, fand man doch in den Umweltvorteilen, die das erstgeborene Kind genießt, eine ausreichende Erklärung. So glaubte man zumindest. Doch dann geschah etwas, worauf niemand gefaßt war: Lewis Terman veröffentlichte seine Analyse von tausend »begabten« Kindern, wobei Terman den Begriff »begabt« für jene Kinder verwendet, die einen Intelligenzquotienten von 140 oder mehr aufweisen; nur ungefähr 1 Prozent der amerikanischen Bevölkerung erreicht einen so hohen IQ. Und auch hier zeigt sich wieder, wie in allen früheren Untersuchungen, daß die meisten dieser »begabten« Kinder Erstgeburten waren.

Wir wissen, daß der IQ-Test bis zu einem gewissen Grad von Umwelteinflüssen und kultureller Pression abhängig ist.

Doch Termans Untersuchungsergebnisse waren so spektakulär, daß sie nicht übergangen werden konnten. Doch die Psychologen konnten erst 1964 mit ihren Tests beginnen, als sie reichhaltiges Erhebungsmaterial und genügend objektive Daten gesammelt hatten. Damals fand auch die National Merit Scholarship in ganz Amerika Anwendung, so daß sie praktisch alle aufstrebenden und ehrgeizigen Jugendlichen erfaßte. Im ganzen Land wurden Prüfungen abgehalten, und von jenen High-School-Absolventen, die Alfred Adler wahrscheinlich als besonders ehrgeizige bezeichnet hätte, kamen 1618 Schüler in die Endwahl. Hier haben wir es nicht mit dem IQ zu tun und auch nicht mit der Bedeutung und den überragenden Qualitäten der Erwachsenen, die von Geld, Namen und gesellschaftlicher Stellung beeinflußt sein können. Soweit dies überhaupt möglich ist, handelt es sich hier um einen demokratischen Wettbewerb, der allen offensteht und der immerhin eine Bevölkerung von 200 Millionen erfaßt. Von 568 Kandidaten aus Zweikinderfamilien waren 66 Prozent Erstgeburten; von 414 aus Dreikinderfamilien waren 52 Prozent erstgeborene. Selbst aus Vierkinderfamilien waren 59 Prozent älteste Kinder.

Nun muß man diese Zahlen natürlich mit der Skepsis betrachten, die jeder Statistik zukommt. Man muß sich vor Augen halten, daß das älteste Kind vermutlich als erstes am Wettbewerb für die National Merit Scholarship teilnimmt; die jüngeren hatten vielleicht noch keine Gelegenheit, sich zu bewähren; auch hat das älteste Kind insofern Vorteile, als es jahrelang die ungeteilte Aufmerksamkeit der stolzen und ehrgeizigen Eltern genießt. Dann aber entdeckt man plötzlich seltsame Dinge hinter der statistischen Staffage.

Die erwähnte Aufgliederung bezog sich ausschließlich auf die 1618 Schüler, die das Finale erreicht hatten. Bei den vielen anderen ausgezeichneten High-School-Absolventen, die sich an den Tests beteiligt hatten und bei denen die gleichen Vorteile und Einflüsse wirksam sein sollten wie bei den Finalisten, nahm man keine Aufgliederung vor. Wird also die Intelligenz tatsächlich durch die Erstgeburt beeinflußt? Oder handelt es sich um so etwas wie Alphatum, um den Drang nach oben, den Trieb, etwas zu erreichen? Der Psychologe Altus hat festgestellt, daß die Reihung in der Geburtenfolge für die gesellschaftliche Stellung von Bedeutung ist, wenn auch die Gründe für diese Beziehung noch weitgehend unbekannt sind.

Höheres Alter ist ebenso wie höhere Intelligenz eine der Voraussetzungen für den Alphastatus. Adler bezeichnet die Erstgeborenen als »machthungrig«, und vielleicht hat er recht. Ellen Cullen, eine der fähigsten Mitarbeiterinnen Tinbergens, untersuchte die Dreizehenmöwen, eine Möwenart, die entlang der englischen Westküste nistet. Das Weibchen legt für gewöhnlich an zwei aufeinanderfolgenden Tagen zwei Eier und brütet sie in der gleichen Reihenfolge aus. Das einen Tag ältere Geschwisterkind hackt das jüngere und wird eindeutig dominierend. Aber es muß nicht immer so sein. Auch bei Büffelherden von 30 bis 40 Tieren spielt in der Rangordnung das Alter eine Rolle: Alpha kann, muß jedoch nicht der Älteste sein.

Als sich die Forschung näher mit diesem Problem zu befassen begann, wurde anfangs die Virilität als Primärfaktor der Dominanz angesehen, und Experimente mit der Ringeltaube schienen diese Ansicht zu bestätigen. Zwei Schwärme, ein männlicher und ein weiblicher, hatten jeder ihre Rangordnung. Man injizierte der Omegataube im weiblichen Schwarm das männliche Hormon Testosteron, und binnen acht Tagen rückte sie zur Alphataube auf. Die Omegataube im männlichen Schwarm erhielt die gleiche Injektion und stieg in den zweithöchsten Rang auf. Männlichkeit schien eindeutig ausschlaggebend zu sein.

Eine ähnliche, äußerst seltsame Beobachtung machte Ralph Masure, ein Mitarbeiter Allees. In einem Schwarm weiblicher Tauben hatte ein RG (rot-gelb) benannter Vogel Omegastatus. Ein paar Wochen hatte der Vogel diesen Platz inne, dann geschah irgend etwas mit der Taubendame. Binnen sechs Tagen stieg sie in den dritten Rang auf; immer noch waren zwei Vögel ihr im Rang überlegen. Dann durften die Tiere sich paaren. RG machte jedoch keinen Gebrauch davon; sie war blind und taub für alle Werbungen. Als die Paarungszeit vorüber war und die Geschlechter wieder getrennt wurden, hatte RG sich im weiblichen Schwarm als unangefochtener Alpha fest etabliert. War sie bisexuell? Man hat sie später obduziert, doch ließ sich keine Anomalie feststellen.

Aus der bei allen Spezies üblichen Dominanz des Männchens über das Weibchen und aus Beobachtungen wie den eben angeführten ist man versucht zu schließen, daß Männlichkeit – und sei es nur eine Spur davon – die Dominanz bestimmt. Wenn es eine Spezies gibt, die uns in dieser Vermutung bestärkt, so ist es jenes seltsame, wundervolle, groteske und unergründliche Geschöpf – ich meine nicht den Menschen, sondern die vielgeschmähte Hyäne. Seit Herodot ist ihr Name gleichbedeutend mit Feigheit. Zeitweise hat man sie sogar einen Hermaphroditen genannt. Erst in den letzten Jahren konnten diese Legenden widerlegt werden. Ein anderer hervorragender Mitarbeiter Tinbergens, der junge holländische Ethologe Hans Kruuk, hat viele Jahre der Beobachtung der Hyäne gewidmet. Er konnte feststellen, daß die Hyäne alles andere als ein Feigling ist, daß sie vielmehr zu den faszinierendsten und gefährlichsten Raubtieren der Welt gehört. Das Geschlechtsleben dieses Tieres jedoch ist für diese Untersuchung von besonderer Bedeutung. Die Hyäne weist in ihrem Liebesleben verblüffende Eigentümlichkeiten auf.

Im Sommer 1968 hatte ich das Vergnügen, Kruuk in die Serengeti zu begleiten. Besucht man einen »Hyänenmann«, so wird man natürlich ein »Hyänengast«: Der Landrover wird nahe einem Hyänenlagerplatz geparkt – einer Reihe von Löchern, die, ursprünglich wahrscheinlich von Warzenschweinen gegraben, später von den Hyänen als Kinderzimmer beschlagnahmt wurden. Die Jungen tollen umher, während die Alten in der Sonne schlafen. Bei Tierbeobachtungen muß man vor allem Geduld haben und warten, bis etwas geschieht. Hat man einen Begleiter, der von den beobachteten Vorgängen mehr versteht als irgendwer sonst auf der Welt, dann wird das Tierbeobachten zu einer faszinierenden Beschäftigung. Gespräche werden in beschaulicher Ruhe geführt, man träumt in den Tag hinein und blickt dabei auf das gewellte Land mit seinen verstreuten Schirmakazien, die wie schlafende Wächter aussehen, oder auf eine Wolke, die lang, schlank und rosafarben über den afrikanischen Himmel zieht. Und was das köstlichste ist: Es gibt keine wie immer geartete Möglichkeit, sich körperlich zu betätigen. Und dann sieht man die Tiere, die spielen und gähnen und grüßen, wenn ein Wanderer vorbeikommt. Ein guter Tag des Tierbeobachtens sollte in Flaschen abgefüllt und mit dem Jahrgangsvermerk versehen in den Keller gelegt werden. Wenn man Hyänen beobachtet, wird man einen sehr merkwürdigen Geruch bemerken, überlegt man sich dann, was man von der Hyäne weiß, so wird man feststellen, daß man – wie ein alternder Voyeur – alles vergessen hat außer den Genitalien.

Eine der Besonderheiten der Hyäne ist, daß das Weibchen nicht nur größer ist als das Männchen, sondern auch dominierend. So etwas kommt in der Tierwelt derart selten vor, daß man irgendeine evolutive Abartigkeit, eine uralte Mutation annehmen muß, die zwar völlig sinnlos ist, das Überleben der Spezies jedoch nicht gefährdet. Ähnlich ist es beim Odinshühnchen: das Weibchen trägt stolz ihr buntes Gefieder und verteidigt mit großem Vergnügen ihr Territorium, während ihr unscheinbarer Partner die Eier ausbrütet.

Die sozialen Folgen der weiblichen Dominanz bei den Hyänen sind unwesentlich, die anatomischen jedoch sind grotesk. Selbst Kruuk hat auf 15 Meter Entfernung manchmal Schwierigkeiten, Männchen und Weibchen auseinanderzuhalten. Ihre verlängerten Schamlippen, die einige Zentimeter herunterhängen, lassen sich von einem Penis kaum unterscheiden. Und wo das Männchen Hodensäcke hat, findet sich beim Weibchen eine vergrößerte Fettkugel als perfekte Imitation des Skrotums.

Alle diese Beobachtungen – ob bei Hyänen oder Ringeltauben – scheinen auf eine tiefverwurzelte Verbindung zwischen Alphastatus und dem männlichen Hormon zu deuten. Sofort aber stoßen wir auf Widersprüche. Bei Ratten, Dohlen und vielen anderen Tiergattungen bildet sich die Rangordnung aus, *bevor* die Tiere geschlechtsreif sind. Die grünen Sonnenfische tragen ihre Rangkämpfe in einem Alter aus, wo sich ihr Geschlecht nur durch Sezieren feststellen läßt. Und selbst wenn man annimmt, daß das männliche Hormon bereits zu diesem Zeitpunkt aktiv ist, bleiben immer noch jene unerklärlichen Spezies, wo Weibchen und Junge ihre eigenen sozialen, männerlosen Gruppen bilden und in einer matriarchalischen Welt leben. Das Rotwild in Schottland, die Bergschafe in den Rocky Mountains, die Elefanten in Uganda, die Kudus in den unbewohnten Weiten Südwestafrikas, sie alle haben eine eindeutig weibliche Rangordnung, haben Alphaweibchen ohne die Spur einer männlichen Veranlagung. Es gibt auch keinerlei Beweise, wonach ein ungewöhnlich starker Geschlechtstrieb im Männchen den Alphastatus fördert; eher scheint das Gegenteil der Fall zu sein. So kann zum Beispiel der Betaaffe kein ausgeprägtes Interesse an den Weibchen zeigen; kaum aber ist Alpha tot und Beta rückt an seine Stelle, flammt sein Liebesfeuer auf, und er wird zum kopulierenden Helden.

Bei der Determinierung des Alphastatus spielen so viele unbekannte Faktoren mit, daß wir uns einem unlösbaren Problem gegenübersehen. Kraft, Intelligenz, Männlichkeit, Tapferkeit, Gesundheit, Ausdauer, Ehrgeiz und Selbstvertrauen spielen eine große Rolle. Allee hält außerdem auch das Glück für einen zwar vernachlässigten, sicher aber sehr wesentlichen Faktor. Die bemerkenswerteste Eigenschaft jedoch – sie fällt nur dem geübtesten Beobachter auf – ist politisches Geschick.

Die von der Ethologie gesammelten Daten sind noch so ungeordnet, daß man noch nicht beurteilen kann, inwieweit politische Fähigkeit zur Wahl eines Tierpräsidenten beiträgt. Man hat die Eigenschaft bisher lediglich bei Primaten festgestellt; vielleicht ist dieses Talent nur in unserer Familie von so großem selektivem Vorteil, daß es sich spezifisch entwickelt hat. Eugène Marais, der südafrikanische Naturforscher, der zu Beginn des 20. Jahrhunderts eine wilde Pavianherde lange Zeit aus nächster Nähe beobachtete, hat dem politischen Geschick dieser Tiere besondere Aufmerksamkeit gewidmet. Doch erst 1969, als sein Buch ›The Soul of the Ape‹ erschien, fand seine wissenschaftliche Arbeit weltweite Anerkennung. Washburns und De Vores Untersuchungen des Sozialverhaltens der Paviane im Jahre 1961 dagegen haben nicht nur eine wahre Sturzflut von Primatenuntersuchungen ausgelöst, sondern auch nachdrücklich auf diese Begabung der Primaten hingewiesen.

Abgesehen von einer Spezies, und zwar der des Mantelpavians, haben alle Pavianherden eine zentrale Gruppe von Alphamännchen, die nicht nur nach außen hin die Gruppe verteidigen, sondern auch innerhalb der Herde auf Ordnung achten. Washburn und De Vore kamen zu dem Schluß, daß das Alphamännchen die Fähigkeit haben muß, mit seinen Herdengenossen auszukommen. Hier handelt es sich ja nicht um sanfte Geschöpfe wie die Samango- oder die Colobusäffchen, sondern um die angriffslustigsten Wesen der nichthumanen Primatenwelt. Daß der Alphastatus die Fähigkeit voraussetzt, einen ausgeprägten Individualismus in Schach halten zu können, ist selbstverständlich. Die drei oder vier Männchen des »Zentralkomitees« sind am liebsten unter sich, sie führen alle Aktionen gemeinsam durch, kennen keinen Streit und fassen jede Bedrohung des einen als Bedrohung für alle auf. Ist ein Männchen noch so stark, intelligent und ehrgeizig, aber nicht imstande, diese im

Grunde politischen Notwendigkeiten zu akzeptieren, wird es niemals ein Alphapavian werden.

Stuart Altmann war der erste Beobachter, der (1962) auf eine Koalitionsfähigkeit bei Rhesusaffen hinwies. Diese Koalitionen bilden sich jedoch nicht zwischen ranggleichen Tieren; die Rangabstufung ist deutlich ausgeprägt, und der Alphaaffe muß seinen Rang ganz allein verteidigen, obwohl die Rhesusaffen kaum weniger aggressiv sind als die Paviane. In einer solchen Situation, zum Beispiel wenn er von Beta bedrängt wird, verbündet sich Alpha mit Gamma. Oder Gamma macht sich Liebkind bei Alpha, um Beta auszustechen. Da die größten Konflikte stets unter Tieren ausbrechen, deren Ränge unmittelbar aufeinanderfolgen, können solche temporäre Bündnisse auf jeder Rangstufe stattfinden. In seiner kürzlich erschienenen Arbeit stellt Thomas Struhsaker fest, daß bei Meerkatzenherden im Amboselipark von Kenia 20 Prozent aller Kontakte zwischen Männchen aus solchen temporären Koalitionen bestanden.

Aus diesen Beispielen ergibt sich ein ungefähres Bild von den Eigenschaften des Alphatieres, nicht aber von den Organisationsprinzipien. Es gibt eine Dominanz, und der Rang gehört zu einem der vereinbarten Preise, die mit vereinbarten Mitteln angestrebt werden. Ob es nun Armeen oder Regierungen sind, politische oder religiöse Bewegungen, Firmenpersonal oder Fakultätsangehörige, überall trifft man auf die gleiche starre Rangstruktur, auf den gleichen Drang nach oben, auf die gleiche dominierende Stellung des Alphatieres – nicht anders wie bei den Primaten- und Elefantenherden. In jeder Organisation einer Gesellschaft von ungleichen Lebewesen hat die Evolution den Mechanismus der Hierarchie gefördert. Und doch – obwohl er in allen Gesellschaftsordnungen zu finden ist, obwohl wir Material über ihn haben – wissen wir immer noch nicht, was ein Alphafisch ist.

Wir haben die Stufenleiter der Hierarchie untersucht, wir haben den Alpha als individuelles Phänomen untersucht: der »Despot« kann jedoch nicht ohne Untergebene existieren, der Führer nicht ohne Anhänger. Vielleicht kann man aus einem anderen Blickwinkel näher an das Rätsel herankommen.

3

Für viele wahlberechtigte Amerikaner war es ein erregendes Erlebnis, als es im Jahre 1952 hieß, Adlai Stevenson werde seine Nominierung zum Präsidentschaftskandidaten annehmen. Freudentränen flossen, Stimmen versagten, Hände fanden sich im Dunkeln. Es war, als hätte ein Mann allein, über einen halben Kontinent weg, eine verborgene Glocke zum Klingen gebracht. Zuversicht und Dank war die millionenstimmige Antwort. Die Stevenson-Bewegung war geboren.

Damals lebte ich noch in Hollywood. Ich hatte zu Beginn des Jahres einen Roman veröffentlicht, und meine daraus resultierende finanzielle Pleite ließ mich ein Filmangebot annehmen. Der Vertrag versprach mir eine recht ansehnliche Summe. Einige Tage nach der Nominierung Stevensons ging ich in das Filmstudio, sprach von einem Herzanfall, einer aufsässigen Bandscheibe, Krampfadern und sonstigen Leiden. Wir zerrissen den Vertrag, und ich schloß mich der Stevenson-Bewegung an. Wie viele andere verrückte Amerikaner begann ich für die Wahlkampagne zu arbeiten. Ich wurde ein »Anhänger«.

Verschafft das Gefühl, ein Anhänger zu sein, eine besondere Befriedigung? Wie ist das mit dem überall bekannten Kinderspiel: »Wir folgen dem Anführer«? Hier kann es sich kaum um einen machiavellischen Plan handeln, die bedingten Reflexe der Jungen so zu manipulieren, daß diese als Erwachsene den ihnen zugewiesenen Platz beibehalten. Elefanten kommen uns in den Sinn, die lautlos im Gänsemarsch ihres Weges ziehen; diese Veranlagung macht sie so gut geeignet für den Zirkus. Man denkt an die Hirsche in Wyoming, deren lange Züge man im Dämmerlicht beobachten kann. Man erinnert sich an die Kunststücke der Meeresbewohner – die *Synentognathi* in Florida, die in sprudelnden Flüssen über einen Zweig springen, der Führer zuerst, die anderen hinterdrein; enorme Seekühe, die prustend ihre Kreise ziehen wie riesige, geistesgestörte Fledermäuse; Silberfische im Long Island Sound, die glitzernd in geschlossener Reihe über die Angel des Fischers springen. William Beebe glaubte einmal, nahe Acapulco einen unbekannten Riesenaal entdeckt zu haben. Doch der »Riesenaal« war eine lange Kette von Fischen, die eng hintereinander durch das Gewässer glitten.

Ethologen bezeichnen dieses Verhalten als »Nachfolgereaktion«, und der Gänsemarsch ist nur eine ihrer Erscheinungsformen. Das aus dem Ei geschlüpfte Entenküken reagiert auf den Lockruf der Mutter, es folgt ihm und lernt, wer seine Mutter ist. Lorenz bezeichnet den Lernprozeß, der in den ersten Stunden des Lebens beginnt, als Prägung. Manchmal kann dieser Prozeß auch groteske Folgen haben. Der jahrelange Leiter des Amsterdamer Zoos, Portielje, zog eigenhändig ein südamerikanisches Rohrdommelmännchen auf; der kleine Vogel folgte ihm auf Schritt und Tritt und wußte schließlich nicht mehr, wer eigentlich wer war; als er geschlechtsreif wurde, sah er mit tiefster Verachtung auf seine Artgenossinnen herab, und erst nach langer Isolierung mit einem Weibchen kam es zur Paarung, und später zogen sie auch ihre Jungen erfolgreich auf. Doch selbst dann noch ergaben sich für Portielje Probleme; kaum sah ihn nämlich das Rohrdommelmännchen, vertrieb es sein Weibchen sofort vom Nest und lud den Zoodirektor mit den üblichen Zeremonien ein, die Eier auszubrüten.

Die Reaktion muß nicht immer angeboren sein. Der langmähnige Mantelpavian Äthiopiens war einst den alten Ägyptern heilig, symbolhaft schmückt er das Grab Tut-ench-Amuns. Beim Weibchen ist der Trieb des Nachfolgens so stark, daß die natürliche Auslese gut daran getan hätte, der Reaktion eine instinktive Basis zu geben. Aber die Reaktion ist erlernt, mühsam erlernt nach den Regeln der Bekräftigungstheorie. Das mächtige Pavianmännchen hat einen Harem von vier bis fünf Weibchen, die ihm in einem Abstand von drei Metern zu folgen haben. Sollte ein Weibchen es wagen, weiter zurückzubleiben, wird es zur Bekräftigung der »Nachfolgereaktion« vom Männchen kräftig gebissen. Daß das Nachfolgen nicht angeboren ist, sondern vielleicht in der Jugend erlernt wird, illustriert ein Versuch, bei dem ein in Gefangenschaft aufgezogenes Pavianweibchen freigelassen wurde. Sofort wurde es von einem Männchen mit Beschlag belegt. Doch so oft und so kräftig er es auch biß, es konnte ihm nicht nachfolgen. Es wußte nicht, wie.

Wir müssen nicht die vielen Beispiele bei den Menschen aufzählen, wo das Folgen durch ähnliche Praktiken wie beim Mantelpavian erreicht wird. Uns beschäftigt hier die Rolle des Untergebenen, die akzeptiert, oft sogar angestrebt wird; die Reaktionen reichen von widerwilliger über eine fügsame bis zur begeisterten Unterwerfung. Vielleicht kann die Reaktion des Anhängers, des Untergebenen das Wesen des Alpha definieren helfen.

Wynne-Edwards erklärte einmal überaus logisch, daß der wahre Schlüssel zur sozialen Organisation ein »ererbter Drang zum Folgen« sein müsse. Wollten alle ein Alpha sein, wäre eine Gesellschaft unmöglich. Wynne-Edwards überlegte weiter: ein solcher angeborener Drang kann nicht auf direkter Vererbung beruhen. Da bei den meisten Tiergruppen die Alphas infolge ihrer Stellung nicht nur leichteren Zugang zu den Weibchen haben, sondern bei diesen auch auf größere sexuelle Bereitschaft stoßen, müssen die Alphas im Laufe der Generationen eine unverhältnismäßig große Nachkommenschaft haben. Ginge die Vererbung in direkter Linie vor sich, würde die Fähigkeit, sich unterzuordnen, bald aus der Spezies verschwinden. Doch die Beobachtung liefert dafür keine gültigen Beweise: ob Mäuse oder Menschen, das Verhältnis der zur Führung Geeigneten und der zur Unterwerfung Prädestinierten ist in jeder Generation relativ konstant. Diese Balance, folgert Wynne-Edwards, muß demnach von der Gruppenselektion kontrolliert sein und in jedem Genpool jeweils von neuem auftreten.

In uns wirkt also ein Drang nach oben, der den Wettstreit sucht und nach Überlegenheit strebt; in der normalen Wirbeltiergesellschaft mit Chancengleichheit hat jedes Individuum die Möglichkeit, seinen Alphastatus zu verwirklichen. Wäre das jedoch die einzige Kraft, dann gäbe es niemals eine organisierte Gesellschaft, und wir hätten die totale Anarchie. Zum Glück gibt es aber auch eine entgegengesetzte Kraft, eine Bereitschaft, sich zu fügen, sich unterzuordnen, und – bei der Mehrzahl der Individuen – die Tendenz, sich mit dem eigenen Platz im Leben abzufinden. Ist die »Nachfolgereaktion« vielleicht ein Teil dieser Bereitschaft? Gibt es vielleicht eine erfolgreiche Identifikation mit dem Alpha, die ein Sichbegnügen mit der Unterordnung nach sich zieht?

Seit kurzem beschäftigt sich die Ethologie immer mehr mit der Anziehungskraft des Alphafisches. Die vier oder fünf Pavianmännchen, die mit unerbittlicher Strenge die Herde beherrschen, werden von allen gefürchtet; und doch ist ihre Anziehung so groß, daß kein ungebärdiger Jugendlicher gewaltsam in den Schoß der Herde zurückgetrieben werden muß; der Magnetismus der Dominanz hält die Herde zusammen. George Schallers umfassende Untersuchung des Berggorillas veranschaulicht vielleicht am deutlichsten die soziale Anziehungskraft, die von einem dominierenden Tier ausgeht.

Schaller machte seine Beobachtungen in den Wäldern und

Bambusdschungeln der vulkanischen Virungakette im östlichen Kongo, 3000 Meter über dem Meeresspiegel. In diesem Gebiet beobachtete er 190 Tiere, die fast alle einer von neun verschiedenen Gruppen angehörten. Jede Gruppe durchstreifte bei der Nahrungsuche ein Gebiet von etwa vier bis acht Quadratmeilen. Hin und wieder entfernte sich ein Männchen für einige Tage von seiner Gruppe, oder eine bisher unbekannte Mutter mit ihrem Jungen schloß sich einer fremden Gruppe an – im übrigen blieben die Gruppen jedoch während der gesamten Beobachtungszeit mehr oder weniger konstant.

Zentrum der Gruppenidentität war ein Männchen mit silbergrauem Rückenhaar – ein Alpha *par excellence*. Der Berggorilla ist schwarz; doch mit der vollen physischen Reife, im Alter von zehn Jahren, färbt der Rücken sich silbern. In Schallers größter Gruppe, die aus 27 Tieren bestand, gab es vier Silberrücken, aber nur einer führte das Kommando. Wenn er ruhte, ruhte auch die Gruppe und bildete einen Kreis um ihn, am äußeren Rande lagerten die jugendlichen Schwarzrücken. Alle schienen ihn unablässig zu beobachten; bewegte er sich, so bewegten sich alle. Stand er langsam auf, erhob sich die ganze Gruppe ebenso gemächlich. Schlug er eine schnelle Gangart ein oder ließ er ein charakteristisches Bellen hören, rannten ihm alle nach.

Ethologen sind sich darüber einig, daß es einer neuen und erweiterten Interpretation der Dominanz bedarf, um sowohl die Angst als auch die Anziehung zu erklären, die vom Alpha ausgeht. 1967 entwickelte M. R. A. Chance, einer der besten englischen Primatenforscher, in seiner Arbeit über »Aufmerksamkeitsstrukturen« eine solche Interpretation. Chance lebt in Birmingham und hat sich sehr intensiv mit diesen Problemen auseinandergesetzt. Er beschäftigte sich mit Hans Kummers Untersuchung des Mantelpavians; dort wird auf die ungewöhnliche Aufmerksamkeit hingewiesen, die das Weibchen jeder Bewegung seines Gebieters zollt. Halten wir uns vor Augen, daß sie in den Hals gebissen wird, sobald sie unaufmerksam ist, dann erklärt sich ihr Verhalten. Beim Gorilla-Silberrücken und seinen Anhängern aber gibt es weder Strafe noch Drohung. Trotzdem ist die Aufmerksamkeit perfekt.

»Im allgemeinen«, schreibt Chance, »sieht man heute in der Dominanz jenes Attribut des Tierverhaltens, das im Wettstreit mit anderen Tieren ein Ziel erreichen hilft ... Die dominierende Stellung eines Individuums läßt sich jedoch besser so umschreiben: er oder sie ist der *Brennpunkt der Aufmerksamkeit* jener Individuen, die innerhalb der Gruppe eine untergeordnete Stellung einnehmen.« Mit anderen Worten, beim Gorilla ist es weniger wichtig, daß der Führer anführt, als daß die Anhänger folgen.

Jetzt betrachten wir den Alphafisch aus der richtigen, der Fischperspektive. Und wir beginnen zu verstehen, warum es so schwierig ist, die Alphastellung mit Worten wie Alter, Intelligenz, körperliche Stärke oder Ausdauer und Entschlußkraft zu beschreiben. Beruht echter Alphastatus vielleicht auf der Fähigkeit, eine Anhängerschaft anzuziehen oder zu befriedigen?

In seinem interessanten Buch ›Men in Groups‹ (1969) führt der kanadische Sozialanthropologe Lionel Tiger den Begriff der Männerbindung ein: die uralte Tendenz des Mannes, Gruppen zu bilden und die Frauen auszuschließen. Im Lauf seiner Untersuchung beschäftigt Tiger sich auch mit der Tatsache, daß Frauen relativ selten eine hohe politische Stellung erreichen, es sei denn in Verbindung mit Männern, die bereits hohe Positionen innehaben. Ungeachtet aller Fortschritte der Frauenrechtsbewegung hat sich in dieser Hinsicht wenig geändert. Kurz nach Einführung des Frauenwahlrechts in Japan erhielten 35 Frauen öffentliche Ämter. Heute sind es nur mehr elf. Man weiß, daß Frauen in Kanada und den USA viel seltener für Frauen stimmen als für Männer. In keinem Parlament der Erde gibt es mehr als fünf Prozent Frauen. Im Obersten Sowjet sitzen 17 Prozent Frauen, aber dieser hat de facto keine Macht. Im Politbüro gibt es keine einzige Frau.

Tiger ist überzeugt, daß Frauen nur deshalb selten eine dominierende Stellung ausüben, weil sie vielleicht im Grunde genommen kaum fähig sind, ihre Untergebenen auf dem ethologischen Niveau des »musterauslösenden Verhaltens« zu beeinflussen. Wenn man militanten Römerinnen auch versichert, daß die Frauen, die auf der Via Veneto spazieren, nicht die geringsten Schwierigkeiten haben, bei den Männern ein bestimmtes Verhaltensmuster auszulösen, so wird dieses Argument kaum wirksam sein. Und doch – man muß sich die Sache überlegen.

Die »Nachfolgereaktion« des Römers ist zwar nicht genau das, wovon Tiger spricht. Doch um so bemerkenswerter ist, daß die Frau trotz ihrer historischen Fähigkeit, auf sexuellem Gebiet Aufmerksamkeit zu erregen, dies in bezug auf Autorität nicht vermag. Warum? Ist die Männerbindung so stark, daß die Frau versagen muß? Nur bei wenigen Primatenspezies gibt es eine starke Männerbindung, dennoch akzeptiert keine einzige

Affengesellschaft eine weibliche Führung. Ist es vielleicht biologisch begründet, daß das verwundbare Primatenweibchen mit ihren langsam heranwachsenden Jungen – wie auch unsere hominiden Vorfahren – im allgemeinen nur in bezug auf das Männchen eine »Nachfolgereaktion« besitzt?

Was immer die Antwort, die dem echten Alphastatus zugrunde liegenden Organisationsprinzipien scheinen Chance' »Aufmerksamkeitsstruktur« und die Befriedigung des »Nachfolgers« zu sein. Und damit haben wir ein Kriterium für soziales Versagen. Wir können zum Beispiel an jene Wirbeltiergesellschaften denken, wo – abgesehen von den bereits erwähnten Ausnahmen – alle Männchen die Chance haben, ein Alpha zu werden. Im Gegensatz zu den menschlichen sind tierische Gesellschaftsordnungen praktisch immer stabil. Wohl wird um den Rang gekämpft, gelegentlich werden auch Rollen getauscht, doch sind Revolutionen wie bei den Menschen praktisch unbekannt. Früher hätten wir darin einfach einen Unterschied zwischen tierischen und menschlichen Gesellschaften gesehen. Ist das richtig? In einer Gesellschaft mit echter Chancengleichheit garantiert die Wahrscheinlichkeit dafür, daß das von der Gruppe als bestqualifizierter Alpha angesehene Individuum diese Rolle auch übernimmt. Es ist das Tier mit dem größten Charisma, das Tier, das am besten befähigt ist, in der ganzen Gruppe eine »Nachfolgereaktion« auszulösen. Stabilität stellt sich ein.

Wie aber verhält es sich bei menschlichen Gesellschaften mit ihren eingebauten Garanten für ungleiche Chancen? Der echte Alpha mag an die Führung gelangen oder auch nicht. An seiner Statt kommt vielleicht der Pseudo-Alpha an die Spitze, dem jede Fähigkeit zur Auslösung der »Nachfolgereaktion« fehlt. Er hat Autorität gewonnen, er will sie um keinen Preis verlieren. Um eine soziale Stabilität aufrechtzuerhalten, muß er seine Autorität mit allen Mitteln ausüben. Wenn Autorität und Alphastatus nicht identisch sind, ist der Weg zum Untergang schon vorgezeichnet.

Ich werde auf diese These bei der Besprechung des Omegastatus noch zurückkommen. Doch bevor von den Omegas die Rede sein soll, wollen wir nochmals festhalten, daß der Alpha für den Menschen jenen Wert besitzt, den die Entwicklung ihm zugedacht hat.

Die ersten Untersuchungen von Primaten in freier Wildbahn begannen in Japan nach 1950; im Westen war diese Wissenschaft praktisch noch unbekannt. Alle Arbeiten erschienen in japanischer Sprache, und die wenigen Übersetzungen erregten kaum Aufmerksamkeit. Die japanische Wissenschaft war damals weit voraus; in der übrigen wissenschaftlichen Welt waren Affen noch nicht in Mode. Als jedoch zehn Jahre später das Primatenverhalten die Aufmerksamkeit der westlichen Wissenschaft und der Öffentlichkeit auf sich zog, wurde das japanische Affenzentrum zur Fundgrube, und heute besitzt es die ausführlichsten, längsten und systematischsten Beschreibungen von wilden Primaten.

Das japanische Äffchen *Macaca fuscata* ist eng verwandt mit dem indischen Rhesusaffen. Wie dieser lebt es in großen, hochorganisierten Herden, verbringt die meiste Zeit auf dem Boden und hat sich einer Vielzahl von Umwelten angepaßt, vom kalten, schneebedeckten Norden Japans bis zum subtropischen Süden. Zum Unterschied vom Rhesus hat das Äffchen ein rosa Gesicht und einen Stummelschwanz. Im Sommer 1952 begannen die beiden Wissenschaftler Junichiro Itani und Massao Kawai auf der kleinen warmen Insel Koshima mit den systematischen Untersuchungen der dort lebenden Affengattung.

Es gelang ihnen, eine Horde von über 70 Affen dazu zu bringen, Süßkartoffeln zu fressen. Der Trupp behielt seine normalen Lebensgewohnheiten bei, erschien aber regelmäßig, um seine Ration Süßkartoffeln in Empfang zu nehmen. So konnte man die einzelnen Tiere und ihre Beziehungen untereinander in Ruhe studieren.

»Versorgung« wurde zur Basis der japanischen Untersuchungsmethoden. Im Jahr darauf begannen die beiden Wissenschaftler der Kyoto-Universität mit der Versorgung der größten Affenherde Japans. Sie lebt auf dem waldbedeckten Berg Takasakiyama nahe der Küste und kommt zur Fütterung ins Tal. Als Carpenter 1966 diesen Futterplatz besuchte, kamen dorthin bereits jährlich 150000 Touristen, die Eintritt zahlten, um bei der Fütterung zuzusehen. Die Affen aber blieben wild. Zu diesem Zeitpunkt hatte die japanische Wissenschaft nicht nur den Lebenslauf von Hunderten Tieren, sondern auch deren Stammbäume genauestens studiert. Der einfache Trick mit der

Versorgung ermöglichte den Japanern die Untersuchung der Individualität in natürlichen Gruppen. Auf diese Weise konnten sie eine Revolution miterleben.

Ich habe erwähnt, wie selten die Gesellschaftsordnung der Tiere durch eine Revolution von unten gestört wird. Vielleicht war die Takasakiyama-Revolution von 1959 zum Teil eine Folge des Fütterns und des ungewöhnlichen Anwachsens der Population. Die Kolonie zählte damals bereits 700 Mitglieder – bei Primaten eine außerordentlich hohe Anzahl. Der Aufbau dieser Kolonie war deutlich erkennbar und bestand aus zwei konzentrischen Kreisen. Im Mittelpunkt befanden sich sechs ranghohe Alphamännchen, die – wie die Pavianoligarchie – gemeinsam handelten und keinen Streit kannten. Zu ihnen gehörten die Weibchen und Kinder sowie halbwüchsige, noch nicht paarungsreife Weibchen. Alpha-Aufgabe war es unter anderem, Streitigkeiten zu schlichten und die männlichen Jungtiere vom inneren Kreis fernzuhalten. Den äußeren Kreis – den Kreis der Jungtiere – beherrschten zehn junge Unterführer, von denen jeder seinen bestimmten Rang innehatte. Diese durchstrukturierte soziale Ordnung hielt Kämpfe und Streitigkeiten auf einem Minimum. 1958 berichtete Itani jedoch von einer wachsenden Spannung. Im darauffolgenden Jahr kam es zur Explosion.

Der höchste Alpha im Zentrum hieß Jupiter. Eines Tages wurde er von einem ranghohen peripheren Alpha namens Hoshi angegriffen. Der Erfolg dieser unerhörten Attacke demoralisierte vermutlich die ganze Sozietät; jedenfalls war Hoshi samt 25 Anhängern am nächsten Tag verschwunden und hatte eine neue Horde gegründet. Jetzt zeigte sich die latente Territorialität der japanischen Äffchen: bisher hatte es *eine* große Kolonie gegeben. Jetzt gab es zwei, und an der Grenze der beiden Territorien herrschten ununterbrochen Kämpfe. Hoshi besaß – wenn man so sagen kann – genügend Charisma, um bei mehr als einem Drittel der Horde eine »Nachfolgereaktion« auszulösen. Der Großteil der ursprünglichen Gruppe blieb jedoch dem alten Jupiter trotz seiner Niederlage bis zu dessen Tod treu. Als der Alte starb, teilte sich die ständig wachsende Gruppe nochmals, so daß es heute auf den grünen Hängen des Tagasakiyama drei Horden gibt, jede mit eigenem Territorium. Als Carpenter zu Besuch kam, hatten sich die Beziehungen bereits beruhigt. Die Grenzstreitigkeiten waren zum Großteil ritualisiert: ein angriffslustiges Männchen kletterte auf einen »Schüttelbaum« und riß heftig an den Zweigen – als Droh- und Warngeste.

Den bemerkenswertesten Beitrag lieferten die Japaner zur Frage des sozialen Lernens. Ich habe behauptet, daß das Lernen, eine Primärfunktion der Gesellschaft, die überlegenen Fähigkeiten eines Individuums allen anderen zugänglich macht. Zu der Zeit, als man auf der kleinen Insel Koshima mit der Verfütterung von Süßkartoffeln begann, lebte dort ein achtzehn Monate altes Weibchen, das keine sichtbaren Anzeichen eines überragenden IQ zeigte. Unweit der Stelle, wo die Süßkartoffeln verstreut wurden, lief ein kleiner Bach über den Strand ins Meer. Sehr bald schon schleppte das kleine Affenmädchen ihre Kartoffeln zum Bach und wusch den Sand ab, bevor sie diese verzehrte. (Syunzo Kawamura fungierte damals als Beobachter.) Kurz darauf machte ein junges Männchen es ihr nach. Dann lernte es die Mutter. Allmählich verbreitete sich die kulturelle Errungenschaft, und Kawamura machte seine Aufzeichnungen. Die Erfindung drang jedoch niemals zu jenen älteren Männchen vor, die zu den Jungen keine Beziehungen hatten.

Diese erstaunliche Beobachtung gab den Wissenschaftlern zu denken, und Itani beschloß, in seiner Takasakiyama-Kolonie, die damals noch eine einzige Horde war, ein anderes Nahrungsmittel, Karamellen, einzuführen. Das neuartige Futter begann sich durchzusetzen und zu verbreiten, wie sich das Kartoffelwaschen verbreitet hatte. Die Jungen wagten sich als erste darüber, Mütter und andere Junge folgten, und die ganz Kleinen lernten von ihren erfahrenen Müttern. Wieder zeigte sich, daß keines der erwachsenen oder fast erwachsenen Tiere, die mit der Jugend keinen Kontakt hatten, sich an die neue Nahrung gewöhnte. Gleichzeitig versuchte Kawamura, den Affen Weizen zu füttern. Die Folgen waren verblüffend.

Bisher hatten die Japaner angenommen, daß die Jungen das Medium waren, durch das sich eine kulturelle Neuerung verbreitet. Kawamura kam von der Universität Osaka, und in der Nähe Osakas gibt es eine Schlucht namens Minoo. Hier hatten zwei Affenhorden ihr traditionelles Territorium; Kawamura wählte Horde B für sein Weizenexperiment. Und die Minoo-B-Horde stellte prompt alle Vermutungen auf den Kopf. Sofort begann hier das ranghöchste Männchen – der oberste Alpha – den Weizen zu fressen, und sofort tat das Alpha-Weibchen das gleiche. Und während es eineinhalb Jahre dauerte, bis die Takasakiyami-Horde sich an die Karamellen gewöhnt hatte, fraßen alle Mitglieder der Minoo-B-Horde bereits binnen vier Stunden Weizen!

Bei den Koshima-Kartoffelwäschern wurde der Weizen zwar in der üblichen Form populär, aber auch dort ereignete sich etwas Seltsames. Der Weizen wurde auf den Strand gestreut, und die Affen suchten sich geduldig die Körner aus dem Sand. Dem genialen Weibchen Imo jedoch, das mit dem Kartoffelwaschen begonnen hatte und das jetzt vier Jahre alt war, schien dieser Prozeß zu langweilig. Sie nahm Sand und Weizen in ihre Hand und ging – wie ein gewiegter Goldwäscher – zum Bach, wo die Strömung den Sand aus ihren Fingern schwemmte. Als Carpenter 1966 die Insel besuchte, war Imo schon eine betagte Äffin, aber immer noch wusch sie den Sand aus dem Weizen, und viele andere machten es ihr nach. Und dabei bildete sich offenbar eine weitere Neuerung heraus; junge Affen zogen bachabwärts, um jene Körner aufzufangen, die der Äffin durch die Finger geglitten waren.

Daß sich der vielgerühmte Schimpanse neben dem unscheinbaren japanischen Äffchen wie ein Einfaltspinsel ausnimmt, hat vielleicht seinen guten Grund. Bei einem Gespräch in London machte Kenneth Oakley einmal eine Bemerkung, die in der Literatur nie aufgegriffen wurde. Oakley ist Kustos der anthropologischen Abteilung des British Museum und neben Campbell aus Cambridge der bedeutendste Anthropologe im angelsächsischen Raum. Wir sprachen über die Bedeutung, die manche Anthropologen der Gehirngröße in bezug auf die menschliche Evolution beimessen. Oakley war nicht dieser Meinung. Seiner Ansicht nach muß bei sozialen Tieren die Intelligenz in bezug auf soziale Organisation und Kommunikation bewertet werden. Der Neandertaler – er hatte mitunter ein größeres Hirn als wir, seine Nachfahren – hat versagt und ist ausgestorben. Warum? Vermutlich war seine soziale Organisation defekt. Mit anderen Worten: Geistesgaben manifestieren sich nicht allein in einer guten Organisation der neun Milliarden Zellen, sondern vor allem in einem gut funktionierenden Austausch der Ideen innerhalb der Gemeinschaft, deren Teil man ist. Ist die Gemeinschaft zersplittert, unorganisiert, kommunikationsunfähig, lassen sich die individuellen Geistesgaben nicht länger mit neurologischen Maßen messen.

Der Erfolg des japanischen Äffchens liegt weniger in seinem an sich durchschnittlichen Gehirn als vielmehr in seinem überdurchschnittlichen Talent zur Gesellschaftsbildung. Es beugt sich der Autorität und ist trotzdem, wenn es darauf ankommt, zu einer Revolution fähig. Ungeachtet der rigorosen Hierarchie ist eine Gleichheit der Chancen gegeben, so daß ein zwar überlegenes, aber unreifes Weibchen – de facto ein Omega – ebenfalls seinen

Beitrag zum Leben gegenwärtiger und künftiger Affengenerationen leisten kann. Daß der Erfahrungsaustausch unvollständig ist und die unbeteiligten erwachsenen Tiere nicht miteinbezieht, ist im Hinblick auf künftige Generationen bedeutungslos.

Von entscheidender Bedeutung für jede Generation ist die spektakuläre Verbreitung des sozialen Lernens, wenn Neuerung und Alphastatus zusammenfallen. Das ist auch die bisher wichtigste Entdeckung der japanischen Wissenschaftler. Die Omegas von Takasakiyama haben achtzehn Monate gebraucht, um bei 51 Prozent der Horde den Geschmack an Karamellen zu wecken; die Alphas von Minoo-B brauchten vier Stunden, um bei sämtlichen Mitgliedern den Weizen einzuführen. Wenn man sich unter Alphatum lediglich Stärke, Macht und Despotentum vorstellt, wären diese Resultate unerklärlich. Denkt man aber an Chance' »Aufmerksamkeitsstruktur« oder an die »Nachfolgereaktion«, so wird der Wert des Alpha für jedes einzelne Gruppenmitglied evident. Der Omega wird nur von seinesgleichen beachtet. Der echte Alpha aber hält die ganze Gruppe in seinem Bann, er kann Dinge vollbringen, die man sonst als Wunder bezeichnen müßte.

Wir müssen im menschlichen Garten nicht lange suchen, um unsere besser oder schlechter schmeckenden Früchte zu finden. Die Kraft, die ein Winston Churchill dem bedrängten England gab, die Tragödie eines John F. Kennedy in Friedenszeiten – hier wird der Wert des Alpha für jeden einzelnen Omega offenbar. Echtes, überragendes Alphatum ist selten. Das wird uns besonders dann bewußt, wenn diese Alphas nicht mehr sind. Doch auch Adolf Hitler war zweifellos ein Alpha.

Weder der Leser noch der Autor ist imstande, die Fakten des sozialen Lebens zu beurteilen; wir sind eben erst dabei, sie zu sammeln. Ich persönlich bin Yamada, dem Forscher in der Schlucht nahe Osaka, dankbar; er hat der Wissenschaft einen großen Schritt weitergeholfen. Doch ich kenne nicht einmal seinen Vornamen. Kawamura übergab ihm die Leitung der Minoo-B-Experimente, und seine schriftlich niedergelegten Forschungsergebnisse sind, soviel ich weiß, nie aus dem Japanischen übersetzt worden. In Kawamuras Beitrag zu Charles H. Southwicks bedeutendem Werk ›Primate Social Behaviour‹ wird Yamadas Arbeit einmal erwähnt. Es stimmt nachdenklich, daß sich das Wissen um den Menschen aus anonymen Beiträgen aus weit verstreuten Weltgegenden zusammensetzt.

5

Im Frühjahr 1967 begann ich eine Vortragsreise mit einer Vorlesung an der Pennsylvania State University; Carpenter und ich verbrachten in seinem Landhaus ein friedliches, gemütliches Osterwochenende. Wir versanken förmlich in den vielen Filmen und Photos, die er im letzten Sommer von den japanischen Affen gemacht hatte; irgendwie kamen wir dann auf das Leben eines Affen in einer Sozietät von 700 zu sprechen. Damals stellte der Psychologe Carpenter eine unvergeßliche Analyse des Entscheidungsprozesses bei Affen auf.

»Stell dir vor«, sagte er, »du bist ein Affe und läufst einen Pfad entlang, um einen Felsen herum und stehst plötzlich vor einem anderen Tier. Bevor du weißt, ob du es angreifen, ignorieren oder ob du fliehen sollst, mußt du eine Vielzahl von Entscheidungen treffen. Ist es ein Affe oder ein Nicht-Affe? Wenn es ein Nicht-Affe ist: ist es ein Pro-Affe oder ein Anti-Affe? Wenn es ein Affe ist, ist er weiblich oder männlich? Wenn es ein Weibchen ist, ist es in Hitze? Wenn es ein Männchen ist, ist es erwachsen oder jung? Wenn es erwachsen ist, gehört es zu meiner oder zu einer anderen Gruppe? Gehört es zu meiner Gruppe, ist es ranghöher oder rangtiefer? Es bleibt dir ungefähr ein Fünftel Sekunde, um alle diese Entscheidungen zu treffen, andernfalls kannst du angegriffen werden.«

Nie zuvor habe ich eine so beredte, so realistische, so aufrichtige Reverenz an die Fähigkeiten des tierischen Gehirns gehört. In einer Gesellschaftsgruppe, zu deren Struktur die Rangordnung gehört, muß jedes Tier jedes andere Tier »persönlich« kennen, steht jedes Tier im Brennpunkt der Wechselbeziehungen. Die soziale Rangordnung hat demnach zur Folge, daß die natürliche Auslese die Intelligenz zwangsläufig begünstigen muß; das Tier, das zu dumm ist, um im Wettkampf von Carpenters Entscheidungsprozeß mitzumachen, wird wahrscheinlich in der Gruppe als Fortpflanzungsfaktor ausscheiden.

Die Hierarchie gewährt der erfolgreichen Organisation ungleicher Lebewesen nicht geringe Vorteile. Ist die Rangordnung einmal festgelegt, kommt es selten zu ernsthafter Aggression oder zu Kämpfen; jedes Mitglied kennt seine Stellung und weiß, was es sich leisten kann und was nicht. Die ungleichen Mitglieder werden mit Hilfe der Rangordnung eingestuft, und jene, deren überlegene Fähigkeiten der Gruppe als Ganzes zugute kommen, erhalten die einflußreicheren Stellungen. Durch das soziale Lernen und die »Nachfolgereaktion« werden die individuellen Leistungen schließlich allen Mitgliedern zugänglich. Dieser Prozeß hat auch genetische Folgen, da bei den meisten Spezies die sexuelle Anziehung des hohen Rangs (und die geringe des niederen) einen unverhältnismäßig großen Beitrag der Begabten zum Genpool liefert. Auf seltsame Weise sorgt die Hierarchie auch für Gerechtigkeit unter den Tieren; wir werden darauf noch zu sprechen kommen. Der vermutlich wichtigste Beitrag für die Spezies als ganzes und für die weitere Evolution ist jedoch die Förderung der Intelligenz durch die Rangordnung.

Als Konrad Lorenz 1927 in Österreich seine erste Dohlenschar aufzog, war er besonders beeindruckt, daß bereits die Jungvögel einander »persönlich« kannten. Dohlen verloben sich im ersten Frühling nach ihrer Geburt, sind jedoch erst im darauffolgenden fortpflanzungsfähig. Aber bereits lange vor der Verlobung haben die jungen Männchen ihre Streitigkeiten um den Rang ausgetragen, den sie dann wahrscheinlich bis zum Lebensende beibehalten. Auch das Weibchen erkennt sofort den Status ihres Partners und nimmt bei der Verlobung den gleichen Rang an; es weiß, vor welchem Weibchen es sich beugen muß und welches es herumstoßen kann. Lorenz' erste Dohlenschar umfaßte zwar nur vierzehn Vögel, doch seine Beobachtungen bestätigten sich tausendfach bei weit größeren Gruppen.

Noble beschreibt, wie genau von Tieren mit Rangordnung auch das kleinste Detail wahrgenommen wird. Vom ersten Augenblick an schätzt der eine den anderen richtig ein. Milchkühe haben ihre Stoßordnung und halten sie mit 95 Prozent Genauigkeit ein. Der Meeresotter lebt zwar weitgehend unter Wasser; dennoch konnte, als man einen Sommer lang eine Herde nahe der kalifornischen Küste beobachtete, eine sehr eindrucksvolle Ordnung festgestellt werden. Ottern – in ihren räuberischen Talenten mit den Pavianen verwandt – stehlen einander die Nahrung. Aber jedes Tier weiß genau, wen es bestehlen darf und wen nicht. Die Rangordnung des Meeresotters könnte man als »Wo das Stehlen verboten ist« bezeichnen.

Glen McBride von der Queensland-Universität hat an Hühnern Beobachtungen angestellt, die für Geflügelzüchter ebenso wertvoll sind wie für uns. Für jede auf einer Rangordnung basierende Gesellschaft, so konstatiert er, muß es eine maximale Anzahl Mitglieder geben, die die Fähigkeit des Tieres, zwischen Individuen zu unterscheiden, veranschaulicht. Bei Hühnern beträgt diese Zahl fünfzig. Vergrößert man die Schar, dann nimmt die soziale Kontrolle ab, die Folge ist Unordnung und wachsende Aggression. Bei wilden Spezies ist es in dieser Beziehung anders, das heißt, sie weisen einen anderen tierischen IQ auf; überdies limitieren auch Faktoren wie zum Beispiel die vorhandene Nahrungsmenge die Anzahl der Mitglieder. Der wesentlichste Faktor der Beschränkung ist jedoch die Intelligenz. So zählen zum Beispiel Pavianhorden in Ostafrika vierzig bis fünfzig Mitglieder. Im Gorongosa-Reservat von Mozambique mit seinem üppigen Futterreservoir habe ich dagegen fest integrierte Gruppen von über zweihundert Tieren gesehen. Die Pavianintelligenz ist auch hier noch imstande, richtig zu identifizieren.

McBrides Konzept der Grenzen individueller Identifikation deckt sich bis zu einem gewissen Grad mit Altmanns Definition der sozialen Grenze als jener Linie, mit der die Kommunikation aufhört. Altmanns Definition ist umfassender, da sie auf jede Gruppe anwendbar ist, auch auf den Starschwarm, der auf das gleiche Alarmsignal reagiert; McBrides Definition bezieht sich nur auf Gruppen mit einer strukturierten sozialen Ordnung. Der Alpha kann innerhalb der Gruppe nur so weit eine »Nachfolgereaktion« auslösen, als die Mitglieder sich mit ihm als Individuen identifizieren können. Und er kann nur so weit seine Pflichten ausüben, als er seine Untergebenen identifizieren kann.

Die Verantwortung des Alpha ist nicht leicht zu erklären. Bei vielen Spezies scheint der Alpha, im Austausch für seine Privilegien, bestimmte Pflichten zu übernehmen. Wenden wir uns wieder Konrad Lorenz zu, der als erster das Sozialverhalten intensiv studiert hat. Als seine zweite Dohlengeneration heranwuchs, hatte er eine große gemischte Schar jüngerer und älterer Vögel zur Beobachtung. Eines Tages ließ sich ein gewaltiger Dohlenschwarm in nächster Nähe seines Hauses auf den Feldern nieder, und sofort gesellten sich sämtliche seiner Jungdohlen zu dieser Wanderschar. Lorenz war entsetzt; wenn der Schwarm weiterzog, würden seine Vögel zweifellos mitfliegen, und er hatte keine Möglichkeit, sie zurückzuholen. Doch er unterschätzte das Verantwortungsbewußtsein seiner ranghohen älteren Vögel. Sie waren der Verbrüderung mit den Besuchern ferngeblieben. Jetzt flogen sie aus und suchten aus dem großen Schwarm jede einzelne der Lorenz-Dohlen heraus; ganz tief strichen sie über den Rücken der Jungvögel und lösten damit die Nachfolgereaktion aus. Lorenz verlor bloß zwei Vögel.

Die Verteidigung der Gruppe ist für den Alpha eine Selbstverständlichkeit. Ich habe die Oligarchie an der Spitze der Pavianherde erwähnt, die sich bei jedem Alarmsignal sofort zum Angriff formiert. In einem berühmt gewordenen Experiment in Kalkutta führte Southwick in eine Gruppe gefangener Rhesusaffen eine Anzahl Fremdlinge ein. Sie wurden ausnahmslos angegriffen – brachte man Jugendliche, wurden 70 Prozent der Attacken gleichfalls von Jugendlichen ausgeführt. Der Alpha hielt sich fern. Mischte man Weibchen in die Gruppe, wurden sie fast ausschließlich von Weibchen angegriffen. Zwei fremde Männchen bekamen den Zorn des Betamännchens und der Weibchen zu spüren. Als jedoch ein Mensch einen Affen mit einem Netz fangen wollte, wurde er blitzartig und voller Wut vom Alpha angegriffen. Southwick kam zu dem Schluß: allein die Bedrohung der ganzen Gruppe von außen veranlaßt den Führer zum Eingreifen.

Halls Beobachtungen der Husarenäffchen in Uganda weisen darauf hin, daß dem Alpha in erster Linie die Funktion eines Wächters zukommt. Das Männchen der Husarenaffen ist groß, seiner auffallend bunten Färbung verdankt die Familie ihren Namen. Sie leben in der Savanne und sind die schnellsten Läufer unter den Primaten. Gruppen bestehen aus einem Männchen, den unscheinbaren Weibchen und den Kindern. Der Führer ist mit der Beobachtung der Savanne derart beschäftigt, daß die Bewegungen der Gruppe von einem Weibchen geleitet werden. Ist Gefahr im Anzug, so kann man die Verteidigungsstrategie des Männchens nur bewundern. Hall überraschte einmal eine Gruppe. Zu seinem Erstaunen rannte das Männchen mit voller Geschwindigkeit direkt auf ihn zu, so daß Hall schon fürchtete, angegriffen zu werden. Im letzten Moment änderte das Männchen jedoch die Richtung und trottete davon. Hall sah sich nach den Weibchen um; während das Männchen sein Ablenkungsmanöver durchführte, hatten sämtliche das Weite gesucht.

Gerät in der Präriehundestadt ein Untergebener mit dem Mitglied eines benachbarten Rudels in Streit, dann wird er vom Alpha davongejagt, der sofort den Kampf übernimmt. Wird das schottische Rotwild aufgescheucht, so kann jedes Tier den ersten Alarmruf geben. Dann aber übernimmt die Alpha-Hirschkuh die Verantwortung. Zieht sich das Rudel zurück, bildet sie die Nachhut. Das gleiche konnte ich im Krügerpark in Südafrika beobachten, als ich bei einer späten Rückkehr zum Lager von einer erschreckten Kuduherde aufgehalten wurde; sie wechselte quer über die Straße und verschwand im Busch. Ähnlich wie beim Rotwild sind auch bei dieser prächtigen Antilopenspezies die Böcke Einzelgänger; Mütter und Junge bilden eine eigene Gruppe. Nachdem Kudukühe und Jungtiere in den Büschen verschwunden waren, blieb ein Weibchen – vermutlich das Alphatier – noch kurz am Straßenrand stehen, spähte in der Dunkelheit nach einem etwaigen Löwen und gab kurze Warnlaute an ihre sich entfernende Gruppe von sich.

Die soziale Verteidigung obliegt nicht immer ausschließlich den Alphas; die japanischen Äffchen zum Beispiel haben eine Kampftruppe junger Männchen, die nicht zur Führungsspitze gehören. Vielleicht reagieren sie auch nur ihre Aggressionen ab; wir wissen es nicht. Was ich als Gerechtigkeit unter Tieren bezeichnet habe, ist jedoch immer Aufgabe der ranghohen Männchen. Und die Durchführung ist erstaunlich einfach.

Manchmal kann auch der strengste Wissenschaftler einer Anthropomorphisierung schwer widerstehen. Selbst Niko Tinbergen und David Lack kamen bei der Verhaltensbeschreibung eines bedrohten Territoriumsbesitzers nicht um das Wort »rechtsbewußt« herum. Ebenso ist das Wort »aristokratisch« kaum zu vermeiden, will man den richtigen Eindruck eines Alphatieres vermitteln. Es hält sich abseits, wie Southwicks Rhesusaffe. Es mag sich mit Beta in ein Geplänkel einlassen, vermeidet jedoch – wie die Alphadohle von Lorenz – Auseinandersetzungen mit rangniedrigen Kumpanen. Gehört der Alpha der Pavianoligarchie an, so sucht er mit niemanden Streit. Der Silberrückengorilla sieht – trotz seines Machtmonopols – gleichgültig zu, wenn Untergebene in seiner Nähe kopulieren. Genauso verhalten sich die Alpha-Meerkatze und der dominierende Wapitihirsch. Das Löwenmännchen schläft befriedigt ein, während sein Alpha-Vetter nach dem Rechten sieht. Rhesus- und japanische Alphamännchen bewegen sich wie königliche Hoheiten, während Ehrerbietung und Hochachtung der anderen um sie herum einen freien Raum schafft. Altmann und Chance haben diesen Raum bei Rhesusaffen in Gefangenschaft sowie in freier Wildbahn gemessen; er beträgt immer drei Meter.

Der Aristokrat hält sich von allen derben Umtrieben fern und meidet unziemliche Handlungen. Bei den meisten Spezies ist er jedoch sowohl für die Verteidigung als auch für die Aufrechterhaltung der Ordnung verantwortlich. Bricht unter seinen Untergebenen ein Kampf aus, dann eilt er herbei, um ihn zu schlichten. Und er ergreift stets die Partei des Schwächeren. So ist es beim Hahn, der seine gackernden Hennen besänftigt, so ist es beim Pavian, der einen jugendlichen Störenfried zur Ordnung ruft.

Vielleicht hat die Tiergerechtigkeit gar nichts Geheimnisvolles an sich, wenn das auch seltsam klingen mag. Könige wenden sich an das Volk, wenn sie mit dem Adel Schwierigkeiten haben. Väter müssen, soll die Familie intakt bleiben, auch dem unausstehlichen Kind zu Hilfe kommen. Ist für das Überleben der Gruppe Ordnung ausschlaggebend, dann müssen Alpha und Omega Kompromisse schließen; sie müssen Opfer bringen, und sei es noch so unangenehm; sie müssen Risiken eingehen, seien diese noch so gefährlich, sie müssen Bündnisse schließen, wenn auch nur vorübergehend. Den Tieren gelingt das zum Teil deshalb, weil ihnen der Instinkt keine andere Wahl läßt, zum anderen Teil, weil ihre Intelligenz unbeschwert ist von falschen Instruktionen. Der Mensch aber – hin und her gerissen zwischen der Überlieferung von drei Milliarden Jahren und der Aussicht auf neue ungeahnte Perspektiven, zwischen uralter Weisheit und neuartigen Lernprozessen – der Mensch ist ein Tier mit ungewisser Zukunft.

Die Zeit und der junge Pavian

1

In den letzten Jahrzehnten unseres Jahrhunderts ist die Revolte der Jugend zu einem leidenschaftlich diskutierten Gesprächsstoff geworden – wie einst die Angriffe der Mohammedaner auf die Christen, die blutigen Auseinandersetzungen zwischen Protestanten und Katholiken; wie das Entsetzen der Aristokratie angesichts der Bourgeoisie, das Entsetzen der Bourgeoisie angesichts des Proletariats. Allerdings waren diese Auseinandersetzungen temporärer Art, sie währten selten länger als ein paar Jahrhunderte. Die Revolte der Jugend hingegen ist in den Augen sehr vieler – und ich gehöre zu ihnen – ein Charakteristikum unserer künftigen Gesellschaft.

Eine entwicklungsgeschichtliche Betrachtung der Beziehungen zwischen Jung und Alt kann vielleicht gewisse Aspekte klären helfen. Ein guter Ausgangspunkt ist die Arbeit eines Mannes namens Gene Sackett, der in Harlows Labor in Wisconsin experimentierte. Seine Beobachtungen erschienen 1966 in der bekannten Zeitschrift ›Science‹, ihr Kernpunkt ist die angeborene Trennungslinie und die angeborene Feindseligkeit zwischen Jung und Alt.

Sacketts Versuche waren riskant: Er zog junge Rhesusaffen von Geburt an in totaler Isolierung auf, und – wie wir bereits gesehen haben – das Ergebnis waren Neurotiker. Harlow dagegen hatte gezeigt, daß ein knapp zwanzigminütiger täglicher Kontakt mit Gleichaltrigen genügt, um eine normale Entwicklung zu gewährleisten. Sackett kam auf die Idee, diesen Kontakt durch eine Leinwand auf einer Käfigseite zu ersetzen, auf die er Bilder mit einem sozialen Stimulus projizierte. Und siehe da, es klappte. Keines seiner Versuchstiere wurde zu einem neurotischen Geschöpf, das sich blutig kratzt oder sinnlos hin und her schaukelt. Der tägliche visuelle Stimulus war vollkommen ausreichend, die normale Entwicklung der Affen zu gewährleisten.

Das Experiment begann, als die Affenkinder 14 Tage alt waren, und erstreckte sich über Monate. Ihre Erfahrung bestand ausschließlich aus den wechselnden Bildern an der Wand. Die

Dias waren in zehn Kategorien eingeteilt und thematisch so unterschiedlich, daß kein Bild in einer Woche zweimal gezeigt wurde. Neun Kategorien hatten Affen zum Thema: Mutter und Kind, erwachsene Tiere bei der Kopulation, ein Männchen in Drohhaltung; Kinder beim Spiel, Demuts- und Angstgebärden. Die zehnte Kategorie brachte Themen aus dem humanen Bereich: Möbel, hübsche Mädchen und dergleichen. Die Projektion der Bilder auf der Leinwand löste an sich eine gewisse Erregung aus, bei den »nicht-äffischen« Szenen blieb sie jedoch minimal. Man muß sich zwangsläufig fragen: Wie wußten diese Affen, daß sie Affen waren?

Das Ziel der Beobachtungen waren eigentlich die unterschiedlichen Reaktionen der Tiere auf einzelne Kategorien des Affenverhaltens. Sämtliche Kategorien lösten Rufe, Stimulierung, oft sogar ein Untersuchen der Leinwand aus. Die Reaktionen blieben mehr oder weniger ähnlich – nur bei zwei Kategorien zeigten sich auffallende Unterschiede: Bilder spielender Affenkinder und der Anblick eines drohenden erwachsenen Männchens erregten bei allen Tieren gespannteste Aufmerksamkeit.

Menschen und Menschenaffen drohen mit einem Stirnrunzeln, der Rhesus aber hebt die Augenlider, so daß die Haut des Augenlids sichtbar wird. Nun würde man annehmen, daß die Bedeutung dieses Drohverhaltens von den Jungen im Zuge bitterer Erfahrungen erlernt wird. Das ist jedoch nicht der Fall. Der Anblick des drohenden Erwachsenen hatte sofort ein Geschrei zur Folge, ein Sichducken, Auf-die-Wände-Klettern, wie es sonst niemals stattfand. Das Drohverhalten des Erwachsenen löst beim unerfahrenen Rhesus eine angeborene Schreckreaktion aus. Mit etwa drei Monaten erreichen die Angstzustände einen Höhepunkt, später flauen sie allmählich ab. Da sich nichts Furchtbares ereignet hatte, gewöhnten sich die Affen vermutlich an die Bedrohung.

Die Reaktion auf die spielenden Affenkinder war ebenso eindeutig, aber von längerer Dauer. Ich habe mich gefragt, wieso diese isolierten Tiere eigentlich wußten, daß sie Affen sind. Ebensogut kann man fragen: wieso wußten sie, daß sie junge Affen sind? Erregung, Rufen, Umherlaufen beim Anblick der spielenden Jungtiere waren jedenfalls angeborene Reaktionen und beweisen eindeutig die Anziehung zwischen den Altersgenossen. Das Interesse für Mutter-Kind-Darstellungen oder kopulierende Erwachsene war nicht größer als für jeden anderen

Stimulus. Lediglich das Spiel mit Altersgenossen und die Angst vor den Alten können beim Rhesusaffen als angeboren bezeichnet werden.

Wenn wir unsere Jugend und den sich ständig vergrößernden Generationskonflikt betrachten, werden wir gut daran tun, uns auch mit der Alpha-Omega-Beziehung bei anderen Spezies zu beschäftigen. Man muß sich dabei nicht auf den Rhesusaffen und das Laboratoriumsexperiment beschränken. Bei fast jeder Tiergesellschaft verläuft die Kurve der größten Spannung zwischen heranreifenden Jungtieren und dem »Establishment« erwachsener Männchen. Schwankungen dieser Spannungslinie sind für die Jungen selten angenehm und hängen weitgehend von der Entbehrlichkeit der Männchen ab; manchmal auch – wenn die Geburtenziffer hoch genug ist – von der Entbehrlichkeit aller.

Biberkinder werden mit zwei Jahren aus dem Bau geworfen, gleichgültig welchem Geschlecht sie angehören. Das hat seinen guten Grund, auch wenn die Biberkinder ihn vermutlich nicht einsehen. Die Biberfamilie investiert enorme Energiemengen in die Errichtung eines Dammes – sie können zum Beispiel einen kanadischen Fluß in einen Teich verwandeln – und in die Konstruktion ihrer Behausung. Um den Teich errichten sie ein Territorium, das die Versorgung mit jungen Schößlingen als Nahrung gewährleistet und zur Dammerhaltung dient; dieses Territorium darf nicht zu groß sein, weil das Schleppen der Stämme über weite Entfernungen den Energievorrat der Familie erschöpfen würde. Die Population ist daher in ihrer Größe beschränkt. Die Eltern nützen ihre Jungen weidlich aus: bis zum Alter von zwei Jahren helfen die Biberkinder beim Fällen, Schleppen und Zerlegen der jungen Bäume mit. Dann kommt der nächste Wurf zur Welt, und die Zweijährigen haben zu verschwinden. Sie ziehen umher, lernen Fuchs und Hunger kennen. Wenn sie Glück haben, finden sie einen guten Platz für einen Damm, paaren sich, und alles beginnt von vorne.

Die Eichhörnchenmutter vertreibt ihre Kinder zwei Wochen nach Verlassen des Baues von ihrem Territorium. Als W. H. Burt Vorstand des zoologischen Instituts von Michigan war, beschäftigten ihn besonders seine kleinen Lieblinge, die die Wiesen und Wälder von Ann Arbor bewohnten: Waldmäuse, Spitzmäuse, Weißfußmäuse, Wühlmäuse. Sie alle sahen sich der gefährlichsten Zeit ihres Lebens gegenüber, als sie als Jungtiere vom Familienterrain, ihrem sichersten Versteck, vertrieben wurden. Nur die wenigsten, schreibt Burt, sterben an Altersschwäche.

So ergeht es den Jungen einer Spezies, wo kalte Mathematik und nicht Milde die Anzahl der Überlebenden bestimmt. Bei den meisten Spezies gibt es jedoch eine Tendenz, die Weibchen zu schonen. Ob die menschliche Sitte, bei Gefahr zuerst Frauen und Kinder zu retten, der Höflichkeit oder einem alten Trieb entspringt, weiß ich nicht. Bei vielen Spezies jedenfalls wird die »Kinderfabrik« erhalten. Die Männchen sind schlechter dran.

Löwenmännchen werden mit drei Jahren aus ihrem Territorium vertrieben. Da das Jagen fast ausschließlich von der Löwin besorgt wird, ist das Männchen im Grunde bloß eine schmückende Beigabe mit großem Appetit. Natürlich darf man den ornamentalen Wert nicht außer acht lassen, und ein oder zwei langmähnige Männchen sollten immer bei der Gruppe bleiben – schon der Touristen wegen. Es stimmt auch, daß die sexuell nicht eben bescheidene Löwin unter zwei Löwen nicht auf ihre Rechnung kommt. George Schallers Untersuchung des Berggorillas hat einen ethologischen Rekord gebrochen; einen anderen Rekord brechen zweifellos die sexuellen Fähigkeiten der Löwin, die Schaller während seiner drei Jahre dauernden Untersuchungen in der Serengeti feststellen konnte.

Es gibt in der Serengeti eine große Löwengruppe mit zwei Männchen, die viele Besucher kennen, weil ihr Territorium nicht weit vom Buschhotel Seronera entfernt ist. Eine Löwin kam in Hitze, und Schaller begann mit seinen Beobachtungen. Die beiden Alphamännchen meldeten sich »zum Dienst«. Während der eine mit der Löwin kopulierte, legte sich der andere schlafen. In zweieinhalb Tagen kopulierten Löwin und Löwe Nummer 1 volle 170 Mal, und zwar Tag und Nacht im Abstand von etwa zwanzig Minuten. Nach dem hundertsiebzigsten Mal verschwand der Löwe – aus begreiflichen Gründen – im Busch. Sein Freund wachte auf, und da die Löwin sichtlich noch nicht befriedigt war, übernahm er die Fortsetzung.

Vielleicht sind die Alpha-Fähigkeiten im Löwenestablishment für den heranwachsenden Junglöwen ebenso entmutigend wie das Alpha-Einkommen der Menschen für den jungen Studenten. Ich weiß nicht, ob der dreijährige Löwe sich aus Abscheu vor den Alten entfernt, aus Entfremdung oder getrieben von einem Minderwertigkeitskomplex; vielleicht auch nur deshalb, weil man ihn hinauswirft. Er wird zum Nomaden. Und ist er erst älter, schwerfälliger und langsamer, dann sind seine Überlebenschancen gering – außer er findet eine Löwin, die ihn unterstützt, weil seine Alpha-Fähigkeiten sie beglücken.

Das heranwachsende Männchen hat kein leichtes Leben, welcher Spezies es auch angehört. Der heranreifende Elefantenbulle muß seine Mutter verlassen und sich dem Männerverband anschließen, wo die Rangordnung bereits feststeht und er automatisch zum Omega degradiert wird. »Psychologische Kastration« – ein Terminus, den der amerikanische Zoologe A. M. Guhl geprägt hat – ist bei manchen Spezies ziemlich verbreitet. Der Alpha-Büffel beansprucht alle sexuellen Vorrechte für sich, seine männlichen Gefährten verhalten sich gleichgültig. Der junge Uganda-Wasserbock folgt der Herde der Böcke; verschafft er sich genügend Prestige, so kann er die Privilegien eines Stampfplatzes und dessen sexuelle Möglichkeiten genießen. Von 500 Ugandaböcken findet man jedoch immer nur etwa 15 auf einem Stampfplatz. Die übrigen scheinen sich zwar auch ihres Lebens zu erfreuen, sie sind jedoch psychologisch kastriert. Ähnlich verhält es sich bei fast allen Antilopenarten. Die territorialen Gnu-Männchen demütigen die Omegas auf besonders grausame Art: Sie beanspruchen alle guten Weideplätze, wo auch die Weibchen und die Kinder grasen dürfen, während die Männchen ohne Nachkommenschaft auf die Stoppelfelder verwiesen werden. In der Ungerechtigkeit der Evolution läßt sich ein großangelegter Plan erkennen.

Dieser großangelegte Plan interessiert John Hurrell Crook, Ethologe an der Universität von Bristol, dessen Beobachtungen des Webervogels ich bereits erwähnt habe. Er untersuchte die Mantelpaviane Äthiopiens und die Dschelada-Affen. Beide Spezies bilden – wie Halls Husarenäffchen – Gesellschaften, die aus einem Männchen und seinem Harem bestehen. Crook beobachtete seine Dscheladas – große braune Tiere mit Mähnen wie der Mantelpavian – und sah die Familiengruppen friedlich nebeneinander fressen, während die peripheren, psychologisch kastrierten Männchen die schlechtesten Plätze zugewiesen bekamen. Er und sein Kollege J. S. Gartlan stellten fest, daß in der Primatenwelt nur drei Spezies bekannt sind, bei denen die Männchen für gewöhnlich einen Harem besitzen. Diese drei Arten leben in dem riesigen afrikanischen Gebiet, das sich vom Norden Ugandas über Äthiopien bis zum Sudan erstreckt und früher vermutlich auch Teile Ägyptens umfaßte. Im allgemeinen leben Affen und Menschenaffen – wie auch begüterte Menschen – ausschließlich in grünen Vororten. Diese drei Spezies jedoch, die sich einem trockenen, kärglichen Habitat anpassen mußten, nahmen in der Entwicklung ihrer Gesellschaften den gleichen Weg. Die Lösung war einfach: Verzicht auf überflüssige Männchen.

So finden wir in unfruchtbaren Gebieten polygame Primatenhaushalte. Das Alphamännchen legt sich so viele Weibchen zu, wie es decken, beschützen und ertragen kann. Mit jeder zusätzlichen Frau wird ein weiteres Männchen überflüssig. Es zieht sich geächtet in eine marginale Existenz der psychologischen Kastration und des Hungers zurück. Bei solchen Spezies bietet die Institution der Alphamännchen nur den außergewöhnlichsten Jugendlichen eine Chance.

Man kann nicht behaupten, daß bei den eben beschriebenen Spezies zwischen Erwachsenen und Heranreifenden eine erkennbare Spannungslinie verläuft. Die Linie wird eliminiert, indem man die jungen Männchen oder zumindest alle, die keine Funktion haben, einfach vertreibt. Diese Lösung mag manchen verlockend erscheinen, beim Menschen ist sie jedenfalls nicht anwendbar. Gehört man einer Spezies an, wo die starken jungen Männchen gebraucht werden, um Beute zu jagen, die Grenzen zu verteidigen, die Nachbarn zu besiegen oder Wache zu halten, wenn sich abends die Leoparden anschleichen – dann sind so simple Lösungen nicht möglich. Zwischen dem Establishment und den Kandidaten muß auf irgendeine Weise ein Kompromiß geschlossen werden, und in kaum einer Spezies gelingt dies ohne Spannungen. Das Problem ist immer das gleiche.

Alle Jugendlichen sind zwangsläufig Omegas, weil die Erwachsenen über die Jungen dominieren. So gesehen ist der Omegastatus das eigentliche Problem des heranwachsenden Männchens. Doch ein Meer der Angst liegt zwischen den psychischen Küsten des erwachsenen und des heranreifenden Omega. In jeder Tiergesellschaft hat ein Männchen seinen niedrigen Rang erhalten, weil ihm jene Qualitäten fehlen, die für den Alphastatus unerläßlich sind. Was ihm auch fehlt, sei dies nun Stärke oder Vitalität, Tapferkeit oder Entschlußkraft, er wird sich aller Wahrscheinlichkeit nach mit seiner Stellung abfinden. Der Heranwachsende jedoch nimmt nur seiner Jugend wegen einen niederen Rang ein. Seine Omegastellung ist berechtigt; will nämlich seine Gesellschaft überleben, dann muß er heranreifen und imstande sein, Pflichten zu übernehmen. Auch schützt ihn seine Omegastellung vor den Statuskämpfen der Erwachsenen. Und trotzdem ist und bleibt es ein Klassen-Omegatum; auch wenn er tatendurstig ist, wenn seine Muskeln stark werden und seine Intelligenz sich schärft, er muß sein Stigma tragen bis zu jenem Tag, wo ihm die Reife Zutritt zum Establishment verschafft – als Eindringling, dem alle mit Ablehnung und Mißtrauen begegnen.

Die Jugend hat es nicht gut. Geschützt durch ihren Omegastatus mag sie ihre sorglosen Spiele genießen. Einer der Faktoren der Jugend aber ist die Zeit. Ewig kann sie nicht dauern. Und dem heranreifenden Männchen bleibt nur der eine Trost: allen Erwachsenen ist es ebenso ergangen wie ihm. Ich kenne nur eine einzige Spezies, wo das Entgegenkommen der Erwachsenen so weit reicht, daß den Kleinen jeder Schmerz des Heranreifens erspart wird. Das ist jedoch eine Spezies, bei der die Unentbehrlichkeit junger Erwachsener selbst tragische Proportionen annimmt.

Der afrikanische Hyänenhund ist – abgesehen vom Menschen – vielleicht das erfolgreichste Raubtier der Erde. Eigentlich ist er kein Hund und gehört auch nicht zur Familie der *Canidae*; er hat an jedem Fuß vier Zehen und Ohren wie Tischtennisschläger, sein wissenschaftlich exakter Name ist *Lycaon pictus*. Er sieht jedoch wie ein mittelgroßer Hund aus und wiegt etwa zwanzig Kilo. Sein Erfolg als Jäger beruht in erster Linie auf seiner Fähigkeit, schneller zu sein als jedes andere Tier in Afrika – durch die unglaubliche Koordination innerhalb des hetzenden Rudels. Trotz oder vielleicht gerade wegen dieses Erfolges ist der Hyänenhund heute selten geworden. Seit der Besiedelung des Kaps vor dreihundert Jahren steht er in einem so furchtbaren Ruf, daß die Menschen ihn gejagt und wie Ungeziefer nahezu ausgerottet haben.

Der Hyänenhund flößt nicht nur den Menschen, sondern auch den Tieren Schrecken ein. Ich habe Thomson-Gazellen in siebzig Meter Entfernung von einem hungrigen Geparden – dem schnellsten aller Landtiere – grasen gesehen. Als Eliot Elisofon und ich 1966 Gelegenheit hatten, drei Tage lang ein großes Rudel Hyänenhunde zu beobachten, kam keine einzige Antilope dem Rudel so nahe, daß wir sie ohne Fernglas hätten sehen können. Vor uns lagen achtzig Quadratkilometer offene, baumlose Hochebene; in weiter Ferne grasten ein paar Tiere. Nur einmal zogen vier Zebras in einer Entfernung von einigen hundert Metern vorbei. Sicher war die Distanz groß genug für eine Flucht. Und außerdem schliefen die Hyänenhunde.

Damals war die kurzzeitige Beobachtung eines Rudels so ziemlich alles, was der Wissenschaft zur Verfügung stand. Als ich jedoch zwei Jahre später in die Serengeti zurückkehrte, hatten

Kruuk und Schaller mehr Material über die ganze räuberische Gemeinschaft gesammelt als irgend jemand vor ihnen. Es wurde mir erlaubt, dieses Material auszuwerten, obwohl die Untersuchungen noch nicht abgeschlossen sind. Um die beispiellose Freundschaftlichkeit zwischen Jung und Alt zu illustrieren, möchte ich nur eine einzige Jagd schildern.

Im Sommer 1968 war Schaller den Spuren von 22 Rudeln gefolgt. Eines Nachmittags kam er zu meiner Unterkunft und berichtete, er habe ein Rudel gesichtet, das aller Wahrscheinlichkeit nach um 17.30 Uhr zur Jagd aufbrechen werde. Um 16.30 Uhr hatten wir es aufgestöbert; das Rudel schlief mitten auf einer Hochfläche, die von der Sommerhitze ausgetrocknet und nach einem Brand schwarz verfärbt war. Wir beobachteten, warteten und unterhielten uns leise. Das Rudel bestand aus zehn ausgewachsenen Tieren und vierzehn halberwachsenen Jungtieren; Schaller hatte das Rudel schon gekannt, als die Jungen vor sechs Monaten zur Welt gekommen waren; damals waren es sechzehn. Sie hatten nur zwei Jungtiere verloren – eine äußerst geringe Sterblichkeitsziffer. Endlich begannen sich drei erwachsene Tiere zu bewegen und animierten die anderen zum Aufstehen. Gleich darauf gab es zwischen Großen und Kleinen ein wildes spielerisches Durcheinander, und man hörte jene seltsam zwitschernden Töne – den Spatzen ähnlich –, die Hunde ausstoßen, wenn sie erregt sind.

»Kriegstanz«, sagte Schaller lakonisch. Es war tatsächlich eine Art Ritual, und die Erregung übertrug sich auf sämtliche Tiere. Die drei Führer machten sich auf den Weg, die anderen Erwachsenen folgten hinterdrein, dann die Jungen und schließlich ein krankes Tier auf drei Beinen. Es war genau 17.30 Uhr. Ob sie eine Fabriksirene gehört hatten oder ob Schaller sie instruiert hatte, das weiß ich nicht. Ein Rudel – ein fast 400 Meter langer Zug von hintereinander herlaufenden Tieren –, das mit hoch erhobenen weißen Schwanzspitzen in die Dämmerung verschwindet, gehört zu den unvergeßlichen Eindrücken in der Wildnis.

Sie trotteten vor sich hin. Der Hyänenhund – wie der Albatros, der Elefant, die Robbe und noch einige andere Spezies – zeigt nicht die geringste Furcht vor dem Menschen, und man kann ruhig neben dem Rudel herfahren. Wir sahen auf den Tachometer des Landrovers; sie liefen mit 25 Kilometer pro Stunde. Die Jungen kamen mühelos mit und ebenso das kranke Tier auf seinen drei Beinen. Jetzt beschleunigten die Führer das Tempo, der Tachometer zeigte bereits 40 Kilometer. Noch immer konnten die Jungen und auch der dreibeinige Nachzügler die Geschwindigkeit beibehalten. Dann jedoch wurden die Anführer noch schneller, und der Abstand zwischen Erwachsenen und Jungen vergrößerte sich.

Da ein Gebiet, wo ein Rudel jagt, vom Wild gemieden wird, besteht die Taktik für gewöhnlich darin, auf einen Hügel zu laufen, um vielleicht auf der anderen Seite ein Beutetier zu überraschen. Die drei Führer setzten sich jetzt mit 60 Stundenkilometer von allen anderen ab. Als wir den Hügel erreichten, standen die drei bereits still, und die anderen Tiere hatten die drei Führer eingeholt; in der Ferne des stillen Tales sahen wir ein paar Thomson-Gazellen ihre Hochsprünge vollführen. Die Warnung war gegeben. Hyänenhunde töten meist im Überraschungsangriff während der ersten zehn oder fünfzehn Minuten. Wenn ihnen ein solcher Überfall nicht gelingt, müssen sie in einem vorgewarnten Gebiet lange nach Beute suchen. Dennoch waren 85 Prozent der von Schaller beobachteten Jagden erfolgreich – ein Rekord, der eine Löwengruppe mit Neid erfüllen muß.

Jetzt bewegten sich die Führer in gemäßigtem Tempo in eine neue Richtung, der ganze Fackelzug hüpfender weißer Schwänze hinterdrein. Plötzlich schlugen die Führer ein Höchsttempo ein, und wir sahen drei große Warzenschweine, die links von uns zu ihren Löchern liefen. Ein Landrover hält Überlandfahrten in jedem Tempo aus; die Insassen leider nicht immer. Wir verloren die Warzenschweine aus den Augen. Nicht so die Hunde – diese starteten eines ihrer bemerkenswerten Manöver. Wenn ein fliehendes Beutetier seine Richtung ändert, schlägt jeder Hund seinen eigenen Kurs ein, so daß das Rudel den engen Speichen eines Rades gleicht. Sie verfolgen nicht die Beute; das ist Sache der Führer. Sie nehmen den präsumtiven Fluchtweg vorweg, um das Tier dann an irgendeinem Punkt abzufangen. In diesem Fall bestand hierzu keine Notwendigkeit. Die Warzenschweine waren verschwunden, und wir dachten, sie wären rechtzeitig in ihre Erdlöcher gekrochen. Die Führer hatten jedoch das letzte Schwein an den Hinterbeinen erwischt, und jetzt konnte man auch ein lautes Quietschen hören.

»Armes Schwein«, sagte Schaller. Das Beuteschlagen des Hyänenhundes ist wie ein böser Alptraum, den man nie vergessen kann; der Hund tötet nicht, er frißt seine Beute bei lebendigem Leib. Der langsame, qualvolle Tod des Beutetieres hat dem Hyänenhund seinen schrecklichen Ruf eingetragen.

Der Hund ist jedoch gar nicht imstande zu töten. Er ist klein, und auch seine Zähne sind unverhältnismäßig klein; diese 42 Zähne sind zum Teilen, nicht aber zum Töten geeignet. Nur die Katzen haben mörderische Zähne; der Wolf, der ein Karibu oder einen Elch anfällt, geht ebenso vor wie der Hyänenhund. Die Natur mag ihre Erklärungen dafür haben – der Anblick ist jedenfalls alles andere als angenehm.

Seltsam, daß ich den gräßlichsten und den schönsten Eindruck in meiner Karriere als Tierbeobachter nur wenige Minuten hintereinander gehabt habe. Inzwischen hingen dem schweren Schwein bereits die Eingeweide heraus, doch es quietschte noch. Dann kamen die vierzehn Junghunde herbeigelaufen und stürzten sich auf das Festmahl. Sofort wichen die erwachsenen Tiere zurück. Keines von ihnen hatte mehr als einen Bissen abbekommen, und sicherlich waren sie noch hungrig, ihre Bäuche waren jedenfalls ganz flach. In den 75 Minuten, die George Schaller und ich neben dem getöteten Schwein saßen, nahm kein erwachsener Hund einen einzigen weiteren Bissen zu sich. Die Nahrung war ausschließlich für die Jungen bestimmt.

Dunkelheit fiel ein. Wir saßen im Landrover, in einer Landschaft, aus der die Angst vor diesen kleinen wilden Hunden jedes Leben vertrieben hatte. Welcher Faktor der natürlichen Auslese hatte eine solche Bevorzugung der Jungen bewirkt? Nur eine sehr hohe Sterblichkeitsziffer bei erwachsenen Tieren kann der erfolgreichen Aufzucht der Jungen einen so hohen selektiven Wert beimessen. Vielleicht war Verwundbarkeit die Ursache. Bei den Löwen fressen die Kleinen am wenigsten, und wenn die Beute mager ist, verhungern sie. Der erwachsene Löwe ist praktisch unverwundbar. Der Hyänenhund dagegen – klein und relativ zart – kann beim Angriff auf größere Beutetiere leicht sein Leben einbüßen. Schaller schüttelte den Kopf. »Ich glaube, Krankheiten dezimieren sie«, sagte er.

Als es ganz dunkel wurde, fuhren wir zurück. Sechs Monate später erhielt ich von Schaller einen Brief, daß das Rudel durch Staupe dezimiert worden sei; nur neun Tiere hatten überlebt. Wenn die Jungen derart verwöhnt werden, muß ein ausreichender Grund dafür vorhanden sein.

Die »peer-group«, die Gruppe der Gleichaltrigen, ist ein häufiges Merkmal des Soziallebens der Tiere; in der menschlichen Gesellschaft gehört sie zu den unverständlichsten Phänomenen. Liest man in Frank Fraser Darlings ›A Herd of Red Deer‹ von Hirschgruppen – erwachsenen Tieren –, wo die Gleichaltrigen auch nach ihrer Geschlechtsreife beisammenbleiben; hört man von den riesigen Makrelenschwärmen, wo die in einem bestimmten Gebiet gefangenen Fische fast alle gleich groß sind, dann beginnt man über seine eigenen Zeitgenossen nachzudenken.

In den Kibbuzim Israels bleiben die Gleichaltrigen vom Säuglingsalter an beisammen: sie spielen als Gruppe, gehen als Gruppe in die Schule, treten als Gruppe in die Armee ein, kämpfen als Gruppe. Zwischen den Mitgliedern dieser Gruppen herrscht eine so enge Beziehung, daß kaum eine andere Bindung im Leben je so stark wird. Ähnliches trifft auf Altersgruppen afrikanischer Stämme zu. Die Idee der Altersgruppe findet sich in der Mobilisierung eines bestimmten Jahrgangs, in der Sehnsucht amerikanischer College-Absolventen nach der Klasse aus dem Jahr '52. Wir, die wir derselben Altersgruppe angehören, werden einander immer ein bißchen besser verstehen.

Keine andere menschliche Einrichtung läßt sich leichter als Produkt der Konditionierung oder als kulturelle Institution abtun. Aber wir dürfen Sackett und seine kleinen Rhesuskinder nicht vergessen. Wenn in einer so hoch entwickelten Primatenspezies wie dem Rhesusaffen das angeborene Bedürfnis nach Gleichaltrigen vorhanden ist, dürfen wir dann die Überreste eines solchen Bedürfnisses beim Menschen vernachlässigen? Sehr oft ergänzt ein menschliches Kulturmuster nur ein verborgenes biologisches Muster. Ich behaupte, wir können die Irrationalität und die Absurdität der Studentenrevolten in den sechziger Jahren nur dann verstehen, wenn wir ihre uralten, irrationalen Grundlagen begreifen.

In den meisten Tiergesellschaften besteht ein Spannungsfeld zwischen reifen und heranreifenden Mitgliedern. In der menschlichen Gesellschaft wird dieses Feld heute immer deutlicher; das Unvermögen der Kommunikation zwischen Reifen und Heranreifenden wächst zusehends. Gleichzeitig sehen sich die Älteren einem Bündnis der Jugendlichen gegenüber, wo die Kommunikation perfekt und das gegenseitige Verstehen fast übernatürlich scheint. Wir können dieses Faktum bedauern; wundern aber dürfen wir uns nur so lange, als wir jene tröstlichen Illusionen der menschlichen Einzigartigkeit und der rationalen Überlegenheit bewahren, die so ungeheuer viel zu unserer gesellschaftlichen Katastrophe beigetragen haben.

Der Erwachsene, beunruhigt und verwirrt, fragt wahrscheinlich: »Warum gerade heute? Als ich jung war, war es anders.« Und ich muß zugeben, auch in meiner Jugend in Chikago war es nicht so. Doch wir alle wurden verführt. Die Freudsche These, die in der Sexualität die Primärursache aller menschlichen Motivationen sieht, war zu dem Zeitpunkt am populärsten – bei uns wie bei der Jugend –, als die Ethologie eben nachzuweisen begann, daß dem nicht so ist. Die zweite These der Freudianer, die uns alle verführt hat, lautet: Die Familie ist und bleibt der Kern aller menschlichen Beziehungen. Liebe und Haß der frühen Kindheit werden zu den bestimmenden Faktoren im Leben des Erwachsenen. Jung war weiser. Er erkannte größere Zusammenhänge, er sah die Krise der Adoleszenz und den Konflikt zwischen Phantasie und Realität von einem Blickwinkel aus, der für unsere Zeit wesentlich relevanter ist. Wir würden gut daran tun, nicht nur Adler, sondern auch Jung von neuem zu studieren.

Heute erleben wir den Zerfall der Familie, die – so lehrte man uns – überall und für alle Zeiten bestehenbleiben wird. Diese Behauptung stimmt nicht. Die Familie war niemals ein fensterloser Raum, wie ihn die Freudianer sahen, noch war sie immer vorhanden. Ihre Bedeutung war vermutlich gering, bevor der Ackerbau vor 10000 Jahren die Jagd ablöste. Ob die Technologie des Ackerbaus die individuelle Familie als signifikante soziale Einheit hervorgebracht hat, mag umstritten sein; sicher ist, daß die Technologie sie heute zerstört.

Der Erwachsene, der die Frage stellt: »Warum gerade heute?«, muß sich darüber klarwerden, daß der technische Fortschritt seit dem Zweiten Weltkrieg sowie die Organisation gigantischer technologischer Imperien die Familie als Einheit zu mikroskopischer Größe reduziert haben. Die Jungen haben ihre Bedeutungslosigkeit erkannt; es ist unser Werk, aber wir wußten nicht, was wir taten. Unser Glaube an die Unsterblichkeit der Familie hat uns verführt, unser ökonomischer Determinismus hat uns getäuscht. Der Kapitalist wie der Kommunist sehen in der Befriedigung materieller Bedürfnisse die letzte Weisheit.

Und während die heftigsten Verfechter des freien Unternehmertums in Wahrheit zu den Marxisten beichten gehen, wendet sich die Jugend angeekelt ab. Nach zehntausend Jahren des Kampfes haben wir endlich die Wohlstandsgesellschaft erreicht. Die Familie, diese kooperative Einheit im Kampf gegen Hunger und Entbehrung, löst sich auf, weil sie keine Funktion mehr hat. Und der enttäuschte Vater seufzt: »Ich habe meinem Sohn alles gegeben, was ich nur konnte.«

Wir untersuchen die Primatengesellschaften nicht nur im Hinblick auf die menschliche Vergangenheit, sondern auch – und das kann sich als wertvoll erweisen – auf die menschliche Zukunft. Im Augenblick können wir das Problem des Wohlstands und die Frage, warum der Sohn vermögender Eltern mit einer gesicherten Zukunft zu Protest und Drogen Zuflucht nimmt, beiseite lassen. Uns beschäftigt vorerst die Macht der Altersgruppe, die die Macht der Familie ablöst.

Es ist kennzeichnend für die Primatengesellschaften, daß sie nur selten auf Familieneinheiten basieren; und wenn uns keine nukleare Katastrophe ereilt, die den wenigen Überlebenden abermals die Entbehrungen unserer frühen Pionierzeit beschert, wird unsere Zukunft vermutlich ähnlich aussehen. 1961 habe ich geschrieben, die Familie sei der Grundstein des Gesellschaftslebens der Primaten; es war eine Vermutung, gestützt auf das spärliche Beweismaterial jener Zeit. Ich habe mich geirrt. In den großen Primatengesellschaften – bei Babuin und Bärenpavian, bei Rhesus und Makake – gibt es nicht die Spur einer Familieneinheit. Auch deutet alles darauf hin, daß die Familie in der entwicklungsgeschichtlichen Vergangenheit der Primaten keine essentielle Rolle gespielt hat.

Die Geschichte der Lemuren, die zu den Halbaffen zählen, geht 50 Millionen Jahre zurück, bis ins Eozän, als die Affen sich noch nicht entwickelt hatten. Bei seinen Studien des Kattas und des Mohrenmakis – beide leben heute nur mehr auf Madagaskar – konnte Jean-Jacques Petter feststellen, daß die Mütter ihre Kinder schon nach sechs Monaten verstoßen; die Kleinen schließen sich dann in Altersgruppen zusammen. Von den zwei großen Überfamilien der Affen – Neuwelt- und Altweltaffen – scheint die amerikanische Spezies die primitivere zu sein. Bei seinen Untersuchungen des Brüllaffen und des Spinnaffen in Panama konnte C. R. Carpenter keinerlei Spuren eines Familienlebens entdecken. Das Band zwischen Mutter und Kind reißt ab, sobald ein Geschwister geboren wird, und das ältere Äffchen gesellt sich zu seinen Altersgenossen. Bei den Altweltaffen – Paviane, Rhesus und Makaken, afrikanische Meerkatzen und asiatische Languren – verhält es sich ähnlich: die Altersgruppe, nicht die Familie ist der Hort des Jungtiers. Ein Zyniker könnte behaupten, daß der technisierte Mensch zur Lebensweise der Affen zurückkehrt. Wir können anderseits aber auch sagen, daß die Lebensweise der Affen einiges zu unserem Selbstverständnis beitragen kann.

In Ost- und Südafrika sind die großen Pavianherden schwer zu zählen, weil sie auf ihrer Nahrungsuche ein weites Gebiet durchstreifen. Ich habe mich jedoch oft gefragt, ob man nicht einfach durch Abzählen einer Altersgruppe einen annähernd genauen Schlüssel für die Größe der ganzen Herde bekommt. Die Altersgenossen bleiben so dicht zusammen, daß man innerhalb einer Gruppe vermutlich die komplette Altersskala vor sich hat. Trifft man beispielsweise auf einen Trupp von neun Jungtieren, so kann man – auch wenn man eine gewisse Variation der Geburts- und Überlebensrate in Rechnung stellt – auf eine sehr große Herde schließen. Diese Jungtiergruppen sind überall anzutreffen; was immer sie zusammenhält, die soziale Funktion der Gruppe heißt Spiel. Und beim Tier ist das Spiel Erziehung.

Viktorianer wie Herbert Spencer begegneten dem Spiel mit Mißtrauen, sie sahen darin bloß ein unverantwortliches Ausleben überschüssiger Energie. Selbst dem Begründer der modernen Soziologie, Emile Durkheim, fiel nicht viel Besseres darüber ein, als daß die Welt eben nicht nur ein Spiel sei. Erst 1896 fand der Psychologe Karl Groos freundliche Worte für das Spiel und erklärte, es habe einen Überlebenswert, weil es die Jungen für die Aufgaben der Reife vorbereite. Seitdem ist viel geschehen. 1934 stellte Carpenter bei seinen Brüllaffen fest, daß das Spiel als Instrument der normalen Entwicklung an zweiter Stelle nach der Mutter steht. Seine These wurde von Harlows Experimenten mit den Rhesus-Waisenkindern eindeutig bestätigt. Washburn wie Rensch kamen zu dem Schluß, das langsame Heranwachsen der Primatenjungen wäre für eine Spezies von selektivem Nachteil, wenn es nicht so viel Gelegenheit zu Spiel und Lernen böte. Heute müssen wir uns der Erkenntnis von J. M. Burghers anschließen, wonach das Spiel ein Spiel mit der Umwelt ist; daß es den Organismus mit der Zukunft verbindet; daß dabei gelernt wird, Entscheidungen zu treffen, ohne besonders harte Strafen für Fehlentscheidungen anzudrohen.

In jedem Spiel ist eine Vorbereitung für das spätere Leben enthalten. Kleine Husarenäffchen laufen manchmal bis zu 40 Kilometer am Tag; in der Schnelligkeit liegt, wenn sie erwachsen sind, ihre Verteidigung. Raubkatzenjungen verbringen ihre Tage, indem sie einander belauern und angreifen; eines Tages wird richtiges Jagen lebenswichtig für sie sein. Waldaffen schlafen auf hohen Bäumen, doch wenn Gefahr droht, kommen sie herunter; und die Kleinen spielen selten in den Bäumen. Paviane hingegen fühlen sich in den Bäumen am sichersten und verlassen sie nur selten; die Kinder halten sich stets im Geäst auf, jagen einander oder klettern einfach herum.

In einem meiner Bücher habe ich die Vermutung ausgesprochen: wenn Menschenkinder mit einem Gewehr spielen, ist wahrscheinlich mehr dahinter als nur soziale Korruption.

Aber auch hinter dem Spiel steckt mehr als die Perfektionierung lebenswichtiger Aufgaben. William McDougall – heute ein in der Soziologie aus der Mode gekommener Name – sah im Spiel eine Vorbereitung für den Wettkampf der Erwachsenen. N. E. Collias bemerkte, daß die Teilnehmer eines spielerischen Kampfes Kooperation lernen, indem sie das Spiel nicht ausarten lassen. Altmann prägte für das Signal, daß alles Folgende nicht ernst gemeint sei, den Ausdruck »Metakommunikation«.

Das Augenzwinkern des Menschen kann als Metakommunikation ausgelegt werden. Das Spiel macht auch mit Regeln und Geboten sowie mit ihrer Einhaltung vertraut. Der berühmte Schweizer Kinderpsychiater Jean Piaget wehrte sich gegen die Vorstellung, daß Kinder den Regeln zu entgehen suchten, und erklärte: »Das Kind begnügt sich nicht mit den von Eltern und Lehrern aufgestellten Regeln; im Gegenteil, jede Form der Aktivität hat ihre Regeln, in erster Linie das Spiel.«

Auch einen gewissen Gerechtigkeitssinn erwerben wir durch das Spiel; denken wir nur an die Empörung der Kinder, wenn jemand nicht fair spielt. Ich war verblüfft, als ich in Suzanne Ripleys Untersuchung der grauen Languren Ceylons über die Hemmungsmechanismen las. Langurentrupps sind oft zu klein, um den jeweils Gleichaltrigen echte Spielgruppen zu bieten. So gesellt sich ein älterer Jugendlicher hinzu. Er wird jedoch seine Überlegenheit in jeder Beziehung verbergen, um sich den Kleineren anzupassen. Stuart Altmann konnte bei den gemischten Spielgruppen der Abkömmlinge von Carpenters Rhesusaffen auf Santiago Island die gleiche Selbstbeschränkung bei den älteren Jungtieren feststellen. Überdies beobachtete er, daß Spielgruppen nur stabil sind, wenn die Spiele »fair« sind, das heißt, wenn annähernd gleiche Chancen für den Jagenden und den Gejagten, für Gewinner und Verlierer bestehen.

Je tiefer wir in die tierische Spielwelt eindringen, desto klarer wird nicht nur die Bedeutung des Spiels, sondern auch die elementare Bedeutung des Gleichaltrigen. Wie das Menschenkind, so lebt auch das Jungtier in einer Welt der Phantasie. Geheime Regeln, geheime Signale, geheimes Einverständnis – das alles funktioniert am besten unter Gleichaltrigen. Aus der Verschworenheit innerhalb der Altersgruppe entsteht die Phantasie der Spielwelt. Der Alpharhesus mit hocherhobenem Schwanz – um seinen Rang zu betonen – stimmt sicherlich mit Durkheim überein: »Das Leben ist nicht nur Spiel.« Die Altersgruppe jedoch, die an der sozialen Peripherie ihren munteren Spielen nachgeht, kümmert sich weder um den Alpha noch um Durkheim.

Jungs Welt der Kindheitsphantasie muß unweigerlich mit der Realität der Erwachsenen kollidieren, sobald der Sexus sich meldet; das gilt für den Menschen wie für Paviane und Rhesusaffen. Die Kindheit ist vorüber, die Adoleszenz beginnt. Allerdings gibt es nur wenige Primatenspezies, die daraus – wie der Mensch – ein Problem gemacht haben. Mag sein, daß zumindest einige von uns sich gleichfalls Primatenlösungen zuwenden, um das Problem der adoleszenten Sexualität aus der Welt zu schaffen, so wie wir uns mit dem schwächer werdenden Einfluß der Familie der Primatenlösung der Altersgruppe zuwenden.

Beim Schimpansen und beim Pavian, beim Gorilla und bei der Meerkatze läßt das Weibchen jeden heran, der sich interessiert zeigt. Sie ist jedoch nicht wahllos. Zunächst werden die Jungen herangelassen, dann die Rangniederen, schließlich, etwa um den fünften oder sechsten Tag der Hitze, kommt es zu einer ausschließlichen, aber kurzen Liaison mit einem Alpha. Man könnte annehmen, daß die natürliche Auslese eine differenzierte Vereinigung physiologischer und sozialer Beziehungen zum Wohl der Spezies begünstigt; das Ei des Weibchens ist meist um diese Zeit zur Befruchtung bereit. Ist diese Vermutung richtig, dann grenzt der Einfallsreichtum der Natur tatsächlich ans Wunderbare.

Die Promiskuität fast aller Primatenspezies erscheint nur dann als evolutiver Fortschritt, wenn man sie mit dem Schicksal untergeordneter Männchen bei niederen Säugetieren vergleicht. Nach Guhl sind sie psychologisch kastriert. Es hat den Anschein, als hätten die Primatenspezies – mit ihren komplexeren Gesellschaften und der zunehmenden individuellen Vielfalt – einen Vertrag geschlossen: Ranghohe Männchen verzichten auf sexuelles Monopol und sexuelle Eifersucht, während die heranreifenden Männchen als Gegenleistung die Ordnung anerkennen. Es ist ein Übereinkommen zwischen Reifen und Heranreifenden, sozusagen ein Gesellschaftsvertrag. So sorgt die Sexualität der Primaten bei sexuell ungezügelten Spezies für die Erhaltung der Ordnung. Und sie hat auch das Individuum erhalten, was bei der psychologischen Kastration nicht der Fall ist.

In der Adoleszenz wird der junge Pavian mehr und mehr zu einem Teil der Gesellschaft. Die Spielwelt verschwindet, und an der sozialen Peripherie, wo früher die Kleinen einander durch das Astwerk jagten, tummeln sich jetzt die fast schon Erwachsenen auf dem Boden. Sie werden zur vordersten Verteidigungslinie, und wenn ihre Ausflüge sie weit über das Gebiet der Mütter und Kinder hinausführen, ist das nur von Vorteil; um so eher werden sie eine Gefahr erkennen. Washburn und De Vore schrieben, eine gemischte Gruppe von Impala mit ihrem ausgezeichneten Geruchssinn oder eine Gruppe Paviane mit ihren scharfen Augen sei praktisch nicht zu überraschen. Und meist sind die Jugendlichen, weit draußen an der Territoriumsgrenze, die besten Wächter.

Der vierjährige Rhesus ist zwar noch nicht ganz erwachsen, aber bereits im Begriff, ins Establishment integriert zu werden. John Kaufmann beobachtete bei Abkömmlingen von Carpenters umgesiedelten Affen eine Altersgruppe gerade in dem Augenblick, als sie in die zentrale Hierarchie einzudringen begann. Sie hatten außer dem Omegastatus ihrer Jugend noch keinen Rang. Doch auch innerhalb einer Altersgruppe machen sich Unterschiede bemerkbar, und beim Eintritt ins Establishment haben es die Anführer naturgemäß leichter. Als sieben von den Mutigsten in die Hierarchie einzudringen versuchten und zurückgestoßen wurden, verteidigten sie sich noch gemeinsam. Die Infiltration hatte im März begonnen. Bis in den Sommer hinein hielten die Gleichaltrigen zusammen, aber dann traten bereits Unterschiede zutage. Einer erklomm sehr rasch die Leiter des Establishments, die anderen konnten ihm nicht folgen. Manche etablierten sich auf mittleren Rangstufen, und im September war die Altersgruppe aufgelöst; die Nachzügler verschwanden im Pool der Omegas.

Sie hatten füreinander gekämpft. Und es gab doch eine ausgleichende Gerechtigkeit; der eine nämlich, der so hoch hinaufstieg, war jener Prinzling, Sohn eines Alpha-Weibchens, den ich im vierten Kapitel erwähnt habe. Nach zwei Jahren war er verschwunden.

Unsere Jugend, die sich von der zerfallenden Familie abwendet und Trost bei der eigenen Generation sucht, muß mit Faktoren rechnen, die in der Affenwelt teils bekannt, teils unbekannt sind. Menschen wie Tiere stehen zwangsläufig eines Tages vor dem Problem der Integration in eine größere Gesellschaft. Soll das Individuum überleben, müssen beide Kompromisse schließen, denn diese sind Teil des Gesellschaftsvertrages, der ein Überleben erst ermöglicht. Jedem einzelnen Menschenkind oder Pavian, dem die Chance geboten wird, sein Können zu zeigen, muß sich mit seinen Fähigkeiten zufriedengeben. Unterschiedliche Leistungen gibt es bei Affen wie bei Menschen.

Aber die jungen Menschen können nicht eine funktionslos gewordene Familie durch eine funktionslose Altersgruppe ersetzen. Der junge Primat spielt, lernt, erprobt sich im Wettkampf. Außerhalb der Familie bereitet er sich auf die Anforderungen des Lebens vor. Wenn unsere Jugendlichen heute die Altersgenossen der Familie vorziehen, dann müssen sie sich – und ich bete, daß sie es auch tun werden – damit abfinden, daß sie lernen müssen, wie das die Tiere auch tun.

Die Älteren jedoch müssen eine Welt schaffen, für die zu leben es sich lohnt. Die Jungen haben das Recht, Bedenken zu äußern. Sie haben jedoch nicht das Recht, sich davonzumachen.

3

Die Schwierigkeit des Jungseins besteht darin, daß man nicht so viel weiß, wie man zu wissen glaubt. Aus diesem Mißverhältnis heraus kann eine Jugendbewegung einen Hitler an die Macht bringen oder einem Mao hörig werden und damit eine Katastrophe für alle herbeiführen. Eine solche Bewegung wird im Namen eines verschwommenen Romantizismus für Anarchie plädieren und die fortschrittlichste Gesellschaft, die durch die Verflechtung der Abhängigkeiten besonders verwundbar ist, damit tödlich treffen. Die wachsende Macht der Altersgruppen mit ihrer immer stärker werdenden Autonomie ist wie ein riesiges Fahrzeug ohne Bremsen, das einen Abhang hinunterrast und allein durch seine Schwerkraft alles zerstört, was ihm in den Weg kommt.

Wenn der heranreifende Jugendliche weniger weiß, als er zu wissen glaubt, so gilt das auch für den etablierten Älteren. Ignoranz ist ein Merkmal der Jugend, Gewöhnung ein Charakteristikum des Erwachsenen. Wir sehen in der Lebensform der Vergangenheit die Lebensform der Zukunft. Wir folgen veralteten Wegweisern, und dabei gibt es diese Wege schon lange nicht mehr. Wir blicken nicht gerne unter eine Oberfläche, an die wir uns gewöhnt haben. Wir schätzen die vertrauten Lügen, obwohl wir genau wissen, daß es Lügen sind. Vor Wahrheiten einer fremden Größenordnung schrecken wir automatisch zurück. Eine Veränderung liegt niemals im Interesse der etablierten Gesellschaft; und natürlich auch keine soziale Katastrophe, denn die Etablierten haben am meisten zu verlieren.

Wäre unsere Gesellschaft ein nahezu perfekter Mechanismus, dann könnte uns zu ihrer Verteidigung jedes Mittel recht sein. Vielleicht gibt es ein paar unter uns, die an diese Vollkommenheit glauben; vielleicht haben sie sich nach einer geheimen Formel ausgerechnet, daß die Welt genügend Polizisten finden wird, um in allen Seitenstraßen der Jugend zu patrouillieren. Die meisten von uns jedoch spüren: ganz abgesehen von Reichtum und Armut, ganz abgesehen von politischen Systemen und Ideologien: irgend etwas ist mit der menschlichen Gesellschaft nicht in Ordnung.

Verzweifelt suchen wir in den Wissenschaften nach Organisationsprinzipien, wie der Laie nach einem Licht suchen mag, das seine dunklen Ahnungen erhellt. Doch die Leiden der Völker und Menschen sind so unterschiedlich, daß sich kein allgemeingültiges Rezept finden läßt. Und dann entdecken wir bei unserer Suche noch etwas höchst Merkwürdiges: Genauso universell wie das gesellschaftliche Mißbehagen – so international, so apolitisch, so unabhängig von Armut oder Überfluß – ist die Bereitschaft der Jugend zur Revolte. Gibt es eine Erklärung? Wissen die Jungen etwas, was wir nicht wissen?

Die Jungen selbst zu fragen ist Zeitverschwendung. Sie schreien »Alles!« und überschütten uns mit Weisheiten, die einen jungen Rousseau verlegen machen würden. Klischees eines ganzen Jahrhunderts, erprobt und für unzulänglich befunden, prasseln auf uns nieder, und man wird sich schließlich mit der Überzeugung zurückziehen: Wenn die Jungen etwas wissen, so läßt sich nicht erraten, was. Aber diese Erklärung ist zu simpel.

1968 stieß ich durch Zufall auf einen Hinweis. Er führte jedoch zur Entdeckung einer anderen Koinzidenz, die mir erschreckend erscheint. Dieser andere Zufall war ein Leserbrief. Der Hinweis kam später.

Der Leserbrief kam von einem Holländer namens Willem James, dem Manager einer großen Ölraffinerie in Rotterdam. Er hatte in seiner Fabrik eine neue Betriebsorganisation eingeführt, und die Folgen waren so erstaunlich, daß er nach einer Erklärung suchte. Er fragte sich, ob das territoriale Prinzip vielleicht für den Erfolg mitverantwortlich war. Ich selbst jedoch war der Meinung, daß dieses Prinzip wahrscheinlich nur ein zusätzlicher Faktor seines Erfolges sei. Sicher war ich nicht, denn meine Tätigkeit bringt mich häufiger mit Zebraherden und Wasserböcken in Konflikt als mit Ölraffinerien. Wie sich dann herausstellte, war das Territorium nicht viel anderes als ein erfolgreiches Bindeglied zwischen den Tierspezies und der Spezies Mensch mit seinen Eigenarten.

Einige Wochen später kam Willem James zu einer Betriebsratsitzung nach Rom, und wir trafen uns in einem Café auf der Via Veneto. Er hatte unzählige Berichte und Aufstellungen mitgebracht sowie auch seine privaten Aufzeichnungen. Beim Zuhören und Lesen hatte ich das Gefühl, eine der echt exotischen Geschichten unserer Zeit vor mir zu haben. Doch als ich später die Unterlagen studierte und aus den USA weiteres Material bekam, erkannte ich: Hier zeichnete sich etwas ab, das ich noch niemals gesehen hatte – die Umrisse eines neuen Menschen des 20. Jahrhunderts.

Ich will die Geschichte kurz machen. Schon sehr viel länger, als unsere paranoide Jugend es glauben will, machen sich die großen Industriekonzerne Sorgen. Warum hat der moderne Arbeiter das Gefühl der Wurzellosigkeit? In einer Fabrik der Western Electric wurde ein Experiment durchgeführt, das unter dem Namen »Hawthorne-Experiment« berühmt wurde. Man hatte auf verschiedenste Weise versucht, die Produktion von Telephonen zu steigern; ohne nennenswerten Erfolg. Mehr Bezahlung, mehr Licht, mehr Raum – nichts konnte die Produktion wesentlich beeinflussen. Dann kam ein Team von Harvard-Leuten unter der Leitung von Elton Mayo. Sie legten einige Abteilungen auseinander, führten aber sonst keine großen Veränderungen durch und betonten vor allem ständig, daß es sich um ein Experiment handle, an dem die Arbeiter beteiligt wären. Die Produktionsziffern schnellten hinauf. Warum?

Das war 1927. Das Experiment wurde berühmt. Offen bleibt jedoch die Frage: Warum haben sich so wenige mit dem Hawthorne-Experiment eingehend befaßt? Wie schon erwähnt, sind Kapitalisten wie Marxisten gleichermaßen von der *idée fixe* des allmächtigen Geldes besessen: der Mensch arbeite nur aus Gründen eines wirtschaftlichen Determinismus. Die Hawthorne-Arbeiter aber wurden nicht durch Geld, sondern durch Identität mobilisiert – durch ein Anderssein als die anderen. Man hatte für diese Beweggründe einfach kein Verständnis.

1960 endlich schrieb Professor Douglas McGregor vom Massachusetts Institute of Technology ein Buch mit dem Titel ›The Human Side of Enterprise‹. Nach seiner Theorie geht die Betriebsführung auf der ganzen Welt von der falschen Voraussetzung aus, daß der Mensch faul und arbeitsscheu sei, keine Verantwortung wolle und seine Pflicht nur tue, um der materiellen Not zu entgehen. Er bezeichnete das als Theorie X. Man gehorcht aus Angst, und dadurch wird die Manipulierung des Menschen erst möglich.

Man mag solche Verallgemeinerungen ablehnen. Ist es denkbar, daß alle Unternehmen – ob verantwortungsbewußt oder ausbeuterisch, ob sozialistisch oder kommunistisch – auf solchen Prinzipien beruhen? Wie steht es dann mit den Betriebsausflügen, den Kaffeepausen, den bezahlten Ferien am Schwarzen Meer? Ist das alles nur Staffage? Mit Schrecken denkt man an die Umweltapostel mit ihrer Betonung der Sicherheit, an den Nationalökonomen, der kein anderes Bedürfnis kennt als das materielle. Man denkt an Pawlows speichelnde Hunde und an Skinners Versuchsratten. Eine internationale, interideologische Superstruktur der Industrie wird von der allgemein akzeptierten Psychologie des Behaviorismus gestützt. Wie kann der Industrielle der Wissenschaft widersprechen?

Theorie X liefert die dritte Koinzidenz: wie das menschliche Unbehagen und die Revolte der Jugend setzt sie sich über nationale Grenzen hinweg, über politische Systeme, über Armut und Reichtum. Wie, wenn alle drei in Beziehung zueinander stünden? Wie, wenn Theorie X stimmte?

McGregor sagt kategorisch nein. Er gibt zu, daß die Theorie funktioniert. Die amerikanische Wirtschaft könnte sich sonst schwerlich einem jährlichen Bruttonationalprodukt von einer

Billion Dollar nähern. Aber er behauptet, daß sie nicht gut genug funktioniere. Und er erläutert seine Theorie Y. Seine umfassendere Vorstellung der menschlichen Bedürfnisse bezog er von Abraham Maslow von der Brandeis-Universität, einem der mutigen Außenseiter und Einzelgänger der amerikanischen Psychologie.

Vor Jahren hatte Maslow bereits seine Arbeit ›Motivation and Personality‹ veröffentlicht, in der er eine Hierarchie der menschlichen Bedürfnisse aufstellt: Zuunterst rangieren die physiologischen Bedürfnisse, weil sie die fundamentalsten sind. Dann folgen in steigender Reihenfolge: Sicherheit, Liebe oder ein Gefühl der Zugehörigkeit, Ansehen oder Selbstachtung, und zuletzt schließlich das Bedürfnis nach Selbstverwirklichung. Aus dieser Hierarchie entwickelte McGregor seine Theorie Y der Betriebsführung. Man soll dem Arbeiter vertrauen, ihn heranziehen, die Spezialisierung auf einem Minimum halten, ihm jede mögliche Kontrolle über seine Arbeit geben, ihm andere Tätigkeiten beibringen, ihm eine Identifizierung mit dem Endprodukt seiner Arbeit ermöglichen. Theorie Y fordert den Tod dieser geheiligtesten aller Institutionen – des Fließbandes.

Wer hätte den Mut, ein solches System auszuprobieren? Ein Mann in Kalifornien hatte ihn. Er war Vizepräsident einer kleinen Fabrik, die Präzisionsinstrumente erzeugte. Er hieß Arthur H. Kuriloff, und er ärgerte sich über die vielen fehlerhaften Instrumente, die vom Fließband kamen. Man beschloß, es mit der Theorie Y zu versuchen. Die Betriebsführung wurde reorganisiert und auch den unteren Rängen Verantwortung übertragen. Die Zeituhr schaffte man ab. Die Arbeiter am Fließband, von denen bisher jeder nur einen Handgriff ausgeführt hatte, wurden in Gruppen zu je sieben zusammengefaßt, und jedes Team war für die Herstellung eines Instrumentes verantwortlich; die Arbeitsverteilung blieb den Arbeitern überlassen. Zuerst herrschte Hilflosigkeit und Verwirrung. Doch dann begannen die Geschickteren die weniger Geschickten anzulernen. Zwei Jahre später konnte Kuriloff in der Fachzeitschrift ›Personnel‹ und später in seinem Buch ›Reality in Management‹ berichten, daß die Produktivität pro Arbeitsstunde um 30 Prozent gestiegen und die Klagen von Käufern fehlerhafter Instrumente um 70 Prozent zurückgegangen waren. Der Arbeitsausfall betrug die Hälfte des örtlichen Durchschnittes.

Ich weiß nicht, wieviel Aufmerksamkeit Kuriloffs Experiment auf sich gezogen hat. Jedenfalls blieb die Theorie X überall auf der Welt, wo es Betriebe gab, weiterhin in Kraft, die Betriebsführung zog keinerlei Konsequenzen. Die Fabrik in Kalifornien war klein, sie stellte ein kompliziertes Produkt her; aus einem so spezialisierten Experiment ließen sich keine weitreichenden Schlüsse ziehen. Doch dann kam das Jahr 1961, und Willem James wagte in Rotterdam den großen Sprung.

Man kann sich schwerlich eine unpersönlichere Anlage vorstellen als eine Ölraffinerie. Diese holländische war ziemlich groß und raffinierte täglich 80000 Fässer Rohöl. James war in erster Linie mit der Leistung und den Erträgen unzufrieden. Er studierte amerikanische Raffinerien, Kuriloffs Experiment und McGregors Vorschläge und kam zu der Überzeugung, daß eine totale Reorganisation notwendig sei. Da die Theorie Y sich auf eine Ölraffinerie nicht so einfach anwenden läßt, führte er entsprechende Modifikationen durch. Der Stundenlohn wurde durch ein Monatsgehalt ersetzt. Bei krank gemeldeten Arbeitern wurden keine Kontrollen mehr vorgenommen, man achtete lediglich darauf, daß sie bei Wiederaufnahme der Arbeit wirklich gesund waren. Da in Raffinerien keine Fließbänder verwendet werden, wurde das Prinzip des »Managements durch Operationsziele« eingeführt. Innerhalb der Abteilungen bildete man kleine Gruppen und wies ihnen Operationsziele zu. Auf welche Weise sie diese Ziele erreichten, blieb den Angestellten überlassen. Man erteilte ihnen bereitwillig Ratschläge, und die Betriebsführung wurde zur Beratungsstelle. Von der Gruppe erwartete man die Erfüllung ihrer Aufgaben.

»Arbeitserweiterung« war die vermutlich wichtigste Maßnahme; sobald ein Arbeiter eine Aufgabe erlernt hatte, ermutigte man ihn, sich an einer neuen zu versuchen. Je mehr ein Mann leisten konnte, desto besser wurde er bezahlt – das schien jedoch nicht das Ausschlaggebende. In das Leben des Industriearbeiters trat etwas ganz Neues: das Abenteuer, die Herausforderung, das Wagnis. James sagte mir in Rom: »Aus den Zahlen geht das nicht hervor, und vielleicht klingt es lächerlich, aber wir haben eine glückliche Raffinerie. Die Leute arbeiten, weil sie Freude an der Arbeit haben.« Die Zahlen sind jedoch gleichermaßen erstaunlich. Die Arbeitskräfte wurden um 49 Prozent reduziert, die Produktivität pro Arbeiter stieg um 172 Prozent. Nimmt man für das Jahr 1962 einen Index von 100 an, dann stand die Produktion 1967 auf 272. Und der Arbeiterwechsel sank von jährlich 10 Prozent auf 2 Prozent. Das spricht für die »glückliche Raffinerie« von Willem James.

Als ich sehr jung war, hatte ich das Glück, den großen Henry Ford kennenzulernen. Auf irgendeine kaum definierbare Weise ist Willem James ihm ähnlich. Der eine erfand das Fließband, der andere zerstörte es. Auch Ford war ein Revolutionär in der amerikanischen Industrie; er zahlte seinen Arbeitern nicht die vom Arbeitsmarkt festgesetzten Löhne, sondern gerade so viel, daß sie sein Produkt kaufen konnten. Das Fließband aber nahm auf angeborene Bedürfnisse des Menschen keine Rücksicht. Vor 20 Jahren besuchte ich eine Flugzeugfabrik, die man aus strategischen Gründen von Connecticut nach Texas verlegt hatte. Sie beschäftigte 7000 Arbeiter und Angestellte; mir wurde die Möglichkeit geboten, jeden – vom Generaldirektor bis zur Putzfrau – zu fragen, was ich wollte. Es war ein gigantisches Fließband, und es stellte das exquisiteste aller Produkte her – das Kampfflugzeug, das von Flugzeugträgern aus operiert. Eines Tages fragte ich den Direktor: »Wie war es möglich, in Texas 7000 geschulte Arbeiter zu finden?« Seine Antwort gibt zu denken: »Weil wir nur 200 Arbeitsplätze haben, die mehr als sechs Wochen Training erfordern.«

Das ist die Formel des Fließbandes: beschränkte Anforderungen, beschränkter Lohn. Man lernt seine Arbeit, und man macht sie. Die Theorie Y lehnt das alles ab. Heute beschäftigen sich mehr und mehr Menschen mit McGregors Ideen. Willem James' Experiment in Rotterdam hat bewiesen, daß diese Ideen richtig sind. Die Jugend mag sich dagegen wehren, daß reines Profitdenken der revolutionärste aller Beweggründe sein kann. Wir werden ja sehen.

Maslow selbst verwendet einmal einen Terminus von Ruth Benedict, den sie gegen den Kulturrelativismus geprägt hatte: sie bezeichnete die Vereinigung der Ziele des Individuums und der Gruppe als »Synergie«. Genau das ist in Rotterdam geschehen. Theorie Y wurde zu einem Erfolg. Die Gewerkschaften jedoch, die sich der Mittelmäßigkeit des Menschen verschrieben haben, werden und müssen sich gegen jede Veränderung wehren. Intellektuelle mit Gleichheitsidealen werden in den Chor der Empörung einstimmen. Und doch – die glückliche Raffinerie in Rotterdam ist ein Phänomen, das man nicht übersehen kann. Könnte Profitdenken nicht vielleicht eines Tages Wunder wirken?

Ich habe diese Geschichte nicht erzählt, um neue Methoden des industriellen Managements zu propagieren. Ich weiß nicht, ob viele oder wenige jener Unternehmen, in denen der Mensch ein Drittel seiner Zeit verbringt, mit Theorie Y etwas anfangen können. Ich weiß nicht einmal, ob viele oder wenige Menschen auf der Welt jenes Ausmaß an Sicherheit erreicht haben, das eine Befriedigung viel tiefer liegender Bedürfnisse erlaubt. Ich will nur darauf hinweisen, daß ein einziges Experiment, auf breiter Basis durchgeführt und eindeutig in seinen Resultaten, eine ganze Theorie zerstören kann. Die weltweit akzeptierte Theorie X jedenfalls wurde in Kalifornien ins Wanken gebracht und in Rotterdam vernichtet.

Entwicklungsgeschichtlich gesehen ziehe ich meine Dreiheit angeborener Bedürfnisse Maslows Hierarchie menschlicher Bedürfnisse vor, weil sie auch auf die Tierwelt anwendbar ist. Die Aussage ist die gleiche: Das Streben nach Sicherheit ist nur so lange beherrschend, als man in Unsicherheit lebt. Und sobald auch nur ein kleiner Prozentsatz Sicherheit erreicht ist, sind wir frei, nach den Sternen zu greifen, nach unwägbaren Antworten zu suchen, nach einer menschlichen Würde jenseits jeder Definition. Das ist es anscheinend, was die Jugend in ihrer Ignoranz weiß und was wir in unserer Saturiertheit nicht wissen.

Ist das vielleicht das Organisationsprinzip, das hinter der dreifachen Koinzidenz von internationalem Unbehagen, internationaler Jugendrevolte und internationaler Anerkennung der Laboratoriumsratte als Modell allen menschlichen Strebens steht? Plötzlich stößt man auf eine vierte Übereinstimmung: relativen Wohlstand. Bei jenen Völkern und Gesellschaften, die eben erst die Fesseln der Armut abgeschüttelt haben, begegnen wir der größten *malaise* unter Erwachsenen, den lautesten Schreien der Jugend. Wir sprechen hier von einer Revolution steigender Erwartungen. Unser konditionierter Verstand jedoch kann diese Erwartungen nur in Form von materiellen Wünschen interpretieren. Die Auflehnung der Jugend aber geht Hand in Hand mit der wachsenden materiellen Sicherheit.

Zu der Suche nach Hypothesen mit prognostischem Wert möchte ich folgende Vermutung beisteuern: Die Auffassung, wonach die menschliche Organisation von materiellen Bedürfnissen motiviert ist, war so erfolgreich, daß sie sich selbst zerstört hat. Wenn wir unsere Vorstellungen von den menschlichen Bedürfnissen nicht korrigieren und erweitern – unser Bild der menschlichen Persönlichkeit schlechthin –, werden unsere Gesellschaften in Apathie versinken oder in Anarchie ausarten. Der orthodoxe Einwand wird lauten, man akzeptiere zwar die Hypothese, der Mensch sei jedoch nicht bereit, für einen immateriellen Vorteil materielle Opfer zu bringen. Das Experiment von Rotterdam hat keinerlei materielle Opfer verlangt.

Wenn wir von dieser Hypothese ausgehen, können wir so manche Aspekte des Jugendprotests verstehen: das leidenschaftliche Eintreten für das Individuum und die leidenschaftliche Feindschaft gegenüber der Organisation; Verachtung gleichermaßen für die Gewerkschaften wie für das privilegierte Establishment; Ungeduld mit älteren Staatsmännern; Unzufriedenheit mit politischen Strukturen. Vielleicht können wir sogar langsam verstehen, warum gerade die intelligentesten Jugendlichen – jene, die die Erniedrigung ahnen, die Theorie X eines Tages auch ihnen bringen wird –, warum gerade sie in der gewaltsamen Zerstörung der sozialen Institutionen den einzigen Ausweg sehen; warum sie sich in sexuelle Ausschweifungen stürzen, sich mit Rauschgift betäuben oder sich aus der Gesellschaft zurückziehen, um ihre eigenen Wege zu gehen.

Folgen wir meiner Hypothese, wonach unsere Bedürfnisse angeboren und tierischen Ursprungs sind, dann wird auch klar, warum die Jugendlichen gar nicht wissen müssen, warum sie sich so oder so verhalten. Ihre Triebe und Sehnsüchte wurzeln in der Erfahrung von Spezies, die es längst nicht mehr gibt. Zwischen der Unzulänglichkeit natürlicher Weisheit und der Unzulänglichkeit des Ratschlags der Erwachsenen liegt die größte und wahrhaft tragische Ironie: Die einzige Lehre, die die Jugend von uns annimmt, ist falsch – die Lehre von der natürlichen Gleichheit aller Menschen. Zwei Jahrhunderte der scheinheiligen Anerkennung einer Doktrin, an die niemand wirklich glaubte, haben eine Generation hervorgebracht, die als echte Gläubige der eigenen Kastration zusehen. Sie verdammen sich selbst zur Theorie X.

Aber glauben sie wirklich daran? Mein eigener Glaube an die Gebote der Evolution läßt mich das bezweifeln. Wenn die Jugend sich zur Verteidigung des Individuums – jenes Merkmals der Primatenüberlegenheit – erhebt, so darf man auch annehmen, daß unserer Gehirnwäsche kein totaler Erfolg beschieden ist oder sein wird.

Um einen letzten kurzen Blick auf die unartikulierten Forderungen der Jugend zu werfen, wende ich mich im folgenden Abschnitt dieses Kapitels den Pavianen zu. Das klingt nicht eben schmeichelhaft, und es kann auch gefährlich sein, denn wir sind schließlich keine Paviane. Ignoranz der Jugend und satte Indifferenz der Alten ist jedoch auch bei anderen Spezies zu finden. Irgendwo an der Peripherie der Pavianherde ertönt der scharfe Bellaut eines jungen Omega; der große Alpha geht nachsehen, was los ist. Ein Gepard steht auf einem Hügel und sieht uns an. Du und ich, wir täten gut daran nachzusehen, wohin unsere Jungen weisen. Zugegeben, es ist alles einfacher, wenn man ein Pavian ist und keinen individuellen Hochmut hegt. Zugegeben, es ist auch für Alpha und Omega einfacher, wenn man kein Gehirn hat, das einer Wäsche wert ist.

4

Der Gesellschaftsvertrag des Bärenpavians in Südafrika und des Babuins in Ostafrika ist der strengste in der Welt der subhumanen Primaten. Wie der Bürger einer kleinen bedrängten Nation der Ordnung, die ihn retten soll, ein Maximum seiner Bürgerrechte opfert, so opfert der ständig bedrängte Pavian der Gesellschaftsordnung, die sein Überleben gewährleistet, ein Maximum seiner tierischen Freiheit. Er opfert jedoch wenig Individualität.

Der Pavian ist abgesehen von den Menschenaffen der größte Affe; er unterscheidet sich von ihnen nur durch seinen langen Schwanz. Seine Größe wird ihm jedoch zum Verhängnis. Alle Affen sind eßbar, die meisten sind jedoch für Raubtiere zu klein, nur Schlangen, Schakale und Adler geben sich mit so bescheidener Beute zufrieden. Diese kleinen Affenarten sind Appetithappen, weiter nichts. Der Pavian aber ist die geradezu ideale Mahlzeit für einen Geparden oder einen Leoparden. In Gebieten, wo der Mensch die Leoparden dezimierte, erlebten die Paviane eine Bevölkerungsexplosion.

Das Leben am Boden macht den Pavian besonders verwundbar. Primatenforscher kommen immer mehr zu der Überzeugung, daß das Bodenleben beim einzelnen Primaten zu erhöhter Aggressivität und in der Primatengesellschaft zu einer strafferen Organisation geführt hat. Das Bodenleben (und das ist für die Evolution des Menschen von ungeheurer Bedeutung) bringt unvergleichlich mehr Gefahren mit sich als das Leben in den Bäumen. Die Überlebenschance für einen am Boden lebenden Affen ist so gering, daß man sich fragen muß, warum es überhaupt je gewagt wurde. Doch Paviane wie Menschen haben es gewagt. Auf die Ursachen werden wir noch zu sprechen kommen, im Augenblick beschäftigen uns nur die Folgen. Der wohlschmeckende Pavian wurde, sobald er der Versuchung des Bodenlebens nicht länger widerstehen konnte, zu einem der beliebtesten Beutetiere.

An der dritten Ursache seiner Verwundbarkeit ist ausschließlich der Pavian selber schuld. Seine große Leidenschaft ist das Stehlen. In den ersten Jahrtausenden seiner Evolution wurde ihm nur sein Wohlgeschmack zur Gefahr; dann kam der Mensch mit seinen Waffen. Bei vielen primitiven afrikanischen Stämmen bewiesen die Jünglinge ihre Mannbarkeit, indem sie ein Raubtier töteten. Der Pavian hätte den Menschen als seinen Retter begrüßen sollen; statt dessen bestahl er ihn, wo er konnte. Kein Maisfeld, kein Obstgarten ist vor ihm sicher. Die verminderte Gefährdung durch Leoparden und Geparden wurde mehr als aufgewogen durch den Zorn der Menschen.

Der Pavian lebt mit seiner Umwelt auf Kriegsfuß, heute wie vor Jahrtausenden. Von allen Seiten bedroht, hat er Ordnung und Vielzahl zu seinem Verteidigungssystem gemacht. Autorität und Verantwortung von wenigen, Loyalität und Gehorsam von vielen haben mittels Gruppenselektion einen funktionierenden Gesellschaftsvertrag zustande gebracht. Heute gibt es allen Bedrohungen zum Trotz in Süd- und Ostafrika mehr Paviane als Menschen.

Der Pavianvertrag ist streng. Aber wo Ordnung so wichtig ist, kann er gar nicht anders sein. Die Herrschaft der Pavianoligarchie ist unangefochten, die Bestrafung eines Delinquenten hart. Die Disziplin ist so erbarmungslos, daß kranke oder behinderte Tiere verzweifelt versuchen müssen, mit der umherziehenden Herde Schritt zu halten; zurückbleiben heißt dem nächsten Raubtier zum Opfer fallen. Was aber die Persönlichkeit betrifft – Einfallsreichtum, Aggressivität, Schnelligkeit, Reaktionsvermögen –, so bleibt die Individualität des Pavians intakt. Wie haben sie das erreicht?

Wir müssen nochmals auf meine Dreiheit der angeborenen Bedürfnisse zurückkommen. Identität im Gegensatz zu Anonymität; Stimulierung im Gegensatz zu Langeweile; Sicherheit im Gegensatz zu Angst. Daß die Pavianherde dem Individuum hinreichend Sicherheit bietet, beweist das Überleben der Spezies. Aber es ist eine Sicherheit innerhalb der Gruppe, und die Sicherheit des einzelnen beruht auf seiner Identifikation mit der Gruppe. Angesichts der unzähligen Gefahren hängt das Überleben vom individuellen Einsatz ab: von der Aufmerksamkeit der Jungtiere, von der Bereitschaft des Alphas, sich Gefahren auszusetzen, von der Treue der Mutter zu ihren Kindern. Washburn und De Vore haben festgestellt, daß ein Pavian ohne Herde ein toter Pavian ist. Es ist, als ob diese im Unterbewußtsein verankerte Wahrheit das Tier nie verließe. Und die Sicherheit der Gruppe wird rückwirkend zum Stimulus für den einzelnen.

Im Vertrag des Pavians greifen Identität, Stimulierung und Sicherheit ineinander. Man kann nicht unsicher sein, wenn die Identität in der Gruppe verankert ist; man kann sich nicht langweilen, wenn jeder einzelne für die Sicherheit der Herde verantwortlich ist. Der Vertrag beruht allerdings auf der Voraussetzung, daß jedem Mitglied bewußt ist, wie es einem Pavian ohne Herde ergeht.

So werden alle angeborenen Bedürfnisse durch die Reaktion auf äußere Bedrohung befriedigt. Aber das Leben besteht nicht nur aus Gefahren. Die Paviane behalten die starke Bindung zwischen Herde und Einzeltier auch in den Tierreservaten bei. Hier ist der Mensch keine Bedrohung. Das tägliche Leben besteht aus Fressen, Spiel, gegenseitiger Schönheitspflege, einer kleinen Siesta, gelegentlichen sexuellen Vergnügen, hie und da einem Streit, den die Alphas schlichten, aus der abendlichen Wanderung zum Schlaffelsen oder – wenn man keinen hat – zu den Schlafbäumen. Nennenswerte Aufregungen scheint es nicht zu geben. Aber auch in geschützten Gebieten gibt es jene Feinde, die älter sind als der Mensch. Auch hier heißt es auf der Hut sein. Eines Nachts wurden wir in unserem Camp am Lake Manyara – einem herrlichen kleinen Reservat in Tansanias Rift Valley – vom Lärm der Paviane geweckt. Die Talwand nahe bei unserem Camp war 700 Meter hoch, und auf halber Höhe mitten in den Felsen hatte eine Herde ihren Schlafplatz. Das scharfe Bellen konnte nur eines bedeuten: Leoparden nahten. Wir montierten den tragbaren Scheinwerfer eines Lastwagens ab und strahlten die Felswand an. Die Raubkatzen selbst konnten wir nicht sehen, nur zwei grüne Augenpaare blitzten auf; eine Seltenheit – zwei Leoparden gingen gemeinsam auf Jagd. Hin und wieder verschwand ein Augenpaar, dann tauchte es wieder auf. Im Gegensatz zu den Schimpansen ziehen sich Paviane nicht in die Dunkelheit, Stille und persönliche Sicherheit zurück. Der Lärm wurde zum Gebrüll, das Gebrüll zum schrillen Getöse. Nach einer Weile waren die grünen Augen nicht mehr zu sehen. Nach einiger Zeit löste sich der Lärm in vereinzelte Bellaute auf, dann wurde es wieder still. Ob die Leoparden sich enttäuscht zurückgezogen oder ein, zwei Paviane mitgeschleppt hatten, wußten wir nicht. Auch die Paviane selbst konnten es nicht wissen. So sind die Nächte in Afrika.

Und so wird das Leben des Pavians immer sein, bis Wilderer den letzten Leoparden erlegt haben und sein Fell zu einem modischen Mantel verarbeitet ist. Wie wird es dem Pavian im geschützten Gebiet, in einer Welt ohne Entbehrungen und Gefahren ergehen? Wird er seine angeborenen Bedürfnisse trotzdem befriedigen können? Ich glaube schon. Und das Geheimnis seines Erfolgs wird in seinem kleinen Gehirn liegen, das man keiner Wäsche unterziehen kann.

Den Pavian wird man niemals davon überzeugen, daß Aggressivität ein Produkt der Frustration ist. Niemals werden die Jungen ihr Versagen auf das Fehlen elterlicher Liebe zurückführen, und Erwachsene werden ihnen vermutlich nie das wilde Spiel in den Bäumen verbieten. Würde man dem Pavian erklären, daß der Wettkampf etwas Falsches ist, sein kleines Gehirn wäre total verwirrt. Sollte ein idealistischer Pavian dennoch darauf beharren, man würde ihn mit hochgezogenen Brauen empfangen; und beim Pavian bedeutet das nicht Erstaunen, sondern höchstens Ärger. Die Behauptung, alle Paviane seien ursprünglich glücklich und gut gewesen, würde bestenfalls Befremden über so langweilige Vorfahren auslösen. Die Behauptung, die Gesellschaft habe den Niedergang der Paviane bewirkt, würde allerdings mit Protestgeschrei beantwortet werden; denn könnte man ohne Gesellschaft auch nur erlernen, wie man frißt? Sollte der Pavianidealist dennoch darauf bestehen, die natürliche Gleichheit aller Paviane zu deklarieren, als Antwort würde das uralte Gebrüll ertönen, das sonst nur dem Leoparden, dem natürlichen Feind der Spezies gilt. Denn wer will diese Gleichheit? Der junge Pavian? Er will die Freiheit, um seine angeborene Überlegenheit zu beweisen, wenn er dazu imstande ist. Die Mütter? Die sind hinlänglich beschäftigt mit ihren Kindern, weitere Verantwortung ist unzumutbar. Und wie triste wäre die sexuelle Zukunft ohne eine kurze Liebelei mit dem atemberaubenden Alphamännchen? Die Omegas wenden sich Ersatzhandlungen zu, wie zum Beispiel dem Wurzelausgraben; das Leben ist einfacher, wenn man ein Nicht-Gleicher ist. Die Männchen der Mittelklasse sind fassungslos; wo bleibt die Spannung im Leben, wenn es keine Rangstreitigkeiten mehr gibt? Die Alphas seufzen auf und ziehen sich hinter einen Busch zurück. Paviane – vielleicht aus intellektueller Beschränkung, ganz gewiß aber aus Unfähigkeit, sich selbst zu betrügen – werden kaum eine Gesellschaft aufgeben, die ihre angeborenen Bedürfnisse erfüllt. Das fundamentale Verlangen nach Sicherheit wird befriedigt, solange die Herde als solche existiert. Sicherheit kann sich jedoch nicht in Langeweile verwandeln, solange es einen freien Wettbewerb gibt – innerhalb der Altersgruppe, in den Aussichten des heranreifenden Männchens, im Statuskampf zwischen Nummer acht und Nummer neun, in den sexuellen Ambitionen des Weibchens, das sich in der Rangordnung hinaufarbeitet. Stimulierung – Erlangung des Sieges innerhalb festgelegter Regeln – steht in Leuchtschrift über der Paviangesellschaft geschrieben.

Die Identität – Maslow nannte es Selbstverwirklichung – ist die größte und entscheidendste Herausforderung für den Menschen. Wer bin ich? Wo bin ich? Habe ich verwirklicht, was ich an genetischen Gaben besitze? Wenn eine Fichte so groß wird, wie sie nur werden kann, wenn ein Huhn den höchstmöglichen Rang erreicht, wenn jemand sein Vermögen dem Ruhm opfert, wenn der Führer einer Bande Jugendlicher jede Vorsicht außer acht läßt, um seinen Status zu verteidigen, wenn ein Verbrecher etwas wagt, was niemand vor ihm gewagt hat – so sind das alles Wege zu einer individuellen Identität.

Die Identität erfordert jedoch keineswegs Alphastatus. Keiner von uns sehnt sich danach, wie ich glaube, Präsident der Vereinigten Staaten zu werden. Mit Staunen, Erleichterung oder oft auch höchst amüsiert beobachten wir die lächerlichen Anstrengungen mancher Mitmenschen, um jeden Preis an die Spitze zu gelangen. Es bleibt zu hoffen, daß der gewählte Alpha eine »Nachfolgereaktion« auslösen kann, die auch uns anspricht. Denn hier liegt gleichfalls ein mächtiger Faktor der Identität, eine weitere Möglichkeit, die ewige Frage »Wer bin ich?« zu beantworten: stolz auf einen Mann zu zeigen und zu sagen: »Das ist mein Mann«, oder »Dort geht mein Chef«; einer Gruppe, vielleicht mit blitzenden Klappmessern, anzugehören und zu sagen: »Das ist meine Bande.«

Doch die Identität reicht noch weiter. Die Rangordnung selbst bietet nämlich eine Möglichkeit zur Identifikation, und deshalb ist sie wahrscheinlich ein so großer evolutiver Erfolg. Man muß nicht Alpha sein, um zu wissen, wer man ist; es genügt auch Nummer sechs. Jede Stufe auf der sozialen Leiter hat ihre eigene Identifikation, jede Sprosse ist höher als eine andere. Natürlich gibt es immer den Omega, aber der macht sich kaum jemals Gedanken darüber. Wenn der Omega einmal unglücklich ist, dann ist wahrscheinlich mit dem System etwas nicht in Ordnung.

Es gibt noch viele andere Möglichkeiten für ein Lebewesen, Identität zu erwerben: da ist die Verbindung mit einem Platz, der einem allein gehört – der Ast, auf dem der Star hockt, der Fleck, wo sich die Hasenmaus sonnt, der Auslug des Gnus auf dem Termitenhügel; das Eigenheim, das der australische Webervogel verteidigt, das Territorium des Rehbocks und des Gibbons oder jenes der afrikanischen Meerkatze, das nicht nur die Identität des Ortes, sondern auch die Stimulierung der Verteidigung und oft die Sicherheit ausreichender Nahrung bietet. Ein Platz, mit dem man sich identifizieren kann, hat immer eine tiefe Bedeutung. Seltsame Hobbies, seltsame Religionen, seltsame Liebesgeschichten und seltsame Kleidung – alles das kann unser Gefühl der Einzigartigkeit bestärken. Wir müssen Identität suchen, wie wir die Sonne suchen, wir müssen die Anonymität fürchten, wie wir das Dunkel fürchten.

Der junge Pavian reift in der Gewißheit heran, daß er in seiner natürlichen Gesellschaft einen Platz finden wird, der ihm – und nur ihm allein – gehört. Das junge Menschenkind hat keine derartige Sicherheit. Ein kleines Flugzeug kann umkehren, wenn es vor sich eine dunkle Wolkenwand sieht; das Leben ist irreversibel. Wie ein mächtiger Wal Unmengen von Plankton verschlingt, so verschlingt heute die Organisation unseres Lebens das Individuum. Spezialisierung reduziert den Menschen zu einem Rädchen, das sich im Getriebe der gigantischen Organisation des 20. Jahrhunderts verliert. Dem Arbeiter wird von seiner Gewerkschaft das Recht zur Überdurchschnittlichkeit genommen. Betriebsführer und Direktoren müssen ihr Privatleben der Organisation opfern. Jedes Leben ist vorgezeichnet. Der Mensch verläßt sein anonymes Haus in einem anonymen Wohnviertel, besteigt ein anonymes Beförderungsmittel, um in sein anonymes Büro zu gelangen. Und dort wird er die Arbeit machen, die er gestern gemacht hat, die Mahlzeit essen, die er gestern gegessen hat, den Ärger unterdrücken, den er gestern unterdrückt hat; im anonymen Beförderungsmittel kehrt er in sein anonymes Heim zurück, wo er den gleichen Feierabend aufnimmt, die gleichen Streitereien durchmacht, am Fernsehschirm nahezu das gleiche sieht wie am Abend zuvor. Dann geht er zu Bett. Und es kommt ein Morgen, wo er nicht mehr aufsteht. Das Leben, das er geführt hat, war zweifellos gesichert. Und man muß zugeben, daß eine unnatürliche Gesellschaft unter ihren Mitgliedern eine gewisse unnatürliche Gleichheit erzielt hat.

Die Jugend erkennt instinktiv, daß nur wenige eine eigene Identität erreichen. Und es werden immer weniger, weil die Mammutorganisationen einander verschlingen, während die Zahl der Jugendlichen wächst. Und so gibt es Jugendliche – heute sind es ein paar, morgen vielleicht mehr –, die beschließen, die Dinge niederzureißen, wenn sie nicht zu ändern sind. Es ist nicht ungewöhnlich, daß Lebewesen auf der Suche nach Identität jegliche Sicherheit verwerfen.

1

1932 unternahmen der Direktor des New Yorker Aquariums, C. M. Breder jr., und sein Mitarbeiter C. W. Coates ein Experiment mit kleinen Aquariumfischen, den Guppys*, das keinerlei Beachtung in Fachkreisen fand. Ihre Ergebnisse erschienen in der wenig gelesenen wissenschaftlichen Zeitschrift ›Copeia‹. Heute erinnert sich kaum jemand mehr an diese Arbeit. Dennoch sollte man den kleinen Fischen jenes Experiments ein Denkmal errichten, denn sie haben nicht nur einen Papst widerlegt, sondern sie drohten auch eine wissenschaftliche Doktrin zu zerstören, die bisher unangefochten war wie kaum eine zweite.

Die meisten von uns kennen diesen kleinen Fisch, er gehört zu den beliebtesten Aquariumbewohnern. Die Spezies vermehrt sich rasch, für jedes Männchen werden zwei Weibchen geboren. Breder nahm für sein Experiment zwei gleich große Tanks, beide gut durchlüftet und reichlich mit Nahrung versehen. In einem Tank setzte er 50 Fische aus, und zwar mit der unnatürlichen Verteilung von ungefähr einem Drittel Weibchen, einem Drittel Männchen und einem Drittel Jungfische. Im anderen Tank setzte er ein einziges gravides Weibchen aus – den Bauch voll mit schon befruchteten Eiern. Was er erwartete, weiß ich nicht. Was geschah, war nicht vorauszusehen und entzieht sich bis heute jeder Erklärung.

Bemerkenswert ist, daß eine einzige Befruchtung eines Weibchens dieser Fischart dreimal hintereinander eine Brut hervorbringen kann, und zwar in Abständen von 28 Tagen. Das isolierte Weibchen produzierte nun programmgemäß Bruten mit bis zu 25 Jungen. Nach sechs Wochen aber verblieben nur neun Fische im Tank. Die übrigen Fischkinder waren vom Weibchen gefressen worden. Inzwischen hatte auch im Tank mit den 50 Fischen ein großes Sterben eingesetzt. Die Jungen wurden so schnell vertilgt, daß man mit dem Zusehen kaum mitkam. Die Fische, die nach sechs Wochen noch am Leben waren, gehörten ausnahmslos der ursprünglichen Population an. Und

* Guppy = kleine Elritze *(Livistes Reticulatus)*

auch hier waren es neun. In jedem Tank gab es drei Männchen und sechs Weibchen – das gewohnte Verhältnis bei diesen Fischen.

Es ist eine Ironie in der Geschichte der Wissenschaft, daß sowohl Charles Darwin als auch Alfred Russell Wallace ihre Ideen zur natürlichen Auslese aus der Malthus-Doktrin entwickelten, einer These, die früher oder später als größtenteils falsch erkannt werden mußte. Thomas Malthus war ein englischer Nationalökonom; 1798 erschien sein ›Essay on the Principle of Population‹, worin nachgewiesen wird, daß die Bevölkerung sich in einer geometrischen Progression vermehrt, die verfügbare Nahrungsmenge dagegen nur in arithmetischer Reihe. Daher müsse die Weltbevölkerung eines Tages ihre durch den Nahrungsmangel gesetzte Grenze erreichen.

Darwin und Wallace sahen in dieser These ein Naturgesetz, das auf alle Spezies anwendbar ist, und kamen zu dem Schluß, daß durch den Wettkampf um die beschränkte Nahrungsmenge eine Selektion der Lebenstauglichen stattfinden müsse. Malthus' Logik schien unangreifbar und ist für viele Menschen der Grund für den Pessimismus, mit dem sie die heutige Bevölkerungsexplosion betrachten. Zweifellos setzt die Nahrungsversorgung der Tieranzahl eine theoretische Grenze, ebenso wie es Fälle gibt, wo die Qualität der Nahrung einen dezimierenden Einfluß hat. Die neue Biologie hat jedoch eindeutig nachgewiesen, daß es eine Selbstregulierung der Tieranzahl gibt. Populationen, die sich so lange vermehren, bis sie die Grenzen der vorhandenen Nahrungsmittel erreichen, sind überaus selten. Genauso selten sind Individuen, die im direkten Kampf um die Nahrung stehen. Eine Vielzahl automatischer Mechanismen physiologischer und verhaltensmäßiger Art sorgten dafür, daß die Anzahl der Tiere – von klimatischen Katastrophen abgesehen – die Quellen der Umwelt niemals zur Gänze erschöpft. Geburtenkontrolle ist ein Gesetz der Spezies.

Als Paul VI. 1968 die katholische wie auch die nichtkatholische Welt mit seiner Verdammung der Empfängnisverhütung erschütterte, hat er damit einen Irrtum von fatalen Ausmaßen begangen. Hätten er und seine Ratgeber sich auf eine Ablehnung aus kirchenrechtlichen Gründen beschränkt, hätte der Evolutionsforscher keine Einwände dagegen erheben können. So aber wurde die Empfängnisverhütung als Vergewaltigung eines Naturgesetzes bezeichnet. Wie auch immer der Vatikan den Terminus »Naturgesetz« interpretieren mag, die Äußerung fordert den Widerspruch des Naturforschers heraus. Ich behaupte, gestützt auf das Beweismaterial der neuen Biologie, daß die Geburtenregelung ein kulturelles Hilfsmittel ist, das einem Naturgesetz Nachdruck verleiht.

Sprechen wir von einem Gesellschaftsvertrag, so können wir sagen, daß die Gesellschaft einerseits ihren Jungen die Entwicklung ihrer genetischen Anlagen ermöglichen muß, daß der Erwachsene aber anderseits die Verpflichtung hat, die Gesellschaft nicht mit mehr Nachwuchs zu belasten, als sie bewältigen kann. Diese beiden Aufgaben müssen im Gleichgewicht gehalten werden, das nicht gestört werden darf.

51 Fische, die ihre Zahl durch Kannibalismus und Kindermord kontrollieren – wir müssen annehmen, daß dieses Verhalten für Fische durchaus normal ist –, sind zweifellos kein ausreichender Beweis, um Malthus' These und die Enzyklika eines Papstes zu widerlegen. Aber es gibt noch andere Beweise. Wenn wir die Bemühungen, Erfolge, Rück- und Fehlschläge der Wissenschaftler in den letzten Jahrzehnten verfolgen, werden wir ohne Zweifel eine Reihe gültiger Beweise finden. Und gleichzeitig lernen wir eine der amüsantesten Detektivgeschichten der Wissenschaft kennen.

2

Kurz nach dem Ersten Weltkrieg erfaßte uns eine Sucht nach Originalität. Vielleicht hat der Schützengraben, hat das Massensterben dieses heftige Verlangen nach individueller Leistung ausgelöst. Die literarischen Konsequenzen sind berühmt. Es waren die stürmischen Jahrgänge: Joyce, Hemingway, Fitzgerald. Es war die Zeit, als überall am Times Square Stückeschreiber auftauchten und das Goldene Zeitalter des amerikanischen Theaters begann. Jazzmusik setzte sich über alle Sprachbarrieren hinweg, und der amerikanische Song wurde zur musikalischen Währung auch der fernsten Märkte. In der Wissenschaft setzte eine ähnliche Welle ein.

In Chikago begründete John B. Watson, von den Prinzipien des bedingten Reflexes ausgehend, die Schule des Behaviorismus; sie mündete in die heute moderne Bekräftigungstheorie.

Obwohl ich Watsons Beitrag zur Verwirrung der Wissenschaft bedauere, muß ich doch seine Kühnheit anerkennen. In aller Stille prägte Eliot Howard in England den Begriff des Territoriums, während Schjelderup-Ebbe in Norwegen mit der Hackordnung im Hühnerhof auf Howards Beobachtungen aufbaute und damit einen entscheidenden Beitrag zur modernen Ethologie leistete. Carveth Read von der Universität London veröffentlichte seine Arbeit ›Origin of Man‹, worin er voraussagt, daß der menschliche Vorfahre – sollte er jemals gefunden werden – in seiner Lebensführung dem wilden fleischfressenden Wolf ähnlicher sein wird als dem sanften vegetarischen Waldaffen. Im fernen Transvaal entdeckte Raymond A. Dart ungefähr um die gleiche Zeit dieses räuberische Wesen in der Gestalt des *Australopithecus africanus*.

Die meisten dieser originellen Einfälle gerieten für Jahrzehnte in Vergessenheit und hinterließen kaum Spuren. In einer der untersten Schubladen lag Sir Alexander Carr-Saunders' Buch ›The Population Problem‹, ein scharfer Angriff auf die Malthus-Doktrin. Dieses Werk wurde 1922 veröffentlicht und löste nicht einmal Diskussionen aus. Glücklicherweise jedoch erschien zwei Jahre später eine Arbeit des Pionierökologen C. S. Elton mit dem Titel ›Periodic Fluctuations in the Numbers of Animals‹. Sie war keine direkte Bedrohung irgendeiner geheiligten These, eröffnete jedoch eine Forschungsrichtung, die bis heute eingehalten wird. Eltons Untersuchung beschäftigt sich hauptsächlich mit den Schneeschuhhasen, geht jedoch ursprünglich auf den Lemming zurück, ein Tier, dessen unerklärliche selbstmörderische Tendenzen sozusagen ein Kassenschlager der Wissenschaft sind. Jetzt kamen die Dinge ins Rollen.

Die morbiden Aktivitäten des Lemmings beschäftigten die menschliche Phantasie seit Jahrhunderten. Reisende berichteten schaurige Geschichten von toten Lemmingen, die an den norwegischen Küsten trieben. Der erste derartige Bericht stammt aus dem Jahr 1532 und ist von Jacob Zieler. Die erste echte Untersuchung führte ein Naturforscher namens I. G. Gmelin durch, der 1760 Tierpopulationen in der sibirischen Tundra studierte. Er stellte fest, daß sowohl die Anzahl der Lemminge als auch die des Polarfuchses – dessen Beutetier der Lemming ist – regelmäßige Schwankungen aufweist. Wenn der Wandertrieb sie erfaßte, verschwanden die Lemminge einfach in der sibirischen Unendlichkeit. Im beschränkten Raum Skandinaviens können sie nicht so leicht verschwinden. 1868 meldete ein Schiff, daß es nahe Trondheim auf einen riesigen Haufen von Lemmingkadavern gestoßen sei und 15 Minuten gebraucht habe, um daran vorbeizukommen.

Wie schon oft in der Geschichte der Tierverhaltensforschung war das Verhalten einer bestimmten Spezies der Schlüssel zu weiteren wichtigen Untersuchungen. Carpenters Studium der Brüllaffen beispielsweise erschloß uns die Eigenheiten der Primatengesellschaft in freier Natur. Howards Vögel haben uns den Begriff des Territoriums gegeben. Das Verhalten von ein paar Hühnern im Hühnerhof führte zur Etablierung der Rangordnung als eines Organisationsprinzips der meisten Tiergesellschaften. Konrad Lorenz' markierte Enten haben alle Lerntheorien, die den Behavioristen so wichtig waren, in Frage gestellt. G. T. V. Matthews Studium der Brieftauben löste eine Welle von Untersuchungen über das Orientierungsvermögen der Tiere aus und warf damit die Frage auf, wieviel wir überhaupt von irgend etwas wissen. Wenn die Traditionalisten sich gegen die Kettenreaktionen der ethologischen Forschung gewehrt haben, so mit dem richtigen Instinkt, daß deren saubere Erklärungen allesamt gefährdet sind.

Der Lemming ist heute eines der klassischen Tiere geworden. Ein winziges Geschöpf von nur ein paar Dekagramm Gewicht, gehört er – wie auch die Mäuse, Ratten und Hamster – zu einer der größten Säugetierfamilien, den *Muridae*. Wenn die Bedeutung des Lemmings für den Menschen dennoch gering ist, so deshalb, weil der Mensch in den subarktischen Gebieten im Verhältnis zu der wahrscheinlich in die Billionen gehenden Zahl der Lemminge sehr spärlich auftritt. Die Kette von Untersuchungen aber, die sein bizarres Verhalten ausgelöst hat, führt in weitem Bogen zurück zu einem Aspekt menschlicher Bedrängnis.

Warum steigt die Anzahl der Lemminge alle paar Jahre rapid an, um dann plötzlich radikal abzufallen? 1963 war eines der großen »Lemmingjahre« in Schweden. Die Lappen im hohen Norden waren die ersten, die im August vom Verschwinden der Lemminge berichteten. Sie verschwanden auf dem Weg nach Süden.

Meistens zogen sie in der Nacht, und an Wegkreuzungen konnte man ungefähr 44 pro Minute zählen. Sie bewegten sich einzeln, nicht in Gruppen, und obwohl es reichlich Nahrung gab, wurde ein totes Tier von den anderen sofort gefressen; sie öffneten den Schädel und verzehrten zuerst das Gehirn. Einige hundert Tiere wurden gefangen und untersucht: es waren Tiere des letzten Jahrgangs, und obwohl bereits geschlechtsreif, war kein einziges Weibchen trächtig. Die Migration war also eine echte Jugendbewegung. An jedem Wasserhindernis massierten sie sich in solchen Scharen, daß ein Beobachter sich nicht bewegen konnte, ohne einige von ihnen zu zertreten. Die Tiere sind leidlich gute Schwimmer, aber für diese Art Unternehmungen nicht gut genug. Auf einer ausweglosen Halbinsel des Storsjonsees folgten so viele dem unwiderstehlichen Drang und stürzten sich ins Wasser, daß die Ufer im darauffolgenden Jahr von Lemmingknochen übersät waren.

Darwin, dem keine detaillierten Beobachtungen zur Verfügung standen, nahm als Ursache des periodischen Massensterbens regelmäßig wiederkehrende Epidemien an. In späteren Jahren kamen die meisten Beobachter zu der Überzeugung, daß es Nahrungsmangel sein mußte, der die Lemminge zu ihren Wanderungen trieb. In Sibiriens endlosen Weiten ziehen sie einfach in andere Gebiete, in Skandinavien aber mit seinen zahlreichen Seen und Fjorden wird jede Migration zu einem Massenselbstmord. Mit dieser Erklärung gaben sich die meisten zufrieden, bis 1921 jemand nachwies, daß – wie immer Ort und Umwelt beschaffen sein mögen – die Lemminge überall gleichzeitig verschwinden und nicht wieder auftauchen. Und dann kam Elton (1924) und sagte: Sonnenflecken.

Diese kosmische Erklärung mag merkwürdig klingen. Elton verglich die großen Lemmingjahre Skandinaviens mit den Schneeschuhhasenjahren in Kanada, wo sich ähnliche Populationskatastrophen abspielten und auch zeitlich ungefähr zusammenfielen. Hierauf prüfte er die vergilbten Aufzeichnungen der Hudson Bay Company, die die jährlichen Fellkäufe seit dem 18. Jahrhundert enthielten. Luchsfellkäufe – die Populationen des Luchses unterliegen dem gleichen Anstieg und Niedergang – variierten zwischen 3000 und 80000.

Wie der Lemming das Beutetier des Fuchses ist, so ist der Schneeschuhhase fast die einzige Nahrung des kanadischen Luchses. Der große Naturforscher Ernest Thompson Seton hat einmal geschrieben: »Der Luchs lebt von Kaninchen, denkt an Kaninchen, schmeckt wie Kaninchen, vermehrt sich mit ihnen und verhungert, wenn die Wälder kaninchenleer sind.« 1886 schätzte Seton die Anzahl der Hasen pro Quadratmeile auf 5000; nach dem Zusammenbruch einer Population bleibt oft nur ein einziger übrig. Elton stellte fest, daß Seton mit seinen kaninchenleeren Wäldern recht gehabt hatte, denn in den Aufzeichnungen der Hudson Bay Company schwankten die Bälge der Schneeschuhhasen zwischen 10000 und 100000, und zwar im gleichen Rhythmus wie die Luchsfelle. Der Zyklus betrug zwischen neun und elf Jahre.

Elton verfolgte den Gedankengang weiter und verglich den Luchs-Hasen-Zyklus mit dem Zyklus der Sonnenflecken; sie schienen tatsächlich parallel zu verlaufen. Seine Untersuchungen bestätigten, daß das Klima auf der Erde kälter und trockener wird, je geringer die Aktivität der Sonnenflecken ist. (Kürzlich durchgeführte Studien in den Wäldern von Britisch-Kolumbien zeigten, daß das Wachstum der Bäume am geringsten ist bei einem Minimum an Sonnenfleckenaktivität.) Elton schloß weiter, daß sich die Sonnenflecken in den kargen Gebieten der Subarktis am stärksten bemerkbar machen müßten. Wenn Tiere, die sich rasch vermehren, wie Lemminge oder Hasen, in guten Jahren zu ungeheuren Populationen anschwellen, dann müßte eine Verschlechterung des Klimas und damit der Nahrungsversorgung eine entsprechende Dezimierung bewirken.

Daß diese brillante These sich nicht behaupten konnte, ist beklagenswert. Einige Jahre später stellte nämlich ein kanadischer Wissenschaftler, D. A. MacLulich nach eingehenden Studien fest, daß in den 174 Jahren zwischen 1751 und 1925 18 Luchs-Hasen-Zyklen und 15 Sonnenfleckenperioden stattgefunden hatten. Damit brach C. S. Eltons Theorie zusammen.

Das eigentliche Opfer MacLulichs ist jedoch nicht jener Ökologe, dessen originelle Einfälle selbst in ihrer Unhaltbarkeit noch ein Triumph waren; das Opfer ist vielmehr jene Theorie und ihr Begründer, Thomas R. Malthus, wonach das Ausmaß der möglichen Nahrungsversorgung die Bevölkerungszahl begrenzt. Vor ein paar Jahren konnte Dennis Chitty bereits feststellen: »Keine Population vergrößert sich ständig, und die Frage ist, was sie daran hindert.«

Die Nahrungstheorie starb langsam – wenn sie überhaupt schon gestorben ist. Kalela, ein finnischer Ökologe, studierte drei Jahre hindurch die Rötelmaus in Finnland und stellte in einer Periode reichlicher Nahrung eine verheerende Dezimierung der Tiere fest. Im selben Jahr jedoch publizierte ein Biologe der Universität Helsingfors eine vergleichende Zusammenstellung der Zyklen des Polarfuchses und des Schneehuhns in Grönland, des Rebhuhns in England, des schottischen Schneehuhns, des Seidenschwanzes und des Fuchses in Finnland, um nachzuweisen, daß das Klima für alles verantwortlich sei. 1938 fiel die Dezimierung einer Population mit schlechten Wetterverhältnissen zusammen; eine benachbarte Population wurde jedoch erst im darauffolgenden Jahr betroffen, als das Wetter sich wieder gebessert hatte. Für einen radikalen Populationsrückgang zehn Jahre später war einwandfrei weder das Klima noch Nahrungsmangel verantwortlich zu machen.

Ein Experiment mit der kalifornischen Wühlmaus im Jahre 1965 erinnert an Breder und seine Aquariumfische. Zwei Gebiete, jedes ungefähr einen halben Hektar groß, wurden isoliert. Auf dem ersten hauste eine Wühlmauspopulation, die sich mit einer natürlichen Zuwachsrate von drei Prozent pro Monat vermehrte. Auf dem anderen befand sich eine kleine Population, bestehend aus fünf Männchen und acht Weibchen; das war die Testgruppe. Hier wurde in regelmäßigen Abständen besonders nahrhaftes Futter gestreut. Man düngte den Boden, um die Vermehrung zu fördern. Im Frühling erreichte die Population eine Rekordhöhe von 47 Männchen und 53 Weibchen. Im August jedoch war wieder die ursprüngliche Anzahl vorhanden – fünf Männchen und acht Weibchen.

An die Stelle der biologischen Gewißheiten des 19. Jahrhunderts traten Fragen des 20. Jahrhunderts. Wenn nicht die Nahrungsversorgung die Anzahl der Tiere reguliert, was ist es dann? Den berühmten Ökologen Paul Errington beschäftigte das Problem ununterbrochen. Seine berufliche Laufbahn, zuerst als Jäger und Trapper, später als Lehrer und Forscher der Zoologie, hatte ihn von orthodoxen Meinungen freigehalten. Er war imstande, die Ergebnisse langer und mühevoller Untersuchungen auf die Einfachheit einer Volksschulformel zu bringen: Bisamratten, Waldhühner, Fasane und Schneeschuhhasen erreichen alle in Jahren, die mit 1 oder 2 enden, eine absolute Populationshöhe, in Jahren, die mit 6 oder 7 enden, einen Populationstiefstand. Mathematik, nicht Umwelt bestimmt die Population. Er erinnerte weiter an Aufzeichnungen der Hudson Bay Company. In den dreißiger Jahren verschaffte ein gewaltiges Staudammprojekt in Saskatchewan, das mehr als Dreiviertel Millionen Morgen erfaßte, den Bisamratten ungewollt größere und bessere Habitate. Der Fellertrag stieg entsprechend an. Obwohl jedoch die Ertragsbasis jetzt höher war, blieben die Schwankungen gleich.

Es wurde oft behauptet, daß eine Zunahme der Raubtiere – wie bei Luchs und Hasen oder Fuchs und Lemming – schließlich die Beutetiere dezimieren müsse. Errington war anderer Meinung. Der traditionelle Feind der Bisamratte ist der Nerz, ein wilder kleiner Mörder, wie es ihn auf der Welt kaum ein zweites Mal gibt. Doch wenn die Bisamrattenpopulation den Höhepunkt ihrer Vitalität erreicht, wirkt sich die mörderische Tätigkeit der Nerze lediglich insofern aus, als die Bisamratten mehr Junge zur Welt bringen: »Wird die Populationsdichte vermindert, so ist das einer der besten Stimuli für die Fortpflanzung.« Mit anderen Worten, alles, was die Dichte einer gesunden Population reduziert – seien es Raubtiere, Dürre oder Epidemien –, erhöht als Ausgleich die Geburtenrate. Fällt die Dürre allerdings in ein Jahr, das mit 7 endet, kann es zu Katastrophen kommen.

Errington kam zu dem Schluß, daß vieles über das Wesen der Widerstandsfähigkeit von Populationen jenseits unseres heutigen Wissens liegt und daß unbekannte Kräfte gewisse Lebensprozesse einschränken. Diese Bergonsche Erkenntnis fand in der wissenschaftlichen Welt wenig Anklang, weil sie das Unlösbare gern mit dem Unzumutbaren verwechselt. Aber Errington hat bei der Beschäftigung mit der Beziehung zwischen Populationsdichte und Fortpflanzung – in einer 1951 erschienenen Arbeit festgehalten – eine Untersuchungsmethode angewandt, die man seither konsequent verfolgt. In einer bestimmten Jahreszeit variiert die Anzahl der Würfe wie auch die Zahl der Jungen nur geringfügig. Ist die Populationsdichte gering, kann die Bisamrattenmutter 12 bis 16 Junge pro Jahr haben; ist die Population sehr groß, hat sie höchstens zwei oder drei.

Wie diese Selbstregulierung funktioniert, war nach wie vor ein Rätsel; man hatte lediglich ihre Abhängigkeit von der Populationsdichte erkannt. Der neue Hinweis löste eine wahre Explosion von Untersuchungen aus. Irgendwo in der Population mußte des Rätsels Lösung liegen. Sie mit Aussicht auf Erfolg zu suchen bedürfte es verschiedener Voraussetzungen: der Erfahrung der Ethologie mit Schwerpunkt auf der Beziehung von Tier zu Tier; des Standpunktes des Ökologen mit Betonung des Verhältnisses zwischen Tier und Umwelt; eine Kenntnis der Physiologie mit ihren Untersuchungen der organischen Prozesse. Und überdies sollte man noch etwas über die Evolution und die Beziehungen zwischen Gegenwart und Vergangenheit wissen. Aus allen diesen Teilgebieten entwickelte sich eine neue Disziplin, die Populationsdynamik. Nur die wenigsten verfügten über das dafür erforderliche Wissen. Aber sie erregten auch entsprechende Aufmerksamkeit.

Im nächsten Abschnitt werde ich die automatischen Mechanismen besprechen, die bei zahlreichen Spezies eine Massenvermehrung und damit ihren Zusammenbruch verhindern. Den bisher besprochenen Spezies – sozusagen den Sonderlingen – fehlen diese Mechanismen, und es finden daher zyklische Kontrollen statt. Auch wenn man versucht sein sollte, den Menschen mit dem Lemming gleichzusetzen, müssen wir unsere Überlegungen über den Menschen doch verschieben, bis wir mehr über die Tiere wissen. Und auch jene Fragen, die die Anhänger der Populationsdynamik in den fünfziger Jahren beschäftigt haben, müssen warten: Wie kommt es zu einer Geburtenbeschränkung, wenn eine Population eine bestimmte Dichte erreicht hat? Und warum – eine noch schwierigere Frage – sterben die Älteren?

Das Mysterium von Leben und Tod, auf das der unscheinbare Lemming aufmerksam gemacht hat, wird durch eine päpstliche Entscheidung schwerlich gelöst.

3

John Calhoun, Direktor des amerikanischen National Institute of Mental Health, gehört wie Maslow zu den außergewöhnlichen Erscheinungen auf dem Gebiet der Psychologie.

Zwei Jahre lang beobachtete er eine Population wilder norwegischer Ratten, die er in einer großen Einfriedung in Towson, Maryland, angesiedelt hatte. Diese Einfriedung war so groß – fast ein Viertel Morgen Land –, daß unter Laborbedingungen mit kleinen Käfigen 5 000 Ratten Platz gehabt hätten. In Towson aber lebten die wilden Ratten unter annähernd normalen Verhältnissen. Calhoun startete seine Population mit fünf trächtigen Weibchen. In zwei Jahren hätte die theoretische Anzahl möglicher Abkömmlinge 50 000 betragen. Die Population überstieg jedoch niemals 200, und es waren alle Anzeichen vorhanden, daß auch bei Weiterführung des Experiments diese Zahl nicht überschritten werden würde.

Wie bei Breders Fischexperiment stand die Anzahl nicht in Beziehung zur Nahrungsmenge, sondern irgendwie zum vorhandenen Raum. Die Mutterfische kontrollierten die Anzahl, indem sie ihre Jungen unbarmherzig auffraßen. Calhouns Jungtiere erlitten gewisse Verluste durch Kämpfe mit den Erwachsenen und infolge mangelnder mütterlicher Fürsorge. Als sich die Population jedoch stabilisierte, wurde klar, daß das Territorialverhalten der eigentliche Limitationsfaktor war.

Norwegische Ratten bilden stabile Gesellschaften, wenn nicht mehr als ein Dutzend erwachsener Tiere ein Territorium teilen und es gemeinsam verteidigen. In dieser kleinen Welt bilden die Erwachsenen eine Hierarchie, angeführt von einem Alphamännchen. Der Freundschaft-Feindschaft-Komplex, den ich in ›Adam und sein Revier‹ beschrieben habe, lenkt die Feindschaft nach außen ab und sorgt für die Erhaltung des Friedens innerhalb der Gruppe. Calhoun schreibt: »Territorien und die zwischen ihnen liegenden Pufferzonen scheinen für die Erhaltung der Gruppenintegrität unbedingt erforderlich. Auch teilen sie den vorhandenen Raum in Wohnstätten für Gruppen von beschränkter Größe. Damit wird die Kontrolle der Population erreicht.«

Der irische Ornithologe C. B. Moffat erkannte als erster – und zwar bereits 1903 –, daß das Territorialverhalten die Anzahl der Tiere regulieren kann. Ein Flecken Erde, der einem ganz allein gehört, bringt dem Besitzer die verschiedensten Vorteile. Man ist geschützt, weil man sein Reich besser kennt als jeder Eindringling. Auf eine nicht ganz geklärte Weise verstärkt das Besitztum die Energien des Besitzers. Eine Art tierische Gerechtigkeit sorgt dafür, daß der Eigentümer von seinem Territorium auch Feinde vertreiben kann, die stärker sind als er selbst. Das Territorium sichert die Nahrungsversorgung für ihn und die Seinen. Teilt er seinen Besitz mit einem Weibchen, so besteht eine gewisse Gewähr, daß die Eltern nicht gerade dann auseinandergehen, wenn die Jungen sie am meisten brauchen. Das sind Vorteile, die dem Besitzer zugute kommen, andere wieder kommen der Population und der ganzen Spezies zugute. Durch die physische Trennung von Individuen oder Gruppen werden gefährliche aggressive Kräfte auf ein Mindestmaß reduziert und äußern sich lediglich in Grenzstreitigkeiten und lautstarkem Gezänk. Die Aufteilung des vorhandenen Raums unter fortpflanzungsreifen Paaren oder Gruppen wiederum bedeutet, daß die Anzahl der Nachkommen die Kapazität der Umwelt nicht erschöpft.

Obwohl unser heutiges Wissen über das territoriale Prinzip Moffats Erkenntnisse selbstverständlich erscheinen lassen, fand die Wechselwirkung zwischen Territorium und Populationskontrolle erst in den letzten Jahren Anerkennung. Noch 1956 lehnte der bekannte Ethologe Robert Hinde aus Cambridge diese Erkenntnis als unbewiesen ab. Diese Ablehnung hatte zwei Untersuchungen zur Folge, die beweisen sollten, daß Territorialverhalten die Geburtenzahl beschränkt.

Hindes Einwände waren nicht unbegründet: Wenn auch der Besitz eines Territoriums die Voraussetzung für eine deutliche Verteilung der brütenden Paare über ein bestimmtes Gebiet bildet, folgt daraus nicht zwangsläufig eine Beschränkung ihrer Zahl. Der zur Verfügung stehende Raum ist selten zu klein. Das englische Rotkehlchen beispielsweise muß zum Brüten sein Territorium haben, doch es gibt in England weite Gebiete, die, obwohl für das Rotkehlchen durchaus geeignet, dennoch unbewohnt bleiben. Um Hindes Einwände zu überprüfen, machte Adam Watson, ein Kollege Wynne-Edwards' an der Universität von Aberdeen, in den schottischen Mooren ein Experiment mit dem Schneehuhn, und David Carrick, von der australischen Division of Wildlife Research, begann seine Beobachtungen der australischen Elster auf den Feldern bei Canberra.

Es galt nachzuweisen, daß die territoriale Notwendigkeit gesunde erwachsene Vögel aus der Fortpflanzungsgemeinschaft tatsächlich eliminiert. Die Männchen des Schneehuhns errichten ihre Territorien im Herbst und halten sie bis zum nächsten Sommer. Nistplätze gibt es in den Mooren mehr als genug, trotzdem findet der Kampf um ein Territorium nur in einem beschränkten Gebiet statt. Watson wählte ein Testterrain und kennzeichnete alle Vögel der Umgebung. Dann säuberte er 119 Territorien, indem er die Besitzer fing oder abschoß. Innerhalb einer Woche waren 111 Territorien von neuen Männchen besetzt, und nur ein Dutzend von ihnen waren unbekannter Herkunft. Alle anderen rekrutierten sich aus der gekennzeichneten Population der Nachbarschaft, die die nicht brütende Reserve darstellte. Im nächsten Frühling hatten alle Vogelpaare Junge ausgebrütet. Damit war Watson der Nachweis gelungen, daß zumindest beim Schneehuhn die Anzahl der Brutplätze tatsächlich die sich fortpflanzende Population limitiert.

Die australische Elster ist mit der Krähe verwandt, doch unterscheidet sie sich von ihr durch Aussehen und Verhalten. Sie ist wie die Krähe ein ziemlich großer Vogel, hat jedoch eine lebhafte Zeichnung auf Hals, Nacken und Rücken sowie auf den Flügelspitzen. Wie die Krähen finden sich auch manche Elstern zu großen, nicht territorialen Schwärmen zusammen. Andere wieder bilden soziale Gruppen, die jenen der norwegischen Ratten nicht unähnlich sind. Bis zu zehn Erwachsene verteidigen als Team einen Besitz von fünf bis zwanzig Morgen, und nur diese Vögel pflanzen sich auch fort.

Carricks Untersuchungsareal waren etwa fünf Quadratmeilen offene Savanne, da und dort von ein paar Eukalyptusbäumen unterbrochen; hier nisteten Tausende Elstern. Nahrung und Brutplätze waren praktisch unbeschränkt vorhanden. Einige nicht territoriale Gruppen nisteten in den Bäumen, doch gelang es ihnen niemals, Junge aufzuziehen. Die dohlenähnlichen Schwärme auf den Feldern machten nicht einmal den Versuch dazu. Erfolgreiche Fortpflanzung beschränkte sich ausschließlich auf jene 20 Prozent der Population, die territoriale Gruppen gebildet hatten.

Was verhindert bei allen besitzlosen Vögeln eine normale Fortpflanzung? Carrick machte eine überraschende Entdeckung. Während die Männchen der Populationen ausnahmslos Spermien produzieren, haben lediglich die Weibchen der territorialen Gruppen eine normale Ovulation.

Ein physiologischer Zusammenhang zwischen normaler Sexualität und Territorium läßt sich bei vielen Spezies nachweisen. Am häufigsten ist das bereits von Eliot Howard beobachtete Phänomen: bei Laubsänger und Fink, Baumpieper und Kiebitz sind die Weibchen einem besitzlosen Männchen gegenüber sexuell ablehnend. Den an Marx geschulten Geist mag so etwas zutiefst schockieren. Er mag zu der Überzeugung kommen, daß das Studium des Tierverhaltens nichts Gutes erwarten lasse. Das Verhalten des Kiebitz läßt sich jedoch nicht wegleugnen. Überdies ergaben spätere Untersuchungen eine Ergänzung zu Howards Beobachtungen: das besitzlose, rangniedere Männchen ist oft psychologisch kastriert. So garantiert nicht nur die Sexualität des Weibchens für die Fortpflanzung innerhalb eines auserwählten Kreises, sondern es sorgt auch eine sexuelle Hemmung dafür, daß ein rechtloses Männchen die Paarung nicht stört.

Wir haben noch immer keine entsprechende Antwort auf die Frage nach der physiologischen Beziehung zwischen Territorialverhalten und sexuellem Impuls. Die heute überall durchgeführten Experimente bestätigen jedoch eindeutig ihre Existenz. Als ich mich 1966 mit dem territorialen Imperativ zu beschäftigen begann, war mir nur eine afrikanische Antilope bekannt, bei der sich mit Sicherheit ein Verhalten wie das soeben bei Vögeln beschriebene nachweisen ließ. Das war der Uganda-Wasserbock, eine Spezies, bei der sich die Böcke in einer Arena zusammenfinden, um ihre Kampfspiele auszutragen. Dorthin kommen die Weibchen, wenn sie in Hitze sind. Und diese Geißen werden nur von erfolgreichen Territoriumsbesitzern angelockt, während die überzähligen Männchen sich in ihren Junggesellenherden vergnügen müssen. Seit mein Buch (›Adam und sein Revier‹) vor ein paar Jahren erschienen ist, wurden bei den verschiedensten Spezies fortpflanzungsorientierte Territorialsysteme festgestellt: bei Gnu und Wasserbock, bei Grant- und Thomsongazelle, bei Kuhantilopen, Topi und Puku; auch bei den kleinsten, dem Oribi, dem Dik-Dik und dem Steenbok. Die Systeme sind unterschiedlich und reichen von den modifizierten Arenawettkämpfen des Gnus und des Pukus bis zu den vogelähnlichen Familienterritorien des Steenboks. Alle haben jedoch die gleichen Voraussetzungen: das Weibchen wird immer nur von einem Besitzenden angezogen. Das Tier, das im territorialen Wettstreit verloren hat, zieht sich in die unbeschwerten Junggesellengruppen zurück.

Auf der Suche nach einer physiologischen Erklärung der territorialen Sexualität begegnen wir einigen seltsamen Verhaltensmechanismen der Populationskontrolle. Das Gnu, eine der häufigsten und bizarrsten aller afrikanischen Antilopen, hat außer dem Phänomen des territorialen Bullen, der die Begattung monopolisiert, keine nennenswerte soziale Organisation. Gewöhnlich sammeln sich die Gnus – wie Fischschulen – zu riesigen Herden. Sie sind das Leibgericht der Löwen und ziehen zu Hunderttausenden dem Regen nach. Die Populationskontrolle geht mittels seltsamer Instinkte vor sich. Die Mutter kalbt ohne die geringste Gemütsbewegung: das Junge fällt einfach zu Boden. Das Kalb aber hat einen auf die Mutter bezogenen Folgeinstinkt. Wundersamerweise ist es binnen sieben Minuten imstande, sich auf seine dünnen Beine zu stellen und ihr zu folgen. Jetzt beginnt die Mutter das Kalb abzulecken und als etwas zwar sehr Seltsames, aber immerhin zu ihr Gehöriges anzuerkennen. Was passiert aber, wenn die Herden so dicht gedrängt sind, daß das Neugeborene seine Mutter nicht erkennt? Unterliegt es in dem wilden Gedränge einem Irrtum, so wird die fremde Kuh es unbarmherzig wegstoßen. Die Masse verschlingt die Identität des Kälbchens; schutzlos der Umwelt preisgegeben, fällt es todsicher der Hyäne oder dem Schakal zum Opfer.

Der Löwe, der kaum einen Feind hat und auch für Krankheiten und Parasiten nicht sehr anfällig ist, könnte binnen weniger Generationen ein Opfer unkontrollierter Vermehrung werden. Die Löwin bringt die Jungen nach kurzer Trächtigkeit zur Welt; verliert sie ein Junges, kommt sie sofort wieder in Hitze. Und doch hält sich in der Serengeti eine Population von etwa 1000 Löwen jahrein, jahraus mehr oder weniger konstant. Die immense Anzahl von Beutetieren in diesem Gebiet – Gnus, Thomsongazellen und Zebras – könnte wesentlich mehr Löwen ernähren. Was beschränkt die Anzahl? Eine Kombination von Verhaltensformen – in erster Linie Vernachlässigung durch die Mutter – sorgt dafür, daß nur eine bestimmte Anzahl Löwen geschlechtsreif wird.

Die erste Kontrolle ist territorialer Art. Es haben nur jene Löwinnen Junge, die einer Gruppe mit permanenter Residenz angehören. Die zweite Kontrolle besteht in einer Hierarchie, wie sie kaum anderswo anzutreffen ist. Die Jungen fressen als letzte. Mit Schaller habe ich einmal beobachtet, wie neun Löwinnen sich um ein getötetes Zebra drängten; dabei brummten und grollten sie wie ein Vulkan vor dem Ausbruch. Flanke an Flanke umringten sie den Kadaver. In 90 Minuten vertilgten sie etwa 450 Pfund Fleisch, während ein einsames Löwenkind fern vom Gedränge mit dem Zebraschwanz spielte, den es irgendwie erwischt hatte. Hätte es, bevor die Löwinnen fertiggefressen hatten, auch nur einen Bissen gewagt, so wäre es vermutlich getötet worden.

Diese Rangordnung des Fressens, die dem Löwen den ersten Platz einräumt – obwohl die Löwinnen die Beute schlagen –, den Weibchen den zweiten und den Jungen den letzten, hat keine besondere Auswirkung, solange große Beutetiere vorhanden sind. Ein Gnu oder ein Zebra füllt alle Mägen. Die Trockenzeit aber bringt Nahrungsknappheit, weil die großen Tiere aus dem Grasland in bewaldete Gebiete ziehen. Die Löwengruppen mit ihrer Anhänglichkeit an das Territorium schließen sich der Migration nicht an. In der Trockenzeit leben sie im wesentlichen von Thomsongazellen – und ein Tommie wiegt höchstens 45 Pfund. Der Appetit der Erwachsenen wird selten gestillt, und die Löwenkinder bleiben immer hungrig. Sieht man im August zwei magere Junge, die auf die Rückkehr ihrer jagenden Mutter warten, so kann man mit ziemlicher Sicherheit annehmen, daß im November, wenn der Regen einsetzt und die großen Beutetiere zurückkehren, nur mehr eins am

Leben sein wird. Und doch gibt es kaum 70 Kilometer entfernt ausreichend Nahrung.

Die Kindersterblichkeit bei Löwen beträgt ungefähr 50 Prozent. Was für ein Gegensatz zum Verhalten des erwachsenen Hyänenhundes, der keine Nahrung anrührt, bevor die Kleinen nicht gesättigt sind! Man kann den Löwen verachten und den Hyänenhund bewundern – beides sind anthropomorphisierende Urteile. Die Verhaltensunterschiede sind ein Ausdruck der Populationskontrolle. Der zähe Löwe wird, hat er einmal die Adoleszenz überstanden, ziemlich lange leben. Die Kontrolle muß also bei den Jungen wirksam werden. Der schwache Hyänenhund dagegen, der für Krankheiten so anfällig ist, muß alles in seinen Kräften Stehende tun, um bei den erwachsenen Tieren für Nachschub zu sorgen.

Ein anderes Tier, das praktisch keine Feinde hat, ist der Elefant. Dieses nicht territoriale Lebewesen zog in früheren Zeiten auf der Suche nach Nahrung und Wasser – vielleicht sogar aus Sehnsucht nach einem Kulissenwechsel – durch weite Gebiete Afrikas. Keines der großen Tiere wurde so wenig beobachtet, keines zeigte so geheimnisvolle Verhaltensformen. Die Bedürfnisse der sich entwickelnden Völker haben den Elefanten seiner Freiheit beraubt. Felder und Kulturen breiteten sich aus, und der Elefant, dessen majestätische Erscheinung einst den ganzen afrikanischen Raum beherrschte, ist heute ein Gefangener immer kleiner werdender Schutzgebiete.

Ein solcher Naturpark ist Ugandas Murchison Falls. Berühmt durch einen der herrlichsten Wasserfälle der Welt – der Viktorianil passiert dort eine Felsspalte von nur sechs Meter Breite –, ist dieses Naturschutzgebiet aber vielleicht noch berühmter durch seine Elefanten. Sie scheinen überall zu sein. Wie ein Lastwagen mit Anhänger donnert gelegentlich eine Kuh mit ihrem Kalb auf dem Weg zu den Misteimern an den Touristenkabinen vorbei. Es gab dort einmal einen Bullen, der so bekannt war, daß man ihn »Bürgermeister« von Murchison nannte. Regelmäßig stattete er den Autos der Touristen einen Besuch ab und durchwühlte sie nach Verwertbarem. Die Gäste ließen daher gern im Auto Früchte zurück und kamen so zu den unglaublichsten Photos. Doch der »Bürgermeister« reagierte auch auf seine Art. Wenn er an ein Auto ohne Früchte kam, drehte er es einfach um. Schließlich mußten ihn die Aufsichtsbehörden des Parks erschießen.

Nach einem Besuch der Murchison Falls ist man versucht zu glauben, daß der Elefant eine Populationsexplosion erlebt. Ich habe das früher auch geglaubt, aber ich hatte anscheinend unrecht. Nach Ansicht von Richard Laws in Cambridge geht der Elefantenbestand allmählich zurück. Was der Besucher sieht, ist eine Art Konzentrationslager für Elefanten. Der numerische Rückgang ist auf den selbsttätigen Mechanismus des Elefanten zurückzuführen, der auf die neuen Gegebenheiten eines beschränkten Habitats reagiert.

Der breite, von Krokodilen verseuchte Viktorianil teilt die Elefantenherden von Murchison Falls in zwei Populationen von je 7000 bis 8000 Mitgliedern. Die Verhältnisse am südlichen Ufer sind wesentlich ungünstiger; Platzmangel führt zur Zerstörung des natürlichen Habitats. Ein ganzer Wald – dessen Bäume von den Herden entrindet wurden – ist heute zu einem blätterlosen Gespensterwald geworden. Es gibt wohl genügend Gras, die traditionelle Nahrung des Elefanten jedoch, Blätter und Schößlinge, ist spärlicher geworden und hat wahrscheinlich zu gewissen Mangelerscheinungen geführt. Vielleicht ist es aber auch nur die Populationsdichte; dieses Phänomen gibt uns Rätsel auf, die bisher nicht gelöst werden konnten. Jedenfalls hat ein selbsttätiger Mechanismus eingesetzt, der die Fortpflanzung der Elefanten beschränkt. Normalerweise wird die Kuh mit elf Jahren geschlechtsreif, am Südufer ist sie es erst mit achtzehn. Kälber kommen für gewöhnlich in Abständen von vier Jahren zur Welt. Am Südufer sind es neun Jahre.

Die Mechanismen von Löwen und Elefanten verdeutlichen die Vielfältigkeit der natürlichen Kontrollen. Ich möchte noch zwei andere Beispiele anführen, die nicht auf natürliche Kontrollen, sondern auf menschliches Eingreifen in natürliche Gegebenheiten zurückzuführen sind.

Einer der klügsten französischen Zoologen, François Bourlière, berichtete über zwei Untersuchungen, die als Beispiele eines Populationsverfalls gelten könnten, wären sie nicht künstlich herbeigeführt worden. Die erste betrifft einen stabilen Wildbestand von etwa 4000 Tieren auf einem großen Hochplateau in Arizona unweit des Grand Canyon: Das Wild lebte mit einer Anzahl von Wölfen, Pumas und Kojoten in einem wohlausgewogenen Gleichgewicht. In jeder Population von Beutetieren sorgen die Raubtiere dafür, daß die kranken, mißgeformten, behinderten Tiere ausgemerzt werden. So bleibt die Population kräftig und gesund. Doch zu Beginn dieses Jahrhunderts begann die Vernichtung der Raubtiere durch den Menschen; sie wurden praktisch eliminiert. Der Wildbestand wuchs nach dieser Abschlachtung rapid an. 1920 gab es bereits 40000, 1924 mehr als 100000 Tiere. Dann sank die Population innerhalb eines Jahres ganz plötzlich auf 40000; 1939 waren es nur mehr 10000. Zweifellos hatte Nahrungsmangel zur ersten Dezimierung beigetragen, der darauffolgende Populationsrückgang jedoch läßt sich damit allein nicht erklären.

Das zweite Beispiel betrifft eine Rentierherde, die die amerikanische Regierung als Nahrungsquelle für die Bewohner von St. Paul's Island auf den Aleuten aufziehen wollte. Auf dieser Insel gab es überhaupt keine Raubtiere, die einen selektiven Druck auf die Herde hätten ausüben können, und jahrelang schien das Experiment erfolgreich zu sein. Man hatte im Herbst 1911 mit vier Hirschen und 21 Kühen begonnen; 1932 waren es bereits 500 Tiere und 1938 weit mehr als 2000. Doch dann erlebte diese Herde etwas, was Bourlière zu Recht als sintflutartigen Niedergang bezeichnet: 1950 gab es nur noch acht Tiere.

Während in Arizona der Nahrungsmangel einen gewissen Einfluß gehabt haben könnte, hatte er mit dem Zusammenbruch des Rentierexperiments kaum etwas zu tun. Der einzig mögliche Schluß: Wenn niemand und nichts die Schwachen und Untauglichen aus einer Fortpflanzungsgemeinschaft entfernt, dann wird die Vitalität des gesamten Genpools systematisch geschwächt.

Dieses Schicksal hat man der menschlichen Spezies schon oft prophezeit.

4

Das harmlose Ei ist schon oft Mittelpunkt heftiger Kontroversen gewesen

Gegen Ende des 19. Jahrhunderts erregten Darwins Vorstellungen von der Evolution heftigen Widerspruch von seiten seiner Gegner; unter ihnen Samuel Butler, der boshaft bemerkte, nach Darwin sei eine Henne nichts anderes als der Umweg des Eies, ein neues Ei zu produzieren. Butlers klassischer Ausspruch wird nicht so bald in Vergessenheit geraten. Und auch das Los des Eies als Mittelpunkt stürmischer Debatten wird sich nicht so bald ändern.

Die natürliche Regulierung der Tieranzahl ist ein Problem, das David Lack, Englands berühmter Ornithologe, 1954 als Titel für sein neues Buch in die Wissenschaft einführte. In diesem Buch beschäftigt Lack sich mit den natürlichen Kontrollen, die eine Variabilität der Eieranzahl in einem Gelege bewirken. 1962 erschien dann die Arbeit des schottischen Ökologen V. C. Wynne-Edwards, ›Animal Dispersion in Relation to Social Behavior‹; die das Problem derart erweiterte, daß das arme kleine Ei ganz in den Hintergrund rückte. Die daraus resultierende Diskussion zwischen Lack und Wynne-Edwards hat eben erst begonnen, sich auch außerhalb der Ökologie im ganzen biologischen Bereich auszuwirken.

Die von Jahr zu Jahr variierende Größe des Geleges einzelner Vogelarten läßt sich leicht feststellen. Es ist, als hätte der Vogel eine bestimmte Vorstellung davon, wie viele Eier im Nest sein sollten. Ein amerikanischer Forscher brachte einmal einen hartnäckigen Specht dazu, in 73 Tagen 71 Eier zu legen, indem er ihm jedes frisch gelegte Ei sofort wegnahm. Lack begnügte sich damit, in einer großen Kohlmeisenpopulation die Eier zu zählen und die vorhandene Nahrungsmenge festzustellen. Die Jungen werden mit Raupen gefüttert. Während der Beobachtungszeit – sie erstreckte sich über Jahre – konnte Lack eine verblüffende Korrelation feststellen: Die Jahre mit den größten Gelegen – elf bis zwölf Eier – waren jene, wo es ein paar Monate später die meisten Raupen gab. 1951, als die Anzahl der Eier auf acht fiel, gab es fast gar keine Raupen.

Zugegeben, diese Beobachtungen sind überzeugend, zugegeben, die vorausblickenden Kohlmeisen halten den Appetit ihrer Vogelkinder mittels Familienplanung in naturbedingten Grenzen. Trotzdem aber bleibt die Frage offen: Wie bringen sie das zuwege? Lacks Antwort klingt nicht eben überzeugend: Die optimale Stärke einer Brut wird durch die größte Anzahl der überlebenden Jungen bestimmt, diese wiederum durch die vorhandene Nahrung. Erinnern wir uns, wie es Elton und seiner Sonnenfleckentheorie erging. Obwohl die Kontrolle der Populationsgröße – wie bei Laws Elefanten – vielleicht durch Quantität und Qualität der Nahrungsversorgung beeinflußt wird, geraten doch fast alle Forscher, die auf Malthus zurückgreifen, in Schwierigkeiten. Lack erging es nicht anders. Viele Jahre später, 1965, wurden Lacks Untersuchungen von C. M. Perrins weitergeführt. Beobachtungen, die sich über 15 Jahre erstreckten, deuteten darauf hin, daß die Korrelation zwischen Größe des Geleges und vorhandener Nahrung nur ein Zufall war. Einzig die Beziehung zwischen Gelegegröße und Populationsdichte schien relevant zu sein. Wenn die Anzahl der Kohlmeisen sich in einem bestimmten Gebiet verdoppelt, so wird die Größe des Geleges im folgenden Jahr voraussichtlich halb so groß sein.

Vielleicht hätten die Vogelbeobachter sich mehr dafür interessieren sollen, wie es den Nagetierbeobachtern erging. Jedenfalls kamen alle Beobachter zu dem gleichen Schluß: Es ist der Raum, nicht die Nahrung, der bei den meisten Spezies die Kontrollmechanismen auslöst. Überfüllung, nicht Unterernährung hält die Populationen konstant. (Und das ist natürlich der Punkt, wo sich ein Vergleich mit der menschlichen Population aufdrängt.) Viele Rätsel bleiben dennoch ungelöst. Man kann nicht gut behaupten, ein Vogel lerne aus Erfahrung die Größe des Geleges beschränken. Selbst wenn sie die Fähigkeit hätten zu lernen, wie Perrins behauptet, so ist doch zum Beispiel bei den Kohlmeisen nur die Hälfte der erwachsenen Vögel eines bestimmten Jahres im darauffolgenden Jahr noch am Leben.

In der Zeit der erbitterten Debatten zwischen den beiden Forschungsrichtungen erschien Wynne-Edwards' gewaltiges, revolutionäres Werk; ich kann nicht glauben, daß alle, die diese Arbeit ablehnen, sie auch gelesen haben. In seinem Buch akzeptiert Wynne-Edwards die Gegebenheiten der Umwelt als die letzte Beschränkung der Tieranzahl. Aber er bestreitet, daß Nahrungsversorgung oder Kampf um Nahrungsversorgung einen direkten Einfluß auf die Anzahl haben. Statt dessen stellt er folgende Hypothese auf: Die Evolution hat *vereinbarte* Arten des Wettstreits gefördert, die die Population auf eine Zahl limitieren, die weit unter den Versorgungsmöglichkeiten des Habitats liegt. Männchen kämpfen niemals um so direkte Preise wie Nahrung oder Weibchen. Sie kämpfen um Symbole wie Territorium oder hohen Rang in der Hierarchie, die ihnen dann allerdings Bevorzugung bei Nahrung und Weibchen garantieren. Das Territorium mag den glücklichen Besitzer mit einer gesicherten Nahrungsquelle versorgen oder auch nicht. Ganz gewiß aber wartet auf dem Territorium kein Weibchen auf ihn, das zum Besuch auffordert. Erst die Erringung der symbolischen Preise, die in ihrer Zahl beschränkt sind, verschafft dem Sieger Nahrung und Partnerin. Nicht der Besitzer lockt das Weibchen herbei, sondern der Preis. Und da die Anzahl dieser vereinbarten Preise limitiert ist, gilt dies automatisch auch für die Population.

Mancher Leser wird nach Sinn und Zweck dieser endlosen Meinungsverschiedenheiten fragen. Er darf aber nicht vergessen, daß die Wissenschaft vom Materialismus beherrscht wird. Vielen zeitgenössischen Wissenschaftlern ist es einfach unvorstellbar, daß Tiere um etwas anderes wetteifern als um Sex und Nahrung. Und doch beweist die Ethologie das Gegenteil. Die traurigen Folgen eines solchen wissenschaftlichen Beharrungsvermögens traten anläßlich eines Symposiums in Washington unter der Leitung des bekannten amerikanischen Zoologen E. O. Wilson von Harvard deutlich zutage.

Das von der Smithsonian Institution angeregte Symposium hatte das Verhältnis *Mensch-Tier* zum Thema, und viele der prominentesten Wissenschaftler waren gekommen, um über neue Hypothesen zu sprechen, die das Verhalten des Menschen mit dem Tierverhalten in Verbindung bringen. Eine der Hypothesen, die keinen einstimmigen Beifall fanden, stammte von Konrad Lorenz und von mir, wonach die Aggressivität und folglich auch der Wettkampf bei Mensch und Tier angeboren sind. Wenn es Ausnahmen gibt, betreffen sie nicht den *Homo sapiens*. Wilson wurde gebeten, auf dem Symposium über rivalisierendes und aggressives Verhalten zu sprechen.

Sein Vortrag mußte auf einen Entwicklungsforscher nachgerade paralysierend wirken. Als Ausgangspunkt wählt er eine Definition des Wettstreits aus dem Jahre 1939. Der Wettstreit ist demzufolge „ein aktiver Anspruch zweier oder mehrerer Individuen derselben Spezies (intraspezifischer Wettstreit) oder ein Anspruch von Mitgliedern zweier oder mehrerer Spezies mit gleicher Ernährungsbasis (interspezifischer Wettstreit) auf eine gemeinsame Versorgungsquelle, die tatsächlich oder potentiell versiegen kann«. Freundlicherweise drückte er diese Definition auch etwas einfacher aus: »Wettstreit entsteht dort, wo Populationen sich so zusammendrängen müssen, daß eine Verknappung bei einer oder mehreren Versorgungsquellen eintritt.« Das war von geradezu steinzeitlicher Altertümlichkeit und besagte nichts anderes, als daß es in der Natur nur selten zu einem Wettstreit kommt. Die Schlußfolgerung lieferte dem etwas ramponierten Traum der Umweltapostel neue Nahrung. Dieser Vortrag Wilsons wurde in der amerikanischen Presse von allen Symposiumsgesprächen am häufigsten zitiert.

Damit zeigte sich wieder einmal, wohin eine falsche Prämisse auch den fähigsten und seriösesten Wissenschaftler führen kann. Wilsons Definition des Wettstreits fand zwei Jahre nach der Übersetzung von Konrad Lorenz' erstem Buch ins Englische Eingang in die wissenschaftliche Literatur. Die Geburtsstunde der Ethologie hatte noch nicht geschlagen, ja es gab noch nicht einmal den Terminus Ethologie. Erst mußte eine Forschergeneration aus den Wäldern und Savannen heimkehren und ihre Aufzeichnungen vorlegen. Einmütig berichteten sie alle: Wettstreit gibt es überall in der Natur (Kann man ohne ihn überhaupt von natürlicher Auslese sprechen?). Wettstreit innerhalb einer Spezies dagegen betrifft kaum jemals materielle Dinge. Ob man mit Wynne-Edwards' Hypothese und seinen vereinbarten Preisen konform geht oder nicht, es läßt sich nicht leugnen, daß das Ziel fast jedes tierischen Wettstreits nicht in der materiellen, sondern in der verhaltensbestimmten Umwelt der Tierpopulation selbst liegt. Ein Territorium zum Beispiel existiert nicht in der Natur – es existiert im Bewußtsein des Tieres.

Die Debatte, die Wynne-Edwards' Arbeit heraufbeschworen hat, ist viel mehr als nur eine Reaktion doktrinärer Wissenschaftler auf eine neuartige Hypothese. Die Angriffe richten sich vor allem gegen seine Begriffsbestimmung der Gruppenselektion, und sogar David Lack erhob seine Stimme gegen diese Auslegung. Jeder Theoretiker, der versucht, das Gelege, den territorialen Wettstreit oder den sozialen Rang mit der Populationskontrolle in Verbindung zu bringen, steht einem Grundproblem gegenüber: wie ist die Bereitschaft des Individuums zu erklären, sich bestimmten Regeln zu unterwerfen, die nicht im eigenen, sondern im Interesse der ganzen Population liegen?

Die Nistgewohnheiten der Meeresvögel zeigen das sehr deutlich. Die Anzahl der Stummelmöwen reguliert sich letztlich nicht durch die vorhandene Nahrung, sondern durch die nicht eben häufigen Nistplätze unter Felsvorsprüngen, die die Spezies als Schutz gegen Räuber bevorzugt. Das Stummelmöwenpaar kann ohne weiteres drei Jungvögel aufziehen, trotzdem haben drei Viertel aller Nester einer Kolonie nur ein Gelege von zwei Eiern. So wird die Population in vernünftigen Grenzen gehalten. Weshalb aber kann die Stummelmöwe, die ein Nest besitzt, tatsächlich nicht drei Eier ausbrüten? Welcher Prozeß der natürlichen Auslese hat diese Geburtenkontrolle bewirkt?

Zu Beginn seiner Laufbahn – er arbeitete damals als Biologe in Kanada – machte Wynne-Edwards großartige Photographien von einer Tölpelkolonie auf einer Landspitze Neufundlands. Die

Bilder erschienen im ›Scientific American‹ und bedurften kaum einer Erläuterung. Ein Teil der Landspitze ist mit auf ihren Nestern brütenden Vögeln übersät. Eine benachbarte Landspitze ist gleichfalls übersät – mit »arbeitslosen« Vögeln; das sind jene Vögel, die sich nicht fortpflanzen können, weil sie keinen Nistplatz haben. Da man schließlich überall Nester bauen kann, erhebt sich die Frage, warum nur ganz bestimmte Orte als Nistplätze akzeptiert werden. Man könnte natürlich sofort folgern, daß das eine willkürliche Beschränkung der Population zur Folge hat. Das beantwortet aber nicht die Frage, warum die arbeitslosen Vögel, die sich am Wettstreit um Territorien beteiligt und verloren haben, sich mit diesen Regeln abfinden. Sie gleichen Menschenkindern, die bei einem Spiel ausscheiden müssen und schmollend zusehen. Wie kam ein solcher Vertrag zwischen einer Population und ihren Mitgliedern zustande?

Zum Kummer konservativer Biologen schlug Wynne-Edwards als Antwort Gruppenselektion vor und berief sich auf die neuerkannten Prinzipien der Populationsgenetik. Es ist die gleiche Antwort, wie ich sie für die hüpfenden Tommies vorgeschlagen habe. Im Genpool einer Population kann ein Verhaltensmerkmal entstehen, das für die Gruppe Überlebenswert hat. Eine lokale Population, die durch Hunderttausende von Jahren die Fährnisse ihres Habitats überlebt hat, wird gewissermaßen unsterblich, was dem Individuum verwehrt ist. Jede genetische Veränderung – ob sie nun für die kurzlebigen Mitglieder von Vorteil ist oder nicht – wird, wenn sie die Überlebenschancen der Gruppe erhöht, zwangsläufig zu einem Teil des Genpools.

Denken wir an Ellen Cullens Möwen und nehmen wir an, daß irgendwann in der fernen Vergangenheit der Spezies eine Mutation stattgefunden hat; diese führte ein Gen ein, dessen dominantes Allel* das Gelege auf zwei Eier reduzierte, während das rezessive bei drei Eiern blieb. Die Mutation war scheinbar von Nachteil, weil die Eltern weniger Nachkommen hinterließen, und hätte folglich ausgemerzt werden müssen. Doch sollte sie in einer Population mit Nistplatzproblemen in den Klippen sich nicht doch verbreiten? Ja, sagt die Gruppenselektion. Und da die Verteilung der Gene in jeder Generation eine zufällige ist, liegt eine Beschränkung der Jungen nicht in der Macht der Eltern.

Wynne-Edwards' Gruppenselektion – bessere Überlebenschancen einer Population mit einem überlegenen Genpool – ist

* Einander entsprechende Erbanlagen homologer Chromosomen

deshalb so wichtig, weil sie eine genetische Erklärung der Selbstregulierung der Tieranzahl liefert. Solche Erklärungen sind nicht leicht zu finden. In unserem Jahrhundert heißt es für gewöhnlich: natürliche Auslese ist differenzierte Fortpflanzung; überlegene Individuen hinterlassen mehr Nachkommen, die dann den Genpool der nächsten Generation beeinflussen. Ich glaube aber, daß der Widerstand gegen die Gruppenselektion auf eine Bemerkung von Ernst Mayr zurückgeht, der behauptete, daß heutzutage die meisten biologischen Kontroversen zwischen jenen stattfinden, die noch in Typen denken, und jenen, die bereits in Populationen zu denken bereit sind.

Viele Biologen lehnen die Gruppenselektion als unbewiesene Hypothese ab, andere halten sie für überflüssig und sind der Ansicht, daß sich alles mit der orthodoxen Interpretation der Auslese erklären ließe. Diese Erklärungen haben jedoch etwas Verkrampftes an sich, das haben wir bei Lack gesehen, der die traditionelle Nahrungstheorie anzuwenden versuchte. Auf dem Spiel steht weniger die Erklärung für ein nachweisbares Phänomen als vielmehr die Verteidigung einer akzeptierten, wenn auch unzulänglichen Definition. Die vielleicht treffendste Bemerkung hierzu stammt von M. E. Solomon, noch lange bevor die Kontroverse sich zu versteifen begann. Er meinte, es sei unrealistisch, das Schicksal einer Population so ausschließlich mit der Umwelt in Verbindung zu bringen. Die Population steht in Beziehung zu einer Ganzheit, die auch sie selbst miteinschließt.

Eines Tages werden die Experten diese Differenzen beseitigen. Wenn Wilson in Washington recht hatte und es nur dann zu einem Wettstreit kommt, wenn eine zu zahlreiche Bevölkerung spärliche Versorgungsmöglichkeiten hat, dann ist Malthus' These bewiesen. Dann bleibt der Menschheit nichts übrig, als den Tag abzuwarten, an dem wir uns – zahlenmäßig ins Gigantische gewachsen – im Kampf um nicht ausreichende Nahrung gegenseitig umbringen. Hat jedoch Wynne-Edwards recht, dann ist jede Population – menschlich oder nicht menschlich – imstande, ihre Anzahl durch vereinbarte Regeln und die Fähigkeit, diese Regeln zu befolgen, in Grenzen zu halten.

Obwohl zur Zeit das Beweismaterial für Wynne-Edwards zu sprechen scheint, wird es doch immer wieder Spezies geben, denen diese Fähigkeit fehlt und die einem traurigen Schicksal ausgeliefert sind – dem Tod durch Streß.

Für Leser von ›Alice in Wonderland‹ ist seit Generationen der kleine, verrückte Märzhase eines der liebenswertesten Phantasiewesen Lewis Carrolls. Daß es ihn tatsächlich gibt, und noch dazu in beachtlicher Zahl, scheint kaum glaublich. Der Schneeschuhhase *(Lepus americanus)* stirbt im Frühling, wenn seine Zeit gekommen ist, an einem Leiden, das man am ehesten als Nervenzusammenbruch bezeichnen könnte.

Neben jenen Spezies, die ihre Anzahl selbst regulieren können, gibt es andere, die dazu nicht imstande sind. Es wurde bereits darauf hingewiesen, daß die Dichte einer Population, nicht aber die Nahrungsversorgung für den Zusammenbruch einer Population verantwortlich ist. Auch wurde die Vermutung ausgesprochen, daß Darwin mit seiner Behauptung recht hatte, daß sehr eng zusammengedrängte Populationen einer Krankheit zum Opfer fallen können, die sich epidemieartig verbreitet.

Gegen Ende der dreißiger Jahre, als MacLulich die Sonnenfleckentheorie zerstörte, untersuchte ein Forscher, R. G. Green, mit einigen Mitarbeitern die Kadaver der Schneeschuhhasen am Lake Alexander in Minnesota. Kaum einer wies Spuren einer Infektionskrankheit auf. Seltsam aber war die Art des Todes. Manche verhielten sich völlig normal, andere waren wie erstarrt; plötzlich wurden sie dann von Krämpfen geschüttelt und starben. Hasen, die man scheinbar gesund einfing, zeigten ein anderes seltsames Symptom. Normalerweise läßt der Schneeschuhhase die Gefangenschaft gleichgültig über sich ergehen. Doch zur Zeit des Populationszusammenbruchs im Frühjahr starben die gefangenen Hasen praktisch plötzlich. Untersuchungen ergaben eine gewisse Anomalie der Leber, Mangel an Blutzucker und geringfügige innere Blutungen. Green sprach von einer Schockkrankheit.

Diese Erklärung befriedigte niemanden. Etwas so Spezifisches mußte sich definieren lassen. Und warum starben die Hasen ausgerechnet im Frühling? Man stellte die verschiedensten Hypothesen auf, die überzeugendste stammt von J. J. Christian, einem besonders genauen und seriösen Forscher. Er sah im Aufbau einer Population eine Zeit des wachsenden Streß: Zunehmende Anzahl der Jungen, der härter werdende Wettkampf unter den erwachsenen Tieren, die steigende Zahl der Fremdlinge in einer sich desorganisierenden Population führen schließlich zu physiologischer wie psychologischer Erschöpfung. Es ist, als ob der Winter mit seinen Härten das Ende vorbereite; und das Ende kommt mit den sexuellen Anforderungen des Frühlings. Alles fällt tot um.

Ob diese Hypothese richtig ist oder nicht, muß erst bewiesen werden. Die Vermutung, daß der verrückte Märzhase an der Liebe zugrunde geht, klingt romantisch, sie stammt jedoch von einem der führenden amerikanischen Endokrinologen. Weit bedeutsamer als das traurige Schicksal des Schneeschuhhasen sind allerdings die von J. J. Christian und David A. Davis eingeleiteten Untersuchungen der physiologischen Folgen des sozialen Streß in sehr dichten Populationen. Weitere Beobachtungen in freier Wildbahn bestätigen die letale Beziehung. Die meisten Studien wurden an Nagetieren durchgeführt, die für Populationszusammenbrüche besonders anfällig sind. Die Spitzmaus gehört wie der Maulwurf zu den Insektenfressern. Während einer Populationsexplosion im Jahre 1957 war die Erregbarkeit der Tiere so groß, daß sie schon zu Beginn der Explosion nur vier Tage in Gefangenschaft überlebten, obwohl sie sich für gewöhnlich in Gefangenschaft durchaus normal verhalten. Im Herbst, auf dem Höhepunkt der Explosion, überlebten sie nur acht Stunden. Zu diesem Zeitpunkt war die durchschnittliche Embryonenanzahl bei einem trächtigen Tier von sieben auf drei gefallen. Das ungewöhnlichste Ergebnis bei dieser Spitzmausuntersuchung betraf jedoch den Raum. Die Population stieg von weniger als einer Maus pro Morgen auf zehn. Dennoch konnte man keine Überschneidung von Territorien feststellen. Die Territorien wurden weiter verteidigt, wurden kleiner und kleiner, während der Druck auf den Bewohner des Territoriums immer stärker wurde.

Der wachsende Streß auf eine explodierende Population läßt sich kaum besser veranschaulichen. Nun, da der Wissenschaft genügend Material aus Beobachtungen auf freier Wildbahn zur Verfügung stand, wandte man sich dem Laborexperiment zu. Und ein einziges kluges Experiment, das immer wieder überprüft und bestätigt wurde, genügte, die Vorstellung zu zerstören, daß Geburtenkontrolle ein Naturgesetz verletze.

Die Hausmaus ist territorial, und bei normaler Dichte trifft die Maus auf keinen fremden Mäuserich. Das Experiment, das den sogenannten »Bruce-Effekt« zeigt, wurde das erste Mal in England durchgeführt: Ein Zuchtmännchen befruchtete eine Maus. Wurde diese innerhalb der folgenden vier Tage von einem fremden Männchen begattet, so hatte sie einen Abortus. Das Experiment ließ auf eine Mäusemoral von ungeahnten Ausmaßen schließen. Damit war die Untersuchung aber noch nicht abgeschlossen. Wenn die befruchtete Maus innerhalb von vier Tagen ein Männchen auch nur *sah*, waren die Chancen 50:50, daß sie ihre Jungen austragen würde. Das letzte Experiment – von enormer Bedeutung für die Populationsdynamik – bewies, daß die Trächtigkeit auch dann unterbrochen wurde, wenn man die Maus in einen Käfig setzte, in dem vorher ein fremder Mäuserich gewesen war, dessen Geruch sie noch spürte.

Das Experiment wurde unter optimalen Umständen mit mehreren Kontrollgruppen von Weibchen durchgeführt; wenn sie kein fremdes Männchen rochen, nahm die Trächtigkeit einen normalen Verlauf. Trotzdem waren die Biologen so verblüfft, daß sie weitere Experimente durchführten. Bruce hatte Albinos als Labormäuse verwendet, und diese überzüchteten Geschöpfe lieferten mitunter unverläßliche Resultate. Also wiederholte ein anderer Forscher das Experiment mit wilden Mäusen. Das Resultat war das gleiche. Physiologen stellten die Ursache fest: ausschlaggebend ist der Geruchssinn. Der Geruch des fremden Männchens löst das befruchtete Ei aus der Gebärmutter.

Ein letztes in Oxford durchgeführtes Experiment – die Forschungsergebnisse wurden 1968 veröffentlicht – zeigt, wie mächtig der Bruce-Effekt ist und wie entscheidend er die Tieranzahl reguliert. Das Mäuseweibchen ovuliert in regelmäßigen Intervallen, dann muß die Befruchtung stattfinden: man spricht von spontaner Ovulation. Beim Maulwurf hingegen wird die Ovulation herbeigeführt; die Begattung läßt das Ei hinabgleiten und sich mit dem bereits vorhandenen Spermium vereinigen. Man paarte 20 Maulwürfe und ließ sie beisammen: 16 Würfe kamen zur Welt. Eine andere Gruppe von 20 Maulwurfweibchen wurde nach der Kopulation mit fremden Männchen zusammengebracht. Nur fünf Weibchen brachten Junge zur Welt.

Der Bruce-Effekt ist eine Bestätigung der natürlichen Geburtenkontrolle in ihrer einfachsten Form: gelangt in einer dichtgedrängten Population ein fremdes Männchen in die Nähe eines trächtigen Weibchens, dann kommt es sofort zum Abortus. Vermutlich bewirken ähnliche, heute noch nicht bekannte Effekte bei vielen Spezies – vielleicht sogar beim Elefanten – eine Reduzierung der Embryonenanzahl. Der durch die Bevölkerungsdichte bedingte Streß ist aber zweifellos nicht allein für die Kontrolle der Anzahl verantwortlich.

Man konnte bei verschiedenen Gruppen einer Spezies unter ganz gleichen Umweltbedingungen sehr unterschiedliche Reaktionen auf zunehmende Übervölkerung feststellen. Obwohl bei allen die Fortpflanzung an einem bestimmten Punkt aufhört, ist das Toleranzniveau weitgehend verschieden. Es ist, als unterschieden sich die Populationen »in ihrem Temperament«, um mit Charles Southwick zu sprechen. Aggression kann schnell oder langsam wachsen. Mutter-Kind-Beziehungen können bei geringem Streß bereits zerfallen oder aber bei einer sehr starken Übervölkerung noch funktionieren. Dieser Unterschied ist vermutlich auf die Anwesenheit beziehungsweise Abwesenheit eines besonders dominanten Alphas in der Gruppe zurückzuführen.

Die Beziehung zwischen Rang und Streß hat ihre makabren Seiten. Das übermäßig stark dominierte Tier kann sich unter Umständen einfach hinlegen und sterben. Man hat bei Küchenschaben festgestellt, daß ein völlig unverletztes, aber hart bedrängtes Tier offenbar an Hoffnungslosigkeit zugrunde geht. Führt man Ratten in festgefügte Gruppen ein, so werden sie verfolgt und sterben innerhalb von wenigen Tagen. In einem Labor in Glasgow starb eine Ratte nach einer neunzigminutigen Verfolgung. Sie hatte keine schweren Wunden und keinerlei innere Verletzungen. Sie starb an Streß.

Man vermutet, daß bei untergeordneten Tieren eine Erweiterung den Nebennieren eintritt; ist der Streß übermäßig stark, so wird das Tier infolge Adrenalinmangels apathisch und stirbt. Das Alphamännchen ist relativ immun. Wir wissen, daß der echte Alpha schon als solcher geboren wird, und vielleicht ist es Teil einer genetischen Beschaffenheit, daß seine Drüsen den Streß besser ertragen als die der übrigen Tiere. Das gleiche gilt für das Alphaweibchen jener Spezies, wo eine weibliche Rangordnung besteht. Myers hat in Australien experimentell nachgewiesen, daß das rangniedere Kaninchenweibchen bei starkem Populationsdruck die größte Fötussterblichkeit aufweist. Man kann daher annehmen, daß das »Temperament« einer Population vom Vorhandensein beziehungsweise Fehlen eines mächtigen Alphas bestimmt wird, der allein durch seine Anwesenheit den Zerfall der sozialen Organisation verhindert.

Bereits 1952 hat John Calhoun im Zuge seiner Rattenexperimente in Maryland über die relative Immunität des Alphas und die Anfälligkeit des Omegas berichtet. Beim Menschen verhält es sich ähnlich. 1968 erschien in der amerikanischen Zeitschrift

›Science‹ ein Bericht über eine medizinische Untersuchung von 270000 Angestellten der Bell System Operating Companies, einer gigantischen Telephongesellschaft in den USA. Die Mammutuntersuchung korrelierte Erziehungsniveau und Position mit dem Auftreten von Herzerkrankungen. Es ist ein weitverbreiteter Glaube, daß intensive Konkurrenz, Streß und die Verantwortung einer leitenden Stellung die Lebensdauer eines Mannes verkürzen. Wie sich zeigte, trifft dies keineswegs zu.

Bell System bietet, wie ein perfekt aufgebautes Laboratorium, eine völlig kontrollierte Umwelt. Die Filialen – ob in Georgia oder New York State – haben alle die gleiche Struktur, erfüllen ähnliche Ansprüche, bieten gleichartige Arbeitsbedingungen. Der gigantische Komplex steht unter der Leitung eines einzigen Topmanagements; soziale Leistungen wie Altersversorgung, Pensionen und Gesundheitsdienst sind überall gleich. In allen Abteilungen werden genaue Personalaufzeichnungen geführt. Die 270000 Lebensläufe stellen ein so reichhaltiges Material dar, daß bereits kleine Abweichungen statistisch relevant sind. Die Abweichungen waren aber keineswegs klein.

Beginnen wir am unteren Ende der »Hackordnung« in der Telephongesellschaft, so finden wir bei den Arbeitern eine jährliche Herzerkrankungsquote von 4,33 pro Tausend. Ihre unmittelbaren Vorgesetzten, die Vorarbeiter, schneiden mit 4,52 etwas schlechter ab. Bei Aufsehern und Filialleitern fällt der Promillesatz auf 3,91. Geht man weiter in der Hackordnung, so wird der Trend noch deutlicher: Direktoren haben eine Quote von nur 2,85. In der Führungsspitze, bei den Generaldirektoren beträgt die Quote 1,85, das heißt, Herzerkrankungen treten bei dieser Gruppe ganz wesentlich seltener auf als bei den Arbeitern. Und während man einerseits behaupten kann, daß viele Herzkranke bereits ausscheiden, bevor sie den Alpha-Rang erreichen, sind anderseits Generaldirektoren im allgemeinen ältere Herren.

Die Interpretation dieser Resultate bereitet jenen, die in der Populationsdynamik von Tiergruppen geschult sind, keine Schwierigkeiten. Sicherlich haben Umwelteinflüsse etwas damit zu tun. Die Untersuchung zeigte unter anderem, daß College-Absolventen seltener erkranken; hier spielt zweifellos das Milieu eine Rolle. Anderseits erwies sich ganz deutlich, daß College-Absolventen, die mehr erreichen als mittlere Positionen, für Herzerkrankungen am anfälligsten sind, während Nicht-College-Besucher, die sich zur Spitze emporarbeiten, die relative Immunität der Spitzengruppe teilen. Der Bericht kam zu keiner endgültigen Auslegung der Ergebnisse und schloß mit der vagen Feststellung, daß etwas Biologisches mit im Spiel sein müsse.

Ohne Zweifel ist etwas Biologisches mit im Spiel. Wenn der Mensch sich aus dem Tier entwickelt hat, dann muß die Geschichte des Alpha-Affen, des Alpha-Kaninchens, der Alpha-Antilope, des Alpha-Fisches auch Hinweise auf die natürlichen Gaben und Mängel des Alphas und Omegas beim Menschen enthalten.

6

Hätte Malthus recht gehabt und wäre der Nachweis gelungen, daß die Nahrungsmenge die Anzahl der Tiere reguliert und reduziert, dann müßten wir die Geburtenregelung als Verletzung eines Naturgesetzes bezeichnen. In seltener Übereinstimmung aber irrten sowohl Malthus wie auch der Papst. In der gesamten Tierwelt sorgen selbsttätige Mechanismen dafür, daß die Populationsgröße die Nahrungsquellen eines Habitats niemals zur Gänze erschöpft.

Es ist falsch, zwischen Angeborenem und Erlerntem einen scharfen Trennungsstrich zu ziehen. Ganz offensichtlich lernt das Löwenkind durch bittere Erfahrung, daß es sich unterzuordnen hat, und diese Unterordnung wieder ist eine angeborene soziale Veranlagung der Spezies. Ganz offensichtlich muß das Möwenküken die Grenzen des elterlichen Territoriums beachten lernen, sonst entfernt es sich zu weit und wird zu Tode gepickt. Bei fast allen Tierverhaltensformen treten erlernte Elemente hinzu – wir können sie bis zu einem gewissen Grad als subkulturell bezeichnen – ebenso wie Wynne-Edwards' vereinbarte Preise zum Teil angeboren, zum Teil überliefert, zum Teil erlernt sind. Bei der Spezies mit der höchsten Kultur jedoch, beim Menschen, wo die Tradition die Muster angeborener Verhaltensformen und physiologischer Gebote weitestgehend ersetzt hat, wurde die Geburtenregelung zu einem kulturellen Substitut für ein Verhalten, das ansonsten von Natur aus gegeben ist.

Wir mögen bedauern, daß unsere jungen Frauen auch auf besitzlose Männer ansprechen, was beim Kiebitz nie der Fall ist. Wir mögen bedauern, daß unsere Omega-Männchen, im Gegensatz zum Uganda-Wasserbock, sich nicht bereitwillig mit psychologischer Kastration abfinden. Wir mögen bedauern, daß wir in unseren Familien – wie es etwa die Kohlmeise macht – nicht auf steigende Populationsziffern reagieren, indem wir weniger Eier legen oder wie die Hausmaus einfach einen Abortus haben. Wir mögen mit einiger Beunruhigung die Jugendbewegung der Lemminge betrachten, die unter dem Streß einer unerträglichen Übervölkerung zu ihren Todesmärschen antreten, oder die Schneeschuhhasen, die einfach tot umfallen; es wäre ja denkbar, daß auch wir eines Tages derart bedauerliche Regungen verspüren könnten.

Wir können den allmählichen Verlust solcher angeborener Mechanismen in unserer Spezies nicht allein auf die Vergrößerung des menschlichen Gehirns im Pleistozän zurückführen. Diese rapide Vergrößerung führte zweifellos zu einer stärkeren Einschränkung der alten Formen zwanghaften Verhaltens. Darüber hinaus aber haben wir uns in der Frühzeit unserer Entwicklung an die Naturgesetze gehalten und soziale Traditionen an die Stelle ehemals natürlicher Prozesse gesetzt.

Der amerikanische Ökologe J. B. Birdsell hat nachgewiesen, daß die Ureinwohner Australiens bei einem natürlichen Bevölkerungszuwachs innerhalb von 2000 Jahren das Nahrungslimit des Landes erreicht hätten. Wie wir wissen, überlebten sie wesentlich länger und kamen nicht einmal in die Nähe dieser Grenze. Krankheiten, territoriale Verteilung der Gruppen und Stammesfehden mögen dabei eine Rolle gespielt haben. Der entscheidende Faktor der Populationskontrolle war jedoch der Kindermord. Das gilt auch für den Eskimo, bevor äußere Einflüsse seine Lebensformen veränderten. Beide Gruppen waren Jäger, die aktive Männer brauchten. Bei beiden war das Verhältnis von jungen Männern zu jungen Frauen ungefähr 150 zu 100. Weibliche Säuglinge wurden radikal dezimiert.

Als Carr-Saunders 1922 das Populationsproblem studierte, wußte er nichts von der langen Entwicklungsgeschichte der tierischen Populationsbeschränkung. Er beschäftigte sich mit primitiven Völkern und nahm an, daß die Populationskontrolle in der Steinzeit begonnen habe. Sein gründliches Studium des damals vorhandenen Materials über Primitive führte zu seiner These der »optimalen Anzahl«. In jeder Gruppe gibt es eine bestimmte Anzahl, die weit unter der Bedrohung durch Hunger liegt, jedoch groß genug ist, um die Möglichkeit der Umwelt weitgehend auszuschöpfen. Diese Bevölkerungsdichte wird mit allen Mitteln gehalten – durch Kindermord oder erzwungenen Abortus, durch Kannibalismus, Kopfjagden, Menschenopfer, rituellen Mord, durch Tabuisierung von Inzest oder des Geschlechtsverkehrs während des Stillens. Eine konstante Größe des Habitats wird durch territoriale Verteidigung erreicht oder durch die traditionelle Anhänglichkeit an ein Stück Land, die bei manchen Stämmen noch durch den Glauben verstärkt wird, daß das heimatliche Gebiet von den Geistern der toten Vorfahren bewohnt werde. Wynne-Edwards' Idee der Gruppenselektion vorwegnehmend, schreibt Carr-Saunders über seine »optimale Anzahl«: »Im fortwährenden Kampf zwischen benachbarten Gruppen werden jene am erfolgreichsten sein, deren Sitten und Gebräuche sich am vorteilhaftesten auswirken. Und wenige Sitten sind so vorteilhaft wie die, die eine Gruppe auf die wünschenswerte Anzahl beschränken.«

Als vor etwa 10000 Jahren die landwirtschaftliche Revolution einsetzte, entstand in jenen traditionellen Kräften, die früher die Größe der Jagdbanden streng limitiert hatten, ein Bruch. Doch selbst heute trifft man bei landwirtschaftlich orientierten Stämmen noch Sitten an, die das sexuelle sowie das Fortpflanzungsverhalten regeln. Der Staatsmann Kenyatta ist hinlänglich bekannt. Die wenigsten aber wissen, daß sein Buch ›Facing Mount Kenya‹ zu den besten Monographien der ethnologischen Literatur gehört. Als Student der London University ging er mit wissenschaftlicher Disziplin an sein Thema heran. Da er aber gleichzeitig Mitglied des Stammes ist, den er beschreibt – bei Anthropologen wohl etwas Einmaliges –, kommen seiner Analyse die eigenen Kindheits- und Jugenderfahrungen zugute. Mit seiner Schilderung der Besitzverhältnisse bei den Kikuyu bestätigt er, daß die Territorialität für eine Verteilung der Bevölkerung sorgt. Er schreibt: »Obwohl die Kikuyu ihr Land gemeinsam verteidigen, bleibt die Tatsache bestehen, daß jeder Zoll des Kikuyu-Territoriums seinen Besitzer hat, daß die Grenzen genau festgelegt sind und jedermann sie respektiert.« Er berichtet über Arbeitsteilung und Erziehungsmethoden. Das faszinierendste Kapitel des Buches jedoch beschäftigt sich mit jenen Traditionen, die den jugendlichen Geschlechtstrieb zwar berücksichtigen, dessen Folgen aber eliminieren.

Bei den Pubertätsriten wird der Jüngling beschnitten und das junge Mädchen einer Klitoridektomie unterzogen, wodurch man ihre Fähigkeit zur sexuellen Erregung reduziert. Bis zur Pubertät gilt Masturbation als durchaus normal, und obwohl es unschicklich ist, sie vor Erwachsenen zu praktizieren, wird innerhalb der Altersgruppen sogar um die Wette masturbiert. Nach der Initiation aber gilt Masturbieren als kindisch. Jetzt beginnt die Sitte des *ngwecko*, eine beschränkte Form des Geschlechtsaktes, die Kenyatta als »heiligen Akt« beschreibt, »der auf systematische, wohlorganisierte Weise ausgeführt werden muß«. *Ngwecko* findet in einer eigens dafür bestimmten Hütte statt – sie heißt *thingira* –, dem Treffpunkt der Jünglinge einer Altersgruppe, den dic Mädchen hie und da besuchen. Hier wird gegessen und getrunken, und wenn die Jungen in der Überzahl sind, darf das Mädchen ihren Partner wählen; man empfindet es allerdings als egoistisch, wenn sie immer ihre besten Freunde wählt. Haben die Paare sich zusammengefunden, dann ziehen sich die Jungen aus, das Mädchen aber behält ihre *mwengo* an, eine weiche kleine Lederschürze, die sie sorgfältig zwischen die Schenkel legt. Normalerweise erleben die Partner während des *ngwecko* sexuelle Befriedigung, die für das beschnittene Mädchen allerdings weniger wichtig ist. Die Schürze zu beseitigen ist absolut tabu. Kommt es zu einer Empfängnis, dann sind nach dem Stammesgesetz harte Strafen vorgesehen, und wenn das Mädchen bei einer späteren Heirat ihre Jungfräulichkeit nicht nachweisen kann, so sinkt ihr Wert beträchtlich.

Aus Kenyattas Bericht geht hervor, wie ausgewogen die Kikuyusitten sind, indem sie die Sexualität zwar gelten lassen, die Folgen – ungewollte Kinder – jedoch ausschalten. Mit dem Zusammenbruch der Stammesordnung in unserer Zeit kommt es zwangsläufig auch zum Verlust dieser Sitten, und es setzt eine kulturelle Degeneration ein, die zur Bevölkerungsexplosion führt.

In gewisser Beziehung zerstörte nicht die industrielle Revolution des 18. Jahrhunderts, sondern der gleichzeitige Triumph des Humanismus die älteren kulturellen Überlieferungen am gründlichsten – jene Überlieferungen, die die biologischen Mechanismen ersetzt hatten. Der Respekt des Humanismus vor der Würde des Menschen, die Ansicht, daß jedes Leben heilig sei, gehören in vieler Hinsicht zu den mächtigsten Kräften des Fortschritts, hatten aber anderseits auch zwiespältige Folgen.

Überall, wo Missionare und Kolonialherren in primitiven Gesellschaften auf Kannibalismus, Kopfjagden und Menschenopfer stießen, reagierten sie mit dem gleichen Entsetzen. Stammesfehden, vor allem in Afrika, wurden weitgehend eliminiert. Der Eifer der Missionare und die Erlässe der Verwaltung setzten dem Kindermord ein Ende. Die Vernichtung von Zwillingen, eine in ganz Schwarzafrika verbreitete Sitte, die die Fortpflanzungsgemeinschaft um 2,5 Prozent reduziert, hat sich dank elterlicher Schläue noch erhalten; fast alle anderen Stammessitten aber, die in den Augen eines Humanisten untragbar sind, wurden beseitigt. Ersatz gab es keinen. Als ich 1955 in Kenia war und voll Entsetzen den Mau-Mau-Aufstand miterlebte, erfuhr ich einiges über das Leben der Kikuyu. Während alle Welt ihre Probleme im Zusammenhang mit den Veränderungen im Landbesitz kannte, wurden die Versuche der Briten, die Klitoridektomie abzuschaffen, totgeschwiegen. Diese Dinge waren für eine Berichterstattung wenig geeignet.

Vielleicht ist es der größte Triumph der Humanisten, daß ihnen eine Übertragung der Schuld gelungen ist – das Gefühl der Sünde gegen Gott wurde von einem Gefühl der Sünde gegen den Mitmenschen abgelöst. Aber auch hier waren die Folgen zwiespältig. Die moderne Medizin und die Biochemie haben uns, die wir jedes Menschenleben für heilig halten, wunderbare Instrumente geliefert. Die Kindersterblichkeit ist rapid zurückgegangen. Das Leben machte eine solche Veränderung durch, daß eine ganz neue Klasse, die der Alten, entstand. In den hochentwickelten Ländern ist der Tod im Kindbett praktisch unbekannt geworden. Gleichzeitig setzten infolge neuartiger Ernährungsmethoden Menstruation und Fruchtbarkeit ungefähr drei Jahre früher ein. Der Abtreiber wurde zum Verbrecher gestempelt. Erfüllt von unserer heiligen Mission gaben wir – mit Hilfe von Drogen und Insektiziden – das neue Fortpflanzungspotential an alle Völker weiter, ob diese nun unterentwickelt waren oder nicht.

Religionen sind selten human, und in dieser Beziehung bildet auch der Humanismus keine Ausnahme. Die Schuld des Humanisten besteht darin, daß er die Qualität der Quantität geopfert hat. Das Leben muß verlängert werden, auch wenn die Agonie des Sterbens noch so qualvoll ist. Ein geistig oder körperlich geschädigtes Kind muß um jeden Preis gerettet werden, um der Fortpflanzungsgemeinschaft angehören zu können. Genetisch Geschädigte ihrer Rechte auf Nachkommen zu berauben, gilt als verwerfliche Diskriminierung. Vielleicht ist eine kranke Gesellschaft dadurch charakterisiert, daß sie sich fast ausschließlich mit dem Schicksal der Kranken, nicht mit dem der Gesunden beschäftigt.

Vielleicht werden wir eines Tages erfahren, ob die übermäßige

Abschirmung des Menschenwesens – wie bei den Rentieren auf St. Paul's Island – einen genetischen Zusammenbruch eben jener Völker herbeigeführt haben wird, die am bedingungslosesten Barmherzigkeit übten. Das wäre dann der biologische Schlußpunkt einer falsch angewandten Philosophie. Aber menschliche Gleichungen gehen kaum jemals so glatt auf.

Ich glaube, wir haben genügend Beweismaterial, um Malthus' These zu widerlegen. Ich glaube, die Menschheit wird niemals so anschwellen, daß sie die vorhandenen Nahrungsquellen zur Gänze erschöpft. Denn schon lange vorher werden sich andere Kräfte eingeschaltet haben. Nehmen wir die Natur als Modell, dann bleiben uns nur zwei Möglichkeiten. Die erste lautet Geburtenregelung.

Ich glaube, wir haben auch genügend Beweismaterial, um die päpstliche Behauptung, Geburtenkontrolle sei eine Verletzung des Naturgesetzes, zu widerlegen. Geburtenregelung ist in jeder Form ein kulturelles Substitut für in der Natur vorhandene biologische Mechanismen. Unser Bevölkerungsproblem hat kulturelle Wurzeln, also haben wir eine kulturelle Antwort darauf gefunden. Diese Antwort ist im Gesellschaftsvertrag verankert und lautet, daß das Individuum die Gesellschaft nicht durch zu viele Kinder überfordern darf. Wie wir gesehen haben, wird bei den Tieren die Anzahl der Nachkommen nicht durch die Eltern bestimmt. Wir müssen also nach einer Möglichkeit suchen, die Geburtenregelung gesetzlich zu verankern, sei es durch hohe Besteuerung kinderreicher Familien, sei es durch Einführung einer bei Eheschließung ausgestellten Urkunde, die die Kinderanzahl gesetzlich festgelegt. Alle ungewollten Schwangerschaften sollten unterbrochen werden. Jede materielle Hilfe an Völker, die – aus Ignoranz, Vorurteil oder politischen Motiven – eine Bevölkerungsbeschränkung ablehnen, sollte eingestellt werden.

Das Programm klingt komplizierter, als es in der Praxis der Fall wäre. Der Großteil von uns akzeptiert widerspruchslos alle Verkehrsvorschriften, weil sie notwendig sind. Auch das Gewissen hilft hier mit: Was auf äußeren Druck begann, wird allmählich zur Selbstverständlichkeit; was erzwungen war, wird freiwillig getan. Schließlich wird auch eine kulturelle Institution wie das Privateigentum – vielleicht weil es im Einklang mit einem Naturgesetz steht – praktisch überall respektiert.

Natürlich gibt es auch eine Alternative zu dieser vernünftigen und humanen Lösung. Doch diese Alternative – Tod durch Streß – ist keine sehr saubere Lösung. Wenn wir davon ausgehen, daß die Populationsdichte und nicht die Nahrungsversorgung die Tieranzahl reguliert, wenn wir ferner voraussetzen, daß eine Population sich niemals ins Unermeßliche vermehrt, dann müssen wir die Alternative akzeptieren, ja sogar begrüßen, auch wenn sie nicht sehr attraktiv scheint. Der Weg ist vorgezeichnet.

Die steigende Zahl der Autounfälle ist zum Beispiel eine Art Bevölkerungskontrolle, die durch die Bevölkerungsdichte mathematisch bestimmt wird. Vorausgesetzt, wir ziehen eine wahnwitzige Lösung einer vernünftigen vor, dann müssen wir im Auto – denn es tötet vor allem junge Menschen – ein taugliches Mittel zur Reduzierung der Fortpflanzungsgemeinschaft sehen.

Auch das Rauschgift dezimiert in erster Linie die Jugend und reduziert wahrscheinlich auch die Fortpflanzungsfähigkeit. Herzleiden und andere Streß-Krankheiten haben den Nachteil, daß sie meist jene treffen, die bereits über das Fortpflanzungsalter hinaus sind. Immerhin wissen wir, daß Omegas wesentlich anfälliger sind als Alphas. Daher müssen wir jene Geschäftsorganisationen und Zusammenschlüsse fördern, die die Alphagruppe reduzieren und die Omegas vermehren.

Da das Leben in den überdimensionierten Weltstädten die große Familie nicht begünstigt, könnte man vielleicht durch eine enorme Besteuerung des Grundbesitzes die Flucht in die Vororte stoppen und die Mittelklassefamilie zurück in das ungute Klima der Großstädte treiben. Damit wäre jedenfalls nichts verloren; denn eine weitere Konzentration des Lebens in den Städten erhöht den Streß, vervielfacht die Ehescheidungen, fördert die Impotenz als Folge von Alkoholismus; mehr Leichen durch erhöhte Kriminalität auf den Straßen, mehr Paare, die ohne Nachkommen bleiben.

Auch Homosexualität darf nicht außer acht gelassen werden. Schon heute schließt sie vier bis fünf Prozent aus der amerikanischen Fortpflanzungsgemeinschaft aus. Vielleicht kann man hier noch mehr erreichen.

Der Selbstmord bietet ungeahnte Möglichkeiten. Die USA haben die Zahlen von fortgeschrittenen Völkern wie der Schweiz oder Schweden noch nicht erreicht. Selbstmorde unter Studenten nehmen bereits zu, und wenn Übervölkerung und Streß weiter anwachsen, kann man hier noch Spektakuläres erwarten.

Bei der Untersuchung der Todesarten durch Streß dürfen wir ein wichtiges Detail nicht aus den Augen lassen: Obwohl jedwede Reduzierung der Anzahl wünschenswert ist, muß vor allem die fortpflanzungsfähige Jugend dezimiert werden. Der Leser wird fragen, warum ich bisher den Krieg als das einfachste Mittel nicht erwähnt habe. Weil ich glaube, daß der Krieg zunehmend unpopulär wird, vor allem bei jenen, die ihn austragen müssen. Das ist vielleicht nur eine vorübergehende Erscheinung. Viel ernster aber ist der gigantische Verbrauch kostspieligen Materials an Stelle des traditionellen Verbrauchs an billigen Menschenleben. Kriege töten einfach nicht mehr genug Menschen. Ein nukleares Scharmützel würde natürlich alle Bevölkerungsprobleme lösen. Ein konventioneller Krieg wie in Vietnam hat jedoch bis jetzt im ganzen weniger Amerikaner vernichtet als jene wundervolle Maschine, das Auto, in einem einzigen Jahr.

Wir müssen wirksamere Mittel finden als den Krieg, um die gigantische Zahl jener zu erledigen, die eines Tages an Streß zugrunde gehen sollen. Zweifellos wird die Zukunft letale Lösungen finden, die unsere Phantasie weit übersteigen. Wenn sich die Weltbevölkerung einmal verdoppelt haben wird, wenn kein Gewässer mehr sauber und das Verkehrschaos ins Unermeßliche gewachsen ist, wenn Aufstand und Bürgerkrieg den konventionellen Krieg abgelöst haben werden, wenn man die Stadtluft nicht mehr atmen kann und die Landluft verschwunden ist, wenn das Verbrechen so überhandgenommen hat, daß niemand mehr ohne Waffen geht, wenn Ärger und Frustration die einzigen Gefühle sein werden, die Mann und Frau kennen – dann werden die Jugendlichen vielleicht den Lemming verstehen.

Aber vielleicht wird eine solche Zukunft niemals Wirklichkeit. Vielleicht werden wir uns doch zu einer gesetzlich geregelten Geburtenbeschränkung entschließen. Doch niemand kann sichere Prophezeiungen machen. Der *Homo sapiens*, jenes Geschöpf, das verrückter ist als jeder Märzhase und unberechenbarer als jeder Lemming, mag stur seinen Weg zu Ende gehen, nur um zu sehen, was ihn dort erwartet. Wie hoch ist der Berg, wie tief der Fluß? Wer wird am Ende das Knie beugen müssen, wir oder unsere Welt? Werden wir die Logik der beschränkten Anzahl begreifen lernen?

Niemand weiß es. Tragödie und Großartigkeit des *Homo sapiens* gehen beide auf die bedauerliche Wahrheit zurück, daß unter allen Tierspezies wir allein nicht der Vernunft gehorchen wollen.

Das Individuum und sein Lebensraum

I

Der zehnstachelige Stichling besitzt, wie eine einfache Rechenübung zeigt, um sieben Stacheln mehr als der dreistachelige. Manchmal hatte ich den Verdacht, daß der berühmte Autor des Buches ›Der nackte Affe‹, Desmond Morris, lediglich seinem Lehrmeister ein Schnippchen schlagen wollte, als er vor zwanzig Jahren den zehnstacheligen Stichling als Studienobjekt wählte. Sein Lehrer, Niko Tinbergen, hatte einen Großteil seiner Karriere dem Studium des dreistacheligen Stichlings gewidmet. Als Morris den Stichling mit zehn Stacheln wählte, war er seinem Lehrer ganz einfach um sieben Stacheln voraus. Als seine Arbeit erschien, gab ihr der junge Zoologe, dessen Erfindungsreichtum bei Buchtiteln eines Tages berühmt werden sollte, den ausgefallensten Titel der ganzen zoologischen Literatur: ›Homosexuality in the Ten-Spined Stickleback‹.

Zu Beginn meiner Forschungen fand ich in einer Fachbibliographie einen Hinweis auf Desmond Morris' Arbeit, und ich konnte meinen nächsten Besuch in London in der Bibliothek des British Museum kaum erwarten; ich wollte unbedingt selbst herausfinden, was in Oxford vorgegangen war. Und tatsächlich war in Tinbergens würdiger Abteilung einiges im Gange. Morris' Untersuchungen der Übervölkerung und ihrer Beziehung zur Aggression führte schließlich zu Beobachtungsergebnissen, die kein vernünftiger Wissenschaftler vorausgeahnt hätte.

Abgesehen von ihrer unterschiedlichen Stachelanzahl ist auch die Fortpflanzung bei den beiden Spezies verschieden. Der dreistachelige Stichling gräbt sein Nest im sandigen Grund jener seichten Gewässer, die er zur Paarungszeit bevorzugt. Sein roter Bauch zieht unwiderstehlich ein Weibchen an, das seine Eier ins Nest legt, damit er sie befruchtet. Der zehnstachelige Stichling aber will von einem so primitiven Heim für seine Kinder nichts wissen. Er sucht in den seichten Gewässern seines Territoriums nach Seegras, in das er ein rundes Nest mit einem Tunnel baut, wobei er Seegras als Baumaterial verwendet.

Wenn die Paarungszeit naht, beginnen wie bei allen Stichlingen zwischen den Männchen erbitterte Kämpfe. Sobald die Grenzen markiert sind, legt sich die Aufregung wieder; die Fische ziehen sich in ihre Nester zurück und begaffen die vorbeischwimmenden Weibchen. Der dem zehnstacheligen Stichling zugetane Wissenschaftler hatte jedoch in boshafter Absicht einen Versuchstank gewählt, der nur zwei Territorien Platz bot; hier setzte er fünf Männchen aus. Es kam, wie es kommen mußte: drei wurden vernichtend geschlagen und zogen sich in die Ecken des Tanks zurück. Die Sieger bauten ihre Nester und warteten auf passende Gefährtinnen.

Das Sexualleben des zehnstacheligen Stichlings zeigt auch bei normalem Ablauf sensationelle Aspekte. Schwimmt ein gravides Weibchen durch ein Territorium, so wird es vom Besitzer angegriffen, einfach weil dieser alle Eindringlinge attackiert. Ist sie jedoch paarungsbereit, dann flieht sie nicht; und wenn ihr Bauch genügend angeschwollen ist, um sein Interesse zu wecken, beginnt er einen kurzen Werbetanz. Der Tanz besteht aus kleinen Sprüngen, mit denen er sie zum Nest lockt. Wenn sie beim Nesteingang aus Schüchternheit zögert, wird sie vom Männchen gebissen. Die Gebissene wird entweder fliehen – oder sie wird, von seiner Aufmerksamkeit überwältigt, in den Tunnel seines Nests schwimmen, wobei ihr Schwanz ein wenig herausragt. Nun schwimmt er an ihren Schwanz heran und reibt seine Nase daran. Diese Berührung versetzt das Weibchen in höchste Erregung, sie legt ihre Eier ins Nest und schwimmt weiter. Jetzt kommt das Männchen nach und befruchtet im Durchschwimmen die Eier. Kaum kommt er auf der anderen Seite heraus, vertreibt er seine Partnerin; damit ist für sie das Vergnügen beendet, aber sie hat auch keine weiteren Pflichten. Das Männchen wird die Jungen aufziehen.

So sehen die normalen sexuellen Beziehungen beim zehnstacheligen Stichling aus. Morris aber hatte eine anomale Situation geschaffen: einen überfüllten Tank mit untergeordneten, überzähligen Männchen. Als er einen Omega sah, der sich – während der Besitzer ein Weibchen umwarb – durch das Seegras einem Territorium näherte, glaubte Morris, der Fisch versuche, ein Nest zu stehlen. Das war jedoch nicht seine Absicht. Als das Weibchen flüchtete, nahm der Omega sofort den Platz im Nest ein. Der Nestbesitzer beendete seinen Tanz, erkannte aber nicht, daß er sich einem Konkurrenten gegenübersah; vielleicht war sein Blick durch die sexuelle Erregung getrübt. Er begann seinen Werbetanz von neuem, und jetzt folgte ihm das Pseudoweibchen. Die Nase eng an die beiden kleinen Bauchstacheln des Besitzers gedrückt, die sich bei der Werbung aufstellen, folgte es dem Männchen zum Nest. Ein echtes Weibchen hätte vielleicht gezögert und eines aufmunternden Bisses bedurft. Nicht der Homosexuelle. Er schwamm in den Tunnel und ließ, wie es sich gehört, ein Stück von seinem Schwanz herausragen. Der Besitzer rieb seine Nase daran, und der Homosexuelle nahm die Aufmerksamkeit genauso lange hin, als ein Weibchen braucht, um die Eier abzulegen. Dann suchte er das Weite. Jetzt schwamm der potentielle Vater in seinen Tunnel und stellte – wahrscheinlich bekümmert – fest, daß keine Eier da waren.

Der seltsame Vorfall erwies sich keineswegs als Verirrung eines Stichlingsonderlings. Einmal versuchten alle drei überzähligen Männchen gleichzeitig, die sexuelle Aufmerksamkeit des vielgeprüften Nestbesitzers auf sich zu lenken. Obwohl spätere Laborversuche zum Übervölkerungsproblem noch weit drastischere Resultate zeitigten, bleibt das Experiment von Desmond Morris aus dem Jahre 1952 doch das bizarrste.

Von allen ominösen Experimenten hat das von John Calhoun am National Institute of Mental Health in Washington die größte Aufmerksamkeit erregt. Am Beginn seiner Karriere wies Calhoun, wie schon erwähnt, die natürliche Regulierung der Mitgliederzahl von Rattenpopulationen nach. Später begann ihn die Übervölkerung zu interessieren. Sein Laborexperiment beruhte im wesentlichen auf der geschickten Anordnung von vier miteinander verbundenen Räumen. Die beiden äußersten Räume hatten nur je einen Eingang, der von einem kräftigen Rattenmännchen bewacht werden konnte. Die mittleren Räume mit je zwei Zugängen aber konnten nicht so leicht bewacht werden. Mit dem Anwachsen der Population kam es daher in diesen Räumen zu alptraumartigen Zuständen, die Calhoun als »Verhaltens-Misthaufen« bezeichnete.

In jedem Raum gab es reichlich Nahrung, Wasser und Nestbaumaterial sowie künstliche Gänge für Muttertiere und Junge. Jeder Raum konnte bequem eine Gruppe von zwölf ausgewachsenen Ratten aufnehmen – die normale Größenordnung einer natürlichen Population. Als jedoch die Anzahl der Ratten zunahm, kam es keineswegs zu einer gleichmäßigen Verteilung in den Räumen, wie auch das Verhalten keineswegs normal war.

Zu Beginn des Experiments fand unter den Männchen der übliche Kampf um Rang und Status statt, und die beiden mächtigsten Alphas nahmen die beiden äußeren Räume in Besitz. Da diese lediglich einen Eingang hatten, mußte das Rattenmännchen sich nur davor postieren, um für Ruhe und Ordnung zu sorgen. Ungestört baute der Harem der Weibchen seine Nester. Calhoun schreibt: »Das Männchen bestätigte seine territoriale Dominanz und seine Herrschaft über den Harem weniger durch das Vertreiben anderer Männchen, sondern vielmehr dadurch, daß es diese an der Rückkehr hinderte.« Das Männchen schlief beim Eingang und schenkte dem Kommen und Gehen der Weibchen keinerlei Beachtung. Tauchte ein Männchen auf, so war der Wächter sofort auf der Hut; er gestattete nur denen Zugang, die seine Herrschaft respektierten. Solche untergeordneten Männchen schliefen zwar häufig in den Räumen, ließen die Weibchen jedoch in Ruhe und versuchten niemals eine Begattung. Die Haremsfrauen waren im allgemeinen gute Mütter, bauten ordentliche Nester, schützten ihre Jungen und brachten ungefähr die Hälfte durch. In den beiden äußeren Räumen herrschten Ruhe und Ordnung – in den mittleren Räumen aber herrschte das Chaos.

Das Anwachsen der Population hatte katastrophale Folgen für die mittleren Räume. Auch hier gab es eine Klasse dominierender Männchen, doch konnten sie ihre Territorien nicht halten, und es kam häufig zu Kämpfen. Die Rangordnung divergierte je nach Sieg oder Niederlage. Es bildete sich auch eine Art Mittelklasse, die von den Alphas häufig angegriffen wurde, aber immer zurückwich. Sie war sexuell aktiv, konnte aber anscheinend nicht zwischen Weibchen in Hitze und anderen unterscheiden, ja nicht einmal zwischen Weibchen und Jungen. Daneben gab es die unterdrückten Omegas, die sich »wie Schlafwandler durch die Gemeinschaft bewegten«, die alle anderen ignorierten und auch von allen ignoriert wurden. Oft waren es die fettesten, wohlgenährtesten Tiere, die sich auch niemals in Kämpfe mischten. Absolute Außenseiter.

Soweit scheint eine solche Klassenstruktur in einer überfüllten Population durchaus nicht ungewöhnlich. Als die Population jedoch weiter anwuchs, bildete sich eine Klasse, auf die niemand vorbereitet war. Calhoun nennt sie die »Unentwegten«. Sie waren untergeordnet, aber immer aktiv, und bildeten eine kriminell geprägte Klasse, die sich mitunter zu Gangs zusammenrottete. Wurden sie von einem Alpha angegriffen, so gaben sie zwar nach, jedoch niemals auf. An den Kämpfen um Rang und Status nahmen sie nicht teil, ansonsten aber waren sie die aktivsten Männchen der ganzen Kolonie. Hypersexuell und auch homosexuell, wiesen sie sehr oft kannibalische Züge auf. Am erstaunlichsten war ein Verhalten, das man am besten als »Rattenvergewaltigung« beschreiben kann. Wie der Stichling, so hat auch das normale Rattenmännchen sein Ritual der Werbung. Verfolgt er ein Weibchen zu seinem Bau, so wartet er draußen, bis sie erscheint und ihm ihre Gunst bezeigt. Niemals dringt er in den Bau ein. Die Unentwegten dagegen verzichteten auf jede Zeremonie, jagten die Weibchen in ihren Bau und zertrampelten rücksichtslos die Jungen. Nach erfolgter sexueller Aktivität wurden die herumliegenden Kadaver verspeist. Während die Sterblichkeit der Jungen in den beiden äußeren Räumen bei 50 Prozent lag, stieg sie in den mittleren Räumen bis auf 96 Prozent. Die Hälfte der Weibchen starb an Schwangerschaftsstörungen und an Verletzungen durch Vergewaltigung.

Calhouns Experiment, dessen schwerwiegende Bedeutung auch für den Menschen nicht zu übersehen ist, entfachte lebhafte Diskussionen. Eine entscheidende Beobachtung wurde jedoch fast immer außer acht gelassen: Den Ratten gefiel der Verhaltensverfall. Besonders die Weibchen schienen nicht imstande zu sein, der Turbulenz in den mittleren Räumen zu widerstehen. Geschützte Haremsweibchen eilten, wenn sie in Hitze waren, zu den Mittelräumen, ohne daß sie von ihren Herren daran gehindert wurden. Obwohl es in den äußeren Räumen genügend Nahrung und Wasser gab, drängten sich fast alle in den Mittelräumen zusammen. Die Haremsdamen führten sich nicht anders auf als der Rattenpöbel. Nur hatten sie ein Privileg; sie konnten sich in den Schutz der Außenräume zurückziehen, wenn sie Junge warfen. Während die Alphas ihren Wachtposten niemals verließen, konnten nur 3 Prozent der Haremsweibchen dem Reiz des Gedränges widerstehen.

Menschen und Zeiten ändern sich. Aber jede Überlegung, die den Menschen und seinen Lebensraum betrifft, muß von der alten Wahrheit ausgehen, daß die Menschen sich in den Städten zusammendrängten, weil ihnen das gefiel.

Der Entwicklungsforscher muß dem Stadtmenschen mit Vorsicht begegnen: denn die Stadt ist eine Erfindung des Menschen. Das Problem der Bevölkerungskontrolle kann er gelassen betrachten; zeigt sich doch auch am Beispiel der Tiere, daß die selbsttätige Regulierung der Anzahl fast als Naturgesetz gelten kann. Hieraus lassen sich Schlußfolgerungen ziehen. Der Entwicklungsforscher kann auch der Revolte der Jugend gelassen gegenüberstehen, denn unter dem Gesichtspunkt der Evolution klären sich vielleicht so manche Zusammenhänge. Er kann sich mit der Frage der Führerschaft und der Alphas beschäftigen, weil er weiß, daß soziale Spezies genügend Beispiele für den Alpha und die Rangordnung aufweisen. Hier ist überall ein Vergleich mit dem Tierreich möglich. Es sind Situationen, die auch in der Natur vorkommen, und so können wir hoffen, in der Natur auch die Antworten zu finden, vielleicht sogar Gesetze. Die Stadt aber ist eine Erfindung des Menschen.

Sie ist uralt, diese Erfindung. Seit eh und je sind wir zu den Tempeln gepilgert, seit eh und je hat uns der Marktplatz angelockt, der Tausch und das Feilschen. Erregung und Faszination des Menschengewühls. Wir haben weite Strecken zurückgelegt, um das zu erleben. In einer jahrtausendealten Stadt auf dem türkischen Hochland gab es sogar ein eigens für Fremde bestimmtes Viertel, wo Boten und Händler vom fernen Euphrat wohnten und um Kostbarkeiten feilschten. Die Stadt ist sehr alt, und sie wurde vom Menschen erfunden. Wenn wir die Stadt des Präriehundes und ihre Bewohner mit den Menschen vergleichen wollen, ist dieser Vergleich weit hergeholt: Die Stadt des Präriehundes ist nicht Paris. Auch eine Betrachtung der riesigen Kolonien des japanischen Affen hilft nicht weiter; Tokio ist anders. Die Städte, die wir ertragen müssen, sind anders. In der städtischen Ballung erleben wir etwas völlig Neues, etwas nie Dagewesenes – außer im biologisch-genetisch gelenkten Termitenhaufen; uns aber fehlen die genetischen Instruktionen, uns fehlt die evolutive Voraussetzung. Wenn wir in unseren Städten auch wie Ameisen in einem Ameisenhaufen leben, so sind wir als Wirbeltiere doch für eine solche Zumutung nicht genetisch vorbereitet.

Der Entwicklungsforscher muß an das Problem der Stadt mit größter Vorsicht herangehen. Denn die Stadt ist eine der entscheidenden Herausforderungen unserer Zeit. In der großartigen Tradition des Menschen lehnen wir uns gegen die Natur auf, meistern unsere Umwelt und werden doch zu Opfern der Natur; die städtische Welt, die wir geschaffen haben, wird uns zur Bedrohung.

Wir wollen nochmals eine Erweiterung des Gesellschaftsvertrags vornehmen. Die Gruppe muß allen ungleichen Mitgliedern die gleiche Chance bieten, ihre genetischen Möglichkeiten zu entwickeln; dafür muß das Individuum – freiwillig oder unfreiwillig – auf sein Recht verzichten, mehr Kinder zu produzieren, als die Gesellschaft bewältigen kann. Sonst wird die Entfaltung des Individuums durch die Massen unterdrückt und erstickt. Und nun kommen wir zu einer weiteren Forderung, die die Gesellschaft zu erfüllen hat: Die räumlichen Verhältnisse müssen so beschaffen sein, daß die Entwicklung der Mitglieder mit einem Minimum an psychologischen und physiologischen Behinderungen vor sich gehen kann. Wie müssen diese räumlichen Verhältnisse beschaffen sein? Und inwieweit ist eine zu große Dichte ein Hindernis?

Die Untersuchung wird durch die ambivalente Einstellung der Tiere zum Raum erschwert. Wir suchen Platz, aber wir versuchen ihn auch zu zerstören. Calhouns Ratten liebten die Erregung der Mittelräume; hätten sie nur Frieden und Ruhe gesucht, der Verhaltensverfall wäre niemals eingetreten. Ebenso können wir von den städtischen Problemen sagen, daß ihre Lösung nicht in einem freiwilligen Verzicht des Menschen auf das Stadtleben liegen wird. Lösungen können überhaupt nur unter Berücksichtigung der angeborenen menschlichen Bedürfnisse gefunden werden, und so muß man die Übervölkerung selbst unter die Lupe nehmen.

Unsere Beschäftigung mit der Populationsdynamik bringt einen neuen wissenschaftlichen Romantizismus hervor, der alles menschliche Versagen auf die Übervölkerung zurückführt. Dieser sehr moderne Standpunkt wird zum Beispiel von Claire und W. M. Russell in ihrem Buch ›Violence, Monkeys and Men‹ vertreten. Das Buch ist wissenschaftlich eigentlich wertlos, weil die beiden Forscher nicht zur Kenntnis nehmen wollen, daß der Mensch und andere Primaten seit mindestens 20 Millionen Jahren eine getrennte Entwicklungsgeschichte durchgemacht haben. Der Selektionsdruck, dem wir ausgesetzt waren, ist ein ganz anderer als der, mit dem der Affe es zu tun hat. Auch muß man dem Buch anlasten, daß die komplexe Frage des angeborenen Jagdtriebes des Menschen lediglich in einem kurzen Nachwort gestreift wird. Für ihre Behauptung, nur in den letzten 50000 Jahren habe der Mensch »weitgehend von der Jagd gelebt«, führen die Russell keine Beweise an – es gibt auch keine.

Eine Vielzahl von Untersuchungen zeigt, daß Gewalttätigkeit als Folge hoher Populationsdichte entsteht. Warum die Russell nicht die drei bekannten Untersuchungen des Languren in Indien herangezogen haben, weiß ich nicht; denn auf den ersten Blick scheinen sic durchaus überzeugend. Der Langur ist ein blätterfressender Affe, der in Gruppen von etwa 25 Mitgliedern lebt. Er ist in vielen Gebieten Indiens weit verbreitet. Die vergleichenden Untersuchungen basieren auf der Variation der Bevölkerungsdichte.

Phyllis Jay hat die ersten Beobachtungen mit Languren in bestimmten Wäldern Zentralindiens angestellt, wo die Tiere relativ selten sind. Die Horden haben ein Revier von ungefähr drei Quadratkilometern und kommen kaum in Kontakt miteinander. Wenn sie sich dennoch zufällig treffen, kommt es zu keinerlei Konflikten. Es gibt keine Territorien, die verteidigt werden, und anscheinend auch keine Grenzen zwischen den Gruppen. Innerhalb jeder Horde besteht eine strenge Rangordnung, Streitigkeiten sind nahezu unbekannt. Nur wenn ein dominierendes Männchen bei der Kopulation von einer Gruppe spottender Halbwüchsiger umringt wird, zeigt sich etwas wie aggressives Verhalten.

Als Suzanne Ripley ihre Untersuchungen und Studien der Languren in Ceylon wissenschaftlich auswertete, zeigten sich völlig neue Aspekte. Die Horden waren dort ungefähr so groß wie in Indien, doch fehlten für ein glückliches Wanderleben die endlosen Weiten. Es gab nicht nur aktiv verteidigte Territorien mit festen Grenzen, hier wurde Streit auch gesucht und provoziert. Wie Brüllaffe und Springäffchen gehören die Languren zu den lauten Affen. Das morgendliche Gebrüll aus den Baumwipfeln wird von den Nachbarn herausfordernd beantwortet, und an der Grenze rüstet man sich zum Kampf. Manchmal kommt es nur zu ritualisierenden Kampfhandlungen – man jagt in großen Sprüngen durch die Bäume –, gelegentlich gibt es aber auch Raufereien, Bisse, Schwanzziehen.

Hier muß betont werden, daß die blätterfressenden Affen auf Ceylon keinen Nahrungsmangel kennen. Selbst die trockensten Waldgebiete könnten noch wesentlich mehr Affen versorgen, als tatsächlich vorhanden sind. Trotz der vielen Kämpfe gab es kaum wesentliche Verletzungen, und trotz aggressiver Verhaltensweise brachte ein Maximum an Erregung nur ein Minimum an Schaden hervor, wie das bei echter Territorialität eigentlich immer der Fall ist. Zudem blieben die Beziehungen innerhalb der Gruppe von der Aggression nach außen meist unberührt. Obwohl alle von Ripley untersuchten Gruppen mindestens zwei Männchen hatten – eine Gruppe hatte sogar sechs –, herrschte eine fast perfekte Eintracht. Selbst die Weibchen halfen den Männchen bei den territorialen Auseinandersetzungen. Die dritte Untersuchung jedoch ergab kein so harmonisches Bild.

Yukimara Sugiyama von der Universität Kyoto ging nach Indien, um Vergleiche mit den japanischen Makaken anzustellen. Als Untersuchungsobjekt wählte er die Languren und den Dharwar-Wald auf den westindischen Inseln als Untersuchungsgebiet. Dort stieß er auf einen Verhaltensfall – vergleichbar einzig mit Calhouns Ratten –, der bei wild lebenden Primaten niemals zuvor festgestellt worden war. Man kann Calhoun vielleicht vorwerfen, daß er für sein Experiment zahme Ratten verwendete, deren Verhalten mit jenem von wilden Ratten nicht identisch sein muß. Sugiyamas erschütternde Beobachtungen der wilden Dharwar-Languren jedoch widerlegen diesen Einwand.

Er traf in jenen Wäldern auf eine weitaus größere Populationsdichte, als die beiden anderen Beobachter festgestellt hatten. Bei Jay betrug sie weniger als 30 Tiere pro Quadratmeile; bei Ripley in Ceylon etwa 150; bei Sugiyama 300. Ob die Übervölkerung der einzige Grund für den sozialen Verfall war, konnte Sugiyama nicht beurteilen. Das Chaos war jedenfalls unvorstellbar. Wohl gab es Territorien, doch die Grenzen waren unbestimmbar und schlecht verteidigt. Wenn Horden aufeinanderstießen, kämpften die Anführer ohne Unterstützung der Ihren. Es gab auch keine Rangordnungen, wie sie für Jays weitverstreute Gruppen charakteristisch waren. Vielleicht hatten aus diesem Grund alle Horden nur ein erwachsenes Männchen mit oft 6 bis 10 Weibchen. Vermutlich führte das Fehlen einer die Beziehung der Männchen regulierenden Hierarchie zu so erbitterten Kämpfen, daß nur ein Männchen bei der Gruppe blieb. Die Vertriebenen schlossen sich zu eigenen Gruppen zusammen.

Wie wir von den Husarenäffchen wissen, sind solche ausschließlichen Männergruppen nichts Ungewöhnliches. Die Gruppen der Husarenäffchen in Afrika mit einem Männchen und seinem Harem entsprechen genau jenen der Languren in den westindischen Inseln. Ein großer Unterschied ist jedoch zu erkennen. Die Organisation der Husarenaffen ist artspezifisch. Und die Evolution der Husarenaffengesellschaft hat dafür gesorgt, daß überzählige Männchen psychologisch kastriert sind. Den Langur dagegen hat keine Evolution für die krankhaften sozialen Verhältnisse in den Dharwar-Wäldern vorbereitet. Die losen Gruppen überzähliger Männchen sind genausowenig psychologisch kastriert wie entsprechende Männercliquen. Beim Langur hat die Übervölkerung zu einer sozialen Situation geführt, für die es in seiner Entwicklungsgeschichte keine Antwort gibt. Die Folgen sind katastrophal.

Wenn die Paarungszeit ihren Höhepunkt erreicht, stürzen sich die Gangs der Männchen – ebenso hemmungslos wie Calhouns »unentwegte« Laborratten – auf die Horden, töten oder vertreiben den Anführer und kämpfen untereinander um die sexuelle Alleinherrschaft. Weit davon entfernt, ihre Gebieter zu betrauern, werden die Weibchen durch die Vorgänge in höchste Erregung versetzt. Es kommt sofort zu Kopulationen mit dem Sieger. Die Kinder werden vernachlässigt, und am Höhepunkt der wüsten Vorgänge beißt der Sieger alle Jungen tot.

Hier haben wir es mit einem erschreckend gewalttätigen Verhalten zu tun, wie es in der Primatenwelt noch nie zuvor beobachtet wurde: auslösender Faktor scheint Übervölkerung zu sein. Neun Horden hat Sugiyama beobachtet, bei vier konnte er derartige Exzesse feststellen. Das Gemetzel unter den Jungen ist natürlich eine Art Populationskontrolle. Ich halte sie aber lediglich für eine Begleiterscheinung des totalen sozialen Zusammenbruchs – des Triumphs der Unordnung über die Ordnung, der jede Affenmoral zunichte macht.

In Gefangenschaft hat man ähnliche Zustände beobachtet. Ich habe in einem meiner Bücher über Zuckermans Paviane im Londoner Zoo berichtet, die ihre Weibchen zerstückeln, und über Carpenters Rhesusaffen, bei denen es zu Kämpfen zwischen Muttertieren und Jungen kam. War es wirklich nur das Gedränge? K. R. L. Hall erzählte mir einmal von einem Ausbruch der Gewalttätigkeit im Bloemfontein-Zoo in Südafrika. Dort hatten 17 Paviane in einer Umfriedung lange Zeit friedlich zusammengelebt. Dann kamen zwei Fremde dazu, ein Männchen und ein Weibchen. Zwei Tage passierte gar nichts – die Bevölkerungsdichte hatte ja kaum nennenswert zugenommen. Doch bald begannen sich Spannungen bemerkbar zu machen. Was schließlich den Ausbruch auslöste, weiß man nicht. Als der Kampf zu Ende war, lebten von der ganzen Gruppe nur noch zwei Tiere, und die waren so schwer verletzt, daß sie getötet werden mußten.

Die Geschichte der Languren klingt überzeugend; eine Reihe von Untersuchungen mit afrikanischen Meerkatzen führte allerdings zu genau gegenteiligen Ergebnissen. Die erste Untersuchung führte J. S. Gartlan, ein Mitarbeiter Halls von der Universität von Bristol, auf Lolui Island im Viktoriasee durch. Zu Beginn dieses Jahrhunderts waren alle Bewohner der Insel evakuiert worden, weil die Schlafkrankheit dort endemisch auftrat. So konnten die Meerkatzen sich ungehindert ausbreiten, und als Gartlan seine Untersuchung begann, gab es 1500 Tiere. Die Insel ist 11 Quadratmeilen groß, Wälder jedoch, die die Meerkatzen mit ihrer bevorzugten Nahrung versorgen, gibt es nur an der Küste. So war dieses Waldgebiet in Territorien von etwa einem Morgen aufgeteilt; jedes Territorium beherbergte 15 bis 20 Tiere; die Affen lebten hier so gedrängt wie in einem Zoo.

Dennoch herrschten Friede und Ordnung. Die Grenzen waren so deutlich erkennbar, daß man sie hätte mit Kreide nachziehen können. Überschreitungen gab es praktisch nie. Wenn sich gelegentlich ein Tier in das Gebiet des Nachbarn verirrte, so wurde es blitzschnell verjagt oder verschwand von selbst, kaum daß man es entdeckt hatte. Auch Kämpfe gab es keine. Die ersten Primatenforscher, die – aus unbekannten Gründen – den Primaten keine Territorialität zubilligen wollten, stürzten sich geradezu auf Jays Untersuchung, um zu beweisen, daß »Languren nicht territorial sind«. Ebenso benutzten sie Gartlans Untersuchung, um die Unschuld der Meerkatzen zu proklamieren, weil sie nicht kämpfen.

Dann aber erschien Thomas Struhsakers Studie der Meerkatzen im Amboseli-Reservat. In diesem riesigen Gebiet gibt es keinerlei räumliche Beschränkungen. Die Gruppen sind ungefähr gleich groß, die Territorien zehn- bis hundertmal größer. Dennoch genießen es die Tiere geradezu, in fremde Gebiete einzudringen; stoßen sie auf starke Verteidigungskräfte, dann kämpfen sie mit Hingabe. Die Meerkatzen in dem riesigen Gebiet am Fuße des Kilimandscharo sind ebenso kampflustig, wie ihre Vettern auf der kleinen Insel im Viktoriasee friedliebend sind. Innerhalb der Gruppe wie auch in der »Außenpolitik« herrscht Aggressivität. Die Meerkatze verfügt über unerhört farbenprächtige Genitalien: der Penis ist rot, das Skrotum blau, und zwischen Anus und Skrotum verläuft ein kleiner weißer Pelzstreifen. Das dominierende Männchen zeigt einem allzu dreisten Untergeordneten das »rot-weiß-blaue Signal«. Gartlan wiederum konnte während seiner zweijährigen Beobachtungen der Inselbewohner niemals ein derartiges Verhalten feststellen.

Der menschliche Bewohner einer noch wesentlich stärker übervölkerten Insel im All, der Erde, der in Untergrundbahnen und auf verstopften Straßen mit verpesteter Luft zu kämpfen hat, tut gut daran, nach jedem Hinweis zu greifen, der vielleicht für seine Probleme relevant ist. Da unser Verständnis der Tierwelt aber erst im Stadium nascendi ist, müssen wir uns vor wissenschaftlichen Vereinfachungen hüten. Zweifellos hat Übervölkerung bei bestimmten Langurenpopulationen Indiens zu einem gewalttätigen Verhalten geführt. Anderseits trägt sie bei den Meerkatzen einer kleinen afrikanischen Insel zu Frieden und Ordnung bei.

Wir wissen, daß der Raumfaktor in unserem Leben eine entscheidende Rolle spielt, eine viel entscheidendere, als wir bisher geahnt hatten. Doch wir wollen keine voreiligen Schlüsse ziehen.

3

Glen McBride ist ein australischer Professor an der Universität von Queensland, dessen Arbeiten immer mehr internationale Beachtung finden. Der Großteil seiner Untersuchungen beschäftigt sich mit der Hühnerzucht, was von seiten der australischen Geflügelzüchter sehr geschätzt wird. Und wie Schjelderup-Ebbe in einem norwegischen Hühnerhof das allgemein gültige Prinzip der Hackordnung entdeckt hat, so werden McBrides Untersuchungen der räumlichen Verhältnisse bei ganz gewöhnlichen Hühnerhofbewohnern vielleicht Allgemeines zum Begriff des persönlichen Raums erbringen.

Dem Australier, der offensichtlich hin und wieder zu Cocktailparties geht, fiel die Art und Weise auf, wie Leute sich in einem überfüllten Raum verhalten. Es kommt fast niemals vor, daß zwei Menschen im Gespräch einander in die Augen sehen. (Außer es handelt sich um einen Mann und eine Frau und es bahnen sich gewisse Kontakte an.) Die meisten Männer weichen instinktiv vor einem aggressiven Sprecher zurück, besonders wenn sein Gesicht zu nahe kommt. Sitzen wir jedoch nebeneinander auf einer Couch – ganz gleich ob bequem oder eng gedrängt, dann sprechen wir frei und ohne Verlegenheit. Auch in einem überfüllten Raum treffen wir eine befriedigende Lösung, indem wir in einem Winkel von etwa 45 Grad zueinander stehen. Muß der eine seine Stellung ändern, so wird der andere unbewußt ebenfalls seine Position ändern, um den Winkel beizubehalten.

McBride machte Photos von Hühnern in einem überfüllten Hühnerhof, und zwar von oben und in Sekundenabständen. Er konnte haargenau die gleiche Anordnung feststellen, wenn Hühner aus einer Futterschüssel fressen; den gleichen Winkel, die gleiche Positionsänderung, wenn sich ein Huhn bewegt. Nur ein sehr ranghoher Vogel pflanzt sich direkt vor einem anderen Tier auf. Sofort wird jedoch der rangniedere Vogel darauf reagieren und seinen Winkel entsprechend ändern. Aus diesen Beobachtungen entwickelte McBride seine Idee des persönlichen Raums. Jedes Individuum ist ständig von einem persönlichen Raum umgeben, wobei der größte Teil dieses Raumes vor dem Individuum ist. Wie das Rotkehlchen jeden Eindringling in sein kleines Territorium bekämpft, so ärgert uns jede Übertretung unseres persönlichen Raumes. Die Größe des Raums variiert naturgemäß mit der Spezies. Ja es gibt sogar Spezies – wie zum Beispiel das Flußpferd –, die diesen Raum nicht brauchen. Unsere Spezies gehört nicht dazu. Ferner variiert der Raum mit dem Geschlecht: einander gegenüberstehende Männchen beanspruchen am meisten, Weibchen etwas weniger, Männchen und Weibchen am wenigsten und manchmal – Gott sei Dank – gar keinen. Die Größe schwankt auch nach dem Rang – der Alpha verlangt und erhält den größten Abstand; sie ist von der Jahreszeit abhängig, von der Tätigkeit, ja sogar von der Tageszeit. Vorhanden ist der Anspruch jedoch immer. Daß der Raum vor dem Tier am größten sein muß – McBride nennt ihn »soziales Kraftfeld« –, wurde an einer Truthahnschar nachgewiesen, die McBride in einen unerträglich engen Raum zusammenpferchte. So oft wie möglich wandten sich die Tiere dem Gitter zu, um auf diese Art wenigstens den Raum draußen scheinbar zu ihrem eigenen zu machen.

Als ich mein Buch ›Adam und sein Revier‹ schrieb, wollte ich das territoriale Prinzip, wie es die Biologen beobachtet und definiert haben, ausschließlich auf ein bestimmtes Gebiet anwenden, das als eigenes angesehen und verteidigt wird. Das

Prinzip auf etwas anzuwenden, das weniger greifbar ist als ein Stück Land, habe ich weitgehend vermieden. Und doch liegt es auf der Hand, daß der Mensch mit seiner Fähigkeit zur Abstraktion den territorialen Imperativ weit über Zäune und versperrte Türen hinaus erweitert hat. Arbeitsplätze, Abteilungen in einer Organisation, Einflußsphären in der Politik oder in einer Verbrecherbande werden ebenso eifersüchtig gehütet und bewacht wie das Territorium eines Laubsängers. Als ich mit C. R. Carpenter zum erstenmal über das Thema meines Buches sprach, war er amüsiert: Warum sich mit Tieren abgeben? Warum nicht einfach ein paar Wochen an der State University von Pennsylvania verbringen? Und dort wird man bedauerlicherweise feststellen müssen, daß niemand so streng dem territorialen Imperativ folgt wie ein Professor der Soziologie, der die Erkenntnis der Biologie, wonach der Mensch ein territoriales Individuum ist, einfach leugnet.

Alle Überlegungen in Richtung auf das Problem des persönlichen Raums sind zwecklos, wenn wir die Territorialität des Menschen abstreiten. Wäre der Mensch tatsächlich so anpassungsfähig, wie manche behaupten, dann bedeuteten die städtischen Ballungszentren nicht länger eine Gefahr. Dann könnten wir uns an alles gewöhnen, sogar an das Leben von Insekten. Diese These ist unhaltbar. Das territoriale Prinzip war eines der wirksamsten Instrumente der Evolution, um eine Verteilung der Tiere im Raum zu gewährleisten. Und wenn der Mensch biologisch gleichfalls mit territorialen Merkmalen ausgestattet ist, dann haben wir zumindest einen Ausgangspunkt. Verstädterung ist eine Deterritorialisierung im klassischen Sinn; ein Verzicht auf Land. Aber vielleicht gibt es Ersatzlösungen oder Symbole, die uns unsere biologische Gesundheit bewahren. Auf irgendeine Weise müssen wir jedoch die Schilder »Betreten verboten« bewahren.

McBride beschäftigte sich mit jener subtilsten aller territorialen Manifestationen, dem persönlichen Raum; er zeigte, wie dieser sogar im Hühnerhof und bei Cocktailparties durch Vermeidung eines zu engen Kontaktes eingehalten wird. In der Zwischenzeit hatte ein amerikanischer Psychologe, Robert Sommer, das gleiche Problem studiert, und zwar in Spitälern und Altersheimen. Er stellte fest, daß Leute an viereckigen Tischen bei weitem am liebsten ums Eck sitzen. »Sie wollen zwar einen Augenkontakt, aber keinen allzudirekten, zwingenden.« Zum Beispiel setzt sich im Leseraum einer Bibliothek mit langen Tischen der als erster

Eintretende für gewöhnlich an einen Ecksitz; der zweite nimmt den am weitesten entfernten Platz ein. Wenn die Tische allmählich besetzt werden, kann man die verschiedensten offensiven Handlungen beobachten. Persönliche Gegenstände werden verstreut – wie auch die Thomsongazelle ihren Kot verteilt, um Eindringlinge abzuwehren. Hilft das nichts, werden Ellbogen und Füße eingesetzt.

Der findige Mensch hat findige Methoden entwickelt, um seine biologische Privatsphäre zu sichern. Sommers verschiedene Untersuchungsergebnisse erinnern mich an die ausgeklügelten Methoden, die im Flugzeug praktiziert werden, um den Nebenplatz freizuhalten. Bei unerfahrenen Passagieren genügt es, eine Aktenmappe oder einen Mantel auf den Sitz zu legen. Bei routinierten Fluggästen muß man zu anderen Methoden greifen. Zum Beispiel: Man bleibt stehen und schiebt unaufhörlich seine Sachen auf dem Boden hin und her; solchermaßen präsentiert man dem Platzsuchenden dauernd seine Rückenansicht und hat gute Chancen, den Nebenplatz freizuhalten. Wenn jedoch im ganzen Flugzeug nur mehr ein oder zwei leere Sitze vorhanden sind, dann gibt es nur einen Ausweg: man hockt klein und kümmerlich auf seinem Platz und greift entschlossen nach der berüchtigten Plastiktüte. Je erfahrener der Reisende, desto sicherer wird er es vermeiden, den Nebensitz einzunehmen.

Die Erhaltung des persönlichen Raums muß nicht so schamlose Formen annehmen wie in diesem Beispiel. Es genügen schon Sonnenbrillen. Indem man seine Augen hinter dunklen Gläsern verbirgt, schafft man einen Raum, der McBrides »sozialem Kraftfeld« entspricht. Daß die Gepflogenheit, auch im schummrigsten Nachtlokal eine dunkle Brille zu tragen, von Hollywoodstars erfunden wurde, ist auf die Entschlossenheit der Alphas zurückzuführen, über einen optimalen persönlichen Raum zu verfügen. Daß diese Sitte mehr ist als eine vorübergehende Mode, wird von Robert Murphys Untersuchung der Tuaregs in seinem Buch ›Social Distance and the Veil‹ bestätigt. Die Tuaregs sind Nomaden der Sahara, denen der Reisende, wenn er Glück hat, auf dem Markt von Marrakesch begegnen kann. Kaum jemand wird behaupten, die Tuaregs, die nur hin und wieder die Bergketten jenseits des Atlas verlassen, seien von Hollywood beeinflußt. Und doch sichert der Gesichtsschleier dem Alpha-Tuareg seine persönliche Sphäre, wie die Sonnenbrillen die des westlichen Alphas schützen. Ich beobachte dich: du kannst mich nicht beobachten.

Unsere Untersuchungen der biologischen Privatsphäre stehen erst am Beginn. Zweifellos ist sie vorhanden. Irwin Altman gehört wie Sommer zu den wenigen Psychologen, die mit wissenschaftlicher Genauigkeit das Wesentliche beleuchten und ergründen. Die amerikanische Marine erteilte Altman den Forschungsauftrag, das Verhalten von Menschen auf kleinstem Raum zu untersuchen. Altman und seine Mitarbeiter konstruierten eine Reihe von Marterkammern, in die sie »Freiwillige« aus der Marine hineinpreßten. Diese Zimmer waren meist nicht größer als vier mal vier Meter, und die armen Kerle wurden darin bis zu drei Wochen gefangengehalten. Sofort wurden Territorien gebildet: dieses Bett, dieser Stuhl, diese Tischseite. Je schneller solche persönliche Räume abgegrenzt wurden, desto größer war die Chance für gute Beziehungen. Unterzog man die Matrosen vorher einem Persönlichkeitstest, so ließ sich mit ziemlicher Sicherheit eine Voraussage machen: Zwei dominierende Männer halten es nicht länger als ein paar Tage miteinander aus. In einem kleinen Raum basiert die Beziehung zwischen zwei Männern auf der Bereitschaft von einem der beiden sich unterzuordnen.

Ähnliche Resultate ergaben Beobachtungen eines klinischen Psychiaters, Aristide H. Esser, der heute an einer Irrenanstalt von New York arbeitet. Wie es in Afrika wilde Männer der Anthropologie gibt, so ist Esser ein wilder Mann der modernen Psychiatrie, und er sieht auch so aus. Halb Javaner, in Holland erzogen, geht er an die Hemmungen der westlichen Psychologie heran wie einst Attila an die Mauern Roms. Als Abenteurer wird er von allen Laien bewundert; als Fachmann wird er, und das ist erstaunlich, aber auch von seinen Kollegen bewundert. Esser untersucht vor allem den persönlichen Raum bei Geisteskranken.

Vor etwa fünfzig Jahren stellte Eugène Marais die These auf, daß bei einer Geisteskrankheit und der damit verbundenen Reduzierung der Handlungskontrollen durch die Cortex eine Rückkehr zu ungehemmtem Tierverhalten eintritt. Esser konstatierte, daß Patienten in einem Irrenhaus sehr schnell eine Hierarchie bilden, die sich kaum von der Rangordnung der Primaten unterscheidet. Die Patienten an der Spitze sind völlig ungezwungen in ihren Bewegungen, selbstsicher und durchaus imstande, Vertrauensposten auszufüllen. Verfolgt man die Rangordnung abwärts, so stößt man immer häufiger auf die Tendenz, sich in ein kleines, festumrissenes Territorium zurückzuziehen, wo der

Patient mindestens drei Viertel seiner Zeit verbringt. Eine Krankenschwester, die sich einem solchen Patienten näherte, um ihm die Zigarette anzuzünden, erhielt einen Tritt in den Magen; sie hatte seinen persönlichen Raum verletzt. Wenn man die einzelnen Patienten im Hinblick auf Dominanz und Territorium genau beobachtet, kann man den Geisteskranken ein optimal annehmliches Leben ermöglichen.

Noch aufschlußreicher waren Essers Untersuchungen geistig geschädigter Kinder, die in Anstalten lebten. Eines der Hauptprobleme dieser Kinder ist die Aggression. Erhöhen oder reduzieren Tadel und Strafe die aggressiven Tendenzen? Aus der Erfahrung ließen sich keine eindeutigen Schlüsse ziehen. Esser fand eine Antwort. Diese Kinder etablieren fast immer ein festes Territorium. Innerhalb seines Territoriums ist ein getadeltes Kind nur halb so aggressiv wie außerhalb. Selbst ein schwer geschädigtes Kind ist auf dem Platz, den es als seinen eigenen ansieht, bis zu einem gewissen Grad lenk- und ansprechbar.

Was wir bis jetzt über die Bedeutung des persönlichen Raums für den Menschen wissen, stammt fast zur Gänze aus den Beobachtungen von Heini Hediger, der als erster den Begriff der individuellen Distanz prägte. An einem Märztag des Jahres 1938 beobachtete er am Bellevue in Zürich ein paar Schwarzkopfmöwen; sie hockten auf einem Geländer, in gleichen Abständen zueinander. Hedigers Neugier erwachte, und er begann, andere Vögel zu beobachten. Flamingos beanspruchen einen doppelt so großen Abstand – etwa 60 Zentimeter –, während Schwalben sich mit 15 Zentimetern begnügten. Alle diese Tiere sind »Abstandspezies«; es gibt aber auch »Kontaktspezies« mit gegensätzlichen Neigungen. Flußpferde, Schildkröten, einige kleine Affen und Lemuren, aber auch Eulen und Igel drängen sich gern zusammen, vor allem wenn sie ausruhen. Diese Spezies sind jedoch in der Minderzahl.

Hedigers individuelle Distanz wurde bei den Humanpsychologen zum persönlichen Raum, zum gleichsam mobilen Territorium. Hediger wandte seine Erfahrungen auf das Tiertraining an. Den Abstand, den ein Tier zwischen sich und dem Feind verlangt, bezeichnet man als Sicherheitsabstand. Auch dieser ist artspezifisch, kleinere Tiere brauchen weniger, größere mehr. Der Sicherheitsabstand variiert aber auch nach Umweltbegebenheiten und Gewohnheit. In einem afrikanischen Reservat lassen Paviane einen Menschen für gewöhnlich bis auf sechs Meter herankommen, in einem ungeschützten Gebiet ergreifen sie bereits bei 30 Meter die Flucht. Die Reduktion des Sicherheitsabstandes bezeichnet man als Zähmung. Bei Erreichung der Marke Null ist das Tier völlig zahm.

Bei einer Zirkusnummer – zum Beispiel mit einem Löwen – ist der Dompteur nicht daran interessiert, seine Tiere vollständig zu zähmen. Er reduziert vielmehr den Sicherheitsabstand auf eine errechenbare kritische Entfernung. Überschreitet er den Abstand auch nur ein wenig, so treibt er den Löwen zum Rückzug und kann dazu noch elegant mit der Peitsche knallen. Trifft der Löwe auf ein Hindernis, beispielsweise auf ein Gitter, so wird er höchst eindrucksvoll fauchen und brüllen. Verharrt der Dompteur innerhalb der kritischen Entfernung, dann wird aus Flucht Angriff. Nun hat jeder erfahrene Dompteur ein Hindernis – meist ein Piedestal – bereit, das der Löwe überklettern muß, um angreifen zu können. In dem Augenblick, da der Löwe auf dem Piedestal ist, zieht sich der Dompteur aus dem kritischen Raum zurück. Jetzt kann sich der Löwe befriedigt niederlassen – er hat den Eindringling ja vertrieben –, und der Dompteur kann – sich tief verbeugend – den Beifall kassieren.

Wie perfekt sich diese aus dem Tierverhalten gewonnenen Erkenntnisse auf den Menschen übertragen lassen, hat der bekannte Psychiater August Kinzel von der Columbia University an einer Untersuchung von Gefängnisinsassen gezeigt. Er legte seine Arbeit 1969 anläßlich der Jahresversammlung der American Psychiatric Association vor. Kinzel wählte unter den Insassen acht aus, die eine Reihe von Gewalttaten verübt hatten, und sechs, die sich weit weniger hatten zuschulden kommen lassen. Was hatte der persönliche Raum damit zu tun? Kinzel stellte seine Versuchspersonen in die Mitte eines kahlen Raums mit Fliesenboden, der eine schnelle Abschätzung der Entfernung erlaubte. Jetzt näherte er sich jeweils aus einer anderen Richtung – langsam, Schritt für Schritt. Der Gefangene sollte »Halt« rufen, sobald Kinzel ihm unerträglich nahe kam. Durch wiederholte Versuche konnte Kinzel den persönlichen Raum seiner Versuchspersonen abgrenzen. Die nicht gewalttätige Gruppe beanspruchte jeweils nicht mehr als etwa einen Quadratmeter. Und wie bei den Hennen war dieser Raum nach vorne etwas größer.

Die acht schweren Fälle verhielten sich ganz anders. Mit geballten Fäusten reagierten sie auf das Eindringen der Untersuchungsperson in den Raum, der fast viermal so groß war wie bei der ersten Gruppe. Es zeigte sich dabei aber auch noch etwas anderes. Der persönliche Raum der gewalttätigen Gefangenen war *hinten* ausgebuchtet. Die Gefangenen mit den ärgsten Strafregistern (Mord und Totschlag) reagierten auf eine Annäherung von hinten deutlich anders als die übrigen Gefängnisinsassen.

Was bedeutet das? Paranoia? Eine spezifische Angst vor Päderasten? Weder der Psychiater noch der Beobachter können die Frage beantworten. Die Gewalttätigen sind jedenfalls auf Gewalttaten gefaßt. Wurden die Versuche einige Zeit hindurch wiederholt und faßten die Gefangenen Zutrauen zum Versuchsleiter, so verringerte sich der Anspruch auf persönlichen Raum bei sämtlichen Insassen um die Hälfte. Die Forderung der Gewalttäter nach einem freien Raum im Rücken wurde als erste fallengelassen. Der Anspruch auf einen gewissen persönlichen Raum blieb jedoch bestehen, auch wenn die Vertrautheit noch so groß war.

Kinzels Experimente haben die Realität des persönlichen Raums beim Menschen bestätigt, sie haben diesen Raum gemessen, wie ein Dompteur den des Löwen mißt. Sie haben ferner die angeborene Abneigung gegen den Eindringling bestätigt und einen Unterschied aufgezeigt zwischen jenen, die auf gewisse Gegebenheiten gewalttätig reagieren, und anderen, die sich normal verhalten. Warum töten manche Menschen und andere nicht? Die unterschiedliche Reaktion des Menschen auf den Raum spielt jedenfalls auch dabei eine Rolle. Wenn wir uns in einer dunklen Straße einem Fremden nähern, überfällt uns Angst. Ist sein persönlicher Raum ähnlich dem unseren? Ist er anders? Wir wissen es nicht.

4

Die Wissenschaft von der räumlichen Verteilung der Tiere ist noch so jung, daß man sich bisher nicht einmal auf eine definitive Terminologie hatte einigen können. Aus Hedigers »individueller Distanz« wurde der »persönliche Raum«, der – wie wir gesehen haben – bei den einzelnen Individuen verschieden ist. Obwohl Murphy für seine Tuaregs den Terminus »soziale Distanz« geprägt hat, spricht man im allgemeinen vom persönlichen

Raum. Dieser Raum – auch darüber ist man sich einig – kann sich mit der Jahreszeit verändern. Kiebitz und Buchfink beispielsweise finden sich im Winter zu kleinen enggedrängten Scharen zusammen, kaum regen sich jedoch im Frühjahr die ersten sexuellen Triebe, verteilen sie sich auf relativ große Territorien, die auch hartnäckig verteidigt werden. Bei unserer Untersuchung der Menschen haben wir zwar Bezeichnungen für individuelle Kontakte; für Gruppenkontakte jedoch, die für das Verständnis des Menschen so außerordentlich wichtig sind, fehlen uns die Begriffsbestimmungen.

Hediger hat auch den Begriff »soziale Distanz« geprägt, um den weitesten Punkt zu bezeichnen, bis zu dem ein Tier sich von seiner Gruppe entfernt. Die soziale Distanz einer Gruppe ist demnach das Ausmaß, in dem sie sich zerstreut. Eine Pavianherde zum Beispiel verteilt sich bei der Futtersuche über ein weites Gebiet, das heißt, sie erreicht ein Maximum an sozialer Distanz. Doch kaum wird es dunkel, verringert sich diese Entfernung rapid, bis schließlich alle Tiere sich auf ein paar benachbarten Bäumen zusammenfinden. Soziale Distanz ist also auch ein Maßstab für das tierische Bedürfnis nach vertrauter Nähe. Für die entgegengesetzte und vermutlich stärkere soziale Kraft, die Abweisung von Fremden, kann ich jedoch in der Literatur keinen Terminus finden.

Ich bin keineswegs dafür, in eine etablierte Wissenschaft neue Bezeichnungen einzuführen, und empfinde es auch als höchst anmaßend. Da jedoch in unserer Besprechung bestimmte Termini fehlen, werde ich in der Folge die soziale Ablehnung von Fremden als »tierische Xenophobie« bezeichnen. Und wie der persönliche Raum ein das Individuum ständig umgebendes Territorium definiert, so möchte ich mit dem sozialen Raum ein ähnliches Gebiet umschreiben, und zwar jenes, das die Gesellschaft umgibt.

Handelt es sich dabei um ein fest umrissenes Gebiet mit klaren Grenzen, das durch tatsächliche oder ritualisierte Kampfhandlungen verteidigt wird, so haben wir ein Territorium im klassischen Sinn vor uns, wie zum Beispiel bei Ripleys Languren auf Ceylon oder bei Struhsakers Meerkatzen im Amboseli-Reservat. Handelt es sich dagegen um ein Gebiet, dessen mehr oder weniger feste Grenzen niemals verteidigt werden (weil sie niemand verletzt) – wie es bei Gartlans Meerkatzen oder beim Mantelpavian der Savanne der Fall ist –, dann ist sich die Ethologie nicht einig, ob man nun Territorium sagen soll oder nicht.

Beim sozialen Raum ist es lediglich eine Frage der Semantik, da es sich in beiden Fällen um ein festes, ausschließliches Eigentum handelt. Nun aber kommt etwas viel Schwierigeres, denn das Gebiet kann, wie der persönliche Raum, auch veränderlich sein. Die großen indischen Rhesusaffenhorden wechseln von Zeit zu Zeit ihren Standort; eine Horde oder ein Individuum aber wird immer und überall wütend vertrieben werden, wenn es den sozialen Raum verletzt. Southwick beobachtete zwei Horden, die ursprünglich eine einzige Horde gebildet hatten; die Feindseligkeiten waren so ausgeprägt wie zwischen zwei fremden Horden. Bei Jays Languren in den Wäldern Zentralasiens schließlich ist der Raum so groß, daß keine Feindseligkeit entstehen kann und die Gruppe ihren Zusammenhalt und ihre psychologische Ellbogenfreiheit einfach dadurch erhält, daß sie die andere Gruppe meidet.

Denken wir in sozialen Räumen, so verlieren viele Kontroversen zwischen Experten an Bedeutung. Ist eine Spezies territorial oder nicht? Warum zeigen Languren und Meerkatzen so unterschiedliche Verhaltensweisen, wenn das Territorialverhalten angeboren ist? Die Antwort lautet: Das angeborene Bedürfnis ist auf die Erhaltung des sozialen Raumes ausgerichtet. Und jede Population wird aus ihren genetischen Möglichkeiten jeweils jenes Verhaltensmuster wählen, das diesen sozialen Raum am sichersten gewährleistet.

Tierische Xenophobie gehört bei sozialen Spezies zu den am stärksten verbreiteten Merkmalen; die Gründe dafür sind vielfältig. Es gibt genetische Gründe, die ich bereits erwähnt habe: Würden Gruppen sich schrankenlos vermischen, so ginge jeder genetische Fortschritt durch die große Anzahl verloren. Bedeutend wichtiger für unsere Untersuchung ist das Problem von Ordnung und Unordnung. In einer kleinen Gruppe läßt sich verhältnismäßig leicht Ordnung halten; man kennt einander. Der Fremde aber ist ein Problem. Äußerst selten wird er überhaupt aufgenommen. Ist dies jedoch einmal der Fall, dann findet er sich automatisch auf den untersten Sprossen der Rangleiter, wo die Möglichkeit einer sozialen Störung minimal ist. Xenophobie gewährleistet den Zusammenhalt der Gruppe und verhindert soziale Unruhen.

Abgesehen von einigen kleinen Arbeiten wurde über Xenophobie sehr wenig geschrieben; auch ich werde dieses Thema erst später behandeln, wenn wir auf den Ursprung der menschlichen Gewalttätigkeit zu sprechen kommen. Vorerst beschäftigen wir uns mit der Hypothese, wonach die Xenophobie bei Menschen und Tieren gesellschaftlich integrierte Gruppen getrennt hält. Ob diese Trennung durch aktive territoriale Verteidigung erreicht wird oder durch eine Anerkennung territorialer Rechte, durch aktive Gruppenfeindseligkeit oder durch Gleichgültigkeit wie zum Beispiel bei einer Herde – eine Gruppenidentität ist vorhanden, der soziale Raum ist bestätigt. Es ist eine Regel der Tierwelt, und sie hat ihre guten Gründe. Wie wir noch sehen werden, ist es auch eine Regel der Menschen.

Man möchte meinen, über das Leben in Slums gäbe es nichts Neues mehr zu sagen. Zwei Beobachtern jedoch – Edward Hall von der anthropologischen Abteilung der Northwestern University und Gerald Suttles, Soziologe an der Universität von Chikago – ist es gelungen, in diesen Ghettos unsichtbare territoriale Grenzen aufzuspüren. Was zum Beispiel in Chikago eine endlose, amorphe Häusermasse zu sein scheint, wird bei näherem Hinsehen zu einem Mosaik von Territorien, genauso verborgen wie die der Languren von Ceylon. Und sie helfen die soziale Ordnung aufrechterhalten.

In letzter Zeit hat Hall sich hauptsächlich mit den Negervierteln beschäftigt. Weil seine Haut weiß und unsere Zeit explosiv ist, wurden die meisten Beobachtungen von seinen Negerstudenten durchgeführt. Sie stießen auf Territorien, die im allgemeinen zwei benachbarte Häuserblocks umfassen. Die Grenzen verlaufen in der Mitte der diese Blocks umgebenden Straßen. Man hat seine Freunde ums Eck, im eigenen Territorium, nicht aber auf der gegenüberliegenden Straßenseite. Die Einwohner kennen einander, entweder persönlich oder vom Hörensagen. Jeder Erwachsene hat das Recht, ein ungezogenes Kind zu bestrafen, egal welcher Familie es angehört. Jeder, der sich in einem Territorium ansiedeln will, aber als unerwünscht gilt, wird freundlich abgewehrt. Gelingt es ihm trotzdem, so bringt man ihn – vielleicht weniger freundlich – dazu, wieder auszuziehen. Die Gruppe besitzt eine inoffizielle, aber anerkannte Rangordnung; eine oder mehrere von allen geachtete Personen schlichten die Streitigkeiten und bestimmen das soziale Verhalten. Das gesichtlose, übervölkerte Negerghetto bestand in Wirklichkeit aus einer Reihe unabhängiger Dörfer.

Damals war gerade das Gewissen Chikagos erwacht, und die Stadtverwaltung versuchte, die verseuchten Slums durch hygienische Hochhäuser zu ersetzen. Halls Gruppe mußte feststellen, daß die neuen Wohnungen die alten sozialen Strukturen zerstörten und nur zur allgemeinen Unruhe und Unordnung beitrugen. Jetzt konnten die Kinder des Nachbarn nicht mehr zur Ordnung gerufen werden. Jetzt verschwanden sie auf die Straße und schlossen sich zu Gangs zusammen, die sich der elterlichen Kontrolle entzogen. Die einfache Verständigung zwischen schwatzenden Nachbarn, jede Form von inoffizieller Autorität, der schnelle Überblick – alles das ging in der mathematischen Anonymität und Isolierung der riesigen Betonbauten verloren. Halls Untersuchungsergebnisse waren so drastisch, daß die Stadt Chikago ernsthaft erwog, auf den Wolkenkratzer als Lösung der Slumprobleme zu verzichten.

Suttles suchte sich ein ganz anderes Arbeitsgebiet. 1968 erschien ›Social Order of the Slum‹, eine der aufschlußreichsten wissenschaftlichen Publikationen der Soziologie. Suttles studierte die sogenannte *Addams area*, zu der ein berühmtes, um 1900 von Jane Addams gegründetes Siedlungshaus gehört. Da Suttles sich vor allem mit den Veränderungen im Stadtleben befaßte, wählte er einen Bezirk mit einer langen Geschichte.

Das Addams-Areal ist deutlich abgegrenzt. In den verfallenen Wohnungen leben etwa 30 000 Menschen – Mexikaner, Puertorikaner, Italiener und Neger. Und innerhalb dieses Elendsviertels bildete sich abermals ein Ghetto. Kurz nach dem Zweiten Weltkrieg hatte die öffentliche Wohnbauförderung einige Gebäude durch einen Wohnblock mit ungefähr 1 000 Mietwohnungen ersetzt. Heute wird er fast ausschließlich von Negern bewohnt, den Omegas des Bezirks; sie hausen hier wie in einem Käfig. Suttles hebt die lähmende Monotonie hervor, die Unmöglichkeit einer Familienidentität, das argwöhnische Verhältnis zwischen den Nachbarn, die bedrückende Uniformität. Verwandte und Freunde können nicht nahe beisammen wohnen, sie können keine »kleine moralische Insel fern von den Intrigen der größeren Gemeinschaft bilden«. Er schreibt: »Dort, wo weder Vertraulichkeit noch Anzeichen von Verläßlichkeit oder Macht einen klaren Hinweis auf Sicherheit geben, nimmt man ständig Zuflucht zur Gewalt. Bei den Negern dieses Viertels erreichen Gewalttaten ohne materiellen Gewinn einen einzigartigen Höhepunkt.« Die Neger machen jedoch nur 14 Prozent der Bevölkerung der Addams-Siedlung aus. Damit sind Halls Ergebnisse weitgehend bestätigt.

»In Elendsvierteln geht der sozialen Rahmenstruktur, die die Voraussetzung für geordnete Beziehungen bildet, meist ein territoriales Zusammenrücken voraus«, schreibt Suttles. Die

Bewohner müssen den Nachbarn gut kennen, genauso wie die Paviane. »Für Bewohner der Addams-Siedlung ist es von Vorteil, ihre Loyalitäten in Grenzen zu halten und außerhalb des kleinen Territoriums, das ihre Heime umgibt, keine Abhängigkeiten zu etablieren.« Er sieht also in der Slummoral eine Weiterführung der territorialen Loyalität.

Wir assoziieren die wachsende Promiskuität gern mit dichtbesiedelten Gebieten wie den Elendsvierteln, vergessen aber, daß es sich dabei um ein Phänomen des Mittelstandes und der Oberschicht handelt. Suttles lebte Mitte der sechziger Jahre drei Jahre im Addams-Areal; seine Beobachtungen sind also kaum als überholt abzutun. Er schildert, mit welchem Eifer, welcher Diskretion und Verschwiegenheit die territorial organisierten Gangs der Jugendlichen ein Mädchen beschützen, das einen Fehltritt begangen hat. Damit schützen sie auch die Heiratschancen des Mädchens. Seine Schätzung ist wahrhaft erstaunlich: von den 30000 zusammengedrängten Bewohnern der Addams-Siedlung haben wahrscheinlich nicht mehr als ein Dutzend Mädchen den Ruf sexueller Freizügigkeit.

Eine andere Beobachtung erscheint dem Verhaltensforscher zwar durchaus natürlich, wird aber den Leser, der noch immer an die menschliche Einzigartigkeit glaubt, vielleicht in Erstaunen versetzen. Ich habe in einem meiner Bücher den Freundschaft-Feindschaft-Komplex beschrieben, ein psychologisches Phänomen, das die Kräfte der Verteidiger eines Territoriums bedeutend verstärkt. Das Addams-Areal ist ein Mosaik kleiner Territorien, die sich normalerweise auf ethnische Gruppen beschränken. Und doch gibt es auch ein größeres Territorium – die *Addams area* selbst. Die Eltern warnen beispielsweise ihre Kinder davor, die Roosevelt Road zu überqueren. Im Tierreich gibt es eine gegen jene gerichtete Xenophobie, die außerhalb des eigenen Raumes leben. Die Folge ist eine Art von Integration. Die verachteten Neger mögen in ihrem Wohnblock isoliert sein – dennoch ist man überzeugt, daß die Neger des Addams-Areals irgendwie ein bißchen besser sind als die übrigen Neger. Mögen Antagonismus und Intoleranz zwischen den einzelnen ethnischen Enklaven – seien es Mexikaner, Puertorikaner oder Neger – auch noch so groß sein, so werden doch gewisse Spielregeln beachtet. Ist man ein Dieb, dann wählt man ein Betätigungsfeld außerhalb der Addams-Siedlung. Gehört man einem kampflustigen Gang junger Mexikaner an, so sucht man im allgemeinen lieber Streit mit den Mexikanern von der 18. Straße und nicht mit einer örtlichen Bande. Die Vermutung liegt nahe, daß sämtliche Straßengruppen innerhalb des Territoriums – ungeachtet ihrer ethnischen Zugehörigkeit – sich unter Umständen zusammenschließen könnten.

Die Arbeiten von Edward T. Hall und Gerald D. Suttles weichen in ihren Erkenntnissen von den üblichen soziologischen Dogmen weitgehend ab. Wie wir im Gedränge der Cocktailparty unbewußte Manöver ausführen, um unseren persönlichen Raum zu wahren, so machen wir auch im Gedränge der übervölkerten Weltstadt unbewußte Manöver, um unseren sozialen Raum zu erhalten. Auch unter erniedrigendsten Slumverhältnissen bleiben, solange es Territorien gibt, Würde und Ordnung bis zu einem gewissen Grad gewahrt. Erst wenn der soziale Raum nicht mehr genau abgegrenzt und geschützt werden kann, tritt der Terror auf den Plan.

5

In den letzten Jahren äußerten einige Verhaltensforscher die Vermutung, Territorium und Rangordnung könnten Ausdruck eines einzigen angeborenen Dranges sein – des Dranges zu herrschen. In ›Adam und sein Revier‹ habe ich diese Kräfte als die beiden Seiten einer Münze definiert. Wenn jedoch die neueste Vermutung stimmt, dann war mein Vergleich nicht ganz korrekt. Herrschaft über einen Raum – ein Territorium – würde demnach eher am Ende eines langen Kontinuums zu finden sein, das allmählich in die Herrschaft über den Mitmenschen mündet. Die absolute Alleinherrschaft des Rotkehlchens über sein Stück Land ist das eine Extrem; der absolute Despotismus der Alphahenne in der strengen Hackordnung des Hühnerhofs das andere. Und dazwischen liegen alle Abstufungen möglicher Beziehungen.

Der Amerikaner David E. Davis von der North Carolina State University und der Deutsche Paul Leyhausen vom Max-Planck-Institut haben unabhängig voneinander diese These überprüft. Davis' zahlreiche Untersuchungen der physiologischen Folgen der Übervölkerung ließen ihn vermuten, daß Stärke und Grad der Dominanz ganz wesentlich vom Raum abhängig seien. Je weitläufiger die Umwelt, desto wahrscheinlicher, daß die

Ordnung durch eine territoriale Verteilung erreicht wird. Je dichter die Population, desto wahrscheinlicher, daß eine Gesellschaft die Rangordnung zum Organisationsprinzip macht. Leyhausen, der in einem Gefangenenlager Erfahrungen sammeln konnte, ist in erster Linie an den menschlichen und politischen Konsequenzen des Begriffs interessiert. Er sieht in der Dominanz über ein Territorium einen Garanten für Recht und Freiheit des Individuums – das Territorialverhalten des Menschen unterstützt demnach die Demokratie. Proportional zur Dichte wächst jedoch die Rolle der absoluten Hierarchie. Die hierarchische Ordnung hat als Instrument des Gesetzes unbestrittene Bedeutung. Doch stellt die »Übervölkerung für jede echte Demokratie eine Gefahr dar, die nicht genug betont werden kann«.

Zahlreiche Beispiele aus der Tier- und Menschenwelt haben uns gezeigt, daß Bevölkerungsdichte allein nicht für den Verlust der territorialen Unabhängigkeit verantwortlich ist. Anpassungsfähigkeit – eine Art Hausverstand der Tiere – kann unerträgliche Zustände erträglich machen. Die auf der Lolui-Insel auf engstem Raum lebenden Meerkatzen konnten ebenso wie die Bewohner der Addams-Siedlung ihre territorialen Bindungen bewahren, indem sie Streitigkeiten vermieden. Achtet man den sozialen Raum des Nachbarn, so sind Freiheit und Ordnung gewährleistet. Daß Menschen und Tiere sich ganz unbewußt solcherart anpassen, beweisen Suttles' Erfahrungen, als er sich von einem Bewohner der Addams-Siedlung das System erklären lassen wollte. Man sagte einfach, das sei »natürlich«, oder »das ist eben so«.

Wir haben Anpassungen kennengelernt, die den Druck des engen Zusammenlebens reduzieren. Dennoch behält die Bedeutung des Raums, wie sie im weiteren dargelegt wird, ihre Gültigkeit. Die Anpassungsmechanismen widerlegen auch keineswegs Leyhausens düstere Prognose, wonach eine entsprechende Zusammenballung von Menschen die systematische Bildung einer Führungsgruppe nach sich ziehen wird; diese wird mittels politischer und polizeilicher Macht den Großteil des sozialen Raums kontrollieren, so daß die Mehrzahl der Menschen wie eine Schafherde leben wird. Man kann hier allerdings kaum mehr von einer Prognose sprechen. In der Sowjetunion stehen die Datschas der politischen Elite in scharfem Kontrast zu den überbelegten Behausungen des Arbeiters. Die Flucht des Amerikaners in die Vororte steht vielleicht am Beginn einer neuen Zeit, wo man den Schutz der Polizei beanspruchen wird, um die Privilegien des eigenen Raums zu schützen.

Einfallsreichtum, gesellschaftliche Traditionen, kulturelle Anpassungen können uns bis zu einem gewissen Grad vor allzu großem Streß schützen. In seinem Buch ›Hidden Dimension‹ bewundert Hall die Fähigkeit der Japaner, sich durch geistige Konzentration gegen Lärm zu schützen. Für uns, die wir zwischen relativ dicken, Lärm absorbierenden Mauern aufgewachsen sind, zählt eine Nacht in einem japanischen Hotel mit seinen Papierwänden – vor allem wenn im Nebenraum eine Party im Gang ist – zu den schlimmsten Erfahrungen. Ich lebe seit langem in Rom und kann Halls Beobachtungen nur bestätigen.

Die Vorliebe der Italiener für ohrenbetäubenden Lärm zwingt mich zu der Schlußfolgerung, daß die Römer entweder ein andersgeartetes Trommelfell haben oder mit mir etwas nicht in Ordnung ist.

So schützen wir uns also. Doch weder ein italienisches Trommelfell noch die Konzentrationsfähigkeit der Japaner kann uns von der Tyrannis der großen Zahl befreien. Wir können unsere Kinder so erziehen, daß sie Menschenmengen genießen. Leyhausen bemerkt dazu sarkastisch, daß man sie auch dazu erziehen könne, Alkohol und Drogen zu genießen. Ob das Akzeptieren und Bejahen von Menschenmassen eine selektive Anpassung oder eine Fehlanpassung des *Homo sapiens* ist, wird die Zukunft weisen. Vorläufig beschäftigt uns die Theorie, wonach alle räumlichen Anordnungen Ausdruck des angeborenen Machttriebs des Individuums beziehungsweise der Gruppe im Sinne Alfred Adlers sind.

Unter Dominanz hat man lange Zeit den Konkurrenzkampf um das gleiche Ziel verstanden: das eine Tier dominiert, das andere ordnet sich unter, und diese Konstellation wird ganz von selbst auch die anderen Rivalitäten bereinigen. Jüngste Studien haben jedoch gezeigt, daß das Tierverhalten nicht so einfach, sondern dem unseren sehr ähnlich ist. Der Mann kann zu Hause dominieren und sich im Büro unterordnen, er mag am Stammtisch das große Wort führen und in der politischen Organisation nichts zu reden haben – genauso kann die Rolle eines sozialen Tieres wechseln. Der Alpha-Affe kann einem andern die Führung bei der Nahrungssuche überlassen, er kann, muß aber bei territorialen Kämpfen nicht der Anführer sein. Vielleicht duldet er die sexuellen Aktivitäten eines Untergeordneten, ohne sich einzumischen, vielleicht überläßt er es anderen, einen Eindringling abzuwehren. Oft ist das nichts anderes als die vornehme Zurückhaltung des Alphas, oft aber handelt es sich auch um eine klare Rollenverteilung; das Tier kann in der einen sozialen Rolle dominierend sein, in einer anderen nicht.

Aus diesen Untersuchungen geht etwas klar hervor: die Beziehung zwischen Dominanz und Raum. Der Star ist nicht territorial, er dominiert jedoch in Nähe seines Nestes über alle Artgenossen. Wenn Grillen kämpfen, so verteidigen sie kein Territorium, es gewinnt jedoch fast immer das Tier, das seiner Nische am nächsten ist. Leyhausen hat sich sehr intensiv mit Katzen beschäftigt und festgestellt, daß der geschlagene Kater sein Selbstvertrauen wiedergewinnt, sobald er sich seinem Zuhause nähert. Aufschlußreich war eine Untersuchung der Kaninchen in Australien. Das Kaninchengehege ist in Gruppenterritorien mit je fünf bis acht erwachsenen Tieren aufgeteilt, die eine klare Rangordnung aufweisen. Der Alpha verteidigt sein Territorium so erbittert, daß er den Eindringling mitunter sogar tötet. Kommt er dagegen in ein fremdes Territorium, dann wird er zu einem Untergebenen. Diese Beobachtungen haben den Amerikaner William Etkin zu dem Ausspruch veranlaßt, daß ein Besitzer sich auf dem eigenen Territorium wie ein Alpha verhält, überall sonst aber wie ein Omega.

Diese Studien führten zu der Hypothese vom Territorium als Folge der Dominanz über einen bestimmten Raum. Der Machthunger wird durch das Stück Land befriedigt, eine Dominanz über Artgenossen jenseits der Grenze interessiert den Besitzer nicht. Stimmt die Hypothese, dann ist die Größe des Territoriums mehr oder minder belanglos, was wiederum für die städtischen Probleme Bedeutung hat. Die Möwe in ihrem Nest, von Tausenden anderen Vögeln umgeben, ist ebenso ein Alpha wie der Gnubulle, der 60 bis 100 Meter Abstand hält. Wir sehen auch, daß es in territorialen Systemen ebenso viele Alphas wie Grundstücke gibt; sie alle besitzen etwas, was man als politische Gleichheit bezeichnen könnte.

Wenden wir uns wieder dem Menschen zu. Vielleicht hat Leyhausen mit seiner Prophezeiung über das Schicksal der Demokratie gar nicht so unrecht. Der ländliche Friede, der unsere Sehnsucht beflügelt, war vor nicht allzu langer Zeit durch eine Raumanordnung gegeben, die eine optimale Anzahl menschlicher Alphas ermöglichte. Ob die Farmen und Höfe nun groß oder klein waren, ihre Besitzer befanden sich – psychologisch gesehen – ungefähr auf der gleichen Stufe. Doch dann dehnten sich die Territorien aus, und es gab immer weniger Alphas. Die neue Klasse ländlicher Omegas floh vor der zunehmenden

Technisierung und zog in die Stadt. Und die Stadt duldet und fördert zwar territoriale Anordnungen, doch sind diese hier wesentlich anders beschaffen.

Das Kontinuum veränderlicher Dominanz vom Landstück des Rotkehlchens bis zur Hackordnung des Hühnerhofes wiederholte sich in der menschlichen Erfahrung. Die Konzentration in den Städten kennt als vereinbarten Preis nicht mehr die Herrschaft über einen Raum, sondern über die Mitmenschen. Das ist jener unerbittliche Status- und Konkurrenzkampf, den die Tiere tunlichst vermeiden. Wohl gibt es noch das Territorium, aber nur noch als Statussymbol und nicht mehr als Territorium an sich. Der Bequemlichkeit halber schätzen wir eine große Wohnung, gleichzeitig ist sie aber auch ein Statussymbol. Obwohl Größe und Lage von Wohnung oder Haus eine gewisse territoriale Sicherheit darstellen, ist das prestigeerhöhende Moment doch wesentlich wichtiger. Ebenso hat die Größe eines Büroraums selten eine funktionelle Berechtigung; auch sie ist nichts weiter als eine Bestätigung des Status. Dominanz bezieht sich nur noch selten auf den Raum an sich; fast überall ist sie zur Macht über den Mitmenschen geworden.

Die Bedeutung des Autos im Großstadtverkehr ist auch einer näheren Betrachtung wert. Zweifellos ist es ein mobiles Territorium, das zeigt sich deutlich in der Bereitschaft des Fahrers und seines Hundes, dieses Auto zu verteidigen. Stoßstangen bilden die territorialen Grenzen, so daß auch ein zum Stillstand gekommener Verkehr noch ein territoriales Mosaik aufweist, wo die Besitzer – von vorübergehenden Wutanfällen abgesehen – sich gegenseitig nicht zur Kenntnis nehmen. Vielleicht ist das Auto eine sentimentale Erinnerung an vergangene Zeiten, als wir noch unter Bäumen spazierengingen, die uns gehörten. Trotzdem ist das Auto im Stadtleben ein monströses Ding. Zwar bietet es eine winzige Privatsphäre und zuweilen auch eine Art fliegenden Teppich, um der Großstadt zu entfliehen, doch ist der Mensch im Auto beengt und bedrängt wie kaum anderswo. Als territorialer Preis hätte das Auto keine Existenzberechtigung.

Ich habe in meinen beiden ersten Büchern bereits nachdrücklich darauf hingewiesen, daß das Territorialverhalten ein evolutiver *Verteidigungsmechanismus* ist. Das möchte ich hier nochmals betonen. Es ist nur insofern aggressiv, als der herausgeforderte Besitzer kämpft. Im territorialen Prinzip finden wir praktisch nirgends den Begriff der Eroberung, wie wir Menschen ihn kennen. Ich habe der Versuchung widerstanden – es fiel mir oft nicht leicht –, das territoriale Prinzip auch auf menschliche Symbole wie Geld und Position anzuwenden. Heute bin ich froh darüber; denn Davis-Leyhausens Definition der Dominanz erklärt den Unterschied zwischen Besitz, der die individuelle Identität schützt, und Besitz, der die Identität von anderen gefährdet. Das wichtigste Kriterium ist der Raum. Ist Raum vorhanden, dann machen territoriale Ordnungen das unverwundbare Individuum möglich. Nimmt man dem Menschen seinen Raum, so nimmt man ihm seine Unverwundbarkeit. Darin liegt letztlich – unter all dem Beton und Asphalt – das Problem der Stadt.

Wie ich es in meiner Untersuchung des Territoriums vermieden habe, den Begriff über die Grenzen des Themas hinaus zu erweitern, so muß ich jetzt der Versuchung widerstehen, mich allzuweit vom Gesellschaftsvertrag zu entfernen. Es ist natürlich verlockend, sich in die technologischen Schrecken der städtischen Umwelt zu verlieren: die Verschmutzung der Luft, der von zu vielen Maschinen und zu vielen Menschen erzeugte Lärm, die allgemeine Hetzjagd nach einer Mahlzeit; das Schlangestehen in London, das Gedränge in Rom, die Menschenunwürdigkeit öffentlicher Verkehrsmittel, die Katastrophe, wenn irgend etwas in dieser teuflischen Maschinerie zusammenbricht. Das ist ein Aspekt des Großstadtproblems, der Aspekt, den wir am deutlichsten zu spüren bekommen, der uns alle in irgendeiner Form zu Sklaven macht. Es gibt aber noch einen anderen Aspekt.

Verliert der Mensch nach und nach seinen eigenen Raum, der ihn einst beschützte, so liefert er sich mit der Zeit wehrlos dem Schlachtfeld der Großstadt aus. Mit dem Raum verlieren wir einen Verbündeten. Wir betreten die Arena, in der der Mensch dem Menschen gegenübersteht und Bündnisse nur vorübergehend sind.

Kaum etwas belastet heute unseren Gesellschaftsvertrag mehr als die Herausforderung der Großstadt. Der Raum wurde verschlungen, und nur ein Romantiker vermeint in einem Sommerhaus, das man vier Wochen im Jahr bewohnt, die territoriale Wiedergeburt zu finden. Die städtische Umwelt fordert von uns die totale Anpassung – unserer Körper und Bewegungen, unserer Aggressionen und Abenteuer, unserer Zerwürfnisse und Ambitionen, unserer Liebe und unseres Hasses – an eine städtische Ganzheit, die eine bestimmte soziale Ordnung aufweist. Wenn ich den biologischen Gesellschaftsvertrag als einen Ausgleich zwischen notwendiger Ordnung und notwendiger Unordnung bezeichnet habe, dann kann man die Herausforderung der Großstadt als relativ große Ordnung bezeichnen.

Die technologischen Probleme der Großstadt können und müssen gelöst werden. Wir haben die Fähigkeiten dazu. Der Stadtmensch, Jahr für Jahr von der Tücke seiner Umwelt zur Verzweiflung getrieben, wird jene Entschlossenheit dafür aufbringen, die den Menschen schließlich auch auf dem Mond landen ließ. Was die Probleme unserer emotionellen Umwelt betrifft, bin ich allerdings weniger optimistisch.

Der Raum – nicht der zwischen Erde und Mars, sondern zwischen Mensch und Mensch – ist heute noch ein so großes Geheimnis, wie es früher einmal Feuer und Wasser waren. Ich stimmte der Hypothese der Ethologie zu, wonach mit der Reduzierung des Raumes die Tyrannis wächst. Eine Erweiterung dieser These ist ganz besonders beunruhigend, hat doch die Stadt eine spezifisch menschliche und unheilvolle Situation geschaffen: laut Wynne-Edwards streben wir nach vereinbarten Preisen. Je mehr jedoch die Bevölkerungsdichte zunimmt, desto spärlicher werden die erstrebenswerten Preise.

Jedes Territorium hat einen Besitzer, einen Alpha, der den vereinbarten Preis errungen hat. Natürlich sind auch in der ländlichen Gesellschaft der Obst- und Blumengärten, der Feinkost- und Gemischtwarenhandlungen nicht alle Menschen Besitzer. Aber es gibt viele Alphas, und die Preise sind real. Wo jedoch die städtische Konzentration wächst, wo der Wettstreit nicht mehr Raum, sondern die Mitmenschen zum Ziel hat, dort etabliert sich die Hierarchie des Despotismus, dort werden die Alphas eliminiert. Die Preise werden rarer. Die Masse ballt sich zu gewaltigen Organisationen zusammen, seien es nun Gewerkschaften, politische Gruppen oder Protestbewegungen. Und je größer diese Organisationen werden, desto geringer sind die Möglichkeiten für einen Alpha.

Ich habe das Dilemma des Jugendlichen erwähnt, der sich einerseits als Individuum bewähren will, anderseits aber gigantischen Organisationen gegenübersteht, die jede Individualität vernichten. Haben früher tausend Geschäfte aus tausend Menschen Alphas gemacht, so hat heute eine Kaufhauskette nur einen einzigen. Der vereinbarte Preis des Statuskampfes wird so irreal wie das Königreich Kakanien.

Wir sind wie Truthähne, die mit ausgestreckten Hälsen am Gitter stehen und sehnsüchtig in den weiten Raum hinausstarren, der uns niemals gehören wird. Doch wir sind noch schlimmer dran als die Truthähne, denn das Ziel des Alphatruthahnes ist niemals bloße Fiktion. Sicherlich, wir alle passen uns an. Wir erfinden neue Organisationen, um uns bestätigen zu können: den Elternverein, den Leseklub, den Verein der Schmetterlingssammler, den Stammtisch; wir erfinden den Tourismus und bringen unwahrscheinliche Photos von unwahrscheinlichen Plätzen nach Hause, die die Omegas zu noch unglaublicheren touristischen Leistungen aufstacheln. Für den wahren Alpha aber ist das nicht genug.

In jeder Bevölkerung gibt es eine Gruppe – durchschnittlich 3 bis 3,5 Prozent –, die als schwachsinnig bezeichnet werden muß. Geht man vom Intelligenzquotienten aus, so bedeutet das einen IQ von 70 oder weniger. Und wenn man auch darüber streiten kann, wieviel vom IQ genetisch und wieviel umweltbedingt ist, so ist ein IQ von 70 jedenfalls so niedrig, daß auch die günstigste Umwelt ihn nicht über 80 steigern wird. Und damit bleibt das Individuum auf der Omega-Stufe. Am anderen Ende der symmetrischen Kurve stehen die 3 bis 3,5 Prozent jener hervorragend begabten Individuen mit einem IQ über 130; auch unter schlechtesten Umweltbedingungen bleiben sie potentielle Alphas.

Wir haben bei der Besprechung des Alphafisches festgestellt, daß Intelligenz allein keineswegs ausschlaggebend ist für einen hohen Rang. Ihre Bedeutung aber ist evident; ein unintelligentes Gorillamännchen wird kaum ein Silberrücken werden, der seine Gruppe beherrscht, ein dummer Elefant wird niemals Anführer der Herde werden. Man darf heute annehmen, daß fünf Prozent jeder menschlichen Bevölkerung aus Omegas besteht und fünf Prozent aus potentiellen Alphas. Bei der amerikanischen Bevölkerung würde das bedeuten, daß für zehn Millionen Menschen Platz in den untersten Rangstufen sein muß, während andere zehn Millionen die Möglichkeit haben sollten, an die Spitze zu kommen.

Wächst in den USA ein potentieller Alpha heran, dann muß er also mit den zehn Millionen anderen Alphas um immer weniger Alpharollen kämpfen. In einer solchen Gesellschaft können naturgemäß viele Fähigkeiten nicht zur Entfaltung kommen. Ähnliches gilt für das Problem der Omegas. Als der Mensch die Erde noch mit dem Spaten umgrub, als er noch das Holz auf dem Rücken trug und das Gras mit der Sense schnitt, da verlieh die körperliche Arbeit auch Menschen mit geringeren Geistesgaben eine gewisse Würde. In einer durchorganisierten, hypertechnisierten Gesellschaft sind körperliche Arbeiten praktisch verschwunden. Wie die Chancen für den aggressiv fordernden Alpha immer geringer werden, so schwinden auch die letzten menschenwürdigen Möglichkeiten für den Omega. Mit aller Kraßheit zeigt sich in der Großstadtgesellschaft, was die ländliche Gesellschaft barmherzig verhüllte: die Ungleichheit der Menschen.

Die Ungerechtigkeiten, die den Begabten widerfahren, sind nicht geringer als jene, die die Unbegabten erleiden. Das Streben nach Gleichheit, eine naturbedingte Unmöglichkeit, verdammt den Begabten zur Mittelmäßigkeit. Die Erwartung eines bestimmten Status verdammt den Unbegabten zur Frustration. Die Stadt, wie wir sie heute kennen, die Stadt, die die Ungleichheit der Menschen nicht anerkennen will, bietet ihren Bürgern weder genügend echte noch genügend Ersatzpreise.

Die Massenkonzentration in den Städten, die ungleiche Menschen ohne den Schutz des eigenen Raumes einer übervölkerten Umwelt aussetzt, verlangt nach neuen Normen für den Menschen. Sie fordert eine Überprüfung aller sozialen Begriffe und Wertigkeiten. Vielleicht ist der Dschungel der Großstädte in der Entwicklungsgeschichte des Menschen so etwas wie eine Hürde beim Hindernisrennen; wenn diese Hecke, dieser Graben nicht genommen wird, muß man ausscheiden. Mit unserer Philosophie des Unmöglichen werden wir voraussichtlich im Graben landen.

Ich weiß nicht, wie die Entscheidung ausfallen wird. In der Geschichte der Tiere findet sich kein Parallelfall für unser städtisches Dilemma. In der Geschichte des Menschen gibt es keine Hinweise wie die Zukunft von Tokio, New York oder London aussehen wird. Wir werden Anpassungen vornehmen müssen, wir werden gemeinsame Ziele suchen und neue Spielregeln erfinden müssen – neue Träume, neue Ängste, neue Hoffnungen. Die Großstadt ist die größte Herausforderung an unsere Vernunft. Wir werden weitergehen. Oder aussterben wie die Dinosaurier.

Die Zivilisation begann in den Städten. Dort wird sie vielleicht auch enden. Denn die Probleme der heutigen Zeit scheinen so hoffnungslos, daß man verzweifeln möchte. Solchen Pessimismus halte ich jedoch für unangebracht, denn er lähmt unseren Überlebenswillen. Wenn wir an der Stadt verzweifeln, müssen wir auch an der Spezies verzweifeln, die diese Stadt geschaffen hat. Und das finde ich voreilig.

Die Stadt ist eine kulturelle Erfindung, die dem Menschen Selbsterkenntnis aufzwingt. Unsere Ängste lassen darauf schließen, daß wir aggressive Lebewesen sind, die zu Gewalttätigkeiten neigen. Unsere Intelligenz – falls wir sie überhaupt besitzen – muß uns sagen, daß wir nur deshalb miteinander auskommen, weil wir müssen; daß die Brüderschaft der Menschen heute so wenig Wirklichkeit ist wie vor zweitausend Jahren. Je enger wir einander gegenüberstehen, desto deutlicher wird uns, daß wir niemals gleich erschaffen wurden und daß unsere Anlagen zur Vervollkommnung verkümmert und versteckt sind – wenn wir sie überhaupt besitzen. Vor all diesen Überlegungen hat uns der Raum bewahrt. Man kann Rousseau verstehen, der Paris verabscheute und sich in die Natur zurückzog, man kann seine Liebe für einsame Waldspaziergänge begreifen, die seine Illusionen nicht gefährdeten.

In der Stadt ist das anders. Sie ist ein Spiegelsaal. Von überall starrt uns ein Gesicht entgegen, und es gefällt uns nicht. Wir fliehen. Doch in der Stadt sind die Fluchtwege gering und die Spiegel zahlreich. Wir verleugnen unser Spiegelbild. Was unser Verstand uns zuflüstert, übertönen wir mit alten Wiegenliedern. Die Stadt aber ist stärker. Sie ist größer als wir. Mit ihren gigantischen Fangarmen preßt sie unser Gesicht immer dichter an den Spiegel. Und eines Tages müssen wir zugeben: Das bin ich.

In den Städten am Euphrat und Nil, in den Niederungen des Mayalandes, auf den griechischen Inseln und Halbinseln, auf den Hügeln Italiens hat sich eine zivilisierte Lebensform entwickelt. Vielleicht zwingt uns das Leben in unseren Städten ein neues Menschenverständnis auf, ohne das es kein Überleben gibt. Falschheit ist ein Luxus geworden. Die romantische Illusion über die Natur des Menschen hatte Berechtigung, solange wir unter Bäumen lustwandelten; auf dem Asphalt der Großstadt wird sie zur Bedrohung.

Das Problem der materiellen städtischen Umwelt wird eines Tages gelöst werden. Wie wir im letzten Kapitel gesehen haben, wächst eine Bevölkerung nicht ins Uferlose. Überdies spiegelt das städtische Dilemma nicht die Zahlen selbst, sondern die Konzentration der Zahlen. Japan hat ein perfektes System der Geburtenregelung, trotzdem bleibt der Alptraum Tokio bestehen. In den USA muß man nur über die unbesiedelten Weiten von Küste zu Küste fliegen, um festzustellen, daß das städtische Problem unser Werk ist.

Die Stadt ist kein Konzentrationslager. Wir leben nicht als Sklaven in der Stadt, nicht als Gefangene, sondern als Freiwillige. Wie Calhouns Ratten aus freien Stücken in die Mittelräume stürzten und damit zum Verhaltensverfall beitrugen, so kommen wir freiwillig in die Stadt; wir können sie jederzeit wieder verlassen. Das Leben im Menschengewühl haben wir uns selbst ausgesucht.

Nicht die Übervölkerung, sondern der Zusammenbruch der sozialen Struktur hat das Stadtleben zur Katastrophe werden lassen. Gewalttaten und Angst in den Straßen Amerikas sind das beste Beispiel dafür. Das gilt in der relativ dünn besiedelten Stadt Kansas City genauso wie im Gewühl von Chikago oder New York. Wäre Übervölkerung die Ursache, könnte das nicht der Fall sein. Wir erleben den Zusammenbruch einer sozialen Struktur, die von einer unzulänglichen Philosophie gestützt wurde. Wir belügen uns selbst. So war es immer.

Die Weite hat Platz für den Lügner, nicht aber die Stadt. Hier leben wir, weil wir es so gewollt haben und leben miteinander, weil wir es müssen. Hier entlarvt das Vergrößerungsglas fortwährender Begegnung den Mitmenschen als das, was er ist. Hier zeigt das Spiegelkabinett uns, wie wir sind. Hier müssen wir mit unseren Mitmenschen neue Verträge der Gleichheit schließen, die auf menschlichen Realitäten basieren. Wir bewahren und vervollständigen einen »Gesellschaftsvertrag«, der zu verwirklichen ist. Ansonsten versagen wir, verlieren alles und liefern uns der Gnade eines Tyrannen aus.

Die Stadt, wie wir sie heute kennen und wie sie noch für lange Zeit weiterbestehen wird, ist ein Test von gigantischem Ausmaß, geschaffen vom zivilisierten Menschen, dessen Kultur diesen Test bestehen muß – oder untergehen wird. Der Ausgang des Versuchs ist ungewiß.

Gewalt

I

Der ›Guardian‹ – einst der ›Manchester Guardian‹ – gilt als beste Zeitung im angelsächsischen Raum, aber auch als Sprachrohr des liberalen Gewissens schlechthin. Als 1969 in Nordirland – wie aus einem Vulkan – plötzlich Flammen des religiösen Hasses ausbrachen, fand diese Zeitung deutliche Worte. Der Geruch des Irrsinns lag über der Szenerie, denn die Ursache des Bürgerkrieges schien nicht nur irrelevant, sondern auch gänzlich der Vergangenheit entstammend. Der ›Guardian‹ analysierte das Geflecht der Beschwerden, anerkannte sie und kam zu dem Schluß, daß es sich in Nordirland um eine »zutiefst neurotische Gesellschaft« handle, mehr ein Problem für Psychologen als für Soldaten oder Politiker. Ein Leitartikel mit dem Titel ›Der Mensch, ein aggressives Tier‹ sprach von den »paranoiden Minoritäten«, die in Konflikten auf der ganzen Welt immer wieder auftauchen:

»In den letzten Jahren fand das Studium der menschlichen Aggression und der Aggression innerhalb der Gesellschaft immer mehr Beachtung ... Das Wissen um die auslösenden Mechanismen allein wird die Explosionen nicht verhindern können. Doch die Chance, einem Konflikt vorzubeugen, ist immerhin größer, wenn wir wissen, was zu dem Konflikt geführt hat. Wir haben die Gefahren, die unsere angeborene Aggressivität in sich birgt, unterschätzt. Es wäre gut, wenn die Vereinten Nationen zur Klärung dieser Frage weltweite Untersuchungen anstellen würden.«

Weder die Bevölkerungsexplosion noch die Übervölkerung unserer Großstädte, weder eine nukleare Katastrophe noch die abwegigen Abenteuer unserer Jugend bedeuten für unsere Zukunft eine so große Gefahr wie die Neigung des Menschen zur Gewalt. Kein Aspekt menschlichen Verhaltens ist jedoch durch ein solches Maß an Mißverständnissen vernebelt oder wird mit so viel Bitterkeit und Vorurteilen diskutiert. Der ›Guardian‹ bewies Mut, als er an die ehrwürdige liberale Tradition der vorurteilsfreien Untersuchung erinnerte und offen zugab, daß wir praktisch nicht wissen, was Gewalttätigkeit ist. Was sind die

Ingredienzien menschlicher Kampflust? Wir haben Vermutungen, wir haben Theorien, doch wir müssen sie entweder beweisen oder fallenlassen. Wollen wir den mit Terror und Schrecken gesäumten Pfaden der Geschichte folgen, so müssen wir uns darüber klar sein, daß wir nicht wissen, wohin sie führen, noch wo sie ihren Ausgangspunkt haben.

Wenn der Gesellschaftsvertrag zwischen einem Maß an Ordnung – damit das Individuum überleben kann – und einem Maß an Unordnung – damit die Gesellschaft ihren Mitgliedern die Chance der Entfaltung geben kann – ein empfindliches Gleichgewicht herstellt, dann muß ein spürbares Anwachsen der Gewalttätigkeit – aus welcher Richtung immer – diesen Vertrag zwangsläufig erschüttern. Dann kann und wird das Gleichgewicht nur mit Gewalt aufrechterhalten werden. Der Triumph der Unordnung kann immer nur ein temporärer sein. Wenn die Ordnung durch eine Kraft zerstört wurde, wird sie durch eine andere wiederhergestellt werden.

Gewaltanwendung ist die Verfolgung herkömmlicher Ziele mit ungewöhnlichen Mitteln. Wenn die Partner einer Gesellschaftsordnung nicht mehr die gleichen Gesetze und Regeln akzeptieren, dann wird Gewaltanwendung zur Alltagserscheinung. Es ist ein Paradoxon: je erfolgreicher der Beginn der Verletzung der Gesellschaftsregeln ist, um so sicherer steht am Ende das Versagen solcher Regeln. Wenn die Menschen nicht untergehen sollen, muß die Ordnung wiederhergestellt werden. Aber im Laufe der Wiederherstellung der Gesellschaftsordnung hat so mancher Mensch die Freiheit sterben sehen.

Wir werden gut daran tun, das Wesen der Gewalttätigkeit noch jetzt zu studieren, solange noch unser Gesellschaftsvertrag die Verschiedenheit von Meinungen erlaubt. Sonst warten wir zu lange, unser Vertrag wird auslaufen, und wir – Verletzer und Verletzte – werden vor einer stärkeren Macht in schweigender Übereinkunft kapitulieren müssen. Dann wird Ordnung alles sein.

2

Da Konrad Lorenz und ich – obwohl keineswegs die einzigen Vertreter der Ansicht, daß Aggressivität ein angeborenes Merkmal aller Lebewesen ist – den Zorn der Verfechter der Theorie vom entscheidenden Einfluß der Umwelt (Environmentalisten) am stärksten zu spüren bekamen, scheint es angebracht, daß einer von uns einige Begriffe definiert. Wenn ich auch kein Recht habe, für den großen österreichischen Wissenschaftler zu sprechen, so scheint es mir doch unwahrscheinlich, daß er Kriege, Piraterie, Mord, Entführung, Erpressung, Einbruch und Fremdenhaß für begrüßenswerte oder wesentliche Eigenschaften der Spezies Mensch hält. Ich kann auch nicht glauben, daß all unsere ehrenwerten Gegner zynisch sich der Tricks bedient hätten, die Bedeutungen ins Gegenteil zu verkehren, um uns in Mißkredit zu bringen. Es scheint mir dagegen, daß tatsächlich ehrliche Verwirrung über die Unterscheidung zwischen den Begriffen »aggressiv« und »gewalttätig« besteht.

Im allgemeinen finde ich es überaus langweilig, zu Definitionen aus einem Lexikon Zuflucht zu nehmen, in diesem Fall jedoch scheint es am Platz. In ›Webster's Dictionary‹ steht: »Aggressiv beinhaltet die Neigung zu beherrschen, gelegentlich unter Vernachlässigung der Rechte der anderen, öfter durch kraftvolle, entschlossene Verfolgung der eigenen Ziele.« Unter »gewalttätig« dagegen finden wir: »Handeln, unter Anwendung körperlicher Gewalt, insbesondere durch außerordentliche und plötzliche oder ungerechtfertigte oder ungehörige Gewalt.« Für das Hauptwort »Aggression« gibt Webster die weniger eindeutige Definition: »Ein erster oder nicht provozierter Angriff oder feindseliger Akt; auch die Praxis des Angreifens bzw. eines Eindringens, Inbesitznehmens.«

Bei dem Hauptwort »Aggression« liegt daher die Betonung auf dem primären, nicht provozierten Impuls; die Frage der Gewalt wird offengelassen. Das Eigenschaftswort »aggressiv« bedeutet also Neigung zu dominieren, ein Ziel mit oder ohne Gewaltanwendung erreichen zu wollen. Dagegen werden als »gewalttätig« ausschließlich Handlungen unter Anwendung von physischer Gewalt bezeichnet. Wenn Lorenz von Aggression spricht, dann meint er den angeborenen (nicht provozierten) Drang zu dominieren. Wenn ich in diesem Kapitel über gewalttätiges Verhalten schreibe, so beziehe ich mich ausschließlich auf jene Handlungen, die von physischer Gewaltanwendung begleitet sind. Wie weit die Begriffsverwirrung gehen kann, zeigt ein Zitat von Leonard Berkowitz, einem führenden amerikanischen Psychologen:

»Da ›spontane‹ tierische Aggression in der Natur nur selten vorkommt (vermutlich können auch die seltenen Fälle durch

Frustration oder durch die vorhergehende Erfahrung von der Nützlichkeit feindseligen Verhaltens erklärt werden), schließen viele Ethologen und Experimentalbiologen die Möglichkeit eines selbststimulierenden aggressiven Systems bei Tieren aus. Aus diesen Untersuchungen läßt sich eine wichtige Lehre ableiten: Es gibt im Menschen keinen instinktiven Drang zum Krieg.«

In diesem kurzen Absatz bringt Berkowitz fast alle Begriffe durcheinander, er verwirrt den Leser, informiert ihn falsch über die Ergebnisse der Ethologie und führt schließlich noch eine spezielle Kategorie der Gewalttätigkeit ein, den Krieg, der nur sehr bedingt hierher gehört. In ›Human Aggression‹ kommentiert Anthony Storr diesen Absatz, daß »ein solcher Standpunkt nur vertreten werden kann, wenn eine gewaltige Menge von Beweismaterial aus ethologischen und anthropologischen Untersuchungen vernachlässigt wird«. Wie wir gesehen haben, geht auch das Lexikon mit Berkowitz nicht konform.

Ich bemühe mich, zwischen drei Konfliktkategorien zu unterscheiden: die Aggressivität, die aus dem Wettstreit zwischen Lebewesen entsteht und ohne die es keine natürliche Auslese gäbe; ferner die Gewalttätigkeit, eine Form der Aggressivität, die physische Gewalt anwendet bzw. mit ihr droht; schließlich der Krieg, eine Sonderform organisierter Gewalttätigkeit zwischen Gruppen.

Weder um Geld noch um Raum, weder um Frauen noch um in den Himmel zu kommen, sind die Menschen bestrebt, einander zu übertreffen. Wir gehorchen einem Gesetz, das vielleicht so alt ist wie das Leben selbst. Wir suchen nach Selbstbestätigung, nach Selbsterfüllung. Innerhalb der Grenzen und Instruktionen unserer individuellen genetischen Ausstattung streben wir nach jenem Maß an Befriedigung, das uns spüren läßt, warum wir geboren wurden. Wir haben keine echte Wahl. Die Kraft, die auf uns einwirkt, ist so stark wie alle lebenswichtigen Prozesse – wäre es anders, so würde das Leben in den Sumpf zurückkehren. Wenn es eine Hoffnung für den Menschen gibt, dann deshalb, weil wir Tiere sind.

Das ist die Aggressivität, die viele so gern leugnen. Es ist die angeborene Kraft, die die Eiche auf der Suche nach der Sonne über andere Bäume hinauswachsen läßt. Es ist die Kraft, die aus dem Rosenbusch die Blüten treibt. Es ist die Kraft, die das Elefantenkalb groß werden, den Seestern sich ausbreiten, die Mamba lang werden läßt. Es ist die unbezwingliche Kraft, die dem Menschenkind befiehlt, den Schutz der Mutter zu verlassen und sich ins Abenteuer des Lebens zu stürzen.

Diese Aggressivität, die uns alle – Eichen wie Menschenwesen – beherrscht, treibt uns vom ersten Augenblick des Daseins an; der erste Atemzug, das Suchen nach der Mutterbrust, das erste unbeholfene Aufstehen des Gnukalbes – das alles ist die Verwirklichung des primären Lebensgebotes: mit der Umwelt zu Rande zu kommen. Und in dem Augenblick, da unser Körper geboren wird, beginnt auch unser Trieb zu dominieren. Die Hindernisse müssen keineswegs physischer Art sein. Ob Löwe oder Lemming – jedes Mitglied eines Wurfes ist vom Augenblick der Geburt an im Wettstreit mit seinen Geschwistern. Die natürliche Auslese beginnt. Und es ist wahrscheinlich, daß das am wenigsten aggressive Mitglied des Wurfs zugrunde geht. Bei jenen Spezies, wo Einzelgeburten die Regel sind – bei Affen und Menschen beispielsweise –, beginnt der harte Wettkampf etwas später. Ungeteilte mütterliche Aufmerksamkeit gewährt für eine Weile Schutz. Doch die Konflikte beginnen eines Tages – sei es mit den Geschwistern oder mit den Eltern und ganz bestimmt mit den Altersgenossen.

Wir suchen die Sonne. Wir werfen uns dem Wind entgegen. Wir stürmen den Berggipfel, und dann sagen wir uns: Jetzt weiß ich, warum ich geboren wurde. Wir finden einen verstaubten Schreibtisch mit uralten Büchern, und voll Glück entdecken wir in der stockfleckigen Vergangenheit unser glänzendes Selbst. Das alles ist Aggression. Wir leben, wir suchen, wir leiden, wir intrigieren, konspirieren und kämpfen für ein bestimmtes Etwas, das für andere oft unverständlich, für uns aber höchst bedeutungsvoll ist. Ein Teil des Raumes, real oder symbolisch, klein oder groß, herrlich oder unscheinbar – wir belagern, erobern ihn, machen ihn uns zu eigen: und mit diesem Triumph – vielleicht auch nur mit der Hoffnung auf den Sieg vor Augen – erfüllen wir das, was immer wir auch sind. Selten aber nehmen wir, wonach nicht auch andere suchen.

Ein Zoologe wie E. O. Wilson von der Harvard University mag den Wettstreit in der Wirbeltierwelt als alltägliches Ereignis abstreiten; für ihn gibt es lediglich Wettstreit um Nahrung. Die Naturforscherin Sally Carringhar mag schreiben, daß »das kämpferische Verhalten des Menschen durch nichts so bestärkt wird wie durch den Glauben, die Aggression sei in unseren Genen verankert«. Auch Sally Carringhar geht in die Falle der Terminologie und verwechselt gewalttätig mit aggressiv. Einem Ethologen, den ich außerordentlich schätze, dem Engländer John Hurrell Crook, ergeht es auch nicht anders. Er bezweifelt, daß Aggressivität angeboren ist, und schreibt, daß »aggressives Verhalten normalerweise als Reaktion auf besonders unangenehme Reize auftritt und wieder verschwindet, sobald diese Reize entfernt werden«. In bezug auf gewalttätiges Verhalten hätte er recht; nimmt man ihn aber beim Wort, so reduziert sich der Evolutionsprozeß auf eine Kette von Zufälligkeiten.

Aggressivität ist der wichtigste Garant des Überlebens. Individuelle Aggressivität, ebenso wie geistige oder körperliche Fähigkeiten, wird graduell verschieden sein, aber ihr normales Vorkommen muß doch ausreichen, um das Überleben von Populationen und Spezies sicherzustellen. Wir können sogar Crooks Ausdruck »feindliche Reize« übernehmen. Eben weil das aggressive Potential angeboren ist, werden Hürden genommen, die Jungen verteidigt, neue Weideplätze gefunden, wenn die alten nichts mehr taugen. Orthodoxe Methoden weichen der Neuerung, wenn es die Umwelt verlangt, soziale Veränderungen vollziehen sich, wenn alte Traditionen sich überlebt haben. Das Wesen des Prinzips von Lorenz besagt, daß ohne angeborene Aggressivität Überleben unmöglich wäre.

Lorenz betont aber auch, daß die Aggression ihre Grenzen im Überleben hat. Ohne Gesetze gliche sie einem betrunkenen Fahrer auf vereisten Straßen. Ebenso wie keine Population ohne eine entsprechende Anzahl Mitglieder mit ausreichender Aggressivität überleben kann, so könnte auch keine Population überleben, in der Wettkämpfe stets bis zum tödlichen Ende ausgetragen würden. Und so hat sich bei allen Spezies ein komplexes System von Regeln entwickelt, die den Aggressiven zwar ermutigen, den Gewalttätigen aber in Schranken halten. Das Problem des Menschen ist nicht, daß er aggressiv ist, sondern daß er die Regeln durchbricht.

Jede Spezies riskiert ausgemerzt zu werden, wenn die Aggressivität schrankenlos ist und die Gewalttätigkeit sich voll ausleben kann. Bei sozialen Spezies ist das Risiko am größten. Sobald Lebewesen von der Gruppe biologisch abhängig sind und ohne die Kooperation der Artgenossen nicht existieren können, wird jede gewalttätige Lösung natürlicher Meinungsverschiedenheiten zu einer Art von Selbstmord. Daß der Mensch einen Hang zur Gewalt besitzt, der deutlicher ausgeprägt ist als bei jeder anderen Wirbeltierspezies, wird niemand bestreiten, der in Geschichte einigermaßen bewandert ist. Eben diese Neigung wollen wir untersuchen.

Bisher haben wir von der Aggression gesprochen, wie Lorenz sie versteht. Wir haben festgestellt, daß sie zwangsläufig in der genetischen Ausstattung jeder Spezies erscheinen muß, soll diese Überlebenschancen haben. Wenn zwischen aggressivem und gewalttätigem Verhalten keine klare Unterscheidung getroffen wird, ist die Debatte fruchtlos. Wir müssen aber auch zwischen zwei Formen von Gewalttätigkeit unterscheiden, da die eine evolutiven Hemmungen unterliegt, die andere nicht.

Gewaltanwendung zur Lösung von Konflikten zwischen sozialen Partnern ist, seit es soziale Gruppen gibt, abgelehnt worden. Der englische Kulturanthropologe Geoffrey Gorer, ein überzeugter Anhänger der Umwelttheorie, schreibt: »Alle bekannten Gesellschaften unterscheiden zwischen Mord – dem Töten eines Mitglieds der eigenen Gruppe – und dem Töten von Fremden.« Gorer bezieht sich auf menschliche Gesellschaften. Unabsichtlich weist er damit auf die Kontinuität von tierischer und menschlicher Moral hin, denn in jeder Tiergesellschaft gibt es die gleiche Unterscheidung.

Ein vielzitiertes Klischee besagt, daß nur Menschen und Ratten ihre Artgenossen töten. Wir haben gehört, was sich beim indischen Languren abspielt, wenn die soziale Ordnung nicht mehr imstande ist, der Aggressivität Einhalt zu gebieten: die Jungen werden totgebissen. Wir haben gehört, was sich im Bloemfontein-Zoo – allerdings in der Gefangenschaft – ereignet hat, als zwei fremde Paviane in eine geschlossene Paviangesellschaft eingeführt wurden: kurz darauf waren alle tot. Southwick konnte bei seinem Calcutta-Experiment die fremden Rhesusaffen nur dadurch retten, daß er sie aus der stabilen Gesellschaft wieder entfernte.

Warum Nichtmenschen und Nichtratten einander unter normalen Verhältnissen nicht töten, zeigt die Erzählung meines Freundes David Hopcraft. Jahrelang züchtete er auf seiner Farm in Kenia afrikanische Huftiere, weil ihr Fleisch qualitativ besser ist als das der Rinder. Ein schwieriges Problem war die Einzäunung, da die meisten Antilopen alles überspringen können. Schließlich gelang es Hopcraft, eine Weide von 90 Morgen sicher und fest zu umzäunen. Er begann seine Versuche mit dem harmlosesten kleinen Tier der afrikanischen Savanne – mit der Thomson-Gazelle.

Das etwa 20 Kilo schwere Tommie ist ein so zartes Tier, daß selbst das Fangen mittels Tranquilizer gefährlich sein kann; der Pfeil mit dem Betäubungsmittel wird mit verhältnismäßig großer

Beschleunigung abgeschossen und könnte in den Brustkorb des Tieres eindringen. So fing Hopcraft sein erstes halbes Dutzend Tommies mit einem Netz. In ihrem neuen Heim angekommen, tötete ein Bock innerhalb von zehn Minuten zwei Geißen. In kürzester Zeit war kein einziges Tier mehr am Leben – Hopcraft hatte die Tiere aus verschiedenen Herden genommen.

Man kann behaupten, eine Einzäunung sei immer eine Einzäunung, sei es nun ein Käfig oder 90 Morgen Land, die sie einschließt. Betrachtet man aber heute von dem hohen Beobachtungsturm im Zentrum aus das friedliche Feld, so sieht man fast 100 Gazellen einträchtig miteinander leben. Hopcraft hatte aus seinem Irrtum gelernt. Überdies war er vorsichtiger mit den Böcken: Jedem Tier wurde Zeit gelassen, ein eigenes Territorium zu errichten und mit dessen Verteidigung alle Aggressionen abzureagieren.

Es sind die natürlichen Gegebenheiten, nicht die Friedfertigkeit der Tiere, die in der freien Natur Gewalttätigkeiten auf ein Minimum reduzieren. Das Territorium ist vielleicht der beste Friedensgarant. Tinbergen hat beobachtet, daß die Jungen der Silbermöwe von den Nachbarn angegriffen und sogar getötet werden, wenn sie das Familienterritorium verlassen. Latent ist die Gewalttätigkeit immer vorhanden. Die Skuas der Antarktis rauben Eier und Junge ihrer Nachbarn, ein Verhalten, das zu einer erbitterten Verteidigung des Territoriums seitens der Eltern führt. Die räumliche Verteilung und Trennung von Tieren, seien es Individuen oder Gruppen, ist vermutlich nur einer der Mechanismen, die die Gelegenheit zur Gewalttätigkeit in der Natur reduzieren. Daß jedoch ausschließlich Menschen und Ratten ihre Artgenossen töten, ist eine in jeder Hinsicht zweifelhafte Behauptung.

Ein anderes Klischee, das selbst von europäischen Ethologen akzeptiert wird, besagt: Je gefährlicher ein Tier, desto stärker wird die Aggression eingeschränkt und ritualisiert. Die Behauptung wird durch eindrucksvolle Beobachtungen belegt. Eibl-Eibesfeldt zum Beispiel konnte nachweisen, daß Giftschlangen im Kampf niemals ihre Giftzähne gebrauchen. Eine Untersuchung von Wölfen in Gefangenschaft ergab, daß der Besiegte sich nur auf den Rücken legen muß, um weitere Angriffe unmöglich zu machen. Und doch habe ich meine Zweifel.

Die Schlangen hatten unendlich viel Zeit, um ihre ritualisierten Beziehungen zu perfektionieren. Doch ich erinnere mich an die Beobachtung, die Arthur Loveridge (vom Harvard Museum of

Comparative Zoology) in Florida mit zwei Korallenschlangen – sie gehören zu den gefährlichsten der Spezies in den USA – gemacht hat. Sein Freund fing ein 72 Zentimeter langes Schlangenmännchen und gab es in ein Vivarium, das schon von einem 57 Zentimeter langen Schlangenmännchen bewohnt wurde. Voll stolz rief der Freund Loveridge herbei, um ihm seinen neuen Fang zu zeigen. Doch es gab nichts mehr zu zeigen. Es war nur noch eine, die längere Schlange vorhanden. Widerwillig spie sie ihren Artgenossen aus, den sie zur Gänze verschlungen hatte. Das Opfer war unversehrt, nur eben leider tot.

Von Wölfen in der Wildnis wissen wir relativ wenig, doch kann man mit Sicherheit annehmen, daß innerhalb eines Rudels die Ritualisierung zum normalen Verhalten gehört. Forscher der Purdue University haben jedoch einige Winter hindurch vom Flugzeug aus ein Wolfsrudel auf der Isle Royale im Lake Superior beobachtet. Sie kannten schließlich jedes einzelne Tier und den Anführer des Rudels. Eines Tages wurde beobachtet, daß dieser hinkte, und kurz darauf war er verschwunden. Das Forscherteam landete und machte sich auf die Suche; man fand Blutspuren im Schnee, ein paar Fellfetzen, sonst nichts. Geknickte Äste deuteten auf einen Kampf hin. Das Rudel hatte seinen Anführer nicht nur getötet, sondern auch aufgefressen, obwohl es genug Nahrung gab.

In Afrika wurden meine Zweifel nicht geringer. 1968 stellte ich eine allgemeine Untersuchung von Raubtiergruppen an. Hyänenhunde töten und fressen jedes Mitglied des Rudels, das im Kampf verletzt wird; vielleicht ist das auch die Erklärung für die Vorgänge auf der Isle Royale. Hans Kruuk und George Schaller, unsere führenden Forscher in bezug auf afrikanische Raubtiere, teilen nicht die Ansicht, daß ein Tier seine Aggressionen um so stärker ritualisiert, je gefährlicher es ist. Kruuk wurde im Ngorongoro-Krater Zeuge von territorialen Kriegen zwischen benachbarten Hyänengruppen; an den Kämpfen waren zahlreiche Tiere beteiligt, nichts wies auf Zurückhaltung, durch die sich die Aggressiven von den Gewalttätigen unterschieden hätten, hin; es herrschte brutalste Gewalt. Hyänen sind Allesfresser, dennoch stellten die im Kampf getöteten Artgenossen ein gewisses Problem dar. Hyänen schätzen nämlich den Geschmack von Hyänen nicht. Das Problem wurde gelöst, indem die Kadaver ein paar Tage in der Sonne liegenblieben. Dann schmeckten sie offensichtlich nicht mehr nach Hyäne.

Schaller hält Gewalttätigkeit innerhalb einer Löwengruppe für unwahrscheinlich, nicht wegen des Rituals, sondern weil den einzelnen Mitgliedern die Stärke jedes Tieres zu genau bekannt ist. Mit den Beziehungen zwischen verschiedenen Löwengruppen ist es etwas anderes. Normalerweise verhindert die strikt eingehaltene Territorialität jeden Kontakt. Findet dennoch ein solcher statt, dann gibt es für den Schwächeren keinerlei Ritual, sondern nur die Flucht. Schallers ernüchterndstes Erlebnis während seiner dreijährigen Beobachtungszeit in der Serengeti war ein solches Zusammentreffen.

Nicht weit von der Serengeti Lodge Seronera leben zwei Löwengruppen, die von allen Touristen bewundert werden. Jede besitzt ein Territorium von etwa 50 Quadratmeilen. Zu der einen Gruppe gehören – oder gehörten – zwei mächtige Löwenmännchen und neun erwachsene Löwinnen, zur anderen drei Männchen und sieben Löwinnen. Zahlreiche Löwenkinder und Junglöwen vervollständigten die beiden Gesellschaften. Im ersten Jahr seiner Beobachtungen konnte Schaller feststellen, daß zwischen den Territorien eine Stelle nicht genau abgegrenzt war. In diesem umstrittenen Gebiet tötete eine Löwin der Zweimännchengruppe eines Tages ein Zebra.

Einer ihrer Gebieter kam herbei und übernahm nach Löwensitte die Beute, während die Löwin sich zurückzog, bis des Löwen Appetit gestillt war. Dann erschienen jedoch zwei Löwen der Dreimännchengruppe. Die kluge Löwin ergriff die Flucht. Der törichte Löwe stellte sich zum Kampf. Die beiden töteten ihn. Damit nicht zufrieden, kehrten sie später nochmals zurück und fanden drei Junge einer anderen Löwin vor, die gleichfalls totgebissen wurden. Ein Männchen fraß ein Löwenkind auf der Stelle auf. Das andere trug seine Beute fort »wie eine Trophäe«, so Schaller. Das dritte tote Löwenjunge blieb liegen. Schaller wartete. Schließlich kam die Mutter, fand es, fraß es.

Ich forschte damals in ganz Afrika nach ähnlichen Vorfällen, und in jedem größeren Tierreservat hörte ich von mordlustigen Löwen. Kann man Schallers Beobachtung als Stammesfehde bezeichnen, so muß man einen Vorfall im Nairobipark als glatten Mord klassifizieren, da es sich um Mitglieder einer einzigen Gruppe handelte. Hier war ein Löwenmännchen mit einer langen Mähne lange Zeit König des Parks. Dann tötete es – völlig unmotiviert – plötzlich eine Löwin. Die Parkbehörde sah eine wichtige Touristenattraktion gefährdet und gewährte dem Löwen eine Bewährungsfrist. Bald darauf tötete er eine zweite Löwin. Da beschloß man, ihn zu kastrieren.

Man berief meinen Freund Anthony Harthoorn, Physiologieprofessor an der Universität von Ostafrika. Er hat die Methode der Tierbetäubung mittels Narkosegewehr entwickelt und ist eine Kapazität auf dem Gebiet des Tierschutzes. Harthoorn überwachte die Operation. Der mächtige Löwe hörte danach allerdings auf, eine Touristenattraktion zu sein; er verlor nämlich seine Mähne. Und zwei Jahre später biß er wieder eine Löwin tot. Man mußte ihn töten.

Jede Untersuchung menschlicher Gewalttätigkeit muß davon ausgehen, daß sich auch bei anderen gefährlichen Raubtieren todbringende Neigungen zeigen. Was hat den Nairobilöwen angetrieben? Ich weiß keine Antwort. Ein ebenso rätselhafter Vorfall ereignete sich in der Etosha-Pfanne in Südwestafrika, dem vielleicht größten Tierreservat der Welt, das allerdings am seltensten besucht wird. Hier läßt sich die Mordlust der Löwen kaum mit Übervölkerung erklären, denn es gibt relativ wenig Löwen.

Etosha ist ein gigantisches Becken, in der Regenzeit zur Hälfte mit Wasser gefüllt; in Größe und Form gleicht es dem Genfer See. Rund um das Becken erstreckt sich der Park, der wiederum an das Gebiet des Ovambostammes südlich der Grenze Angolas grenzt. Der Park ist etwa so groß wie die Schweiz. Zwar unterbrechen keine Alpenketten die Monotonie der endlosen Horizonte, doch ist Etosha ein Juwel unter den Tierreservaten. An unzähligen Wasserstellen kann man Tiere beobachten, die sonst kaum zu sehen sind – den Gemsbok, das Dik-dik, das große Kudu. Selbst die Lodge, wo die Besucher für gewöhnlich zuerst eintreffen, ist einzigartig: ein altes Fort aus der deutschen Kolonialzeit.

In dieser gewaltigen Landschaft gibt es keine so riesigen Herden von Beutetieren wie in der Serengeti. So sind auch die Löwen weniger zahlreich und ihre Gruppen kleiner. Ein paar Jahre hindurch besaß Etosha jedoch eine besondere Attraktion für den Besucher, eine von zwei gewaltigen Männchen beherrschte Löwengruppe; beide Löwen waren fast immer gemeinsam anzutreffen. Man nannte sie Castor und Pollux, und sie waren die Stars dieser afrikanischen Szenerie. Wer mehr Freude an ihnen hatte, die Wildhüter oder die Gäste, war schwer zu sagen. Wann immer Bernabe de la Bat, der oberste Leiter des Wildschutzes in Südwestafrika, von der fernen Hauptstadt Windhoek nach Etosha kam, machte er den beiden mächtigen Löwen seine Aufwartung. Eines Tages wurde Pollux von Castor getötet. Warum? Keiner der Aufseher von Etosha konnte das Rätsel lösen. Schaller hat mir versichert, sexuelle Eifersucht sei bei Löwen ein und derselben Gruppe niemals ein Konfliktstoff. Und überdies war keine der Löwinnen zum bewußten Zeitpunkt in Hitze.

Die Gewalttätigkeit des Löwen ist so rätselhaft wie die des Menschen. Bevor ich nach Europa zurückkehrte, verbrachte ich noch eine Nacht in Pretoria. Und dort erzählten mir Aufseher des Krügerparks, daß am Tag zuvor ein Löwenkampf stattgefunden hatte. Es seien nur Löwinnen beteiligt gewesen, und der Kampf habe sich genau vor dem Tor eines Camps vor Dutzenden von Zuschauern abgespielt. Acht oder neun Löwinnen waren beteiligt. Eine wurde getötet, ein paar andere schwer verletzt. Niemand wußte, was den Kampf ausgelöst hatte.

Da Löwinnen ihr Territorium zwar gegen andere Löwinnen, niemals aber gegen Löwen verteidigen, könnte man annehmen, der Vorfall im Krügerpark sei ein territorialer Kampf gewesen. Aber ich bin mit solchen Vermutungen vorsichtig geworden. In ›Adam kam aus Afrika‹ habe ich einen Kampf zwischen zwei mächtigen Gorillamännchen auf den Hängen des Mount Muhavuru in Westuganda beschrieben. (Man hatte uns immer wieder versichert, der Menschenaffe sei niemals aggressiv, geschweige denn gewalttätig.) Die Kämpfe dauerten zwölf Tage, bis einer der beiden Giganten starb. Er war nicht schwer verletzt, ging aber vermutlich – wie die Glasgow-Ratte – an der Niederlage zugrunde. Sexuelle Motive gab es keine. Ich führte den Kampf in Ermangelung anderer Gründe auf einen territorialen Konflikt zurück. Schallers spätere Untersuchungen des Berggorillas in jenem Gebiet konnten jedoch keinerlei Tendenz zu einer Verteidigung von Territorien feststellen. Warum kämpften die beiden Gorillamännchen? Warum kämpften die Löwinnen im Krügerpark? Ich weiß es nicht. Warum brachten die Serengeti-Löwen die Löwenkinder um, warum wurde der Löwe im Nairobi-Park zum vielfachen Mörder? Ich weiß es nicht.

Man mag einwenden, daß solche Vorfälle bei gefährlichen Tieren selten und daher unwesentlich seien. Das Beweismaterial stammt jedoch von einer relativ kleinen Anzahl von regelmäßig beobachteten Tieren. Und das Maß an Gewalttätigkeiten bei den beobachteten Löwen läßt sich sehr gut mit der Mordquote in unseren am ärgsten heimgesuchten Großstädten vergleichen.

Diese Vermutung wirft uns keineswegs zurück auf die Auffassung des 19. Jahrhunderts: »die Natur, blutigrot, mit Fängen und Klauen«. Doch sollten wir auch nicht in den modischen Irrtum verfallen, gefährliche Tiere für Kätzchen zu halten. Und wenn wir den Hang zur Gewalttätigkeit bei der gefährlichsten aller Spezies, beim Menschen, untersuchen wollen, dann dürfen wir nicht – in Umkehrung der menschlichen Einzigartigkeit – vorgeben, nur wir einzig und allein erlägen der Versuchung zur Gewaltanwendung. Damit würde die Simplifizierung des 19. Jahrhunderts durch eine des 20. Jahrhunderts ersetzt werden.

Nachdem ich das Beweismaterial für tödliche Kämpfe bei Spezies vorgelegt habe, die einen besseren Ruf genießen als der Mensch, komme ich jetzt auf verschiedene Ausdrucksformen menschlicher Gewalttätigkeit zurück: zum Kampf zwischen Gruppen von sozialen Partnern und zwischen organisierten Gesellschaften. Da ich den Krieg als die geringste Bedrohung der Zukunft der Menschheit ansehe, möchte ich mich zunächst mit dieser Form der Auseinandersetzung beschäftigen.

3

Im Sommer 1945, kurz bevor unsere heutige Studentengeneration geboren wurde, warfen amerikanische Flugzeuge Atombomben auf zwei japanische Städte und machten sie dem Erdboden gleich. Eine Welle der Erregung ging über die ganze Welt. Doch nach dem ersten Entsetzen und dem ersten furchtbaren Schuldgefühl stellten die Menschen Überlegungen an. Die Verheerung war kaum größer als bei den amerikanischen Luftangriffen auf Tokio mit Brandbomben oder dem unentschuldbaren Angriff der Alliierten, der ganz Dresden in Schutt und Asche legte. Keiner dieser beiden Angriffe hatte jedoch den Krieg beendet oder das Weltgewissen beunruhigt. Es war nicht die Tatsache, sondern die Idee von Hiroshima, die uns erschütterte – das Unvorstellbare. Die Idee von Hiroshima war zu neu, um sie zu begreifen.

Im Jahr darauf, als die Idee allmählich faßbar wurde, hörte ich oft die Ansicht, daß es nach Hiroshima keinen großen Krieg mehr geben könne. Ein Kampf zwischen Armeen – seit dem Anbeginn der Zivilisation Hauptstimulans der Menschheit – werde in Zukunft nicht mehr möglich sein. Die Zerstörung von Dresden, das brennende Tokio haben nur Leid über uns gebracht. Die Vernichtung zweier japanischer Städte aber habe eine neue Dimension eingeführt – weder Sieger noch Besiegte könnten einen Waffengang dieser Größenordnung überleben. Was sich in Japan ereignet hat, war zwar grauenvoll, aber es habe einen Sinn gehabt.

Derartige Ansichten wurden bald wieder unmodern. Vielleicht war der unverläßliche Faktor, das Weltgewissen, mit so simplen Überlegungen nicht einverstanden. Vielleicht blieb mit dem kalten Krieg, mit dem wachsenden Gleichgewicht des Schreckens kein Raum mehr für vernünftige Überlegungen. Erst fünfzehn Jahre nach Hiroshima, als ich mein Buch ›Adam kam aus Afrika‹ beendete, beschäftigte ich mich wieder mit dem Problem. Und eine andere Frage tauchte auf: »Wie werden wir ohne Krieg leben?« Ich schrieb: »Das ist die einzige Frage an die Zukunft, die auf die Gegenwart Bezug hat. Denn wenn es uns nicht gelingt, ohne Kriege zu leben, dann wird die Zukunft bar aller menschlichen Probleme sein, weil sie bar aller Menschen sein wird.«

Ich überdachte die Möglichkeiten einer nuklearen Katastrophe; sie schienen mir unwahrscheinlich beziehungsweise von rein akademischem Interesse. Eine Weltkatastrophe ist kein Krieg, denn unter Toten gibt es keinen Unterschied mehr. Der Krieg jedoch und der Triumph der Waffen waren seit Anbeginn unserer Geschichte die letzte Entscheidung für Konflikte zwischen Völkern. Ich schrieb:

»Niemand kann den Krieg als solchen gutheißen. Aber er hat zu uns gehört. Niemand kann den unaufhörlichen Kampf mit der Waffe als etwas anderes bezeichnen als pure Kräftevergeudung und reinen Wahnsinn. Aber er war unser wirksamstes und letztes Mittel, Konflikte auszutragen. Jeder Mensch kann vernünftige Alternativen zum bewaffneten Kampf vorschlagen. Aber wir sind keine Geschöpfe der Vernunft, obwohl wir es gern glauben möchten.«

Ich kam zu dem Schluß, daß aller Wahrscheinlichkeit nach diese einfachste Antwort einer Weltkatastrophe nicht die Antwort der Menschheit sein würde und daß sie sich daher an ein Leben ohne Kriege gewöhnen müßte. Ich verglich den Menschen mit dem Gorilla, der in der Dürre des Pliozäns die Wälder verloren hat, die seine Heimat waren, der ins Bambusdickicht herabsteigen mußte, für das er so schlecht geeignet war. Kann der Mensch ohne seine Kriege und Waffen überleben?

»Des Kampfes mit der Waffe beraubt, der sein Lebenselement war, muß sich der Mensch nach einer neuen Lebensform umsehen. Er muß neue Träume finden, neue Antriebe, neue Erfahrungen, neue Wege, um seine Konflikte zu lösen und das zu schützen, was ihm wert ist. Er muß sie finden, oder er wird verloren sein. Findet er sie nicht, dann werden die Regierungen ihre Macht einbüßen und die Gesellschaften ihre Strukturen. Die moralische Ordnung, die seit eh und je durch die Gewalt der Waffen aufrechterhalten wurde, wird verfallen. Dauernde Streitigkeiten werden Völker, die bisher durch territoriale Ziele vereint waren, zu Todfeinden machen. Unlösbare Konflikte werden Nationen entzweien, die einst ein gemeinsamer Traum verbunden hatte. Die Anarchie, der ärgste Feind der Gesellschaft, wird unser soziales Gefüge, einer krebsartigen Geschwulst gleich, zersetzen. Skrupellose Nationen werden auf Raubzüge ausgehen, in der sicheren Gewißheit, daß keine überlegene Macht das Opfer schützen kann. Banditen werden die soziale Ordnung unterminieren, in der sicheren Gewißheit, daß die geschwächte Gesellschaft wehrlos ist. Jede Nacht werden wir, eingedenk alter Erinnerungen, unser Nest bauen, jeden Tag werden wir den aussichtslosen Kampf mit dem Dasein wiederaufnehmen; ein harter Weg, der mit einem kläglichen Wimmern enden wird.«

Das sagte ich in ›Adam kam aus Afrika‹. Heute, zehn Jahre später, finde ich nichts, was meine Ansicht widerlegt. Dieses Jahrzehnt, gekennzeichnet durch das Schwinden der Angst vor einem weltweiten Krieg und in der Folge vor einer Weltkatastrophe, erlaubt es, so scheint mir, eine andere Hypothese von prognostischem Wert aufzustellen: Menschliche Gewalttätigkeit, die sich bisher auf den Schlachtfeldern entlud, hat ihr Ventil heute auf den Straßen der Städte gefunden.

Hier liegt ein Paradoxon vor. Der organisierte Krieg – obwohl in der Wirbeltierwelt ausschließlich beim Menschen zu finden – erhielt nichtsdestoweniger Verstärkung durch ein Naturgesetz, während soziale Gewalttätigkeit gegen jede Regel sozialer Spezies verstößt. Sind die Folgen eines Krieges auch noch so furchtbar, immerhin schließt er die Gesellschaften enger zusammen, stärkt den Vertrag, bietet der tierischen Xenophobie ein Ventil. Wollen wir aber das Wesen von Sabotage, Aufruhr, politischen Entführungen und Mord aufschlüsseln, so müssen wir vorerst den Begriff des Fremden definieren.

Ich habe auf das universelle Phänomen tierischer Xenophobie aufmerksam gemacht. Der Fremde wird aus dem Revier der Gruppe vertrieben, und verschwindet er nicht freiwillig, dann wird Gewalt angewendet. Der Brüllaffe brüllt, um seinen Clan zu mobilisieren; der Spinnaffe bellt; der Löwe greift sofort an. Wie immer sich Feindseligkeit gegen Fremde ausdrückt, sei es durch Angriff oder Abwenden, die Xenophobie ist vorhanden. Es ist, als hinge in der gesamten Tierwelt ein unsichtbarer Vorhang zwischen Bekannten und Fremden.

Was ist ein Fremder? Beobachter in Kalifornien experimentierten mit der einheimischen Wachtel, die in Trupps ohne territoriale Bindungen lebt. Die Trupps tolerieren einander an den Futterplätzen, vorausgesetzt, daß der soziale Raum strikt eingehalten wird. Das Eindringen von Fremdlingen wird sofort abgewehrt. Wird ein Vogel aus einer Gruppe entfernt und innerhalb einer Woche wieder zurückgebracht, so akzeptiert man ihn als bekannt. Hält man ihn jedoch fünf Wochen fern, dann wird er als Fremdling angesehen. Man hat ihn vergessen. Ein fremder Vogel, der sich etwa fünf Wochen am Revierrand des Trupps aufhält, wird nach dieser Zeit als bekannt akzeptiert.

Man könnte meinen, daß Primaten mit schärferer Wahrnehmung als die Wachtel einen hartnäckig sich anbiedernden Artgenossen schneller akzeptieren. Das ist jedoch nicht der Fall. Bei den Brüllaffen beobachtete Carpenter die Bemühungen eines Einzelgängers, sich an eine Gruppe anzuschließen. Zuerst wurde er natürlich mit Geschrei vertrieben. Das wiederholte sich tagelang. Wie lange würde das so weitergehen? Manchmal verschwand das Tier dann ein paar Tage, und Carpenter dachte, es hätte aufgegeben, doch dann tauchte der Affe wieder auf; einmal trug ihm seine Zudringlichkeit sogar eine tiefe Wunde ein. Dann ließ die Feindseligkeit allmählich nach. Vier Monate nach dem ersten Kontakt erlaubte man dem »Einwanderer«, sich an der Peripherie der Gruppe aufzuhalten. Er war zu einem Bekannten geworden, wenn er auch noch nicht ganz »eingebürgert« war.

Struhsaker machte bei Meerkatzen im Amboselipark in Kenia ganz ähnliche Beobachtungen. Aus unbekannten Gründen verließ ein Affenmännchen eine Gruppe und versuchte sich einer anderen anzuschließen. Im November machte er den ersten Versuch und wurde sofort in die Flucht geschlagen. Ende Dezember wurde seine Gegenwart bereits geduldet, allerdings nahm man ihn nicht zur Kenntnis. Im nächsten Monat half er bereits das Gruppenterritorium verteidigen. Seine Versuche wurden schneller von Erfolg gekrönt als die von Carpenters Brüllaffen, doch auch er mußte sich eine ganze Weile gedulden.

Die meisten Forscher sind sich darüber einig, daß die Mitglieder einer erfolgreichen Gruppe einander persönlich kennen müssen. Damit wird die Xenophobie zu einer Kraft, die gewährleistet, daß Gruppenpartner »Bekannte« sind. Wird der Zuzug eines Fremdlings erlaubt, so erst nach einer langen Gewöhnungszeit der »Bekanntwerdung«. Die Voraussagbarkeit des Verhaltens jedes Mitglieds macht ein konfliktloses Gruppenleben erst möglich. Und wenn im Verhalten eines Bekannten etwas Unvorhergesehenes geschieht, kann die Reaktion ebenso heftig sein wie gegen einen Fremden.

Bei seinen Untersuchungen der Silbermöwe benutzte Niko Tinbergen ein Netz, um die Vögel einzufangen und zu beringen. Das war jedoch gar nicht so einfach; kaum näherte er sich einer Kolonie, wurde das Warnsignal gegeben, und die Vögel flogen auf. Also dachte er sich eine Falle aus: Verließen die Eltern das Nest, schichtete er die Eier des Geleges um. Dann zog er sich in ein Versteck zurück, von dem aus das Netz ausgeworfen werden konnte. Kam ein Elternteil zurück, dann setzte er sich sofort auf das Nest, um die Eier wieder in Ordnung zu bringen. In diesem Augenblick warf Tinbergen sein Nest aus. Und jetzt ereignete sich etwas Seltsames: Die im Netz verstrickte Möwe wurde sofort von den anderen Vögeln angegriffen und gepickt. Ihr Verhalten war ungewohnt.

In ›Die Welt der Silbermöwe‹ bedauert Tinbergen, daß ihn die Sorge um sein gefangenes Opfer daran hinderte, die Angreifer genauer zu studieren. Ihm schien die gemeinsame Attacke auf ein sich ungewöhnlich verhaltendes Gruppenmitglied von größter Bedeutung:

»In jeder menschlichen Gesellschaft – ob ›primitiv‹ oder ›zivilisiert‹ – sind ähnliche instinktive Reaktionen sehr stark entwickelt. Hier sind vielleicht drei Abstufungen der Intensität zu machen. Die erste ist durch das Auslachen des sich merkwürdig verhaltenden Individuums gekennzeichnet. Damit soll das Individuum zu einem normalen, das heißt konventionellen Verhalten gebracht werden. Die nächste, intensivere Reaktion ist ein Sichzurückziehen: Das Individuum hat sich ›unmöglich‹ gemacht und wird ignoriert. In seiner biologischen Bedeutung ist das für das Individuum ein noch stärkerer Anreiz, zum Normalverhalten zurückzukehren. Die intensivste Reaktion ist offene Feindseligkeit, womit das Individuum zum Geächteten wird. In primitiven Gesellschaften kann das sogar zu seinem Tod führen. Meiner Ansicht nach ist es für die menschliche Soziologie überaus wichtig, die instinktive Basis solcher Reaktionen zu erkennen und sie mit jenen anderer sozialer Spezies zu vergleichen.«

Die Silbermöwe, die in lärmenden, dicht besiedelten Kolonien lebt und brütet, gehört zu den Spezies, bei denen die Hemmungen des aggressiven Verhaltens unglaublich perfektioniert sind. Durch das Territorium, durch Demutshaltung, durch die erstaunlichsten Ersatzhandlungen – wie beispielsweise wildes Grasausreißen, wenn der Ärger zu groß wird – kommt es praktisch niemals zu eigentlichen Kämpfen. Bei der Reaktion auf etwas Fremdes jedoch werden alle Regeln außer acht gelassen. Aggressives Verhalten wird blitzartig gewalttätig.

Die Ablehnung des Fremden – sei es nun fremdartiges Verhalten oder ein tatsächlicher Fremdling – vereinigt sich mit Hedigers sozialer Distanz – der maximalen Distanz, auf die sich ein soziales Mitglied von seiner Gruppe entfernt – und erreicht so den sozialen Zusammenhalt der Gruppe. Dabei muß sich die Ablehnung keineswegs so deutlich manifestieren wie in der Verteidigung des Territoriums oder in feindseligen Äußerungen. Xenophobie zwischen Gruppen kann sich durch einfaches Aus-dem-Weg-Gehen ausdrücken, wie bei den Languren Zentralindiens oder auch bei jenen exotischen Geschöpfen der Mangrovensümpfe in Borneo – den ungewöhnlich aussehenden Nasenaffen. Hier gibt es nicht allzuviel Platz. Man hat auf einem Gebiet von sieben Quadratmeilen längs eines Flusses acht Trupps mit je etwa zwanzig Mitgliedern beobachtet. Es gab niemals Konflikte. Einmal schliefen zwei Trupps auf dem gleichen Platz und trennten sich am Morgen wieder. Die passive Xenophobie hatte dafür gesorgt, daß es zu keinerlei Kontakten kam.

Um Xenophobie wirken zu lassen, ist bei manchen Spezies weder das Einander-meiden noch die Aufrechterhaltung des sozialen Raums vonnöten; es genügt eine gewisse Arroganz. Phyllis Jay beobachtete Languren, die sich manchmal bei den Wasserstellen trafen: sie ignorierten einander einfach. Der psychologische Raum war entscheidend, nicht die räumliche Nähe. Paviane verhalten sich genauso.

Familiengruppen von Zebras in der afrikanischen Savanne scheinen zu gewaltigen Herden zu verschmelzen; in Wahrheit bleiben die Gruppen beisammen. Nicht anders ist es beim afrikanischen Büffel. Und obwohl innerhalb einer gemischten Gruppe ein einziger Alpha-Büffel das sexuelle Monopol innehat, obwohl die Gruppen ganz dicht beisammen sind, verläßt ein Büffel niemals seine Gruppe, um sich einer anderen anzuschließen. Zur starken Anziehung des Bekannten gesellt sich die Angst vor dem Fremden.

Daß Tiergesellschaften geschlossen und durch Mißtrauen und Feindseligkeit voneinander getrennt sind, hat alle jene Utopisten, die von einer Brüderschaft der Menschen träumen, seit jeher zutiefst geschmerzt. Auf sie wirkte eine Arbeit, die 1966 erschien, fast wie ein Tranquilizer. ›Open Groups in Hominid Evolution‹ stammt von dem englischen Primatenforscher Vernon Reynolds, der gemeinsam mit seiner Frau die Schimpansen im Budongowald von Westuganda beobachtete. Reynolds gibt einen guten Überblick über die menschliche Evolution, die er bis zur Trennung von der Affenlinie vor gewiß 20 Millionen Jahren zurückverfolgt. Seiner Schilderung der gegenwärtigen menschlichen Gesellschaften ist nichts hinzuzufügen:

»Der heutige Mensch ist territorial und aggressiv, feindselig und unduldsam gegen Fremde. Er lebt in einer autoritären sozialen Struktur, wo Selbstbestätigung und Wettkampf um Dominanz den erfolgreichen Mann charakterisieren.«

Dann bringt Reynolds ein Argument vor, dem man sich nicht verschließen kann: daß nämlich solche Gesellschaftsformen jungen Ursprungs und kulturell bestimmt sind. Als Beweis dient ihm die soziale Organisation unserer nächsten Verwandten, der Menschenaffen. Der Schimpanse weist nach Reynolds weder die von mir beschriebene Xenophobie noch soziale Rangstufen auf. Es ist eine lockere, offene Gesellschaft, die jeden Fremden freundlich, ja sogar freudig erregt begrüßt. Das Leben der Schimpansen kommt jenem arkadischen Zustand, den wir einst unseren Vorfahren zugeschrieben haben, am nächsten. Der Schimpanse ist aber nicht unser Vorfahre.

Die von Vernon Reynolds vorgebrachte Thesis wurde allgemein und recht kritiklos akklamiert, denn sie stützt ja das Dogma der Kulturanthropologie, wonach die menschlichen Irrwege kulturell determiniert und daher auch kulturell korrigierbar sind. Die These stört auch die Anhänger Rousseaus nicht – ein weiterer Vorteil. Nur leider hat ihre Logik einige Lücken.

Der Gorilla ist mit dem Menschen ebenso eng verwandt wie der Schimpanse. Und seine Gesellschaft ist so autoritär wie kaum eine andere in der Primatenwelt. Obwohl ein Austausch zwischen Gruppenmitgliedern öfter stattfindet als bei kleineren Affen, ergab Schallers Untersuchung des Berggorillas, daß der Gesellschaftskern fast immer intakt bleibt. Die Gorillagesellschaft ist nicht offen.

Über den Orang-Utan wissen wir nur wenig. Er scheint ein ausgesprochener Einzelgänger zu sein, der jeden Umgang scheut. Das Männchen meidet sogar sein Weibchen.

Unser Wissen vom Schimpansen basiert heute auf drei ausgezeichneten Untersuchungen: von Jane van Lawick Goodall, von Adriaan Kortlandt und den Reynolds. Keine von ihnen liefert Beweise für eine offene Gesellschaft. Daß Goodall zwei Drittel aller Schimpansen, auf die sie im Laufe der vielen Jahre traf, identifizieren konnte, weist darauf hin, daß sie eine einzige, in lockere Untergruppen geteilte Gesellschaft beobachtete. Alle waren miteinander bekannt. Kortlandt machte seine Beobachtungen auf einer Bananenplantage am Rand der Kongowälder. Seine Gesellschaft war in eine festere Gruppe von Müttern und ihren Kindern sowie in lockere Gruppen von Männchen, Jugendlichen und kinderlosen Weibchen unterteilt. Einmal konnte er beobachten, wie 40 Tiere, offensichtlich alle untereinander bekannt, gemeinsam die Bananenfarm plünderten. Die Reynolds schreiben über Beobachtungen in einem Waldgebiet ähnlich dem von Kortlandt, daß das heimatliche Revier ihrer Schätzung nach sechs bis acht Quadratmeilen umfaßte und nur ein paar ausschließlich aus Männchen bestehende Banden sich weiter weg wagten. In jedem Gebiet von etwa drei Quadratmeilen wohnte eine Population von ungefähr siebzig Mitgliedern. Das stimmt genau mit den Beobachtungen von Kortlandt und Goodall überein.

Alles das deutet darauf hin, daß die soziale Distanz bei den Menschenaffen ziemlich groß ist. Man kann sich weit von den Seinen entfernen. Aber irgendwo gibt es eine Grenze, wo man umkehrt, und diese trennt die Banden voneinander. Vielleicht braucht das Gedächtnis der Menschenaffen – besser als das der Affen – keine permanente Verstärkung. Doch es gibt noch andere Überlegungen, die gegen eine Parallele zwischen Menschen und Menschenaffen sprechen.

Der Menschenaffe ist ein mächtiges Tier. Er ist praktisch unabhängig vom Schutz der Gesellschaft. So konnte Schaller es kaum glauben, als man ihm erzählte, die letzten Berggorillamännchen auf dem Mount Muhavuru seien von Leoparden getötet worden. Der Hominide jedoch, unser entwicklungsgeschichtlicher Vorfahre, wog selten mehr als 40 Kilo.

Beziehungen zwischen Menschenaffen sind freundschaftlich, und wenn es auch beim Gorilla keine Gleichberechtigung gibt, so gibt es sie doch bei dem Schimpansen. Allerdings konnte Goodall auch hier beobachten, daß, sobald es um Fleisch ging – hatte beispielsweise ein Schimpanse einen kleinen Affen oder einen Buschbock getötet –, die Dominanz des »Killers« eine totale war. Die anderen hockten mit flehend ausgestreckten Händen herum, während er nach echter Alphamanier seine Beute fraß, hie und da »Gnaden« austeilte, jedoch die »unter ihm Stehenden« einfach ignorierte. Der Schimpanse tötet allerdings sehr selten. Unsere Vorfahren jedoch töteten, um zu leben.

Und nun kommen wir zum letzten Punkt in Reynolds' These. Der erdgebundene Mensch und der in den Bäumen lebende Menschenaffe sind seit gut 20 Millionen Jahren getrennt; der Schimpanse ist das Produkt eines Zweiges der natürlichen Auslese, wir das eines anderen. Das ist eine lange Zeit, sogar entwicklungsgeschichtlich gesehen, und die Endprodukte einander gleichsetzen heißt sich die Sache zu leicht machen. Abgesehen von allen diesen Kräften gibt es jedoch einen gravierenden Einwand gegen den Romantizismus dieser These. Die Primatenfamilie umfaßt etwa zweihundert Spezies; doch nur wenige evolutive Versager lassen sich mit dem Gorilla, dem Schimpansen und dem Orang vergleichen. Diese sind in ihrer Anpassungsfähigkeit beschränkt, und auf der Welt gibt es nur wenige Plätze, wo sie leben können. Ihre Muskeln sind außerordentlich kräftig entwickelt, ihre Intelligenz im Laboratoriumstest ist erstaunlich – dennoch, die großen Affen sind im Aussterben. Im Zeitalter des Alibis könnte man behaupten, dies sei sicherlich die Schuld des Menschen. Der Pavian, der dem Menschen zum Trotz prächtig gedeiht, ist der Gegenbeweis. Sein Gehirn ist kleiner. Aber die Integration aller Paviangehirne zu *einem sozialen Gehirn* ist eine Leistung, die den großen Affen nie gelungen ist. Wie man das Leben des Pavians nicht mit dem Leben der großen Affen gleichsetzen kann, so kann man die Geschichte des *Homo sapiens*, der erfolgreichsten Primatenspezies, nicht mit der Geschichte der großen Versager vergleichen.

Die Paviane haben besser überlebt, weil sie einen besseren Gesellschaftsvertrag hatten. Wäre Reynolds' These von der einzigartigen offenen Gesellschaft der großen Affen richtig, es bliebe dennoch die Beschreibung eines evolutiven Versagens. Übergangen werden darf seine Arbeit über die »offenen Gruppen« aber trotzdem nicht, denn sie ist die beste und fundierteste Unterstützung für einen Gedankengang, der dem meinen entgegengesetzt ist. Ich versuche ihn zu widerlegen, ich ignoriere ihn nicht.

Im allgemeinen unterstützt das vorhandene Beweismaterial meine Schlußfolgerung, daß die Xenophobie ein Faktor im Leben aller organisierten Gesellschaften ist und daß es die offene Gesellschaft bei Primaten nicht gibt. Der Fremdling ist notwendig, und die gegen ihn gerichtete Feindseligkeit hat unleugbar eine biologische Basis. Der Antagonismus sorgt dafür, daß die Gruppe aus Bekannten besteht; er einigt die Gruppe durch einen Prozeß, den ich als den Freundschaft-Feindschaft-Komplex bezeichne. Wenn die Tiergesellschaft territorial ist, dann stärkt die gemeinsame Abwehr des Eindringlings nicht nur die Energie der Gruppe, sondern auch das gegenseitige Vertrauen und die Opferbereitschaft. Desgleichen hat eine Menschengruppe, die ihre Heimat verteidigt, kaum jemals Schwierigkeiten mit dem Gesellschaftsvertrag.

Darf es uns dann wundern, daß der Krieg, der natürliche Bedürfnisse befriedigt, in allen Epochen der Menschheitsgeschichte populär war? Darf es uns wundern, daß der Mensch, wie andere soziale Tiere, einen zweifachen Verhaltenskodex hat? Wie schon Gorer gesagt hat: es kann kaum eine Menschengruppe geben, die nicht zwischen dem Töten eines Gruppenmitglieds und dem Töten eines Außenstehenden unterscheidet. Das eine ist Mord, und dafür kann man in manchen Ländern gehenkt werden; das andere kann vielerlei nach sich ziehen, im besten Fall einen Orden. Washburn ist ähnlicher Ansicht: »Was immer der Ursprung dieses Verhaltens sein mag, es hat die menschliche Evolution entscheidend beeinflußt, und man kann fast mit Sicherheit annehmen, daß jede menschliche Gesellschaft das Töten von Mitgliedern bestimmter anderer menschlicher Gesellschaften als wünschenswert angesehen hat.«

Weder Gorer noch Washburn bezogen sich direkt auf den organisierten Krieg, sondern vielmehr auf die Duldung von Gewalttätigkeiten, solange sie nach außen gerichtet sind. Der Krieg, wie wir ihn kennen, ist nichts anderes als kulturelle Institution wie das Haus oder der Marktplatz; er verschafft einer Vielzahl biologischer Bedürfnisse – charakteristisch für eine soziale Spezies –, eine Vielzahl von Befriedigungen. Ich halte es für unwahrscheinlich, daß eine Institution, die so erfolgreich ist, jemals hätte abgeschafft werden können, es sei denn durch Art und Ausmaß der Kriegführung selbst. Eben das ist heute eingetreten. Daß der Krieg nicht mehr praktikabel und daher unmodern geworden ist, kann als Beweis dafür gelten, daß er als Institution an sich kein genetischer Ausdruck ist.

In unserer genetischen Ausstattung sind die Ablehnung des Fremden und wahrscheinlich auch die Neigung zur Gewalttat verankert. Sie haben sich nicht verändert. Es verschwindet nur jene Institution, die einst beide Tendenzen befriedigt hat, ohne die soziale Struktur zu zerstören. Und so ergibt sich eine Antwort auf die Frage: Wie können wir ohne Krieg leben? Die Energien, die früher nach außen gerichtet waren, wenden sich nach innen; das Resultat heißt soziale Gewalttätigkeit. Das aber schafft ein merkwürdiges Problem, denn jetzt müssen wir Fremde erfinden.

4

Wie sich die Gewalttätigkeit des Menschen in Zukunft entwickeln wird, liegt jenseits unseres Vorstellungsvermögens. Die reichste Ernte reift in der Menschheit heran. Der altmodische Patriot mag sich nach den Zeiten sehnen, als die nationale Ehre oder auch die nationale Existenz junge Menschen noch bewog, auszuziehen und irgendwo in der Fremde Kriegsschiffe zu versenken, Bombenangriffe zu fliegen, auf Inseln mit unaussprechlichen Namen kühne Landungen zu vollführen, in Panzerrudeln Landschaften zu überrollen, mit dem Bajonett einen Trümmerhaufen zu verteidigen, der einmal eine Stadt war, so viele Untermenschen wie möglich zu verwunden oder, noch besser, zu töten, die man vorher ohnehin noch nie gesehen hat – und vor allem ein wenig Aufregung in die sonst so langweilige Welt zu bringen. Der altmodische Patriot begeht einen Fehler: er bedient sich zu wenig seiner Phantasie.

Der Krieg war die beliebteste Unterhaltung des zivilisierten Menschen; er war jedoch niemals perfekt, denn er hatte zwei große Fehler: erstens war er nicht sichtbar, und zweitens war er undemokratisch. Nicht sichtbar insofern, als die große Mehrheit der betroffenen Menschen die echten Kriegshandlungen niemals zu Gesicht bekam, weil sie sich in weiter Ferne abspielten. Ich kann nicht leugnen, daß das Flächenbombardement der Städte im Zweiten Weltkrieg diesen Mangel allerdings etwas korrigiert hat. Doch ungeachtet solcher kleiner Fortschritte blieb der Krieg, solange der Feind nicht in das Territorium eindrang, weitgehend unsichtbar.

Und überdies war der Krieg seit eh und je undemokratisch. Früher einmal war er das Privileg einer kleinen Kaste von Berufskriegern. Später, als Kriege an Umfang zunahmen, genügten diese Berufssoldaten nicht mehr, und so durften ausgewählte Zivilisten ebenfalls am Kriegführen teilnehmen. Noch immer aber war eine Diskriminierung dabei. Ein alternder General, die eingelegten Pistolen am Gürtel, konnte sich gelegentlich noch auf das Schlachtfeld begeben, das Privileg zu sterben aber blieb dennoch der Eliteklasse vorbehalten – jener der jungen Männer. Es ist vermutlich richtig, daß die Begeisterung der Jugendlichen für die Gewalt die aller anderen Untergruppen der Gesellschaft übertrifft. Doch der Hang zur Gewalttätigkeit – sei er genetischen Ursprungs oder nicht – zieht sich wie eine Magmaschicht durch die gesamte menschliche Topographie; er sucht unablässig nach einer winzigen Spalte, um ausbrechen und zu einem gewaltigen Vulkan werden zu können. Individuen mögen sich in ihrem Geschmack an Gewalttätigkeiten so kraß unterscheiden wie etwa in ihrem Geschmack an Tintenfischen. Daß er bei allen menschlichen Gruppen – alt oder jung, weiblich oder männlich – vorhanden ist, ist nicht zu leugnen. Die Tendenz der Kriegführung, unsichtbar zu bleiben, war schlimm genug, die Beschränkung der Lust am Kriegführen auf eine einzige Menschenklasse war schlechthin unverzeihlich.

Daß Restkriege der jüngsten Vergangenheit, wie zum Beispiel jener in Vietnam, so unpopulär, so unwirklich, so sinnlos und vor allem so unmöglich zu gewinnen sind, ist kein Grund zur Trauer; die neuen Ausdrucksformen der Gewalt werden weder unsichtbar noch undemokratisch sein. Künftig wird sich die Gewalt an unserer Türschwelle abspielen. Ob alt, ob jung, ob männlich oder weiblich – angesichts der egalitären Verteilung innerer Unruhe wird jeder die gleiche Chance erhalten, an der erregenden Lust der Gewalt teilzuhaben. Niemand wird die Jugend mehr um ihre Privilegien beneiden müssen; jeder kann an jener spannenden Konfrontation von Leben und Tod teilnehmen, die der formelle Krieg nur wenigen geboten hat. Jedermann kann den prickelnden Reiz genießen, morgens aufzustehen und nicht zu wissen, ob er abends noch am Leben sein wird. Die Langweile wird nicht nur aus dem Leben der Jugendlichen verschwinden – unser aller Leben wird voll der Überraschungen sein.

Jede Untersuchung einer solchen Zukunft der Menschheit muß systematisch vorgehen. Und da zivile Gewalttätigkeiten sich dort am heftigsten manifestieren, wo Feindseligkeiten von Untergruppen mit im Spiel ist, wollen wir dicse zuerst vornehmen.

In jeder etwas größeren Tiergesellschaft gibt es das Phänomen der Untergruppen. Ich habe bereits die »peer groups« besprochen, jene Gruppen von gleichaltrigen Jugendlichen, die während ihres Reifeprozesses das Establishment der erwachsenen Männchen herausfordern beziehungsweise auf irgendeine Weise Zutritt zu ihm finden müssen. Meiner Ansicht nach wird in unserer heutigen Gesellschaft die Familie als soziale Grundeinheit durch die Gruppe der Altersgenossen ersetzt. Wir kehren zu den typischen Gegebenheiten fast aller Primatengesellschaften zurück – zu denen des Pavians wie des Solobusäffchens.

Die Untergruppe der Familie, mit den Eltern als Mittelpunkt, nahm in der Menschheitsgeschichte einen ehrenvollen Platz ein. In der Primatenlinie dagegen tritt sie relativ selten auf, bei Halbaffen und Lemuren ist sie nur hin und wieder zu finden. Die Familie – und zwar meist in der polygamen Form – scheint als Standardanordnung nur bei mit uns so entfernt verwandten Säugetieren wie Pferd und Zebra sowie bei manchen Nagetieren und bei Raubtieren wie dem Löwen aufzutreten. Vögel führen ein streng monogames Eheleben, sind jedoch von unserer evolutiven Linie sehr weit entfernt. Man darf annehmen, daß in der Entwicklung des Menschen die Familie erst relativ spät Bedeutung gewonnen hat.

Die Männerbande, wie wir sie bei Elefanten und den meisten Antilopen, beim Wild und beim Schimpansen finden, ist bei sämtlichen Spezies wesentlich bedeutungsvoller. In seinem Buch ›Men in Groups‹ hat Lionel Tiger ihre Bedeutung – trotz des zerstörenden Einflusses auf die Familie – für die gesamte Menschheitsgeschichte und für alle Kulturen hervorgehoben. Die Männerbande ist eine natürliche Untergruppe, die bei der Betrachtung ziviler Gewalttätigkeit nicht außer acht gelassen werden darf.

Oft werden die Weibchengruppen übersehen, die – zum Beispiel beim Brüll- und beim Husarenaffen – einen starken, wenn auch diskreten Einfluß haben können. Die Mütter-Kinder-Gruppe – ob beim Hirsch, beim Topi oder beim Schimpansen – entsteht wahrscheinlich nur dann, wenn die Männchen keine familiäre Verantwortung übernehmen. In großen Primatengesellschaften jedoch wie zum Beispiel beim Pavian und beim Rhesusaffen, haben bestimmte Weibchen oft einen ausgeprägten Hang, untereinander Gruppen zu bilden – auch dann, wenn die Gesellschaft sexuell gemischt ist. Beim Mischen könnten gemeinsame Aktionen der Weibchen – das geht aus Betty Friedans Buch ›The Feminine Mystique‹ durchaus klar hervor – in der Zukunft unerwartete Quellen für gewaltsames Verhalten darstellen.

Tiergesellschaften zeigen klar und deutlich die strukturelle Notwendigkeit von Untergruppen. Wenn eine Gesellschaft ihre Verpflichtungen gegenüber den Mitgliedern erfüllen soll – Erziehung für die Jungen, Schutz vor äußeren Feinden, geordnete Beziehungen untereinander, psychologische Befriedigung bestimmter Bedürfnisse –, dann muß sie eine gewisse Aufgliederung haben. Die Integration von Untergruppen wieder wird nicht nur durch Xenophobie und soziale Distanz, sondern auch durch perfekte Kommunikation erleichtert: jedermann versteht, was der andere sagt.

Die Signale der Tiere, ob vokal oder visuell, sind großteils angeboren, also kann ihre Bedeutung nicht mißverstanden werden. Vogelsang ist manchmal erlernt. Wenn jedoch ein Dscheladaaffe die Augenbrauen hebt und ein gelber Streifen sichtbar wird, dann ist das ein Drohverhalten und für alle Artgenossen verständlich. Wenn ein Wolf oder ein Rhesusäffchen seinen Schwanz steil aufrichtet, dann wissen alle: das ist ein Alpha. Wenn ein Samangoäffchen hoch in den Baumwipfeln wie ein Vogel zwitschert, dann horchen alle auf, denn es könnte Gefahr im Anzug sein. Tierische Signale sind zwar beschränkt, aber präzis und unmißverständlich. Die nahezu unbegrenzten Möglichkeiten der menschlichen Sprache, eine der Grundlagen unseres Erfolges, sind weit weniger eindeutig.

Es ist eine Binsenwahrheit, daß die Vielfalt unserer Sprachen und Dialekte für das menschliche Verständnis hinderlicher ist als alle Vielfalt der Genpools. Wir mögen stolz auf unsere Kommunikationsmöglichkeiten sein – einem Paviananthropologen aber schiene die Nichtkommunikation eines der markantesten Merkmale der menschlichen Spezies. Wir identifizieren den

Fremden sofort durch seine fremde Sprache, seinen fremden Dialekt, seinen fremden Akzent. In der menschlichen Gesellschaft führt, wie bei jeder Tiergesellschaft, die gemeinsame Sprache zur Integration der Untergruppen. Die Sprache ist jedoch so subtil, daß bereits kleine Unterschiede in Betonung, Vokabular und Sinngebung in ebensolchem Maß geeignet sind, die Untergruppen zu trennen.

Die wichtigste Prämisse für die Zukunft der zivilen Gewalttätigkeit ist die Erfindung des Fremden. Und der wichtigste Faktor für die Erfindung von Fremden ist die Nichtkommunikation zwischen jenen, die dieselbe Sprache sprechen.

Die Erfindung von Fremden ist eine so drastische Notwendigkeit, daß ohne einen diesbezüglichen Erfolg die zivile Gewalttätigkeit sehr wohl verschwinden könnte. Der zweifache Kodex, dem wir gehorchen, ist nicht menschlichen Ursprungs und liegt vermutlich jenseits menschlicher Entscheidungsgewalt. Mitleid mit dem Nächsten könnte unsere erbarmungslose Entschlossenheit derart unterminieren, daß soziales Chaos ebenso unmöglich würde wie sozialer Utopismus. Um erfolgreich zu sein, brauchen wir den Fremden unter uns. Wir müssen jene Untergruppen haben, die von der Xenophobie aufs Korn genommen werden, so daß jede Sympathie unmöglich wird und nur mehr Verachtung und Unterdrückung herrschen. Um Fremde zu schaffen, brauchen wir die Nichtkommunikation.

Ich spreche nicht von jenen »bevorzugten« Ländern wie Kanada oder Belgien, die bereits durch verschiedene Sprachen gespalten sind. Ihre Zukunft ist, zumindest für die nächste Zeit, gesichert. Die Herausforderung an den Einfallsreichtum des Menschen lautet: Wie erreiche ich in einer Gesellschaft zwischen ihren Untergruppen eine Nichtkommunikation? Und bereits jetzt müssen wir der Erfindungsgabe des Menschen Bewunderung zollen. Ohne zu wissen, wie ihm geschieht und was er tut, beginnt der Mensch neue Wege zu beschreiten.

Die Studenten an den Universitäten der USA oder Frankreichs beispielsweise hätten ihre zögernden Versuche zu Gewalttätigkeit und Zerstörung niemals machen können, hätte zwischen Professoren und Studierenden nicht reichliches Nichtverständnis bestanden. Die Universitäten sind ein glänzendes Beispiel, denn hier wird ein und dieselbe Sprache gesprochen, und zwar äußerst präzis. Dieses »Hindernis« ist jedoch an zahlreichen Universitäten so glänzend bewältigt worden, daß die Nichtkommunikation geradezu perfekt und damit die Schaffung von

»Fremden« in reichstem Maß gesichert war, jedenfalls ausreichend, um zu Unruhen aufzureizen.

Was an den Universitäten erreicht wurde, ist zugegebenermaßen durch den Zufall des Elternhauses begünstigt worden. Bei ein paar altmodischen Familien mag es noch Vertrauen, Liebe und Toleranz geben, im allgemeinen aber ist das Verständnis zwischen Eltern und Kindern im Schwinden. Was in den Eltern vorgeht, ist den Kindern unbegreiflich, was die Jugend will, ist den Eltern ein Rätsel. Die Gruppe der Gleichaltrigen ist das neue Zuhause: Hier hat man seine Geheimnisse, teilt Freuden und Sorgen, kultiviert seine Ignoranz und schließt sich in Feindseligkeit gegen andere zusammen. Die Eltern sind die Fremden. Auch sie teilen mit anderen Eltern Ärger und Schuldgefühle, doch bilden sie keine echte Untergruppe, bei der sie Zuflucht finden könnten. Ihr Los ist Einsamkeit.

Einer der wenigen Fehler, die ich in der kristallklaren Zukunft des bürgerlichen Aufruhrs sehen kann, ist die Unwahrscheinlichkeit organisierter Gewalttätigkeit zwischen Eltern und Kindern. Obwohl gegenseitiges Nichtverstehen sich zur Perfektion vertiefen kann, obwohl die Erfindung des »Fremdseins« höchst erfolgreich ist, Feindseligkeit und manchmal sogar Feindschaft anwachsen, fehlt dennoch irgend etwas. Vielleicht liegt es daran, daß die in Gruppen von Altersgenossen organisierte Jugend in den Eltern Fremde erblickt, so verachtenswert, so erbärmlich, so verwirrt, daß sie als Ziel eines Angriffs nicht würdig wären. Ob Vater oder Mutter, sie sind traurige Überreste aus vergangener Zeit, da die Herrschaft der Familie starke Bindungen zu anderen noch verbot. Wohl hatte man Freunde oder Brüder, Schwestern und Cousins. Die biologische Rolle der unabhängigen Familie verhinderte jedoch erfolgreich die Entstehung einer Elternklasse. Und so sind die Eltern von heute, die weder ihre Kinder noch sich selbst verstehen, ein trauriger Anblick – alte Wracks, die von neuen Strömungen hin und her getrieben werden und keinen Schuß Pulver mehr wert sind.

Vielleicht irre ich mich. Vielleicht wird die kraftvolle Männerbande durch den Zerfall der Familie ungeheuer gestärkt werden und der Jugend etwas bieten, woran sie ihre Lust zur Gewalt abreagieren kann. In nächster Zukunft besteht der Beitrag der Eltern jedoch darin, Feindseligkeit zu erwecken, die von der Gruppe der Altersgenossen dann gegen die Polizei, gegen Universitätsbehörden oder andere dankbare Ziele gelenkt wird. Immerhin, dieser Beitrag ist nicht zu verachten.

Ich stimme mit jenen überein, die in unserer Kommunikationsfähigkeit das Fundament des menschlichen Triumphs und die deutlichste Unterscheidung zwischen Mensch und Tier sehen. Ich glaube jedoch nachweisen zu können, daß unsere Fähigkeit zur Nichtkommunikation ebenso bemerkenswert ist und ebenso wichtig, wenn wir nämlich durch Gewalttätigkeit jenes letzte Ziel, die Zerstörung der Gesellschaft, erreichen wollen. Es gibt allerdings noch einen unbedingt notwendigen Faktor.

Die subtile Verflechtung von Untergruppen in menschlichen Gesellschaften kann von anderen Spezies natürlich niemals erreicht werden. Sie kennen keine religiösen Unterschiede, die geographische Trennung verhindert rassische Unterscheidungen. Beim Menschen aber hat in erster Linie die Arbeitsteilung für eine Vielfalt von Untergruppen gesorgt. Werftarbeiter und Viehzüchter, Lastwagenfahrer und Lehrer, Feuerwehrleute und Fischer, Ärzte, Soldaten, Priester, Schauspieler, Zimmerleute und Kriminelle – die Reihe kann beliebig fortgesetzt werden. Und wie in der Altersgruppe oder in der Männerbande verbindet mehr die Mitglieder jeder Untergruppe untereinander als mit der Gesellschaft im allgemeinen.

Die Unterteilungen der menschlichen Gesellschaft und die sich entwickelnden Fähigkeiten zum Nichtverstehen lassen auf einen spektakulären Erfolg künftiger sozialer Unruhen schließen. In den sechziger Jahren haben wir durch religiöse Zwistigkeiten ausgelöste Gewaltausbrüche in Indien und in Irland erlebt; Feindseligkeit zwischen Schwarzen und Weißen in den USA, zwischen Schwarzen und Indern in Ostafrika, zwischen Schwarzen und Arabern im südlichen Sudan und ein gewaltiges Chinesenmassaker in Indonesien. Feindseligkeit aus rassischen oder religiösen Motiven fällt dem Menschen leicht. Nichtverstehen dieser Art ist in unsere Beziehungen praktisch eingebaut, und der Fremde ist von Geburt an gezeichnet. Ich glaube allerdings, daß die Zukunft ganz andere Gruppenkonflikte bringen wird.

Erinnern wir uns, daß die allen Lebewesen eigene Aggressivität nichts als die beharrliche Verfolgung eigener Interessen bedeutet. Nur durch körperliche Bedrohung oder durch Angriff wird Aggressivität zur Gewalttätigkeit. An Gewaltausbrüchen (ich meine hier nicht das Prügeln der Ehefrau oder den Einbruch in ein Haus) ist immer eine Minorität, also eine Untergruppe, beteiligt. Entweder greift die Minderheit zur Gewalt, um ihre Ziele zu erreichen – wie die Schwarzen in den USA –, oder die Mehrheit vernichtet eine Untergruppe, um diese am

Erreichen ihrer Ziele zu hindern – wie die Indonesier die Chinesen. Eine Untergruppe kann mitunter mit den anderen in Frieden leben; doch nur in der idealen Gesellschaft gibt es keine Interessenkonflikte. Ich glaube allerdings nicht, daß die menschliche Gesellschaft an den großen religiös oder rassisch bestimmten Untergruppen zerbrechen wird. Der unlösbare Konflikt liegt in der Arbeitsteilung.

In den USA haben Schwarze und Weiße, Eltern und Kinder, Studenten und Universitäten bewiesen, wie gut die Schaffung von »Gruppen« und das Nichtverstehen funktionieren. Und wie der Pavian schnell lernt, welche Nahrung seine Horde frißt, so erlernen wir schnell, was Freunde oder Feinde uns demonstrieren. Unter den zahlreichen, durch Arbeitsteilung geschaffenen Untergruppen werden einige sehr schnell ihre Lektion lernen. Obwohl Streik eine aggressive Handlung ist, die einer Untergruppe zum Ziel verhelfen soll, stellt er an sich keine gewalttätige Handlung dar. Grenzfälle mehren sich jedoch zusehends. Wenn Feuerwehrleute oder Polizisten oder Ärzte streiken, so läßt ein solches Unternehmen die Gesellschaft ebenso verletzlich gegenüber physischen Schäden werden, als ob ein direkter Angriff unternommen würde. Wenn ein paar hundert englische Arbeiter einen wilden Streik ausrufen und damit Zehntausende Mitarbeiter arbeitslos machen, ist der Schaden für die Arbeiterschaft größer als für die Unternehmer. Kann man also daran zweifeln, daß die Nichtkommunikation Fortschritte macht und daß sogar der Arbeitskumpel in den Augen einer kleinen Untergruppe zum Fremden wird?

In der Vergangenheit – als es noch Verständigungsmöglichkeiten gab – hatten wir ungezählte Möglichkeiten, Institutionen wie beispielsweise Arbeitsschiedsgerichte zu schaffen, um Streiks zu verhindern. Heute ist die Gesellschaft mehr und mehr einer Unzahl von Untergruppen ausgeliefert, auf deren Dienste sie angewiesen ist. Die Zeiten, wo man von diesen Untergruppen Einsicht erwarten konnte, sind vorbei. Früher einte uns noch die Bedrohung durch äußere Feinde, der Krieg war ein Ventil für gewalttätige Veranlagung. Heute wendet sich die Gewalt nach innen. Heute läßt das Kommunikationsvakuum keinerlei Mitleid für den Sozialpartner aufkommen. Soziale Hemmungen werden nicht mehr lange ausreichen, die gewalttätige Zerstörung unserer Gesellschaftsstruktur zu verhindern.

Die Verletzlichkeit der Gesellschaft – je fortgeschrittener, desto verletzlicher – liegt vor allem in der Arbeitsteilung. In dieser Hinsicht sind die unterentwickelten Länder ohne extreme Spezialisierung heute noch im Vorteil. Sterben auch noch so viele in Stammesfehden oder religiösen Kämpfen, die primitive Gesellschaft als Ganzes überlebt. Die Industriegesellschaft mit ihren wechselseitigen Abhängigkeiten aber muß wie ein einziger Organismus auf jede Bedrohung durch zivile Gewalttätigkeit reagieren.

Der ›Guardian‹ nennt Nordirland eine neurotische Gesellschaft und aufrührerische Minderheiten paranoid. Ich kann dieser Ansicht nicht ganz beipflichten. Ein gewisses Maß an Paranoia ist unvermeidlich, wenn Mitglieder einer Untergruppe ihre Kräfte mit der Majorität messen und ihr Leben aufs Spiel setzen. Das Gefühl, ungerecht behandelt zu werden, muß Formen annehmen, wo man jedes Risiko in Kauf nimmt. Ich bezweifle allerdings, ob man Derartiges als neurotisch bezeichnen kann, denn man läßt einen wesentlichen Faktor außer acht: die Jugend mit dem Pflasterstein in der Hand genießt ihre Aktionen.

Wir lieben die Gewalttat. Nicht um zu helfen, eilen wir zur Unfallstelle, nicht um zu löschen, drängen wir zur Brandstätte, nicht um zu schlichten, umringen wir eine wütende Gruppe. So berechtigt die Beschwerden der Neger sind, so gibt es doch in jüngerer Zeit in den USA kaum Rassenunruhen, denen nicht auch ein bißchen Karnevalsstimmung anhaftet. Ich persönlich schätze Molotowcocktails überhaupt nicht: nicht weil ich gut, sondern weil ich ängstlich bin. Suttles stellte bei seiner Arbeit mit jugendlichen Gangs in den Slums von Chikago fest, daß sich analysieren ließ, bei welchen Aktionen Bandenmitglieder mitziehen würden: Stehlen war nur für einige reizvoll, bei der Aussicht auf einen Kampf aber waren praktisch alle zur Stelle. Kaum eine Untersuchung gewalttätiger Verbrechen oder gewalttätiger Gangs ergibt eine Neurose als Motivation. Wären wir eine wirklich kranke Gesellschaft, dann könnten wir mit unseren gewalttätigen Neigungen wahrscheinlich besser fertig werden. Weil wir gesund sind, ist unsere Situation so kritisch.

Aufruhr und Zerstörung machen Spaß. Der Beobachter, der das nicht wahrhaben will, ist ein Heuchler. Wenn man Gewalttätigkeit als menschliche Perversion ansieht, hilft das auch nicht weiter. Umgekehrt ist jemand, der hinter jedem Aufruhr nur seriöse Motive sucht, der ausschließlich die Ungerechtigkeit der Umwelt verantwortlich macht, der verläßlichste Verbündete jeder Gewalttätigkeit.

Das Zeitalter des Alibis, das eher auf der Seite des Angreifers als auf der des Angegriffenen steht, hat uns auf ein Maximum an Rebellion und Aufruhr sehr gut vorbereitet. Eine Philosophie, die uns seit Jahrzehnten glauben macht, daß menschliche Fehler stets die Schuld von jemand anders seien; daß allein die Gesellschaft Verantwortung für jedes gesellschaftsfeindliche Verhalten trage; daß die Menschen nicht nur gleich geboren sind, sondern auch vervollkommnet werden können; daß somit alle Abweichungen zwangsläufig das Produkt einer unerfreulichen Umwelt sein müssen; die Ansicht, es gebe eine individuelle Verantwortlichkeit sowohl des einzelnen für sich selbst als auch seiner Untergruppe, sei rückschrittlich, reaktionär: eine solche Philosophie hat der anmaßenden Selbstrechtfertigung jeder gewalttätigen Minorität den Weg geebnet und in ihren Opfern Schuldgefühle und Verwirrung entstehen lassen.

Erkennt man, wie sehr uns Gewalttätigkeit von allen Seiten umgibt, so kommt man leicht zu dem Schluß, daß unser Ende nahe ist. Die Menschen können weder miteinander noch ohne einander auskommen. Eine solche Schlußfolgerung ist jedoch oberflächlich. Der Gesellschaftsvertrag ist biologisch begründet. Wie der Sexualtrieb oder die menschliche Vielfalt dient er – durch den Ausgleich von Ordnung und Unordnung – der Erhaltung der Spezies; seine Macht ist stärker, als der Mensch ahnt. Was heute auf dem Spiel steht, ist nicht allein das Überleben der Menschheit, sondern das Überleben einer der positivsten Erfindungen des Menschen – der Demokratie. Wenn ein Volk nicht einig werden kann, wie es sich selbst regieren soll, dann wird jemand anders es regieren.

Überall in der Natur läßt sich ein Zug zur Ordnung feststellen. Wir wissen nicht warum und werden es vielleicht auch nie wissen. Aber dieser Trend ist vorhanden. In der Bewegung der Sterne liegt Ordnung und auch in der Bewegung der Galaxien. Ordnung bestimmt die Bahnen der Planeten um die Sonne und der Monde um die Planeten. Ordnung besteht in allen Lebensprozessen.

Evolution und natürliche Auslese sind lediglich Namen für Prozesse, die sich in der Geschichte aller Spezies finden. Daß Tierverträge eingehalten werden; daß Paviankämpfe keinen tödlichen Ausgang nehmen; daß Vögel erfolgreich ihre gefährdeten Nester verteidigen und ihre Jungen aufziehen; daß Löwen und Elefanten ihre Anzahl beschränken, so daß ein Habitat nicht durch zu viele Junge erschöpft wird; daß Lemminge selbstmörderische Expeditionen unternehmen, sobald sie zu viele werden, und daß Schneeschuhhasen tot umfallen; daß Spezies, sobald sie mit ihrer Umwelt nicht mehr fertig werden, in aller Stille verenden: alles das sind Vorgänge, die das Vorherrschen der Ordnung in der Natur beweisen.

Wir haben mit der Demokratie bisher nur Versuche angestellt. Und wenn der Hang zur Gewalttätigkeit, woher auch immer er stammen mag, ein Teil unseres sozialen Gefüges – jenseits unserer Kontrolle – ist, dann können wir sicher sein, daß die Anarchie nicht Sieger sein wird. Ordnung wird die Unordnung verdrängen. Und wir werden zu jenen primitiven politischen Formen zurückkehren, wo der Bruder sich der Gewalt, der er nichts entgegensetzen kann, beugt und Frieden hält, weil er dazu gezwungen wird.

5

Wenn eine evolutive Betrachtungsweise des menschlichen Dilemmas keinerlei Wege zu einer Besserung oder Lösung aufzeigt, dann wird sie nichts anderes als eine Übung in systematischem Pessimismus. Wenn jedoch die Betrachtung des Menschen als eines höher entwickelten Tieres zu Hypothesen mit prognostischem Wert führt, die jenen überlegen sind, die uns früher geleitet haben, dann dürfen wir zumindest wieder hoffen, daß bisher verschlossene Türen sich öffnen werden. Wenn uns die Hypothesen des Entwicklungsforschers auch schockieren, das Schmerz-Lust-Prinzip dürfen wir hier nicht anwenden – daß wir sie ignorieren, wenn sie uns Schmerz bereiten, und nur akzeptieren, wenn sie uns erfreuen. Mag eine Hypothese auch noch so bitter für uns sein, die Frage lautet: Kann sie etwas aufzeigen und erklären?

Ich kann nichts Schockierendes an der Hypothese finden, wonach in einer demokratischen Gesellschaft jede Duldung von Gewalttätigkeit – ob berechtigt oder nicht – weitere Gewalttätigkeit nach sich zieht und damit zum Tod der Demokratie führt. Das ist eine Behauptung, die keine besonderen Beweise erfordert. Jeder, der beispielsweise 1969 die Streikwelle in Italien miterlebte, spürte nicht nur die Angst vor der totalen Anarchie, sondern erkannte auch, daß sie als menschliche Lebensform absolut unmöglich ist. Daß 1970 die Tierwärter des römischen Zoos ausgerechnet am 6. Januar, dem Dreikönigstag, streikten, der in Italien der Festtag der Kinder ist, und ebenso zu Ostern, war ein tristes Phänomen. Wie weit kann die Nichtkommunikation gehen? Da ist ein Volk, das *il bambino*, das Kind, über alles vergöttert – das eigene ebenso wie das des Nachbarn oder den Sohn der heiligen Maria –, und doch gibt es Italiener, die ihren Streik gegen Kinder richten.

Die Italiener werden ein gewisses Maß an Selbstbeherrschung lernen und auf gewisse Freiheiten verzichten müssen. Sonst wird eines Tages ein neuer Caesar den Rubikon überschreiten. Der prognostische Wert der Hypothese liegt in der Gewißheit des letzten Schrittes und daher in der Ermutigung zu gemäßigteren Schritten, um diese *ultima ratio* zu verhindern.

Mit der erwähnten Hypothese – zu der es keiner evolutiven Schätzung bedarf – war schon Plato vertraut. Sie wird jedem deutlich, der die Vorgänge unserer Zeit betrachtet. Anhänger unserer Umwelttheorie muß sie am stärksten treffen; bisher war nämlich keine einzige Verbesserung der Umwelt von etwas anderem begleitet als von zunehmender Gewalttätigkeit – ziviler wie krimineller –, so daß jede Zukunftsplanung hoffnungslos erscheint. Nur wenn man die Hypothese vom Gesichtspunkt der evolutiven Psychologie betrachtet, gibt es einen Lichtblick.

Von evolutiver Psychologie sprechen heißt das Kind taufen, bevor es auf der Welt ist. Ein Beitrag aus meinen eigenen Untersuchungen gehört zu diesem noch nicht fest umrissenen Gebiet. In ›Adam und sein Revier‹ stellte ich die Hypothese der angeborenen Bedürfnisse auf, die höheren Tieren und Menschen eigen sind. Ich habe sie in diesem Buch bereits erwähnt und möchte sie jetzt um ihres diagnostischen Wertes willen auf das Problem der Gewalttätigkeit anwenden.

Eine kurze Wiederholung: Es gibt drei angeborene Bedürfnisse, die nach Befriedigung verlangen: einmal die Identität (das Gegenteil der Anonymität), dann die Stimulierung (das Gegenteil der Langeweile) und schließlich die Sicherheit (das Gegenteil von Angst). Sicherheit und Freisein von Angst führen zu Langeweile. Dieser psychologische Prozeß – er führt zu der von Desmond Morris in ›The Human Zoo‹ geschilderten gelangweilten Gesellschaft – wird von unseren sozialen Planern leider kaum beobachtet. Die gelangweilte Gesellschaft könnte allerdings keine Realität annehmen, wenn wir nicht auch eine anonyme Gesellschaft wären, die den Wunsch nach Identität meist nicht befriedigen kann. Die Parole Gleichheit für alle – jenes von der unwissenden Jugend so gern gebrauchte Schlagwort – sowie die immer kleiner werdenden Führungsteams immer größerer Organisationen – das von der Jugend so gehaßte Establishment – tragen gleichermaßen dazu bei, jede Suche nach Identität zunichte zu machen. So werden die Mitglieder unserer Gesellschaft durch frustriertes Streben nach Identität ebenso wie durch erlangte Sicherheit in die Öde unerträglicher Langeweile getrieben. Wie in einem Schraubstock sind wir zwischen Sicherheit und Anonymität eingezwängt: der einzige Ausweg heißt Stimulierung.

Pornographie und Aufruhr gehören in ein und dieselbe Kategorie. Sie sind Stimulantia für verschiedene Geschmacksrichtungen. Es war keineswegs ein Zufall, daß die Wellen von Schock und Sensation eine gelangweilte Gesellschaft gleichzeitig überschwemmten. Die Agitation und das Sichzurschaustellen von Demonstranten läßt den Blutdruck der nachdrängenden Masse ihrer Mitläufer ebenso emporschnellen, wie die modische Zurschaustellung des weiblichen Körpers den Blutdruck des Mannes erhöhen soll; beides zielt auf das gleiche. Auch der private Kitzel des Voyeurs mit seinen Photos aus Dänemark und die privaten Halluzinationen nach dem Drogengenuß sind eigentlich das gleiche. Sexuelle Spiele der Jugendlichen, unverbindlicher Ehebruch der älteren Jahrgänge, die Darbietung von Nacktheit und Geschlechtsakt auf der Bühne, die ohrenbetäubende elektronische Musik, die das Gehirn des Zuhörers lähmt, die Entblößung der Brüste von Kellnerinnen, die schüchterne Gäste entzücken sollen, die aber entsetzt wären, würde mehr von ihnen erwartet, der fortwährende Gebrauch bestimmter obszöner Wörter durch Autoren, die eigentlich über ein größeres Vokabular verfügen sollten – das alles soll einer gelangweilten Gesellschaft Abwechslung und Stimulierung bieten.

Die Ruinen antiker Gebäude, die der Stimulation der Massen dienten, wie das Kolosseum in Rom, sollten eigentlich Beweis für die Sinnlosigkeit solchen Beginnens sein, doch gehört auch die Gewalttätigkeit hierher. Sie erregt und stimuliert den Täter und das Opfer, sei es durch den fröhlichen Haß des einen oder den wütenden Zorn des anderen. Ein Aufstand in Chikago bietet mehr als alle Zirkusspiele des alten Rom zusammen. Und wie jeder sinnliche Schock muß auch die Gewalttätigkeit, will sie ihren Reiz behalten, immer drastischer oder abwechslungsreicher werden. Das anpassungsfähige Tier, der Mensch, gewöhnt sich sehr schnell an jede Situation. Dem Kinobesucher, den gestern noch der normale Geschlechtsverkehr auf der Leinwand erregte, muß heute bereits Fellatio serviert werden. Der Demonstrant, den gestern noch der Protestmarsch befriedigte, muß heute die Polizei herausfordern.

Gewohnheit ist der Tod jeder Stimulierung. Der friedliche Marsch erregt uns nicht mehr, der nur nackte Körper fesselt uns nicht mehr. Die Steigerung der Stimulierung erfordert in gewissem Sinn die Kooperation aller Beteiligten. Das Resultat dieses Prozesses jedoch ist für den Sensualisten und für den Gewalttätigen ein völlig anderes. Dem sinnlichen Schock als Stimulierung sind Grenzen gesetzt – nicht der Gewalttätigkeit.

Die Dreiheit unserer angeborenen Bedürfnisse verdeutlicht den Unterschied: In unserer Flucht vor der Langeweile suchen wir nach Stimulierung. Sinnliche Erfahrungen aber können nur unser Bedürfnis nach Stimulierung befriedigen; Gewalttätigkeit befriedigt gleichzeitig auch den Drang nach Identität. Der Teilnehmer eines sexuellen Abenteuers mag ein flüchtiges Gefühl der Einzigartigkeit, des Andersseins erleben; der jugendliche Drogenkonsument mag sich seinen zurückhaltenderen Kameraden überlegen fühlen, und sicherlich auch seinen Eltern. Aber das Bewußtsein der Identität dauert nur so lange, als der Stimulus einzigartig bleibt. Wenn Drogen allgemein verbreitet sind, ist der Jugendliche nur einer von vielen Süchtigen. In seinen eigenen verschwommenen Vorstellungen mag er Identität behalten; für andere wird sie nicht sichtbar.

Die Gewalttätigen aber erregen Aufmerksamkeit, sei es durch den Applaus der Anhänger oder durch die Verurteilung der Gegner – sie werden anerkannt, identifiziert, der Anonymität entrissen. Während der Sensualist nur in seiner privaten Welt Identität erlangen kann, erreicht sie der Gewalttätige in der Öffentlichkeit. Erregung und Anerkennung werden zur Einheit. Auch wenn die Welt der Gewalt ihre Geheimnisse haben mag, auch wenn sie verborgen ist wie die Mafia oder eine politische Untergrundbewegung, die Bedrohung wird von der Gesellschaft zur Kenntnis genommen und gefürchtet. Im Kreis der Verschworenen – vereint durch den Freundschaft-Feindschaft-Komplex – wird das Individuum bewundert, gefürchtet, gehaßt, geliebt, eingestuft. Identität ist erreicht.

Ich spreche nicht von den gewalttätigen Lösungen individueller Auseinandersetzungen. Obwohl – nach der Statistik von Scotland Yard – zwei Drittel aller Morde innerhalb der Familie stattfinden, so ist das Aus-dem-Weg-Räumen eines

Ehepartners durch den anderen zwar ein häuslicher Zwischenfall, aber doch nichts Neues und gewiß nicht der Herold einer sozialen Katastrophe.

Eines der friedliebendsten Völker, die Buschmänner der Kalahari, die gewalttätige Auseinandersetzungen zwischen Mitgliedern einer Bande als ungehörig verdammen, akzeptieren das Verprügeln eines Ehepartners als durchaus normalen Vorfall, nicht ungewöhnlicher als das Aufgehen des Mondes. Individuelle Streitigkeiten sind vermutlich das Produkt unserer gewalttätigen Veranlagung. Wie der Selbstmord sind sie vielleicht ein Symptom der sozialen Auflösung, der schwindenden Hemmungen, ein Ausdruck der Verzweiflung. Doch sind sie bestenfalls Folgen, nicht aber Ursachen des sozialen Phänomens.

Ich spreche hier von der Schöpfung kleiner dunkler Welten innerhalb der Gesellschaft, die durch Gewalttätigkeit – Drohung oder Angriff – entstehen. Sie haben ihre eigenen Wertmaßstäbe, ihre eigenen Regeln; der Alpha wird bewundert, die Omegas werden verachtet oder ignoriert, die Verräter bestraft. Ob es eine Bande jugendlicher Krimineller ist, eine politische Verschwörung oder eine Gruppe machtgieriger Etablierter, überall sind die typischen Merkmale der Untergruppe: die Nichtkommunikation, die jedes Mitleid für andere von vornherein ausschaltet; die Xenophobie, durch die die Majorität der Sozialpartner zu Feinden wird; die Illusion einer zentralen Stellung, die einzig die eigenen Ziele rechtfertigt. Und in dieser kleinen verrückten Welt etabliert sich eine neue Kommunikation, die Anonymität verschwindet, die Identität tritt an ihre Stelle.

Daß wir – offen oder heimlich, bewußt oder unbewußt – den Erfolg der Gewalttätigkeit bewundern, ist nur mit der menschlichen Unvernunft oder der Erbsünde zu erklären.

Die Untergruppe hat den Reiz altmodischer Kriegführung mitten auf den sozialen Schauplatz transferiert, wo es kein nukleares Veto gibt.

Wir wissen, daß Rousseaus Vision einer Welt, in der der Mensch gut und freundlich, seines Nächsten weder bedurfte noch ihn haßte, niemals existiert hat und niemals existieren wird. Wir wissen ebenso, daß eine Urwelt nach Hobbes' Vorstellung, wo jeder jeden bekriegte, niemals existiert haben kann und niemals existieren wird. Weder Rousseau noch Hobbes erkannten, daß der soziale Imperativ schon immer gegolten hat und bis zu unserem letzten Tag gelten wird. Wir haben seinen Zwang niemals so stark gespürt wie heute.

Die gewalttätige Untergruppe trägt den Keim ihres Todes bereits in sich. Der Student ist abhängig vom Briefträger, der ihm den elterlichen Scheck bringt; der Briefträger ist abhängig vom Milchmann, der die Milch für seine Kinder liefert; der Milchmann ist abhängig vom Zahnarzt, der Zahnarzt ist abhängig vom Telephonsystem, das Telephonsystem ist abhängig von weiß Gott wie vielen Weißen und Schwarzen. Der Neger wieder ist abhängig vom Funktionieren des Telephons, wenn er einen richtigen Aufstand organisieren will.

Die enge Verflechtung der Untergruppen in einer hochentwickelten Gesellschaft macht diese so überaus verletzlich, ebenso aber auch die gewalttätigen kleinen Welten. Schon das Tier kann nicht allein existieren und der Mensch von heute noch viel weniger. Es wäre allerdings vermessen, zu glauben, diese einfache Logik würde die Menschen irgendwie beeinflussen. So wollen wir wieder auf den Schauplatz der Evolution zurückkehren.

Der technologische Fortschritt, der immer mehr Menschen ökonomische Sicherheit verschafft, verdammt auch immer mehr Menschen zur Anonymität. So wird die Suche nach Identität nicht aufhören.

Die gewalttätige Untergruppe, was immer ihre Ziele sein mögen, sucht in erster Linie das Verlangen nach Identität zu befriedigen. Gewalttätigkeit verspricht Erfolg heute und Untergang morgen. Denn die kriegführende Untergruppe, die anderen die Erfüllung ihrer sozialen Bedürfnisse verweigert, zerstört schließlich sich selbst.

Wir haben uns daran gewöhnt, unter Sicherheit ausschließlich das Fehlen materieller Sorgen zu verstehen. Doch bedeutet es keineswegs Sicherheit, im Unwetter durch die Straßen zu Fuß gehen zu müssen, weil die öffentlichen Verkehrsmittel durch Streiks lahmgelegt sind. Zwanzig Stockwerke hinaufklettern zu müssen, weil die E-Werk-Arbeiter streiken und die Aufzüge stillstehen, ist auch keine Sicherheit. Den Arzt nicht anrufen können, wenn das Kind krank ist, weil das Telephon nicht funktioniert, Zahlungen nicht leisten zu können, weil Banken oder Post streiken, aus gleichem Grund Geld nicht zu erhalten, das alles ist keine Sicherheit. Angst haben zu müssen, weil auf den Straßen Gewalt – politisch und kriminell – herrscht, das ist schlimm. Wir schlafen nicht mehr sorgenfrei. Wir hören, daß die Konkurrenzfirma zugrunde geht, weil sie sich nicht modernisieren konnte, und wir wissen, daß wir nicht viel besser dran sind mit unseren 800 Angestellten, falls eine Schlüsselgruppe von 50 Leuten streiken sollte. Man sieht im Fernsehen Bilder von blutigen Unruhen. Ist der Sohn dabei? Und warum hat die Tochter seit Monaten nicht geschrieben? Und der Mann, der zwei Stunden in einem Verkehrschaos steckt, weil ein paar hundert Demonstranten die Straße blockieren, überlegt sich die Vorteile eines Polizeistaates.

Dieses Bild ist nicht übertrieben. Ich spreche gar nicht von möglichen Gewalttätigkeiten der Zukunft, weder von Massenaufruhr noch von Massenvergeltung. Das Umsichgreifen der Anarchie zwingt die Gesellschaft, sich wieder dem fundamentalsten der angeborenen Bedürfnisse zuzuwenden – der Sicherheit. Gestern haben wir uns noch gefragt, wo die nächste Mahlzeit herkommen soll. Morgen werden wir uns fragen, wo der nächste Schlag fallen wird.

Die Zerstörung der Sicherheit läßt zwei Wege offen: den neuen Weg des Schreckens, der Angst um die persönliche Sicherheit, der Furcht vor dem Unbekannten. Und der zweite, althergebrachte Weg, die Zerstörung unseres ganzen technologischen Gebäudes durch Anarchie. Der gigantische industrielle und landwirtschaftliche Komplex, dessen erfolgreiches Funktionieren wirtschaftliche Unsicherheit aus unserem Leben verbannt hat, basiert auf einem Netz wechselseitiger Abhängigkeiten. Ohne ein hohes Maß an Ordnung – vielleicht ein zu hohes Maß auf lange Sicht – kann er nicht funktionieren. Und so kommen wir vielleicht wieder an einen Punkt, den wir längst überwunden glaubten: Bankrott und Bankkrach, Absinken der Produktivität, rückläufige Exporte, Lohnkürzungen, Arbeitslosigkeit. Auch das ist möglich.

Man kann die Art des eigenen Endes nicht voraussagen; vielleicht ist es die Schlinge des Henkers, vielleicht ein Exekutionskommando im Morgengrauen. Im Augenblick scheint die Menschheit entschlossen, sich für eine dieser Möglichkeiten zu entscheiden. Allerdings müssen wir solcher Entschlossenheit nicht allzusehr vertrauen. Wie stark ist unser Hang zur Gewalttätigkeit wirklich? Es bedarf der Untersuchung. Wie verläßlich ist unsere Fähigkeit, in die Zukunft zu sehen? Die Geschichte wird darauf antworten. Wird vielleicht ein plötzliches Erwachen des gesunden Hausverstandes dem *Homo sapiens* in höchster Not zu Hilfe kommen?

Eine evolutive Betrachtung läßt in bezug auf den Menschen einen gewissen Optimismus zu, eben weil er ein Tier ist. Man kann diesen Optimismus nicht zu ernst nehmen. Dennoch – der Beobachter von Ordnung und Unordnung kann mit einiger Wahrscheinlichkeit voraussagen, daß, bevor sich die Dinge zum Äußersten entwickeln, dem Menschen die Entscheidung aus der Hand genommen werden wird. Ob wir die Gabe haben, ihn zu sehen oder nicht, er ist da, jenseits des breiten, dunklen Stroms. Er grübelt, er wartet, wie er immer gewartet hat. Nicht groß noch klein, schattenhaft in seinen Umrissen, trägt er einen seltsamen Hut und an der Seite ein uraltes Schwert. Wenn wir nicht rechtzeitig handeln, wird er es tun.

Die Löwen von Gorongosa

1

Das Jagen ist das wichtigste Verhaltensmuster der menschlichen Spezies. Es ist die organisierende Aktivität, die die morphologischen, physiologischen, genetischen und intellektuellen Aspekte des menschlichen Organismus und der Population, die die Spezies bildet, integriert ... Das Jagen war entscheidend für die Verwandlung des zweibeinigen Affen in den Werkzeug benutzenden und Werkzeug herstellenden Menschen, der sich mit Hilfe der Sprache verständigt und seiner Kultur auf die uns bekannte vielfältige Weise Ausdruck gibt.

Diese Gedanken hat William S. Laughlin, Professor für Anthropologie an der Universität von Wisconsin, 1968 niedergeschrieben. Ein Jahr davor skizzierte S. L. Washburn aus Kalifornien eine ähnliche Auffassung:

»Das menschliche Jagen wird durch Werkzeuge ermöglicht. Aber es ist viel mehr als nur eine Methode oder selbst eine Vielzahl von Methoden. Es ist eine Lebensform, und die erfolgreiche Anpassung an die Jagd (in ihren totalen sozialen, technischen und psychologischen Dimensionen) beherrschte die menschliche Evolution Hunderttausende von Jahren hindurch. Unser Intellekt, unsere Interessen und Emotionen, das Fundament unseres sozialen Lebens sind in einem greifbaren Sinn die evolutiven Produkte der erfolgreichen Anpassung an die Jagd.«

Keine Untersuchung des Gesellschaftsvertrages ist vollständig, wenn sie das, was über unsere Vergangenheit als Jäger bekannt ist oder vermutet wird, außer acht läßt. In dieser Periode der menschlichen Evolution hat sich unser Weg von dem der hauptsächlich vegetarischen Menschenaffen und Affen für immer getrennt. Wenn die menschliche Veranlagung zur Gewalttätigkeit evolutiven Ursprungs ist, dann kann unsere lange, auf das Jagen ausgerichtete Vergangenheit nicht beiseite geschoben werden, indem man auf den nicht gewalttätigen Schimpansen verweist. Wenn die menschliche Gesellschaft sich so stark von jener der subhumanen Primaten unterscheidet, können wir die Ursachen nur in der Jägervergangenheit suchen. Auf diesem

Gebiet gibt es noch viele offene Fragen zu klären, und die Autoritäten sind sich über die Antworten keineswegs einig. So werde ich in diesem Kapitel versuchen, unsere Vergangenheit als Jäger zu rekonstruieren, und gleichzeitig auch die Argumente untersuchen, die ihre Bedeutung in der Entwicklung des Menschen unterstreichen oder verringern.

Washburn und Laughlin sind im wesentlichen der gleichen Ansicht, nur ist Washburn konservativer, indem er von Hunderttausenden von Jahren spricht, die durch die Jagd gekennzeichnet waren. Das menschliche Gehirn scheint vor etwas mehr als einer halben Million Jahren eine plötzliche Vergrößerung erfahren zu haben – Washburn bezieht sich daher nur auf die Zeit des echten Menschen. Davor war die Zeit der Hominiden, jener Lebewesen, die uns in fast jeder Beziehung glichen, deren Gehirn jedoch nur ein Drittel des Volumens des unseren besaß. Dagegen ist Laughlins Hinweis auf die Verwandlung des Affen in den Werkzeug herstellenden Menschen die umfassende Charakterisierung, denn er spricht nicht bloß von einem Merkmal des Menschen, sondern von der Entstehung des Menschen. Das ist die gleiche Theorie, wie sie Raymond Dart in seiner aufsehenerregenden Arbeit von 1953 ›The Predatory Transition from Ape to Man‹ dargelegt hat.

Ich habe Darts Geschichte in ›Adam kam aus Afrika‹ erzählt. Von seiner Entdeckung eines ausgestorbenen südafrikanischen Lebewesens mit kleinem Gehirn, dem *Australopithecus africanus*, im Jahre 1924; von seiner Behauptung, es sei ein Hominide gewesen, ein Glied in der evolutiven Linie des Menschen; von seiner Überlegung, daß dieser *africanus* ein Fleischfresser, ein Jäger gewesen sein müsse und lange vor der Entwicklung des großen Gehirns des Menschen bereits Waffen besessen habe. Darts Behauptungen lösten Kontroversen aus, die bis heute andauern. Eine Frage allerdings, die bei der Niederschrift meines damaligen Buches noch offen war, ist heute geklärt. 1967 sagte Alfred S. Romer, der bedeutendste amerikanische Paläontologe, in seiner Rede vor der American Association for the Advancement of Science: »Der *Australopithecus* und seine Verwandten sind – morphologisch gesehen – fraglos Vorläufer des Menschen, und bis auf ein, zwei Ausnahmen stimmen heute alle Forscher überein, daß die *Australopithecinen* des frühen Pleistozäns tatsächlich Vorfahren des Menschen sind.«

Auf diesem ebenso faszinierenden wie umstrittenen Wissenschaftsgebiet, wo jedes Jahr neue Entdeckungen auf alte Vorurteile prallen, muß für Professionals wie Amateure die Devise lauten: Veröffentlichen und in Deckung gehen. Eine Frage ist beantwortet. Die andere wurde von der Wissenschaft so vorurteilslos untersucht, daß heute jeder darüber schreiben kann, ohne sich verstecken zu müssen. Die Frage lautet: Wann? Den entscheidenden Beitrag zum Studium der fernsten Vergangenheit haben die physikalischen Labors geliefert. Die Kernphysik, die der Menschheit einige ungute Probleme beschert hat, lieferte anderseits der Wissenschaft verschiedene Methoden zur Altersbestimmung von Holz, Lava, ja sogar Knochen. Kohlenstoff 14, die Kalium-Argon- und andere Methoden beruhen alle auf dem Prinzip, daß bestimmte unstabile radioaktive Partikel in bestimmten Zeiträumen durch atomare Neuordnung Stabilität erlangen. Kalium beispielsweise hat ein unstabiles Isotop, das sich unendlich langsam in Argon verwandelt, ein Element, das in altem vulkanischem Gestein sonst nicht vorhanden ist. Durch komplizierte Prozesse kann man die Argonmenge messen und so mit nur geringer Fehlerquote das Alter des Gesteins bestimmen. Auf diese Weise erfahren wir auch das Alter des Mondgesteins.

Die Methoden der absoluten Datierung haben in den letzten zehn Jahren unser Wissen über die menschliche Vergangenheit revolutioniert. In ›Adam kam aus Afrika‹ findet sich eine Zeittafel der fossilen Menschen und dem, was 1961 über unsere Vorfahren bekannt war. Darts *africanus* figuriert dort als 800000 Jahre alt. Damals konnte nur ein Amateur, der nicht um seinen Ruf bangen mußte, eine so frühe Datierung riskieren. Heute wissen wir, daß die südafrikanischen Schichten, aus denen die Fossilien stammen, mindestens doppelt so alt sind. Und Clark Howell von der Universität von Chikago gräbt heute im Flußbett des Omo in Südabessinien Überreste von *Australopithecinen* aus, die wiederum doppelt so alt sind. In Kenneth Oakleys maßgebendem Werk ›Frameworks for Dating Fossil Man‹ wird das Alter der Omo-Funde mit 3500000 Jahren angegeben.

Viel ist geschehen, seit ich vor zehn Jahren mein erstes Buch beendet habe. Zwei damals heiß umstrittene Fragen sind gelöst: Die *Australopithecinen* sind unsere Vorfahren, und wir wissen, wann sie gelebt haben. Auch daß sie Fleisch aßen, gilt als sicher. Aber wie es in der afrikanischen Anthropologie so üblich ist, haben neue Entdeckungen neue stürmische Kontroversen ausgelöst. Wie wichtig war für den Menschen oder Fast-Menschen das Fleischfressen? Haben wir wirklich gejagt, oder waren wir nur Schmarotzer an der Beute von anderen? Der Mensch mit seinem großen Gehirn hat 500000 Jahre lang Tiere getötet, die größer waren als er selbst; haben seine hominiden Vorfahren mit dem kleinen Gehirn es genauso gemacht? Wie alt ist dieses Jagdleben, das, wie viele Forscher annehmen, das menschliche Verhalten so entscheidend beeinflußt hat?

Das vergangene Jahrzehnt hat mir Zeit zum Nachdenken gelassen. Während mich früher die Abhängigkeit des *Australopithecus* von seinen Waffen beschäftigte, bewegt mich heute seine Abhängigkeit von der Gesellschaft. War nicht die Notwendigkeit für den Frühmenschen und Hominiden, in kooperativen Banden zu jagen, die evolutive Basis unserer heutigen Gesellschaft? War es nicht die Arbeitsteilung in diesen Gesellschaften – Männer, die mit ihren Jagdbanden durch die Gegend zogen, und Frauen, die mit ihren heranwachsenden Kindern an Ort und Stelle blieben, ein Verhaltensmuster, das bei Primatenspezies kaum vorkommt –, die ein soziales Gefüge schuf, das bis heute für den Menschen bestimmend ist? Haben diese beiden Merkmale von selektiver Notwendigkeit – Zusammenarbeit der kleinen Männergruppe und Trennung (bei gegenseitiger Abhängigkeit) der beiden Teile von der Gesamtgesellschaft – eine biologische Basis geschaffen, die älter ist als beispielsweise die Entwicklung der Sprache?

Das ist eine Hypothese, die sinnlos ist, wenn dem Fleischfressen kein Überlebenswert zukam; oder wenn nur so kleine Tiere gejagt wurden, daß kein Anlaß für eine gemeinsame Jagd bestand; oder der Hominide nur die Reste der Beute anderer Raubtiere verspeiste, wie das Affen bis heute tun. Wie notwendig war also die Fleischbeschaffung?

2

Man liest häufig, daß der Mensch zu 99 Prozent seiner Geschichte ein Jäger war. Die Schätzung ist vorsichtig, sie beruht außerdem auf einer einfachen Rechnung. Vor etwa 10000 Jahren begann der Mensch Kontrolle über seine Nahrungsversorgung zu erhalten. Zuerst wurde – vermutlich im Nahen Osten – Getreide, wie Weizen und Gerste, kultiviert, d. h. gesät und geerntet, etwas später domestizierte man Rinder und Schafe. Der Mensch begann sein Interesse auf Felder und Weideplätze zu richten und in kleinen Dörfern zu leben. Da er nun Nahrung in bisher nie gekanntem Überfluß besaß, war auch die Weiterentwicklung zur Stadtsiedlung möglich. Aber der Prozeß dauerte lang. Durch einige tausend Jahre waren diese ersten Bauern für ihre Versorgung mit Nahrung noch großteils von der Jagd abhängig. Man kann sagen, daß erst vor 5000 Jahren ein größerer Teil der Menschheit der Jagd als Nahrungsquelle nicht mehr bedurfte. Ist jedoch die von Washburn, Laughlin und vielen anderen vorgebrachte Jagdhypothese richtig, so war der Mensch, um zu überleben, sicherlich durch 500000 Jahre auf sein Geschick als Jäger angewiesen.

Die Lebensform, die wir heute als gegeben hinnehmen und die das Fundament unserer Kulturen bildet, nimmt nur ein Prozent der Menschheitsgeschichte ein. In dieser kurzen Zeitspanne haben sich unsere Kulturen entwickelt und unterteilt, haben sich Eigenheiten und lokale Spielarten herausgebildet. Zuvor gab es nur *eine* Kultur, jene der Jäger; ihr Charakter wurde nicht allein vom Menschen bestimmt, sondern auch von den Tieren, die wir entweder jagten oder die unsere Konkurrenten waren. Zweifellos waren auch einige von uns auf so geistlose Tätigkeiten wie Muschelsammeln angewiesen, aber diese Frühmenschen waren Ausnahmen. Wenn der moderne Anthropologe betont, daß die wesentliche Einheit der Menschheit auf der Lebensform der Jagd beruht, dann bezieht er sich auf die 500000 minus 5000 Jahre, in denen wir, um unsere Kinder zu ernähren, Tiere getötet haben, die groß genug waren, um die ganze Familie zu sättigen.

Diese These wird nicht nur mit oberflächlichen Behauptungen, wie jenen von William und Claire Russell, angegriffen, wonach uns die Jagd nur 50000 Jahre beschäftigt habe, sondern auch mit der gewichtigeren Behauptung vieler Anthropologen, wonach die Bedeutung des Fleisches bei der Ernährung zeitgenössischer Jagdvölker gering sei. Es wird meist behauptet, daß 80 Prozent der Nahrung solcher primitiven Gruppen aus Wildpflanzen bestehen, die Frauen und Kinder sammeln. Mit anderen Worten: wir waren niemals wirklich auf die Jagd angewiesen. Hier werden jedoch zwei wichtige Punkte übersehen.

Die Ethnologie – die wissenschaftliche Beobachtung primitiver Völker – ist für die Rekonstruktion unserer Vergangenheit gewiß richtig, ihr Beweismaterial muß jedoch überaus vorsichtig bewertet werden. Daß zur Nahrung der Hominiden und Frühmenschen Pflanzen gehört haben, ist bestimmt richtig. Aber gegen das angebliche Überwiegen der vegetarischen Diät bei den heutigen Jägerstämmen spricht Richard Lees Untersuchung von 24 Jägerpopulationen in Afrika und Südamerika; er fand nur einen einzigen Stamm, bei dem 80 Prozent der Nahrung aus Wildpflanzen bestehen, die Hazda in Ostafrika. Und in James Woodburns Studie der Hazda können wir feststellen, daß der Prozentsatz nicht nach Kalorien, sondern nach dem Gewicht errechnet wurde. Zwischen einem Pfund Salat und einem Pfund Beefsteak besteht jedoch ein gewaltiger Unterschied.

Unter den 24 im warmen Klima lebenden Stämmen finden wir nur fünf weitere, deren Nahrung zu mehr als 60 Prozent aus Pflanzen besteht. Bei den nordamerikanischen Völkern, die in einem kalten Klima leben – den Eskimos, den Chipawayan oder den Chinook –, beziehen nur vier von 30 ihre Nahrung zu 50 Prozent aus Pflanzen. Das sind heute die einzigen Jagdvölker, deren Proteinbedarf mit jenem des Frühmenschen, der in Europa und Asien 500000 Jahre Eiszeit überlebte, verglichen werden kann.

Das warme Afrika, wo ein weit geringerer Proteinbedarf besteht, war der Schauplatz unserer frühesten hominiden Evolution, und Lee selbst hat in einer sehr gut dokumentierten Studie eine mögliche Analogie gefunden. Die !Kung-Buschmänner leben an einer Reihe von Wasserstellen in Südwestafrika. (Das *!* bedeutet ein Schnalzen, das ich nach fünfzehnjährigen vergeblichen Versuchen zu erlernen aufgegeben habe.) Indem er Kalorien, nicht Gramm zusammenzählte, kam Lee zu dem Resultat, daß 70 Prozent der !Kung-Nahrung durch Sammeln, nicht durch Jagd gewonnen werden. Was aber sammeln sie? In der bevorzugten Gegend dieser Buschmanngruppe liegt ein großer Wald, in dem die stark eiweißhaltige Mongongonuß zu finden ist. Die Nuß hat eine so harte Schale, daß sie ein Jahr lang auf der Erde liegen kann, ohne zu faulen. Der kluge Buschmann zieht es natürlich vor, Nüsse zu sammeln, anstatt in der Kalahariwüste Tiere zu jagen.

Von den täglichen 2140 Kalorien der !Kung-Buschmänner stammen genau 190 nicht von Fleisch und Nüssen. Daß sie sich bei einer solchen Ernährung einer guten Gesundheit erfreuen, war anzunehmen; Lee stellte fest, daß zehn Prozent der Bevölkerung mehr als 60 Jahre alt sind. Henri Vallois vom Pariser Musée de l' Homme hingegen fand unter 382 fossilierten Überresten des Pleistozänmenschen nur zehn, die bei ihrem Tod mehr als 50 Jahre gewesen waren. »Nur wenige Individuen wurden älter als 40 Jahre ... Wenn man die Zeit zwischen 20 und 30 Jahren als die fruchtbarste Periode eines Paares ansieht, so mußten, wenn die ältesten Familienmitglieder erwachsen waren, ihre Mütter bereits tot gewesen sein und die Väter dem Ende nahe.« Lees glückliche !Kung-Buschmänner hingegen – ein schlechtes Beispiel für eine Erklärung unserer Vorgeschichte – erreichen mit ihren Mongongonüssen einen gewissen Überfluß und sogar ein hohes Alter. Unsere Vorfahren hatten es weniger gut.

Von diesen lebenden Fossilien – Stämme, die heute unsere moderne Lebensform ablehnen – läßt sich einiges lernen. Daß sie alle eine ausgezeichnete Kenntnis ihrer Umwelt besitzen, spricht für die menschliche Erbmasse. Daß kein noch so primitives Volk eine Sprache spricht, die grammatikalisch weniger komplex ist als unsere, sagt dem Linguisten viel über das wahrscheinlich hohe Alter der menschlichen Kommunikation. Diese Beobachtungen verlieren jedoch an Gewicht, wenn man bedenkt, daß die wenigen Jagdvölker, die es heute noch gibt, zu den Verlierern der menschlichen Evolution gehören, wir sie aber im Vergleich zu den ursprünglichen Gewinnern setzen, deren Nachkommenschaft die fünf Kontinente der Erde besiedeln. Aber auf den Ethnologen lauert so manche Falle. Es gibt noch einen zweiten Irrtum.

Selbst wenn wir aus dem heutigen Beweismaterial den Schluß zögen, daß unsere Vorfahren eigentlich gar nicht auf Fleisch angewiesen waren, muß der Forscher doch einen weiteren Punkt berücksichtigen. Unsere zeitgenössischen Jäger sind nicht so primitiv. Sie kennen das Feuer und benützen Kochgeräte. Und außer dem Fleisch gibt es nur wenige nahrhafte Naturprodukte – Honig und Nüsse beispielsweise –, die der Mensch ohne Kochen verdauen kann. In unserer frühesten Geschichte aber waren Feuer und Kochutensilien unbekannt.

Getreide – wild oder kultiviert – wurde für den Menschen erst genießbar, als er es kochen oder backen konnte. Feldfrüchte und Töpfe traten in der landwirtschaftlichen Revolution gemeinsam auf, und zwar vor rund 10000 Jahren. Besitzt man Feuer, so kann man theoretisch braten oder backen, und der Gebrauch des Feuers durch den Menschen ist wesentlich älter. Vor 400000 Jahren hatte der Pekingmensch in Choukoutien bereits seine Feuerstellen, in Ungarn und Südfrankreich wurden noch ältere

Feuerstellen gefunden. Alle Hinweise auf einen Gebrauch des Feuers stammen aus dem Norden, und zwar aus der Eiszeit.

Wurde das Feuer damals zum Kochen verwendet oder nur zum Wärmen? Obwohl der Mensch sicherlich entdeckt hatte, daß bestimmte Wurzeln eßbar wurden, wenn man sie in der heißen Asche liegen ließ – in Choukoutien fand man sogar verkohlte Reste von Beeren –, so deuten doch alle Indizien darauf hin, daß das Feuer damals zum Wärmen verwendet wurde. Im heißen Afrika, einem Kontinent, der für das Überleben viele Probleme bietet, nicht aber den Erfrierungstod, finden wir keinen Hinweis auf eine so frühe Beherrschung des Feuers. Dart glaubte zuerst, daß seine *Australopithecinen* im Makapan Valley von Südafrika Feuer benutzten, aber seine Vermutung wurde widerlegt. Seltsamerweise finden wir im selben Tal, nur eine Meile entfernt im Cave of Hearths, sichere Anzeichen von Feuerbenutzung, ebenso in der Montagu-Höhle in Südafrikas Kapprovinz und bei den Kalambo-Fällen in Zambia. Keine Feuerstelle ist jedoch älter als 50000 Jahre.

Wenn die Verwandlung von Pflanzen in verträgliche Nahrung für den sich entwickelnden Menschen lebensnotwendig war, dann gibt es keine Erklärung, warum das Feuer in Afrika so spät verwendet wurde. So liegt der Schluß nahe, daß unsere Vorfahren nur sehr begrenzt vegetarisch lebten. Unsere eigenen Kinder bestätigen, setzt man ihnen Gemüse vor, diese uralte Geschmacksrichtung.

Ich halte die Analogien aus der Ethnologie für falsch. Die wenigen heute noch lebenden primitiven Jäger sind mehr auf die Jagd angewiesen, als man allgemein annimmt. Da diese Völker alle das Feuer benützen, haben sie wesentlich mehr Nahrung aus wildwachsendem Gemüse zur Verfügung als unsere Vorfahren. Fleisch war niemals ein Luxus, wie das für den Schimpansen oder den Pavian gilt. Doch nur weil der Fleischkonsum für den Frühmenschen Überlebenswert hatte, kann man daraus nicht so ohne weiteres folgern, daß die kooperative Jagdbande eine soziale Notwendigkeit war. Denn man kann kleine Tiere mit Fallen und Schlingen fangen.

Kaum ein seriöser Anthropologe wird bestreiten, daß der Mensch mit dem großen Gehirn in den letzten 500000 Jahren große Tiere gejagt und getötet hat. Choukoutien, die Fundstätte in China, wurde um 1930 entdeckt; die Höhlen wurden vor 400000 bis 200000 Jahren bewohnt. Der Pekingmensch, heute *Homo erectus* genannt, war eine frühe Ausgabe des *Homo sapiens;*

er hatte wie sein Javaverwandter, der *Pithecanthropus*, ein Gehirn, das ungefähr ein Drittel kleiner war als das des modernen Menschen. Schon in den ältesten Schichten von Choukoutien sind seine Überreste von unzähligen Rentierknochen umgeben; offensichtlich war das Rentier seine Hauptnahrung. Daß er trotz seinem kleinen Gehirn – etwa 1000 Kubikzentimeter – den Status eines *Homo* hatte, beweist ein Vergleich: Anatole France hatte ein Gehirn von gleicher Größe. Zwar trug er den kleinsten Hut in ganz Paris, das hinderte ihn aber nicht, einer der großen französischen Schriftsteller zu werden.

Bei zwei Zeitgenossen des *Homo erectus*, dem Javamenschen und dem kürzlich entdeckten Schädel in der Olduvaischlucht in Tansania, haben wir keine direkten Hinweise auf die Jagd; beide haben genau das gleiche Alter – 495000 Jahre. In einer außergewöhnlichen Fundstätte in Kenia aber, die nur wenig jünger ist, wurden zwar keine Überreste der Bewohner, jedoch erstaunliche Waffen und die Überreste einer Unzahl von Beutetieren gefunden.

Olorgesaillie war einmal ein Seebett – oder eine Reihe von Seebetten – in Kenias Rift Valley und ist knapp eine Autostunde von Nairobi entfernt. Die Fundstätte wurde von L. S. B. Leakey entdeckt, der ihr Alter mit 400000 Jahren angibt. Das ist 350000 Jahre *vor* dem Gebrauch des Feuers in Afrika! Hier befand sich unendlich lange ein See, der sich in Trockenzeiten zurückzog, in Feuchtperioden ausbreitete und die Spuren jener freigab oder überschwemmte, die an seinem Ufer lebten. Es waren zweifellos echte Menschen, ob sie jedoch zu der frühen Ausgabe des *Homo erectus* gehören, wie Leakey ihn in der Olduvaischlucht gefunden hatte, oder zu unserem modernen *Homo sapiens*, ist nicht sicher. Die Art der Waffen deutet auf voll entwickelte Menschen hin: Es sind jene sorgfältig bearbeiteten Faustkeile, die man als Acheuléen bezeichnet – Hunderttausende von Jahren die wichtigsten Waffen des Menschen. Ihre große Menge jedoch entzieht sich jeder Erklärung.

Der Besucher von Olorgesaillie kann heute auf schmalen Stegen und Laufgängen umherwandern und in einem Freilichtmuseum unsere älteste Vergangenheit studieren. Auf einem Platz von 20 Meter Durchmesser fand Isaac 148 Waffen, die alle aus einer kurzen Besiedlungsperiode stammen. 16 Meter weiter fanden sich 524 Steinwaffen. Auf einem dritten Platz von nur 180 Quadratmetern entdeckte Isaac sogar 620 Waffen und Werkzeuge, alle in derselben Schicht. Der Besucher erlebt eine gespenstische Konfrontation mit seiner Vergangenheit, wenn er auf die Faustkeile hinuntersieht, die alle aufrecht stehen, die Spitzen im Lehm, so wie sie ihre Besitzer vor 400000 Jahren in den Boden gerammt hatten.

Es gibt auch genügend Überreste großer Tiere: Riesenschwein, Pferd, Flußpferd. Am merkwürdigsten sind die unzähligen Zähne des *Simopithecus*, eines ausgestorbenen Pavians, die die Acheuléen-Menschen zurückließen. Er war etwa viermal so groß wie unser heutiger Pavian, und der gibt dem Menschen schon genug aufzulösen. Wie haben wir mit unseren primitiven Waffen diese gewaltigen Primaten erlegt? Man kann sagen, das sei unmöglich gewesen, und wir hätten nur an der Beute größerer Raubtiere schmarotzt, wären also Aasfresser gewesen. Aber wo ist die Raubkatze, die einen solchen Pavian töten konnte? Wohl gab es in jenen Tagen den Säbelzahntiger, er war jedoch ein zwar starkes, aber sehr langsames Tier.

Ich vermute daher: niemand anderer als die Jagdbande konnte dieses Tier erlegen. Aber wir wollen die Frage noch offen lassen, bis wir das Problem des Aasfressens geklärt haben. Der echte Mensch hat also in den letzten 500000 Jahren – wie aus den Funden klar hervorgeht – Tiere verspeist, die größer und gefährlicher waren als er selbst. Wie aber steht es mit der Zeitrechnung: Finden wir nur in der Zeit des *Homo* fossile menschliche Überreste zusammen mit den Knochen großer Tiere? Haben wir erst damals in großen Jagdbanden getötet? Gehen wir in der Zeit zurück.

In ›Adam kam aus Afrika‹ habe ich Tansanias entlegene Olduvaischlucht den Grand Canyon der menschlichen Evolution genannt. Dank der aufopfernden Arbeit von Louis und Mary Leakey ist sie es auch geworden; heute werden die Touristen in Autobussen hingebracht. Bis 1961 hatten die Leakey eine gigantische Anzahl von Steinartefakten, aber nur einen fossilen Hominiden gefunden, den Leakey *Zinjanthropus*, den Nußknackermann taufte. Ich habe mich bei Dr. Leakey nicht beliebt gemacht, als ich diesen Hominiden richtig als Variante des *Australopithecus robustus* bezeichnete, des vegetarischen Verwandten von Darts *africanus*, der viele Jahre vorher von Robert Broom in Südafrika entdeckt worden war. Heute wird der *Zinjanthropus* allgemein so klassifiziert. Der *robustus* mit seinen riesigen, auf das Zerkauen vegetarischer Nahrung spezialisierten Molaren und dem Kamm auf dem Schädel (an dem die kräftigen Kaumuskeln ansetzten) konnte kein Vorfahre des Menschen sein; er war eine Seitenlinie.

Mehrere Jahre nach Erscheinen meines Buches verkündete Leakey die Entdeckung des *Homo habilis*. Das war ein Fleischfresser mit schmalen, kleinen Zähnen und einer glatten Schädeldecke, ähnlich Darts *africanus*. Sein Gehirn war ein bißchen größer, seine anatomischen Merkmale menschenähnlicher. Ein den menschlichen Vorfahren näherstehendes Wesen war kaum zu finden. Die Leakey hatten ihn am Boden der Olduvaischlucht im sogenannten Bett Eins entdeckt, dessen Alter nach der Argonmethode mit zwei Millionen Jahren angesetzt wird. *Habilis* ist also ein Hominide, der viermal so alt ist wie die ältesten Spuren des echten Menschen und dessen Gehirn halb so groß ist wie unseres. Vom Schock dieser Entdeckung hat sich die Anthropologie bis heute nicht erholt.

Ein heftiger Meinungsstreit begann. Leakey erklärte, sein *habilis* gehöre nicht zu den *Australopithecinen*. Heute sind fast alle maßgeblichen Forscher – Le Gros Clark, Oakley, Campbell, Robinson, Howell – anderer Ansicht. Der *habilis* ist eine Station auf halbem Weg des menschlichen Aufstiegs. Ob wir ihn *Homo* nennen oder nicht, ist eine Frage der Semantik, jedenfalls war er ein fortgeschrittenes Mitglied von Darts *africanus*-Familie. War er ein erfolgreicher Jäger großer Tiere? Wenn er sich mit dem Fangen von Schildkröten, Nagetieren und Vögeln oder – wie unser Pavian – mit den hilflosen Jungen der Gazelle begnügte, dann war die Jagdbande überflüssig. Wie war die soziale Organisation dieser Hominiden mit kleinem Gehirn beschaffen?

Wir wissen heute, daß sämtliche Funde aus Bett Eins, der ältesten Schicht in Olduvai, sowie aus dem tiefer gelegenen Teil von Bett Zwei mindestens eine Million Jahre älter sind als die frühesten Funde des echten Menschen mit großem Gehirn. Was immer man in diesen Schichten gefunden, was sich hier am Ufer eines vergessenen Sees unendlich langsam angesammelt hat, stammt fast zur Gänze aus den Wohnstätten der Hominiden, die die beiden Leakey freigelegt haben. Die Steinartefakte waren das Werk eines Gehirns, nur halb so groß wie das unsere, und Mary Leakeys mühevolle Analyse zeigt, daß es sich nicht bloß um grob bearbeitete Kiesel, sondern um eine richtige Werkstätte für Steingeräte handelte; eine Vielzahl von Werkzeugen und Waffen weisen spezialisierte Stilrichtungen auf. Als Steinbearbeiter war der *habilis* kein Neuling. War er es als Jäger?

In den ersten verwirrenden Schilderungen der *habilis*-Entdeckung – die Weltpresse brachte sensationelle, aber unpräzise Meldungen – wurde er als Anfänger, was die Jagd betraf, beschrieben. Und in vielen Köpfen hat sich dieser Eindruck festgesetzt: der Hominide tötete nur sehr kleine oder sehr junge Tiere. In den darauffolgenden Jahren fand man jedoch, an den Wohnstätten verstreut, Beutetierüberreste von einer Größe, die dem Löwen Ehre gemacht hätten. Daß sie gefressen wurden, beweisen die mit Steinen zertrümmerten Knochen; das Mark war herausgeholt worden.

Ein großer ausgestorbener Wasserbock beispielsweise wurde in der Schicht der ältesten Fundstätte entdeckt. Eine ausgestorbene Antilope – man nannte sie nach Mary Leakey *Strepticeros maryanus* – wurde zuerst in Bett Zwei gefunden, später auch in Bett Eins. Sie ist dem Kudu verwandt, dem bevorzugten Jagdtier vieler Großwildjäger von heute. Das Eland, die zwar größte, aber nicht gefährlichste Antilope, hat man bis heute nicht gefunden, wohl aber den *Hippotragus gigas*, den Leakey als ein Geschöpf von »enormer Größe« bezeichnet.

Mich beeindruckt am meisten Leakeys Beschreibung eines großen, eßbaren ausgestorbenen Tieres, das unter den frühesten *habilis* gefunden wurde. Das Tier wurde als *Oryx sp indet* klassifiziert; das heißt, daß es sich zwar um ein Mitglied der Oryxfamilie handelt, daß aber unentschieden ist, welcher Spezies es angehörte. Leakey beschreibt es als »gewaltiger als jede heute lebende Spezies der Oryx«, und wenn er recht hat, dann sind Löwen vor diesem Tier geflohen.

Die größte Oryx-Antilope heute ist der Passan, der Gemsbock Südwestafrikas. Die Gattung besitzt lange, gerade, todbringende Hörner, die nicht nur zur Schau getragen, sondern auch zur Verteidigung benutzt werden. George Schaller hat festgestellt, daß die ostafrikanischen Löwen ihre Opfer für gewöhnlich durch Erstickung töten. Die Löwen der Etosha-Pfanne Südwestafrikas aber haben eine andere Methode entwickelt. Einen Gemsbock beim Hals zu packen kann bedeuten, daß die messerscharfen Hörner dem Angreifer den Bauch aufschlitzen. Daher machen sich die Löwen von hinten an den Gemsbock heran, brechen ihm den Rücken und legen sich schlafen, bis das Tier stirbt. *Oryx sp indet* aber war wesentlich größer als der Gemsbock.

Nichts in der Fauna des *habilis* – in den ihn umgebenden Tierresten – weist darauf hin, daß er sich mit Schildkröten, Nagetieren und Vögeln begnügte. Die Cambridge University Press hat über dieses Thema eine bahnbrechende Studie veröffentlicht. L'Abbé Lavocat konnte feststellen, daß zum Beispiel Nager auf den Fundstätten des frühen *habilis* selten bis fast gar nicht zu finden sind. Erst in der obersten Schicht von Bett Eins und in den unteren von Bett Zwei, also Hunderttausende von Jahren später, treten Nagetiere in größerer Zahl auf. In derselben Publikation analysiert Dr. Leakey die Überreste von *Bovidae*, die man in Olduvai als Antilopen klassifizieren kann. Er erwähnt die Fülle derartiger Überreste und folgert daraus, daß der Mensch immer schon etwas für Grasfresser übrig gehabt hat. (In Choukoutien stammen drei Viertel aller Tierknochen von Rentieren.) Offenbar hatte der Fastmensch von Olduvais Bett Eins den gleichen Geschmack. Dr. Leakey schreibt:

»Die vielleicht erstaunlichste Tatsache ist, daß Fossilien der kleineren Mitglieder der *Bovidae* – wie Ducker, Dik-Dik, Oribi, Steinbock und Klippspringer – so überaus selten sind. Daß die Knochen dieser Spezies übersehen wurden, ist unmöglich, da in den Sammlungen Tausende von Knochen von wesentlich kleineren Tieren vorhanden sind. Es muß also eine andere, im Augenblick noch nicht geklärte Ursache für die Seltenheit der Überreste kleiner Antilopen auf den Wohnplätzen des frühen Hominiden geben.«

Leakeys Worte, die am Schluß einer langen Abhandlung über die Säugetiere von Olduvai stehen, lassen mich vermuten, daß dieser große Wissenschaftler mehr ahnte, als er zu diesem Zeitpunkt niederschreiben wollte. Das Fehlen kleiner Antilopen konnte als Beweis für hominide Jagdbanden gelten.

Nur der einsame Jäger – der Leopard oder der Gepard, der sich durch das hohe Gras schleicht, den flachen, schlangengleichen Kopf geduckt, bis er nahe genug ist, um zum todbringenden Sprung anzusetzen – tötet hauptsächlich kleine Beutetiere. Das Einzelgängermännchen hat nur für sich selbst zu sorgen, das Einzelgängerweibchen für sich und seine Jungen. Soziale Jäger müssen viele Mäuler füttern. So stellt das Wolfsrudel dem Karibu und dem Wapitihirsch nach, die Hyäne dem Gnu und dem Zebra, die Löwengruppe wagt sich an den gefährlichsten afrikanischen Büffel heran. Sind die Zeiten schlecht, so nehmen sie natürlich, was sie kriegen können. Dann fressen Wölfe auch Mäuse. Aber normal ist das nicht. Das gemeinsame Jagen ermöglicht und verlangt das große Beutetier. Nur so können viele knurrende Mägen gesättigt werden.

In einer Zeit, die viermal so lange zurückliegt wie das Auftreten des Menschen mit dem großen Gehirn, hat ein Hominide – sein Gehirn war halb so groß wie das unsere, und sein Gewicht betrug etwa 40 Kilo – Beutetiere getötet, die genauso groß und gefährlich waren wie die größten und gefährlichsten heute lebenden Tiere.

Da er nur Waffen besaß, mit denen er aus nächster Nähe töten konnte – Holz- oder Knochenknüppel und grob behauene Steine –, mußten der *habilis* und andere *Australopithecinen* in hochorganisierten kooperativen Banden jagen. Aber selbst unter dieser Voraussetzung scheint diese Art des Beutemachens so schwierig, daß man doch noch eine andere Möglichkeit in Betracht ziehen muß: daß er nicht selbst tötete, sondern die Beute von anderen stahl.

Um diese Frage zu beantworten, wollen wir die Welt der Raubtiere untersuchen.

3

Gorongosa ist ein Tierparadies nahe der Südostküste Afrikas, wo der warme Indische Ozean jedes Jahr seinen feuchten Monsun über das Land schickt. So ist Gorongosa – im Gegensatz zu den übrigen afrikanischen Tierreservaten – ein tropischer Garten. Am Horizont stehen schlanke Palmen, hinter Palmettedickichten verbergen sich Wasserböcke. In der Regenzeit überschwemmen Flüsse die fetten Weideplätze, Regenwälder mit hängenden Lianen umgeben Lichtungen, wo sich die Gnus tummeln. Die endlosen Haine der Fieberbäume hüllen den Besucher in eine seltsam grünlich schimmernde Welt, bieten dem Leoparden zahllose Astgabeln als Ruheplatz, haben mehr Bäume genau von jener Größe, die der glückliche Elefant zum Ausreißen und Umstoßen bevorzugt, als er je bewältigen kann und würde er selbst 100 Jahre alt. Und es gibt so viel zu fressen. Nirgendwo sonst ist das Fell der Zebras so glänzend, sind die Flußpferde so laut, die Büffel so dumm, die Paviane so zahlreich, die Säbelantilopen so keck, die Löwen so zufrieden. Das beste an Gorongosa aber ist wahrscheinlich, daß der Mensch dieses Paradies bis vor ein paar hundert Jahren nicht betreten hat.

Auch heute kommen nicht viele Menschen hin. Mozambique ist schwierig zu erreichen. Sein riesiger Naturpark, der sich bis zu den Bergen erstreckt, liegt 150 Kilometer landeinwärts vom Hafen Beira. Nach Beira zu kommen ist allerdings ein Problem.

Wenn man es von dem Hunderte von Kilometern weiter südlich liegenden Lourenço Marques erreichen will, dann heißt das Problem: wie kommt man nach Lourenço Marques. Wenn der hartnäckige Besucher jedoch endlich die saubere Lodge mit ihren Häuschen und Rondavels erreicht, mit den weiten Rasenflächen und den bunt blühenden Bäumen, mit dem Swimmingpool für jung und alt und den afrikanischen Nannies, die auf die Kinder aufpassen, während die Eltern Löwen ansehen gehen – dann findet er nur achtzig Betten vor. Auf den Straßen und Wegen wird er kaum ein Fahrzeug antreffen, und der Löwe, der ihm begegnet, wird ihn als seltenes, unwichtiges und ausgesprochen langweiliges Wesen ansehen.

Nicht nur den Besuchern von Gorongosa, auch den Löwen geht es gut. Es gibt so viel Wild, daß man nur die Pfote danach ausstrecken muß. Eine Löwengruppe zum Beispiel hat es zu einem Wohlstand gebracht, der in ganz Afrika seinesgleichen sucht. Vor Jahren errichteten die unerfahrenen Portugiesen einige Touristenquartiere zu nahe dem Überschwemmungsgebiet. Man mußte die Häuschen schließlich räumen. Dort zogen nun Löwen ein. Heute schaut eine Löwin aus dem Fenster und gähnt in der Mittagshitze. Der Schwanz eines Schläfers baumelt über den Dachrand des ehemaligen Speisesaals. Unser Auto fährt vorbei. Die Löwin am Fenster gähnt nochmals. Wir scheinen sie zu langweilen.

Es ist eine Welt der Muße und des Überflusses, vielleicht ähnlich jenem anderen Paradies vor 20 Millionen Jahren, im Miozän Ostafrikas, als der erste Vorfahre des Menschen den unwiderruflichen Entschluß faßte, mehr zu werden als ein Affe. In dieser fernen Vergangenheit waren die Regenfälle stärker, die Wälder dichter, die Weideplätze fetter. Es muß ein Tierparadies wie Gorongosa gewesen sein. Und in einer solchen Umgebung taten wir unseren ersten Schritt auf dem Weg zum Zweibeiner.

Der Besucher von Gorongosa – oder irgendeines anderen Reservates – hat zweifellos die Hoffnung, einen Löwen beim Schlagen der Beute zu überraschen. Die Hoffnung ist eine Erinnerung an unsere jägerische Vergangenheit. Ob der Besucher Pfarrer oder Soldat ist, Hausfrau oder Lehrerin, Japaner oder Schwede – es ist immer das gleiche. Jung schreibt: »Wie manche unserer Körperorgane ein Überbleibsel alter Funktionen sind, so weist auch unsere Psyche, die ihre archaischen Tendenzen scheinbar überwunden hat, Spuren der durchlaufenen Evolution auf – uralte Echos geistern durch Traum und Phantasie.« Der Wunsch des Besuchers ist ein Echo aus unserer kollektiven menschlichen Erfahrung.

Der Mensch identifiziert sich mit dem Löwen, und deshalb ist dieser für ihn das wichtigste Tier. Schimpansen, Ratten und Rhesusaffen füllen unsere Laboratorien. Unsere Münzen, unsere Tore, unsere Wappen und Museumseingänge aber schmückt der Löwe – und auch unsere Erinnerung an Dinge, die wir nie gesehen haben. Vielleicht sind seine geistigen Fähigkeiten nicht der Rede wert – wir lieben seine Mähne. Seine Indolenz übertrifft die der Schildkröte – wir bewundern sein Gebrüll. Der Despotismus des Löwenmännchens stellt Stalin in den Schatten – und doch hofft man, kaum betritt man ein Tierreservat, den Löwen töten zu sehen. Selbst wenn wir nach einer Weile lernen, daß der Löwe zum Töten viel zu faul ist und die ganze Arbeit von den Löwinnen besorgt wird, ändert das nichts. Das Bild, das sich vor langer Zeit in unser kollektives Gedächtnis gegraben hat, bleibt bestehen: der Löwe bedeutet Macht. Hier finden wir Adler plus Jung.

Das Bild hat seine Berechtigung; der Löwe war jenes Tier, das uns gewachsen war, bevor wir Waffen hatten, die geheimnisvoll aus der Entfernung töten können. Es gibt eine Sage, wonach der Löwe das Feuer fürchtet. George Adamson, der langjährige Wildhüter von Kenias wildem Northern Federated District hat ihn gründlich zerstört. Menschenfressende Löwen sind selten, wurde dennoch aus einem Dorf ein solcher gemeldet, dann mußte Adamson ihn aufspüren und töten. In meinem Hotelzimmer in Nairobi fragte ich ihn: »Wie erkennen Sie, welcher Löwe Menschen frißt?«

Das ist eigentlich ganz einfach, sagte mir Adamson. Man muß nur in das betreffende Dorf gehen, sich in der Nähe niederlassen und abends ein Feuer anzünden. Da sitzt man dann, das Gewehr auf den Knien und wartet. Der Löwe meidet im allgemeinen das Feuer, denn es signalisiert die Anwesenheit des Menschen. Eben deshalb aber kommt der »man-eater«. Sieht man Augen, die sich nähern, dann schießt man.

Ich persönlich kann Adamsons System des menschlichen Köders wenig abgewinnen. Seine Erfahrung beweist jedoch, daß das Raubtier nicht das Feuer selbst, sondern den Menschen am Feuer fürchtet. Wie die meisten Tiere hat der Löwe einen – heute wahrscheinlich bereits angeborenen – Respekt vor dem Menschen und seinen Waffen erworben. Hat er aber durch irgendeinen Zufall einmal Menschenfleisch gefressen und hat es ihm so gut gemundet, daß der Appetit größer ist als die Angst, dann sucht er das Feuer, anstatt es zu meiden. Daß das Feuer an sich Raubtiere abschreckt, ist ein anthropologischer Mythos. Auch das könnte eine Erklärung dafür sein, warum der Gebrauch des Feuers so spät in das Afrika der vielen Raubkatzen kam. Bevor wir Pfeil und Bogen erfunden hatten, haben uns die Tiere nicht gefürchtet; wir waren willkommene Beute. Damals war das Feuer kein Freund.

Mit gutem Grund fürchten und bewundern wir den Löwen und nennen ihn König der Tiere. Wir haben ihn mit unseren Waffen überlistet, und so ignoriert er uns heute in den Tierschutzgebieten als verschwitzten Emporkömmling. Waren wir Jäger, dann haben wir Jahrmillionen hindurch zur gleichen Gemeinschaft gehört; wir waren Genossen und Rivalen, wir haben mit vielen Spezies gemeinsam getötet, um zu überleben. Und in dieser Gemeinschaft der Raubtiere – Gepard, Leopard, Hyänenhund, Wolf, Hyäne und ausgestorbener Säbelzahntiger – war der Löwe tatsächlich König.

Unsere neuen Erkenntnisse über die Raubtierpopulationen klären viele Fragen, widerlegen viele Vermutungen. Bis vor kurzem haben wir über die gefährlichen Raubtiere kaum etwas gewußt, und diese Ignoranz war ein ebensolches Handicap wie seinerzeit unsere Ahnungslosigkeit von den Primaten. Erst die gründlichen Studien von George B. Schaller und Hans Kruuk liefern uns das Material, das wir brauchen. Eines der wichtigsten Ergebnisse lautet: Alle Raubtierspezies töten, und alle Raubtierspezies fallen über die Beute anderer Tiere her. Derart skrupellos stiehlt man sich gegenseitig die Beute, daß jener schlecht gerüstete kleine Fleischfresser, unser Vorfahre, wenig Chancen gehabt haben kann.

Anstoß zu dieser Erkenntnis gab Kruuks Beobachtung der Hyäne, die entgegen der allgemeinen Meinung kein Feigling, sondern ein hervorragender Jäger ist. Kruuk begann seine Studien 1964 im Ngorongoro-Krater in Tansania. Vor zwei Millionen Jahren, als die *Australopithecinen* in der nahen Olduvaischlucht hausten, war Ngorongoro ein enormer Vulkan. Er brach ein und bildete einen Einsturzkrater – Geologen nennen das eine Caldera – von hundert Quadratmeilen. Wasser und Futter gibt es jahrein, jahraus genug, und so wurde die Caldera zu einem Tierparadies, das eine der dichtesten Hyänenpopulationen von ganz Afrika aufweist. Kruuk stellte fest, daß es in dem Gebiet zuwenig Löwen gab, um sich selbst und die Hyänen mit Fleisch zu versorgen. Anscheinend töten auch die Hyänen. Wann aber gehen die Hyänen auf die Jagd?

Kruuk verfolgte die Hyänenrudel bei Nacht, indem er ohne Lichter querfeldein fuhr. Wie er einen Autounfall vermied, weiß ich nicht. Jedenfalls kam er hinter das Geheimnis der Hyänen. Das Tier sieht bei Nacht außerordentlich gut, besser als die meisten Beutetiere. Zebra und Gnu, die der Hyäne bei Tag davonlaufen, sind bei Nacht dazu außerstande. Und so kann das Hyänenrudel praktisch jedes Tier töten. Bei tausend Beobachtungen fressender Hyänen – teils im Ngorongoro, teils in der Serengeti – konnte Kruuk feststellen, daß sie zu 80 Prozent Fleisch fraßen, das sie selbst erbeutet hatten.

Leider hat die Hyäne emotionelle Probleme. Sie wird von der Erregung eines »Kills« derart überwältigt, daß das Rudel in ohrenbetäubendes Geheul verfällt. So erfahren die Löwen der ganzen Umgebung, daß eine Mahlzeit zu haben ist. Kruuk hat das Geheul auf Band aufgenommen – Löwen werden davon magisch angezogen. Im Ngorongoro-Krater gehen Löwen nur selten auf die Jagd. Sie ziehen es vor, von der Arbeit der Hyänen zu leben. Kruuks Beobachtungen wurden von Schaller bestätigt, der in der Serengeti feststellen konnte, daß auch hier – wo es weniger Hyänen gibt und die Löwen sich mehr anstrengen müssen – etwa 25 Prozent der Löwenbeute von einem anderen Tier geschlagen wurden. Die Hyänen sind kräftige Tiere, das Rudel kann es mit zwei bis drei Löwen aufnehmen; kommen jedoch mehr Löwen, dann ziehen sich die Hyänen zurück. Um die Beute vor diebischen Löwen und Hyänen zu schützen, zieht der Leopard sie in die Sicherheit des Baumes hinauf; das ist sein normales Verhaltensmuster geworden.

Vor einigen Jahren wiesen De Vore und Washburn auf die Unhaltbarkeit der Hypothese des Beutestehlens hin; das Beutestehlen konnte erst zu einer Nahrungsquelle werden, als der Mensch ein so guter Jäger geworden war, daß er die anderen Raubtiere vom geschlagenen Tier vertreiben konnte. Was hier vom Menschen gesagt wird, gilt um so mehr für den kleineren, schlechter bewaffneten Hominiden. Fasziniert von diesem Problem verwandelten Schaller und sein Kollege Gordon Lowther sich in Hominiden und zogen zu Fuß und unbewaffnet in die Serengeti. Sie fingen ein krankes verlassenes Zebrakind und eine junge Giraffe, die sich sehr merkwürdig verhielt; es stellte sich heraus, daß sie blind war. Primitive Jäger konnten demnach auf diese Weise einen Teil ihres Fleischbedarfes decken. Das Ausmerzen von schwächlichen oder kranken Tieren gehört ja durchaus zu den normalen Funktionen der Raubtiere. Von den vielen Gazellenjungen, die eben um diese Zeit auf die Welt kamen, konnten sie jedoch kein einziges fangen. Sie folgten dem Flug der Aasgeier und stießen auf einen toten Büffel, der offenbar an einer Krankheit oder an hohem Alter zugrunde gegangen war; an dem Kadaver war noch etwas Fleisch. Nach Schallers Meinung war dieser Fund jedoch reiner Zufall. Die Überreste des Löwen-»Kills« erbrachten lediglich ein paar vom Schädel geschützte Pfund Hirn, an die weder Löwen noch Hyänen herankonnten. Schaller kam zu dem Schluß, das Leben eines Aasfressers sei so mühsam und zufallsabhängig, daß der Hominide sich nur durch gemeinsames Jagen am Leben erhalten konnte.

Falls wir in der Hyäne immer noch jenes feige Tier sehen, als das sie seit den Tagen Herodots beschrieben wird, dann könnten wir uns vorstellen, unsere fleischfressenden Vorfahren hätten ihr Rudel vertrieben und sich selbst mit den Resten der Löwenbeute gesättigt. Nach den neuesten Erkenntnissen aber ist die Hyäne ein Tier, das nicht nur ein ausgewachsenes Gnu töten kann, sondern sicherlich auch mit Vergnügen einen Hominiden erledigt hat.

Eine Raubtiergesellschaft ist immer auch eine Gemeinschaft, die sich über die Beute anderer Tiere hermacht. Der Leopard nimmt seine Beute klugerweise mit auf den Baum, denn in diesem Kampf kann der Einzelgänger nicht mithalten. Und der Hominide war noch beträchtlich schwächer als der Leopard. Sicherlich konnten wir uns in unseren hominiden Tagen trotz der scharfen Konkurrenz dieses oder jenes Stück stehlen – wie Schaller gezeigt hat. Die Knochenhaufen jedoch, die in alten Wohnstätten gefunden wurden, waren zum Großteil Überreste der Jagd. Klüger als die Hyäne verkündete der Hominide eben nicht seinen Triumph, sondern brachte die Beute in aller Stille in Sicherheit.

Im Leben des echten Menschen und der Hominiden war die kooperative Jagdbande eine Realität. Sonst hätten wir nicht so große Tiere töten können, wie sie tatsächlich gefunden wurden; das Beutestehlen kann diese Knochenfunde nur zum kleinsten Teil erklären. Die Bande hatte auch sonst Überlebenswert, denn wir waren ja gleichfalls eßbar. Wir waren eine ebenso attraktive Beute wie der Pavian, uns fehlte nur die Möglichkeit, in die Bäume zu flüchten. Wir jagten und wurden gejagt.

Ich werde keine Zeit auf die merkwürdige Ansicht verschwenden, wonach uns die großen Raubtiere auch gefürchtet haben, als wir noch keine Waffen hatten. Es gibt jedoch eine bemerkenswerte Untersuchung – sie erschien im März 1970 –, die nachweist, daß die Raubtiere *Australopithecinen* verzehrten. Schon ihrer wissenschaftlichen Brillanz wegen ist diese Studie berichtenswert.

Als C. K. Brain aus Rhodesien an das Transvaal-Museum in Südafrika zurückkehrte, beschloß er, Swartkrans, die von Robert Broom entdeckte Fundstätte des *Australopithecus* nahe Johannesburg, nochmals zu untersuchen. Während Raymond Darts große Makapan-Höhle nur vom *africanus* bewohnt wurde, fand man in Swartkrans lediglich Überreste des *robustus*. Diese Kalkablagerung inmitten der Grassteppe hatte dem Wissenschaftler schon immer Rätsel aufgegeben. Robert Broom und später Robinson fanden dort zahlreiche *robustus*-Individuen und die Überreste Tausender von Tieren. Warum hatte der *robustus* – in der Hauptsache ein Vegetarier, wie Robinson nachweisen konnte – so viele Tiere abgeschlachtet? Jahre später zerstörte ein Zahnpastafabrikant auf der Suche nach Kalk durch Sprengungen die ganze Höhle. Die Wissenschaftler gaben es auf, sich in dieser Verwüstung zurechtzufinden. Allein Brain setzte seine Arbeit unbeirrt fort.

Er stellte fest, daß die Fundstätte niemals eine Höhle gewesen war, sondern ein natürlicher Abfluß, der das Oberflächenwasser in die Erde leitete. In dieser röhrenartigen Formation lagerte sich Kalk ab und umschloß die von oben heruntergeschwemmten Knochen. Analyse und Klassifizierung von 14000 Fossilien, die Brain und seine Frau vornahmen, ergaben eine deutliche Limitierung der Tiergröße. Von wenigen Ausnahmen abgesehen fand man keine größeren Antilopen oder Zebras. Die Größe des *robustus* entsprach jener der übrigen Tiere. Daraufhin ging Brain in den Krügerpark und studierte Leoparden-Kills. Hier fand er die gleichen Größenordnungen; die Grenze bildete das Gewicht, das der Leopard noch auf einen Baum zu ziehen imstande ist. Es entsprach den Gewichtsgrenzen der Fossilfunde. *Robustus* war größer und stärker als der *africanus* und auch imstande, sich zu verteidigen, wie seine kleinen Reißzähne zeigen. Doch der Leopard war für ihn genauso gefährlich wie für ein Warzenschwein, einen Springbock, für jedes Beutetier ähnlicher Größe.

Warum sind die Leoparden immer an diese Stelle gekommen? Brain studierte das praktisch baumlose *Veld* und befragte die

Botaniker. Neben den Kalkablagerungen von Swartkrans stehen ein paar Baumgruppen; hier hat es immer schon Bäume gegeben. Und seit Zehntausenden von Jahren ist der Leopard mit seiner Beute auf jene Bäume geklettert. In einer Baumgabel liegend füllte er sich den Bauch und ließ den Rest fallen; der wurde dann vom Wasser in die Erde geschwemmt und gibt uns heute Rätsel auf. Die Leoparden fraßen die Hominiden, aber sie fraßen auch Menschen; unter dem Knochenhaufen finden sich auch Knochen zumindest eines *Homo erectus*.

Das ist der Kern einer der elegantesten Rekonstruktionen, die die Paläontologie aufzuweisen hat. Sie beweist vor allem unsere Verwundbarkeit in diesem Entwicklungsstadium sowie die Vermutung, daß wir in zwei Richtungen geblickt haben: auf jene, die wir töten wollten, und auf jene, die uns getötet haben. Man mag einwenden, daß der vegetarische *robustus* besser schmeckte als der fleischfressende *africanus*. Kruuk kannte jedoch einen Ngorongoro-Leoparden, der fast ausschließlich Schakale fraß. Und außerdem gab es immer die Hyäne (früher durch mehr Spezies vertreten als heute), die alles frißt, ihre Artgenossen eingeschlossen. Wir waren sehr verletzlich, das ist die Quintessenz aus Brains Untersuchung. Aber noch etwas ist auffallend: der eklatante Unterschied zwischen den fossilierten Überresten in Swartkrans, die größtenteils von der Beute einer Raubtierspezies stammen, die ein Einzelgänger ist, und jenen in Makapan, die mit dem *africanus* in Zusammenhang stehen. Bis heute wurden 70000 bis 80000 Makapan-Fossilien von Dart, James Kitching und ihrem Team klassifiziert. Mittelgroße und große Antilopen – alle für den Leoparden zu schwer – dominieren eindeutig. Die Funde, die viel genauer untersucht wurden als jene von Olduvai, deuten darauf hin, daß wir auch in den primitiven *africanus*-Tagen soziale Jäger waren, die sich zu Banden zusammenschlossen und große Beutetiere als Nahrungsquelle bevorzugten.

Wir waren Löwen unter Löwen – wenngleich wir uns in unserer Verletzlichkeit keine Indolenz wie sie leisten konnten. Doch wie beim Löwen waren Mut und Zusammenarbeit die Prämissen unseres künftigen Königtums. Und noch etwas gehört hierher. Während eines Besuches in Gorongosa konnte ich beobachten, daß Löwen ein Flußpferd töteten. Noch vor zehn Jahren hätte man das für unmöglich gehalten. Zugegeben, die Gorongosa-Löwen sind gewaltige Tiere, und ihre Gruppen sind groß; es gibt Jagdbanden von zwölf erwachsenen und fast erwachsenen Tieren. Aber das mehr als zwei Tonnen schwere

Flußpferd ist gleichfalls gewaltig und kann mit seinen Kiefern einen Löwen zermalmen, wie ein Hund ein Kätzchen schnappt. Es ist das gefährlichste Beutetier, das man sich vorstellen kann. Man weiß, wie die Löwen es erlegen; mit eben jener Zusammenarbeit, wie auch wir sie in unserer jägerischen Vergangenheit anwandten. Aber: Warum haben sie sich das Flußpferd ausgesucht, wo doch so viele weniger gefährliche Beutetiere vorhanden waren?

Die gleiche Frage können wir beim *habilis* stellen, der – ohne Fänge, ohne Klauen, ohne besondere Körperkräfte – der *Oryx sp indet* gegenüberstand. Und wenn wir jemals eine befriedigende Antwort darauf finden, werden wir mehr über den Löwen und über den Menschen wissen.

4

Damals, als Jahre vergingen wie flüchtige Augenblicke und Jahrtausende nur lange Tage waren, als selbst Millionen Jahre nichts anderes waren als gewaltige Zyklen von Regen und Dürre, sich ausdehnenden Wäldern und erodierendem Gestein – damals hat die natürliche Auslese das Wesen, das einmal zum Menschen werden sollte, ermutigt oder entmutigt. Wir lebten. Wir atmeten. Wir folgten uralten biologischen Gesetzen. Wir zogen unsere Jungen auf, weil sie vorhanden waren. Morgens grüßten wir das Leben, wie es die Lerche tut. Wir starben widerwillig, wie das Warzenschwein oder der Elefant auch stirbt. Wir bestiegen die Berge. Warum? Wir trotteten durch die Täler. Warum? Wir taten unser Bestes; wir folgten den gleichen Gesetzen wie der Löwe, der Affe, der Ugandawasserbock oder die schlanke Impala.

Der Hominide mit seinem kleinen Gehirn und ohne besondere körperliche Vorzüge ließ sich widerstandslos von den Naturkräften treiben. Er lebte und starb, er liebte und kämpfte, er ging seinen schmalen Weg, den das Überleben vorgezeichnet hatte. Daß wir aus ihm hervorgegangen sind, war nicht Teil seines Planes. Wenn wir jedoch seinen Weg verfolgen, müssen wir ihn als Teil von uns akzeptieren. Wenn uns Voraussicht gegeben ist, so waren es seine Bedürfnisse, die der Voraussicht

Überlebenswert gaben. Wenn wir Selbstverständnis besitzen, dann waren es seine ersten Ahnungen, sein erstes Überlegen, seine vagen Vorstellungen, die den Weg wiesen. Wenn wir heute sprechen können, so liegen die ersten Anfänge der Sprache zweifellos bei ihm. Es waren aber nicht nur Anfänge und Testversuche. Der Hominide entwickelte als erster eine soziale Gruppe, und zwar die verläßlichste der gesamten Wirbeltierwelt. Ihre Bindungen müssen stark, ihre Anzahl muß stabil gewesen sein, denn ihr Wesen besteht bis heute fort.

Wir müssen uns die Jagdbande als eine Gruppe von neun, zehn oder zwölf erwachsenen und fast erwachsenen Männern vorstellen, die eine Gesellschaft von etwa 50 Lebewesen zu versorgen hatte. Unsere heutigen Jagdvölker leben in kleineren Gesellschaften von ungefähr 25 Mitgliedern, sie können jedoch mit ihren Waffen auf Entfernung töten, die Jäger sind daher weniger aufeinander angewiesen. Bis vor 10000 Jahren haben – echter Mensch wie Hominide – im Nahkampf getötet. Der Holzknüppel, der schwere Knochen, der Faustkeil, der geworfene Stein – das waren unsere wichtigsten Waffen. Sicherlich verwendeten wir auch Schlingen und Fallen. An der Fundstätte Solutré in Frankreich trieben die Neandertaler – vielleicht durch Jahrtausende – wilde Pferde über die Klippen; es wurden dort die fossilierten Überreste von 30000 Pferden gefunden. Für die übliche Jagd aber wären zu wenige Jäger nicht imstande gewesen, das Wild einzukreisen oder zu überraschen, zu viele dagegen hätten eine so große Gruppe von Frauen und Kindern vorausgesetzt, daß das Jagdrevier nicht ausgereicht hätte, alle zu ernähren.

Die Bande selbst bestand vermutlich ausschließlich aus Männern. In der Löwengruppe überläßt der faule und schwerfällige Löwe die Jagd seinen Frauen. Den seltsamen Dimorphismus der Hyäne habe ich bereits erwähnt; da das Weibchen größer und stärker ist, sind die Jagdrudel gemischt, ebenso wie die Jagdgruppe jener anderen sozialen Jäger, des Wolfes und des afrikanischen Hyänenhundes. Der Hominide jedoch, dieser höher entwickelte Primate, hatte das Pech, daß die Natur ihn nicht zum Jäger bestimmte. Uns fehlten nicht nur Kraft und Schnelligkeit, uns fehlten auch – wie allen Menschenaffen – Kinder, die schnell aufwachsen. Und so stellten unsere weiblichen Vorfahren vermutlich schon sehr früh fest, daß ihr Platz zu Hause war. Der junge Löwe braucht, kaum daß er ein Jahr alt ist, nur noch wenig mütterliche Fürsorge. Die Welpen der

Hyänenhunde können bereits im Alter von sechs Monaten mit dem Rudel mehr oder weniger Schritt halten. Die Jungen der höheren Primaten – Schimpanse, Gorilla oder Hominide – machen der Mutter das Leben nicht so einfach.

Daß die Frauen in den Tagen unserer Frühentwicklung nicht gejagt haben, ist für Adriaan Kortlandt die Erklärung dafür, warum bei den Frauen unserer Spezies das sogenannte »weibliche Werfen« vorherrschend ist: Frauen werfen von unten, wie auch Schimpansen, und müssen das Werfen von oben erst mühsam erlernen. Nur die Männer haben dieses motorische Verhaltensmuster geerbt, das durch Tausende von Generationen des Jagens mit Waffen perfektioniert wurde.

Unsere soziale Gruppe der Hominiden erfuhr also eine funktionelle Teilung: die Bande der erwachsenen oder fast erwachsenen Männer, die auf die Jagd zog, auf der einen, die Gruppe von Frauen, Kleinkindern und Kindern – Knaben, zu jung, um zu jagen, Mädchen, zu jung, um zu gebären – auf der anderen Seite. Sie streiften in der Nähe ihrer Behausungen – der Höhle oder des Wohnplatzes – umher und suchten nach genießbaren Früchten und Pflanzen; hin und wieder fingen sie einen Vogel, Hasen oder vielleicht ein Rehkitz. Es gab die Männerwelt, und es gab die Frauenwelt, und beide hatten ihre ganz spezifischen Pflichten. Von fast zweihundert heute lebenden Primatenspezies sind wir die einzigen, bei denen nach dem Abstillen noch weitergefüttert wird. Das Fleischfressen brachte die Arbeitsteilung mit sich und die Verpflichtung des Jägers, für jene zu sorgen, die nicht jagen konnten.

Die geschlechtliche Trennung der Erwachsenen innerhalb der Jagdgesellschaft war der Ansatz zu unserer Arbeitsteilung. Wenn die Jungen noch sehr klein sind, frißt zum Beispiel der jagende Hyänenhund die Beute und speit sie zum Teil wieder aus, nicht nur für die Kinder, sondern auch für jene Tiere, die die Kinder gehütet haben. Auch das ist eine Vorstufe der Arbeitsteilung. Die Kinderhüter sind jedoch nicht immer mit den Müttern identisch, ja nicht einmal mit den Weibchen; hier herrscht ein ständiger Wechsel. Erst in der hominiden Gesellschaft begann die permanente soziale Teilung, die auf dem funktionellen Beitrag für die Gesellschaft basierte. Mit ihr kamen wechselseitige Abhängigkeit und Verantwortung. Vergaß die Jagdbande ihre Verpflichtungen und kehrte von den Vergnügungen in der Savanne nicht zurück, dann mußte die Gesellschaft über kurz oder lang zugrunde gehen. Die

Gruppenselektion machte aus der sozialen Verantwortung eine Überlebensbedingung.

So wurde in der afrikanischen Savanne lange vor Entstehen des großen Gehirns die soziale Verantwortung geboren. Die Jagdbande tötete für die Gruppe, nicht für sich selbst. Und die tägliche oder doch häufige Notwendigkeit, das Fleisch zur Wohnstätte zurückzutransportieren, gab dem Jagdleben neue Akzente. Die Beute liegenzulassen bedeutete, sie anderen Raubtieren oder den Geiern preiszugeben. Dieser Zwang zur Rückkehr limitierte wiederum die Größe des Jagdreviers, das seinerseits die Größe der ganzen Gruppe bestimmte. Das Revier war in den Tagen der Hominiden wahrscheinlich kleiner als beim echten Menschen. John Napier hat die Fußknochen des *habilis* studiert und festgestellt, daß wir in diesem Entwicklungsstadium zwar gut laufen, aber nicht gut marschieren konnten. Lange Wanderungen waren mit diesen Füßen schwierig, wenn nicht unmöglich.

Vielleicht war es diese Größenbeschränkung des Jagdreviers, die das territoriale Prinzip fester Grenzen und der exklusiven Benützung eines eigenen Lebensraumes durch die jagenden Primaten entstehen ließ. Wir haben gesehen, daß das Territorium hin und wieder auch beim vegetarischen Primaten auftaucht. Sicherlich ist es ein Teil des Verhaltensmusters der Primaten, tritt aber nicht immer auf. Für den sozialen Jäger, der sich nicht allzu weit entfernen konnte, war ein geschütztes eigenes Revier vermutlich eine Notwendigkeit; rivalisierende Banden hätten ihm sonst die Beutetiere streitig gemacht. Selbst die sehr beweglichen Wölfe, Löwen und Hyänen teilen ihre Jagdreviere auf. Nur das Rudel der Hyänenhunde, so schreckerregend, daß es jedes Wild vertreibt, ist nicht territorial und muß in immer neue Gegenden ziehen.

Wir jagten niemandem Schrecken ein. Und je weiter wir unsere Entwicklungsgeschichte – in der Zeit anatomischer Behinderung, das heißt Ungeeignetheit – zurückverfolgen, desto kleiner war vermutlich das Revier, desto notwendiger ein eigenes Territorium. Ich vermute daher, daß das Territorialverhalten im Leben unserer jagenden Vorfahren eines der Hauptgesetze gewesen ist. Ich vermute auch, daß der Wettstreit erst dann heftig wurde, als mit wachsenden Populationen jeder Anspruch auf die besten Jagdreviere zu haben glaubte. Zuerst sorgten wir – wie viele Spezies – für territoriale Verteilung, indem wir einander mieden. Sicherlich gab es auch Streitigkeiten und Fehden, aber im allgemeinen war das Leben wahrscheinlich zu mühsam, um – außer gelegentlichen Beschimpfungen – noch viel Energie für nachbarlichen Zwist aufzubringen.

Nicht die Kommunikation mit den Nachbarn, die Verständigung untereinander muß uns interessieren. Die gemeinsame Jagd könnte durchaus die Entwicklung einer rudimentären Sprache begünstigt haben. Unter unseren Konkurrenten hat der Löwe bei weitem die beste Jagdtechnik entwickelt. Eine Gruppe von Löwinnen taxiert das präsumtive Beutetier und die Situation; jedes Hindernis – zum Beispiel ein Fluß oder ein Sumpf – wird ausgenützt. Ein, zwei Löwinnen bleiben zurück, um die Aufmerksamkeit abzulenken, die anderen legen sich in den Hinterhalt. Dann wird das Tier direkt in die Pranken der versteckten Killer getrieben. George Schaller hat mir ein paar Skizzen gezeigt, auf denen er die Vorgänge festgehalten hatte; sie glichen den Manövern beim amerikanischen Rugby. Oft mißlingt den Löwen allerdings auch ihr Vorhaben, weil sie falsch koordinieren; dann hat eines der Tiere seine Position noch nicht eingenommen, wenn ihm das Opfer zugetrieben wird.

Die Fähigkeit für Lautsignale und Warnrufe müssen für die hominide Jagdbande von selektivem Vorteil gewesen sein. Trotzdem glaube ich nicht, daß die Jagd selbst die Wiege der Sprache ist. Das Signalrepertoire des Rhesusaffen oder des Pavians hätten für das Jagen ausgereicht. Der Überlebenswert der echten Sprache liegt meines Erachtens in der Speicherung von Informationen, die der Jagdbande nützlich sind, sowie in der Erziehung der Kinder.

Ich habe bereits erwähnt, daß bei den meisten Tiergesellschaften einzig die Verteidigung wichtiger ist als die Erziehung der Jungen. Und je langsamer die Jungen einer bestimmten Spezies heranreifen, desto lebenswichtiger wird das Lernen. (Sonst wäre das langsame Heranwachsen ein selektiver Nachteil.) Wir dürfen also annehmen, daß die Erziehung bei den Hominiden von größter Wichtigkeit war. Doch der so überaus verletzliche Hominide muß ein seltsamer Jäger gewesen sein. Man nimmt seinen kleinen Jungen kaum mit, wenn man auf die *Oryx sp indet* Jagd macht. Wie hat er also das Jagen erlernt?

Wir wollen uns nochmals die Teilung in der Jagdgesellschaft vor Augen halten. Es gab zweifellos eine Art Zuhause, wie der von Knochen und Werkzeugen übersäte Boden der Fundstätten beweist. In der zwei Millionen Jahre alten Schicht von Olduvai fanden die Leakey eine ovale Anordnung von Steinen, die sie für das Fundament eines primitiven Obdachs hielten. Ich bezweifle das. 1969 fand man ähnliche ovale Konstruktionen – zweifellos Fundamente – in der Nähe des Hafens von Nizza. Sie sind jedoch nicht älter als 300000 Jahre, und es sind die einzigen derartigen Überreste, die man bisher gefunden hat. So halte ich Leakeys Entdeckung für eines der interessanten Rätsel der Anthropologie. In der Olduvaischlucht war ein Obdach kaum nötig, und außerdem ist da noch das Problem des Umherwanderns.

Das Vorhandensein von Wohnstätten bedeutet nicht, daß diese das ganze Jahr über bewohnt wurden. Hand in Hand mit den saisonbedingten Migrationszügen der Tiere ging zweifellos auch eine Wanderung der Hominiden. Die Territorien selbst mögen sich verändert haben. Doch muß es immer zwei getrennte Sphären – tief eingegraben in die frühmenschliche Vorstellungswelt – gegeben haben: die Wohnstätte, wo die Frauen ihre kleinen Kinder betreuten, wo die älteren Kinder ihre Gruppen der Altersgenossen bildeten und Jagd spielten, wo die heimkehrenden müden Männer ihre Ladung Fleisch deponierten. Daneben gab es die weite Welt des Jägers, den gefahrenumwitterten Busch, die beutereiche Wasserstelle, die endlose Savanne, wo in äonenlanger Evolution sich der »Wanderfuß« herausbildete. Planung und Angriff, Auf-der-Hut-Sein und Entdeckung, lebenslange Kameradschaft, gewalttätiges Handeln und Gefahr von früh bis spät – das war das Leben der Jagdbande.

Der bipolare Charakter der Hominidengesellschaft – die funktionale und physische Teilung, die Verschiedenheit der Lebensgewohnheiten und Ziele – das war nach meiner Vermutung die Wiege unserer Sprache. Dinge mußten gesagt werden. Ein Jäger war verletzt, ein Kind war krank. Jäger, die ohne Beute zurückkehrten, mußten entschuldigend von dem großen Tier berichten, das ihnen entkommen war. Frauen mußten die Leoparden beschreiben, die die Wohnstätte umschlichen und ihre Zahl und ihren Standort angeben, wollte man den Wohnplatz verteidigen. Und ein ebenso wichtiges Motiv – denkt man an die Hierarchie und an den Alpha – war zweifellos das Sichbrüsten, wenn das große Tier nicht entkommen war, wenn man es erlegt hatte: wieder und wieder jede Einzelheit erzählen, die Umstände der Heldentat des Tages. Wir tun das heute noch gern. So wurden die Erfahrungen der täglichen Jagd zum Gemeingut der Gesellschaft, wurden überliefert – zum Vorteil künftiger Generationen. Denn die Knaben hörten zu.

Vielleicht klingt es etwas simpel, aber der Unterschied zwischen der tierischen und der menschlichen Sprache ist das Geschichtenerzählen. Führende moderne Sprachenforscher – Noam Chomsky, Eric Lenneberg, Thomas Sebeck – halten es für unmöglich, daß das kindliche Erlernen der Sprache ausschließlich vom assoziativen Lernen, von der Bekräftigungstheorie abhängig ist – mit anderen Worten von dem Bemühen, den Eltern Freude zu machen oder ihren Ärger zu vermeiden. Die meisten Eltern werden das bestätigen. Die biologische Basis für das Erlernen der Sprache zeigt sich bereits im Lernen der Grammatik. Es muß ein angeborenes Muster vorhanden sein, das nicht nur das Erlernen der Worte, sondern auch ihre richtige Reihenfolge bestimmt. Ich persönlich bin der Auffassung, daß der Ursprung der Grammatik im Geschichtenerzählen zu suchen ist, in Subjekten und Prädikaten von Geschichten, die vor so langer Zeit erzählt wurden, daß sie noch vor Vergrößerung des menschlichen Gehirns zu dessen Organisation beitrugen.

Die Tiersprache beschreibt oder definiert eine bestimmte Situation: um zu warnen, um eine Aktion oder auch um Jubel auszulösen, um zu bitten, zu drohen und zu beschwichtigen. Die menschliche Sprache macht eine vergangene Situation wieder lebendig, verbindet Ursache und Wirkung, bezieht die Zukunft mit ein. Sie erzählt eine Geschichte und weist eine Moral auf. Die hominide Bande, im Besitz eines solchen Instruments, selbst wenn es nur Anfänge einer Sprache waren, muß einen gewaltigen selektiven Vorteil vor rivalisierenden Raubtieren gehabt haben. Informationen konnten nicht nur gespeichert, sondern auch an künftige Generationen weitergegeben werden. Die Kinder hörten zu. Und so wurde allmählich die schimmernde Waffe der menschlichen Kommunikation geboren, wurden die Heranwachsenden – durch das lauschende Ohr – für die Tage des Büffels und die Nächte des Löwen vorbereitet.

Durchmißt man in Gedanken den unermeßlichen Zeitraum zwischen heute und damals, so scheint es mir unmöglich, unser hominides Erbe voll zu bewerten. Was war wichtig, was weniger wichtig? Was hat die Hoffnungen des Menschen bestärkt, was hat uns geschadet? Zweifelsohne waren wir zwei Millionen Jahre von der Waffe in unserer Hand abhängig; nur mit ihrer Hilfe konnte der von Natur aus schlecht ausgerüstete erdgebundene Primat überleben. Unsere Verbundenheit mit jenem kulturellen Hilfsmittel ist jedoch – wir alle wissen es – ein zweifelhaftes Erbe. Während dieser unendlich langen Zeit perfektionierten wir aber auch unsere Zusammenarbeit, unsere sozialen Verpflichtungen, die Verantwortung des einzelnen gegenüber der Gruppe – und zwar in einem Ausmaß wie bei keiner anderen Primatenfamilie.

Es ist, als ob bestimmte Muster – ich nenne sie Neigungen –, die von den frühen Hominiden entwickelt oder perfektioniert wurden, zu den neun Milliarden Neuronen des sich entwickelnden menschlichen Gehirns neue Verbindungen beigesteuert hätten. So hat vielleicht das Muster des Geschichtenerzählens ein Fundament für die Grammatik geliefert. Und wie die Waffe dunkle Schatten über unsere Geschichte warf, hat ihr die Sprache Glanzlichter aufgesetzt.

Weniger eindeutig ist der Einfluß der männlichen Jagdbande auf das Gehirn des heutigen Menschen. Ich habe sie als kooperative Gruppe von zehn oder elf besonders fähigen Erwachsenen und Jugendlichen beschrieben. Vermutlich gab es auch kleinere Gruppen, die jedoch für die gemeinsame Jagd weniger geeignet waren. Und eine größere Anzahl hätte zu viele abhängige Mitglieder zur Folge gehabt. In der frühesten Frühzeit muß die afrikanische Savanne – mit Kortlandts Worten – ein Schlächterparadies gewesen sein. Die Beutetiere hatten wenig Angst vor uns, den zur Jagd wenig Geschickten, die Fluchtdistanz muß gering gewesen sein und das Sichheranschleichen relativ einfach. Anderseits dürfen wir nicht vergessen, daß unsere Beine damals – lange vor dem *habilis* – noch schlecht zu brauchen waren; wir waren ungeschickte Zweibeiner, die ihre ungeschlachten Waffen in unerfahrenen Händen hielten. Die Unerfahrenheit des Beutetiers wurde von der Unerfahrenheit des Jägers aufgewogen. Auch wissen wir, daß ein verwundetes Tier ein wütender Gegner ist. Und unsere Fluchtmöglichkeiten waren vermutlich äußerst beschränkt.

Ich kann mir in der Geschichte des fleischfressenden Hominiden keine Zeit vorstellen, in der die Jagd nicht gefährlich war. Wie unsere Geschicklichkeit, unsere Anatomie sich anpaßten und entwickelten, so entwickelten sich auch Vorsicht und Verteidigung unserer Beutetiere. Man begann uns zu fürchten. Daß wir dennoch Erfolg hatten, verdanken wir einer angeborenen Primatenschlauheit, mit der es weder unsere Rivalen noch unsere Opfer aufnehmen konnten. Wenn ein gemeinsam jagendes Wolfsrudel auf einer Insel im Lake Superior einen Elch anpeilt, ihn einschätzt, sich dann, Nase an Nase, schweifwedelnd versammelt, um irgendwie zu beraten und dann entscheidet, dieser

Elch sei zu gefährlich – um wieviel größer müssen dann unsere Fähigkeiten zu Beratung und Entscheidung gewesen sein. Die Schlauheit des Primaten allein kann es allerdings nicht gewesen sein, denn wir waren ein überaus verletzliches Raubtier.

Daß wir einander so genau kannten; daß wir wußten, der Jäger an unserer Seite ist zwar stark, aber dumm; daß wir die Entscheidung des Alphas akzeptierten, weil er mehr vom Gnu verstand als die übrigen; daß wir den Kerl hinter uns bewunderten, der zwar unerfahren, aber besonders mutig war; daß wir uns langsam und lautlos zu einem todbringenden Jagdring zusammenschlossen – das war unsere Stärke. Wir lebten gemeinsam, wir starben gemeinsam. Und der soziale Zusammenhalt unserer kleinen Gruppe war der sicherste Garant unseres Erfolgs.

Man kann eine, vielleicht etwas grotesk anmutende Parallele zu unserem Heute ziehen: die amerikanischen Gerichte haben elf Geschworene und einen Vorsitzenden. Die kleinste Armee-Einheit umfaßt elf Soldaten und einen Offizier. Der Oberste Gerichtshof der Vereinigten Staaten hat neun Mitglieder. Es gibt nur wenige Regierungen – ganz gleich, wie viele Ministerien sie haben –, wo die Macht in Händen von mehr als zehn oder elf Ministern liegt. Auf dem Sportplatz finden wir im allgemeinen Mannschaften von neun bis elf Mitgliedern. Das sowjetische Politbüro hat elf Mitglieder. Jemand hat gesagt, daß, als Jesus seine Jünger wählte, er einen zuviel wählte.

Ist das eine soziale Neigung, die noch aus unserer jägerischen Vergangenheit stammt? Oder Zufall? Wir werden es niemals erfahren. Die Zahl elf mag eine evolutive Regel für den Männerbund sein, wie die Zahl dreizehn ein rotes Warnlicht von historischem Wert sein mag. Fest steht nur, daß die Mitgliederzahl von Männergruppen – der Kreis, in dem Vertrauen und Verständnis herrschen – sich seit unseren Vorfahren mit den kleinen Gehirnen nicht geändert hat. Das gibt zu Spekulationen Anlaß. Wir können die Tendenz als ererbt ansehen, wie das motorische Muster des Von-oben-Werfens. Es gibt aber auch eine andere Interpretation. Obwohl sich seit den Zeiten des kleinen *africanus* vor drei Millionen Jahren unser Gehirnvolumen verdreifacht hat, sind – ungeachtet unserer technischen Errungenschaften – unsere sozialen Errungenschaften mehr oder weniger unverändert geblieben.

In seinem Buch ›Men in Groups‹ hat Tiger zu Recht das starke Band zwischen Männern hervorgehoben, die Vorliebe der Männer, mit Männern beisammen zu sein, wie man sie bei jeder Cocktailparty beobachten kann. Er sieht darin das Rückgrat unserer menschlichen Gesellschaften und sucht die evolutiven Wurzeln. Das Buch erschien 1969, etwas zu früh, um auf die Bedeutung der alten Jagdbande hinzuweisen. Obwohl Männchenhorden bei sehr vielen Spezies anzutreffen sind, wissen wir, daß ihnen selten eine soziale Funktion zukommt; auch haben sie kaum eine Organisation. Der entwicklungsgeschichtliche Weg eines bestimmten Primaten, der sich auf die offene Savanne wagte und zu jagen begann, machte aus der Männerbande eine so mächtige Untergruppe, daß sie sich bis zum heutigen Tag erhalten hat.

Unsere Industriemanager mögen – wie McGregor mit seiner Theorie Y – über Leistungsfähigkeit, Zusammenarbeit und emotionelle Befriedigung nachdenken, die eine kleine Arbeitergruppe bietet. So wurden seit Jahrmillionen unsere angeborenen Bedürfnisse nach Identität, Stimulierung und Sicherheit befriedigt. Der Soziologe wird angesichts der Untaten jugendlicher Banden ähnliche Überlegungen anstellen. Stadtplaner und Architekt denken vielleicht von Kummer erfüllt an die »Elferregel«; Leiter von Straf- und Nervenheilanstalten könnten sie sich ebenso zu Herzen nehmen wie Erzieher. Die Gastgeberin mag daran denken und zur Kenntnis nehmen, daß Männer nicht nur aus homosexuellen Neigungen gern unter sich sind.

Die kleine Männergruppe ist an der Wiege der Menschheit gestanden und bleibt, ungeachtet der Ausdehnung des menschlichen Großhirns, auch weiterhin ein fester Bestandteil unseres Lebens. Wir dürfen jedoch nie vergessen, daß die Jagdbande durch die natürliche Auslese auf einem Schauplatz der Gewalt entstanden ist und perfektioniert wurde.

5

Die erfolgreiche Anpassung an das Jagdleben hat, wie Washburn ausführt, »unseren Intellekt, unsere Interessen und Emotionen, die Grundlagen unseres sozialen Lebens« als evolutionäre Produkte beeinflußt. Diese Anpassung hat jedoch nicht erst vor ein paar hunderttausend Jahren, sondern noch *vor* der Entwicklung unseres heutigen Gehirns stattgefunden. Wir haben uns auch nicht – wie Gorilla und Schimpanse – an ein Waldleben und ein vegetarisches Dasein angepaßt, sondern an die weite, offene Savanne und an ein gefährliches Leben voll blutiger Dramatik und Gewalttätigkeit.

Vor wie langer Zeit diese Anpassung begann, ist nicht so wichtig. Mit Sicherheit können wir annehmen, daß die Schichten am Boden der Olduvaischlucht vor 2 Millionen Jahren von erfolgreichen Jägern bewohnt wurden, und das ist auch entwicklungsgeschichtlich gesehen eine lange Zeit. Ihr Geschick in der Herstellung von Steinwerkzeugen und Waffen läßt jedoch vermuten, daß sie bereits damals eine Geschichte hatten. Howells Entdeckung ähnlicher, eine Million Jahre älterer *Australopithecinen* in Abessinien scheint die Bestätigung zu sein. Leakeys Funde bei Fort Ternan in Kenia übertreffen allerdings jede Vorstellung. Das dort entdeckte Geschöpf ist wesentlich primitiver, weist jedoch viele Merkmale des *Australopithecus africanus* auf und wurde von den Experten ebenfalls als ein Hominide akzeptiert, dessen Entwicklung sich von jener des Affen bereits getrennt hatte. Sein Alter – gleichfalls allgemein akzeptiert: 14 500 000 Jahre.

Wir können uns schon einen Zeitraum von zwei Millionen Jahren kaum vorstellen, geschweige denn fast fünfzehn. Zweifelsohne gehört dieses Lebewesen jedoch in die Reihe unserer Vorgänger. Leakey taufte ihn *Kenyapithecus* und nennt ihn noch heute so. Andere Wissenschaftler – insbesondere Elwyn Simons von Yale – wehren sich gegen die Bezeichnung; sie haben nachgewiesen, daß ein in den dreißiger Jahren in Indien gefundenes Fossil – der *Ramapithecus* – ein ungefährer Zeitgenosse und die gleiche Art Lebewesen gewesen ist. Kompetente Autoritäten stimmen Simons zu, und so müssen auch wir nach wissenschaftlichem Brauch, wenn auch zögernd, Leakeys Entdeckung als *Ramapithecus* bezeichnen. Die Namensverwirrung hat die eminente Bedeutung von Leakeys Fund – vielleicht ist es sein wesentlichster – etwas abgeschwächt.

Jedenfalls aber hat Leakeys Hominide von Fort Ternan bewiesen, daß sich die Wege des Hominiden und des Affen bereits vor 15 Millionen Jahren getrennt haben. Und er läßt vermuten, wenn es auch nicht zu beweisen ist, daß wir bereits damals bewaffnete Jäger waren.

1960, ein Jahr vor dieser Entdeckung, zeigte mir Leakey Photos von der Fundstätte und bemerkte trocken: »So viele Knochen auf einem Haufen hat man noch nie gesehen.« Die nicht besonders große Fundstätte gleicht ziemlich genau den

Wohnstätten am Boden der Olduvaischlucht. Im darauffolgenden Jahr legte Leakey 1200 Fossilien sowie die Überreste des Hominiden frei. Ich hatte zwei Jahre später Gelegenheit, sie in Nairobi zu sehen. Die fossilierten Knochen waren so gut erhalten, daß man ihr Alter kaum glauben konnte. Ein Aschenregen hatte sie bedeckt, und es sah aus, als wäre das alles vorgestern geschehen. Es gab Unmengen von Antilopenknochen und Hörnern; der Aschenregen muß ganz plötzlich gekommen sein und die Skelette konserviert haben, denn manche Knochen sind noch miteinander verbunden, Fußknochen beispielsweise haben noch ein Kniegelenk. Man stöbert in einem Pompeji der Tiere, in einem Zauberreich, das eine Vergangenheit jenseits aller menschlichen Vorstellungskraft heraufbeschwört.

Die Knochenansammlung hatte eine auffallende Ähnlichkeit mit jener des *habilis* in der Olduvaischlucht und des *africanus* in Makapan. Die Bruchstücke des Hominidenkiefers waren sauber. Die Molaren zeigten fast nichts von jener Abnützung, wie sie bei Vegetariern üblich ist. Die Eckzähne waren nicht größer als meine eigenen.

Ich habe auf die Bedeutung des Reißzahns bereits in meinem Buch ›Adam kam aus Afrika‹ hingewiesen. Alle Affen und Menschenaffen haben kräftige Reißzähne. Unsere heute noch unverhältnismäßig großen Eckzahnwurzeln sind ein Überbleibsel, eine Erinnerung an die Zeit, als auch wir noch Reißzähne hatten. Als diese Zähne sich rückbildeten, wurden wir von der Waffe in unserer Hand abhängig, ohne die wir uns nicht verteidigen, nicht überleben hätten können. Der rückgebildete Reißzahn ist charakteristisch für den echten Menschen sowie für sämtliche *Australopithecinen;* Dart hat seine Hypothese, wonach der *Australopithecus* bewaffnet war, unter anderem auf die kleinen Reißzähne gestützt.

Washburn weist in dem klassischen Symposium-Werk ›Behavior and Evolution‹ durch unzählige Messungen nach, daß bei Affen und Menschenaffen die Reißzähne der Männchen wesentlich größer sind als die der Weibchen. Mit dem Zerreißen zäher Nahrungsbrocken läßt sich das nicht erklären. Washburn schreibt: »Die starken Reißzähne des Affenmännchens können nichts mit der Ernährung zu tun haben, da die Weibchen das gleiche fressen und die Männchen keine Nahrung herbeischaffen. Die Reißzähne haben mit der Dominanz und mit dem Schutz der Gruppe zu tun; beide Funktionen wurden in den ersten menschlichen Gesellschaften durch *Werkzeuge* ersetzt.«

Indem er Werkzeug sagt, folgt Washburn der anthropologischen Sitte, das Wort »Waffen« tunlichst zu vermeiden. Das Argument gilt ebenso unwiderleglich für den Menschen und konnte auch in den hitzigen Debatten der sechziger Jahre über die *Australopithecinen* kaum bestritten werden. Die Ökologen G. A. Bartholomew und J. B. Birdsell hatten bereits 1953 den theoretischen Nachweis erbracht, daß kein Hominide mit rückgebildetem Reißzahn hätte ohne Waffe überleben können.

Leakeys Hominide von Fort Ternan hatte keine Reißzähne. Ist es denkbar, daß die Vorfahren der Menschen bereits vor 15 Millionen Jahren bewaffnet waren? Elwyn Simons konnte nun schon an zwei Exemplaren aus Indien nachweisen, daß der rückgebildete Reißzahn artspezifisch ist und der *Ramapithecus* aus Fort Ternan keine mißgestaltete Ausnahme. Indessen war jedoch eine andere Erklärung für den rückgebildeten Reißzahn aufgetaucht. Diese Frage ist für die Evolution des Menschen so entscheidend, daß wir sie nicht außer acht lassen dürfen.

1970 erschienen zwei Untersuchungen über einen ausgestorbenen Affen namens *Gigantopithecus.* Man fand seine Überreste sowohl in China als auch in Indien; er muß ein wahres Monster gewesen sein. Etwa drei Meter groß und ungefähr 300 Kilo schwer, tauchte er zum erstenmal vor sechs Millionen Jahren in der Dürre des Pliozäns auf, als die Wälder praktisch verschwunden waren. Er hatte sich dem Leben im Grasland angepaßt und fraß Samen, Wurzeln und Halme. Das gewaltige Wesen kann es nicht leicht gehabt haben, sich mit so magerer Kost am Leben zu erhalten. Und diesem Monster fehlten starke Reißzähne; sein Caninus war so flach wie die Molaren. Er ist die Ausnahme von der Primatenregel.

Nun argumentierte man, daß die Rückbildung der *Ramapithecinen*-Zähne durch eine ähnliche Diät entstanden sein könnte. Etwas Sicheres läßt sich dazu nicht sagen, weil wir von unseren Vorfahren im Miozän noch zu wenig wissen. Die Hypothese eckt jedoch überall an. Ökologisch gesehen scheint sie unhaltbar. Der *Gigantopithecus* stammt aus einem Zeitabschnitt, als die weltweite Dürre des Pliozäns alle Waldgeschöpfe vor fast unlösbare Probleme stellte. Als nahezu unverwundbares Tier fand der *Gigantopithecus* auf dem Grasland eine praktische Lebensform. Die kleinen, verletzlichen *Ramapithecinen*, die fast zehn Millionen Jahre älter sind, stammen dagegen aus dem Miozän, einer der üppigsten Zeitperioden, die die Welt jemals gekannt hat. Wo heute Wüsten sind, gab es damals Wälder. Ein Kollege von Simon in Yale hat das Indien jener Zeit als ein Land der träg dahinströmenden Flüsse, der tropischen Wälder und von Baumgruppen unterbrochenen Savannen beschrieben. Warum hätte ein Primat inmitten solcher Fülle Samen fressen sollen? Und wo hätte er sie gefunden? Auch das hoch gelegene Kenia war damals ein Paradies für Primaten; zwar waren hier auf den Savannen Graslandtiere wie die Antilope zahlreicher, in den Tälern jedoch gab es viele und dichte Wälder.

Mir scheint es durchaus plausibel, daß ein Primat in der Dürre des Pliozäns zum Samenfresser wurde; im üppigen Miozän erscheint es völlig unwahrscheinlich. David Pilbeam, ein anderer Kollege Simons, schreibt vorsichtig zu dieser Hypothese: »Obwohl die Eckzähne des *Gigantopithecus* so klein wie die der *Hominidae* waren, waren sie morphologisch und funktionell anders. Die Zähne des *Gigantopithecus* waren große Mahlzähne, nicht meißelähnlich und zum Teilen geeignet wie die der *Hominidae.*« Auch die Eckzähne des *Ramapithecus* waren meißelähnlich.

Am 1. Mai 1968 erbrachte Louis S. B. Leakey – der Kolumbus der Anthropologie – einen vielleicht schlüssigen Beweis, wenn auch nur in einem vorläufigen Bericht. Neue Ausgrabungen in Fort Ternan förderten Antilopenschädel zutage – die eingeschlagen worden waren, um das Gehirn herauszuholen, und Knochen, die zerschlagen worden waren, um an das Mark heranzukommen. Die Verletzungen waren so geartet, daß sie weder von einer Hyäne noch von einem anderen Raubtier stammen konnten. Man fand sogar einen Klumpen Lava mit angesplitterten Kanten, der vermutlich als Werkzeug gedient hatte, vielleicht das erste uns bekannte Werkzeug.

Wir müssen aber nicht bis ins Miozän zurückgehen, um das hohe Alter des jagenden Hominiden zu beweisen. Alle jene, die sich an die ursprüngliche Unschuld des Menschen klammern, an seine angeborene Friedfertigkeit, die leugnen, daß Gewalttätigkeit ein Teil unserer Natur ist und glauben, daß Aggressivität nur durch Umwelteinflüsse entsteht, werden die Idee des Samenfressens begrüßen – eine Nahrung, die für Finken geradezu ideal ist. Wir wissen noch zu wenig. Vielleicht haben sie recht. Was mich fasziniert, ist eine mehr philosophische als wissenschaftliche Frage, und sie führt zum Ruin einer meiner Lieblingstheorien.

Als Leakey seine Beweise für das Fleischfressen im Miozän erbrachte, machte er damit meine Mangelhypothese zunichte; wie Brains Knochen in Swartkrans wurde sie hinweggespült und fossiliert. In ›Adam kam aus Afrika‹ hatte ich die Hypothese aufgestellt, daß die Dürre des Pliozäns unsere Vorgänger zu Fleischfressern gemacht habe; daß wir in den immer kleiner werdenden Wäldern mit den besser angepaßten Waldaffen nicht mehr um die verbleibenden Früchte konkurrieren konnten und uns daher auf die Savanne wagten und zu jagen begannen. Wir wurden aus dem Paradies vertrieben. Es war eine schöne Hypothese, die einem Dramatiker gefallen mußte, und sie fand allgemein Anklang. Leakey hat sie zerstört.

Was hat uns bewogen, mitten im üppigen Miozän mit seinen Wäldern, seinem Reichtum an Früchten und Schößlingen – das Paradies jedes auf dem Baum lebenden Primaten – ein gefahrvolles Leben auf dem Boden zu wagen? Meine Pliozänhypothese war die Antwort eines Umwelttheoretikers – wie »Armut führt zu Kriminalität« oder ähnliches –, und sie scheint wie so viele Antworten der Umwelttheoretiker falsch zu sein. Was aber war es dann, das uns die Jagd und die Konkurrenz viel besser adaptierter Raubtiere wagen ließ?

Ich erinnere mich an ein Gespräch mit Kenneth Oakley in London, noch bevor ›Adam kam aus Afrika‹ veröffentlicht wurde. Halb spielerisch erwogen wir die Möglichkeit, daß die Menschwerdung nicht im kargen Pliozän, sondern im älteren, satten Miozän stattgefunden haben könnte. Mein Einwand war: Warum hätten wir das tun sollen? Oakley, vielleicht der phantasievollste unter den seriösen Wissenschaftlern, zuckte mit den Schultern und gab eine Frage als Antwort: »Abenteuer?«

Warum ist der Mensch ein Mensch? Wir haben in diesem Kapitel menschliche Neigungen untersucht, die ihren Ursprung anscheinend in unserer jägerischen Vergangenheit haben. Wir haben die rein männliche Jagdbande analysiert und den Einfluß, den sie vielleicht bis heute auf uns hat. Wir haben uns das Jagdterritorium angesehen, das irgendwie bereits den Gebietsschutz eines heutigen Vertreters vorwegnimmt. Wir haben Vermutungen angestellt über das Geschichtenerzählen als Wurzel der Sprache, weil es in den kleinen funktionell unterteilten Gesellschaften eine erzieherische Notwendigkeit war. Wir haben Loyalität, Zusammenarbeit und gegenseitiges Vertrauen als zwingende Grundlagen der Ordnung in derartigen Gesellschaften bezeichnet. Eine wahrscheinliche Konsequenz dieser Entwicklung haben wir bis jetzt bewußt außer acht gelassen: was uns die tägliche Morgenzeitung wie auch unsere Geschichte über unseren Hang zur Gewalttätigkeit vor Augen führt.

Wenn Leakeys Miozänentdeckungen richtig interpretiert wurden, dann haben wir das gewalttätige Leben selbst *gewählt:* es wurde uns nicht aufgezwungen. Mit der Umwelttheorie kann man vielleicht den *Gigantopithecus* und das Samenfressen erklären. Warum aber verließen die Hominiden im Überfluß des Miozäns die reichen Wälder, um unter Gefahr zu jagen? Was immer ich über angeborene Bedürfnisse weiß, läßt nur eine Antwort zu: Unsere Primatenvorfahren gingen die Stufenleiter empor zu Stimulierung, Aufregung, Identität – mit einem Wort: zum Abenteuer.

Niemand, der je mit Affen oder Menschenaffen zu tun hatte, kann ihren angeborenen Forscherdrang, ihre Unternehmungslust, ihre Neugierde leugnen. Drohungen und Bestrafungen zum Trotz wird untersucht, was immer ihnen unterkommt. Als der abenteuerlustige Primat des Miozäns – vielleicht ganz einfach aus Neugierde – zum Jäger wurde, vereinigte er in sich das erfahrungshungrige Erbe des Primaten mit den gewalttätigen Befriedigungen des Raubtiers. Wenn das zutrifft, dann steht das Menschenwesen als letzte Konsequenz in seiner ganzen Nacktheit vor uns.

Das Abenteuer mag oder mag nicht am Anfang unseres Weges gestanden sein, jedenfalls haben wir durch viele Millionen Jahre unsere tägliche Befriedigung in der Gewalttat gefunden. Wir haben angegriffen, sonst wären wir verhungert. Wir haben uns anatomisch und physisch der Jagd angepaßt. Unser muskulöses Gesäß – im Gegensatz zu dem aller übrigen Primaten – gab uns die Kraft, zu werfen, zuzustoßen, zu zerschmettern. Unsere abgeflachten Füße gaben uns Schnelligkeit und Ausdauer. Drüsen, deren Sekrete einst den scheuen Primaten zur Flucht bewogen, änderten sich und gaben uns die Fähigkeit anzugreifen. Wir wurden Geschöpfe, die sich in jeder Beziehung für das erregende Leben der Gewalt eigneten. Bis vor 5000 Jahren gab es keine andere Möglichkeit zu überleben. Und da organisierte Kriegführung erst dann zu einem wichtigen Zeitvertreib des Menschen wurde, kann sie vielleicht als ein Ersatz für die verlorenen Tage der Jagd gelten.

Mit jenen, die keinen Zusammenhang zwischen dem menschlichen Hang zur Gewalttätigkeit und unserer jägerischen Vergangenheit sehen, habe ich wenig Geduld. Nur wenn man unsere Anpassung als Geschmack an der Aggression und Fähigkeit zur Gewalttat erkennt, wird verständlich, warum der Mensch den Menschen jagt wie einstmals das Wild. Und es wird auch klar, daß diese Leidenschaft nicht in knapp 5000 Jahren verschwunden sein kann. Ebensowenig Verständnis hege ich für die Behauptung, nur die auf Entfernung wirkende Waffe, die dem Menschen den schrecklichen Anblick der Auswirkung seines Tuns erspart, habe den Massenmord möglich gemacht. Nirgends in der Geschichte findet sich ein Hinweis, daß Massaker und Brutalität nicht auch aus nächster Nähe möglich sind. Auch die Vorgeschichte besagt das gleiche.

J. B. Birdsell fragte Raymond Dart einmal, wie viele seiner *Australopithecinen* eines gewaltsamen Todes gestorben seien, und Dart erwiderte düster: »Alle.« Vielleicht hat er übertrieben, doch unter den Fossilien aus der ältesten Zeit finden wir bei einem erstaunlich hohen Prozentsatz Anzeichen für einen gewaltsamen Tod. Der *habilis* selbst starb an einer Fraktur in der Schädelmitte. Er fand den Tod an einem flachen Seeufer, daher muß man annehmen, daß er erschlagen wurde, sonst hätte ein Stück Himmel auf ihn herabfallen müssen. In den Höhlen von Choukoutien fand man die Schädel von 40 Individuen, aber nur wenige Knochen. Das führte zu der naheliegenden Vermutung, der *Homo erectus* sei ein Kopfjäger gewesen, der nur die erbeuteten Schädel heimbrachte. Die Schädel waren an der Basis geöffnet worden, um das Gehirn herauszuholen – ein Hinweis auf Kannibalismus. Unter den späteren Neandertalern war der Mord – vielleicht ein ritualisierter Mord – durchaus üblich. Das schlüssigste Beispiel ist der älteste bekannte *Homo sapiens*, der 1965 nahe Budapest gefunden wurde. Der sogenannte Vertesszöllös-Mensch hatte ein Gehirn so groß wie das unsere, er lebte vor 350000 Jahren und war bei seiner Auffindung von Steinwaffen ähnlich jenen, die in Ostafrika gefunden werden, umgeben. Er war mit einer dieser Waffen getötet worden.

Der Hang zur Gewalt ist also in unserer Spezies nichts Neues. Sehen wir dies als eine Konsequenz unserer uralten Anpassung an ein gefahrvolles Jägerdasein, so wird manches in unserer Zeit begreiflich. Nicht nur Mord, auch Aufstand, Überfall, Vandalismus und Zerstörung können als gewalttätige Handlungen bezeichnet werden, die eine Befriedigung verschaffen, ohne die wir früher nicht hätten überleben können. Heute besteht für einen solchen Hang freilich wenig sozial akzeptable Nahrung.

Und damit wird auch die Einstellung klarer, die wir gegenüber einem uns innewohnenden Trieb annehmen müssen, der uns zu vernichten droht.

Sollte jedoch die optimistische Interpretation richtig sein – daß unser Erbe weniger das Bedürfnis nach Gewalttätigkeit als die Lust am Abenteuer ist –, dann läßt sich ein Weg absehen, es ist nur die Frage, ob wir ihn zu gehen bereit sind. Gedankenlos, unbewußt, aber mit systematischer Konsequenz zerstören die modernen Gesellschaften jede nur mögliche Chance für das Abenteuer. Die werdende Mutter hat ein überwältigendes Abenteuer vor sich; der Einsatz ist nicht gering und der Gewinn sehr hoch. Dennoch behaupten heute die Frauenrechtlerinnen, Mutterschaft könne die Ambitionen der Frau niemals befriedigen, und werten damit das Erlebnis ab. Der junge Mann zieht in die Welt und sieht sich einer intellektuellen Verschwörung gegenüber, die ihm einredet, der Wettkampf sei etwas Niedriges. Damit aber wird wieder eine Chance zum Abenteuer zerstört. Am deprimierendsten ist zweifellos unsere Anbetung des Bruttonationaleinkommens. Solange materielle Werte alles andere überschatten und materielle Tüchtigkeit unsere oberste Tugend ist, wird die allmächtige Organisation uns beherrschen. Das Abenteuer des einzelnen gibt es bald nur noch in der Legende – Gladiatoren, Segelschiffe, der Nordpol, Südseemädchen, Pioniere, Vasco da Gama.

Ich weiß nicht, ob es einen Weg zurück gibt. Ich bin auch nicht sicher, ob unser Verlangen nach dem Abenteuer wirklich der Kern der Dinge ist. Vielleicht ist es einfacher, anzunehmen, daß die Neigung zur Gewalt vorhanden ist und von der Geschichte bestätigt wird. So sind wir, und so werden wir sein. Und damit müssen wir leben.

Wenn wir uns vor Augen halten, daß jedes Menschenkind ein potentieller Brandstifter, Vandale, Mörder ist, dann werden wir unsere Kinder anders erziehen. Wenn unsere Erziehungsphilosophie individuelle Verantwortung anstatt sozialer Schuld als bestimmend für unser Verhalten akzeptiert, dann wird sich der Lehrplan unserer Studenten entscheidend ändern. Wenn wir alle übereinkommen, daß wir dem Gewalttäter nicht mehr zujubeln, daß wir ihm auch nicht mehr unser Mitleid zukommen lassen, während wir das Opfer ignorieren, dann kann etwas sehr Simples eintreten: die Gewalt, auch die verlockendste, könnte aus der Mode kommen.

Der Vorschlag mag naiv, mag nach Utopie klingen. Soziale

Einstellung hat jedoch schon andere Bedrohungen abgewehrt. Es gibt heute kein Volk ohne Inzesttabu. Und doch, der Inzest stellt vermutlich in jeder Familie eine Versuchung dar. Nur durch ein ähnliches Tabu könnten wir dem in uns allen schlummernden Dämon der Gewalt beikommen.

Wie ein Volk im allgemeinen die Regierung hat, die es verdient, so erhält eine Gesellschaft die Strafen, die ihr gebühren. Und solange wir das Zeitalter des Alibis einnehmen, werden wir auch ein Zeitalter der Angst ertragen müssen. Natürlich kann der Moment kommen, wo die soziale Ordnung aus Selbstschutz zur Gewalt greift. Dann werden wir wieder Konzentrationslager erleben und die Todesstrafe, öffentliche Auspeitschungen und Polizeiterror. Diese Möglichkeit besteht durchaus.

1

Millionen Jahre verstrichen, und sie unterschieden sich voneinander so wenig wie Kiesel am Strand, wie Schirmakazien auf den Weiten der Savanne. Unsere Familie der *Ramapithecinen* hatte sich in zwei Äste geteilt. Indiens träge Flüsse und tropische Wälder verschwanden. Auf dem wundersamen Hochland Ostafrikas, wo grüne Weideflächen die Hügel bedeckten, wo in den Tälern dichte Wälder wucherten, wurden die Regenfälle immer seltener oder blieben ganz aus. Wir hielten durch. So langsam veränderte sich die Umwelt, daß der Wandel vielleicht Tausende von Generationen unbemerkt blieb. Und dann, vor zehn oder zwölf Millionen Jahren, kam die Hölle des Pliozäns. Eine weltweite Trockenheit setzte ein, warum, das weiß niemand. Doch das Paradies war zu Ende.

Jetzt zogen die Jahre vorüber wie eine einzige Trauerprozession. Der indische Zweig des Menschenversuches versagte und starb aus. Es wäre immerhin denkbar, daß diese Wesen unterlagen, weil sie, als die Wälder und Früchte verschwanden, nicht zu Fleischfressern wurden. Wir wissen es nicht. Unsere afrikanische Linie hielt sich am Leben; das wissen wir; sonst wären wir nicht vorhanden. Wir zogen ins Grasland, wir ernährten uns von der reichen Vielfalt der Savannentierwelt. Vielleicht waren wir mangelhaft ausgerüstet, vielleicht waren wir lächerliche Erscheinungen verglichen mit den anderen Raubtieren – immerhin, wir existierten, und wir überlebten die Dürre.

Niemand kann sich heute vorstellen, was damals vor sich ging. Diese kleine Gruppe ging unter, jene andere überlebte. Warum? Ich glaube, daß die soziale Ordnung den Ausschlag gab. Zu Beginn des Pliozäns waren wir *Ramapithecinen*, vielleicht hielten wir uns auf unseren zwei Beinen noch nicht einmal aufrecht. Zu Ende des Pliozäns – Millionen Jahre später – waren wir anatomisch voll entwickelte *Australopithecinen*, auch wenn unser Gehirn nicht viel größer war als das der großen Affen. Wir waren Menschen. Ich glaube jedoch nicht, daß die anatomische Verbesserung ausschlaggebend war;

wir überlebten dank unserer sozialen Fähigkeit, gemeinsam zu handeln.

Im Gesellschaftsvertrag jener Zeit war die Ordnung wesentlich stärker als die Unordnung. Sir Julian Huxley sagte einmal über den Menschen, er sei »von allen bekannten wilden Spezies die variabelste«, und ich glaube, er hat recht. Der Hominide allerdings hat diese genetische Mannigfaltigkeit vermutlich noch nicht besessen. Paarungen müssen sich auf ein paar benachbarte Gesellschaften beschränkt haben. Bei unvorstellbar lange in einer gleichbleibenden Umwelt lebenden kleinen Populationen muß die Variabilität der Individuen durch Inzucht reduziert worden sein. Dessenungeachtet müssen, wie wir wissen, zufällige Verschiedenheiten entstanden sein; doch diese Verschiedenheiten wiederum hat die soziale Ordnung eingeschränkt. In einer unerbittlichen Umwelt, die bereits heute Antworten auf die Prüfungen von morgen fordert, hat der Sonderling, der Erneuerer, der Andersgeartete keinen selektiven Überlebenswert. Und so wurde die Gesellschaft zum Instrument der Natur und half die genetische Vielfalt in Grenzen halten. Die Schwächlinge, die Schwachsinnigen wurden durch Kindesmord eliminiert; der Hominide konnte sie sich nicht leisten. Ein etwaiger Rebell wurde vertrieben und ausgestoßen. Kann man sich unsere heutige aufrührerische Jugend in einer Zeit vorstellen, wo die Ergiebigkeit einer Wasserstelle über Leben und Tod entscheidet?

Eine Nation von Kriegern, die um ihr Überleben kämpft, kann nur einen rigorosen Gesellschaftsvertrag haben. Sie muß vom einzelnen den Verzicht auf seine Bedürfnisse fordern, sie kann nur als Gruppe existieren. Während des ganzen Pliozäns waren die hominiden Gesellschaften winzige biologische Nationen, die um ihre Existenz kämpften. Und die Qualität der Gruppe, nicht die Leistung des einzelnen Mitglieds, war ausschlaggebend für das Überleben. Zusammenarbeit, Gehorsam, Verläßlichkeit – das waren die Eigenschaften, die die Gruppe zu einer Einheit machten. Mit einem Wort, die Auslese bevorzugte das Mittelmaß.

Ich finde keine bessere Erklärung, warum die hominide Linie in einem entwicklungsgeschichtlich so langen Zeitraum nichts anderes zuwege brachte, als zu überleben. Das Bedürfnis nach der lebenswichtigen sozialen Ordnung schloß die für die Entwicklung jeder Individualität essentielle Unordnung praktisch aus. Als das Pliozän endlich den Regenfällen des Pleistozäns wich, finden wir den *habilis* auf dem Grund der Olduvaischlucht. Er hatte jetzt Werkzeuge und Waffen, das ist wahr. Aber seit dem Auftreten des *Ramapithecus* von Fort Ternan waren 12500000 Jahre vergangen, und die Lebensweise hatte sich kaum verändert. Und jetzt trat ein neues Rätsel in Erscheinung, sozusagen ein mehrfaches Rätsel.

Warum tauchte das große Menschengehirn so plötzlich auf, warum hatte dies so wenig Einfluß auf unser Leben? Im großen Geschichtsbuch von Olduvai fanden die beiden Leakey ein viel jüngeres Exemplar als den ursprünglichen *habilis*, sein Gehirn war jedoch etwas *kleiner*. Er war eine Million Jahre alt. Anderseits haben wir den 350000 Jahre alten Schädel in Ungarn mit einem Gehirn, dessen Größe dem unseren entspricht. Was geschah in diesen rund 600000 Jahren? Und nochmals: warum hat dieses herrliche neue Organ die menschliche Lebensweise so wenig verändert?

Wir waren jetzt echte Menschen. Mit unserem 1400-ccm-Gehirn machten wir etwas bessere Waffen als der *habilis* mit seinen 650 ccm. Aber schon seine Waffen waren durchaus brauchbar. In Europa und Asien lernten wir das Feuer zu gebrauchen, in Afrika allerdings erst wesentlich später. Wir jagten die Tiere, die wir schon immer gejagt hatten, vielleicht töteten wir uns gegenseitig häufiger. Mit der Zeit finden wir bei den Neandertalern mehr und mehr Hinweise auf ein Begräbnisritual. Aber wenn wir annehmen, daß das Gehirn bereits vor 500000 Jahren seine endgültige Größe erreicht hatte, dann hat es weiß Gott sehr lang gebraucht, bevor es irgendwelche Wunder vollbrachte.

So möchte ich eine Hypothese aufstellen: Erst mit der Erfindung von Pfeil und Bogen wurde das Individuum von der strengen sozialen Ordnung der kooperativen Jagdbande befreit. In der Menschheitsgeschichte hat die Fernwaffe die Entstehung des Individuums ermöglicht. Das uralte Gefängnis der Konformität wurde gesprengt. Der Affe hatte sich aufgerichtet, nun strebte er rasch empor.

Die Geschichte von Pfeil und Bogen ist wenig bekannt. Vielleicht hat die Beharrlichkeit, mit der die Anthropologie in ihnen nur eines von vielen Werkzeugen sieht, ihre Bedeutung überschattet. Es ist beispielsweise erstaunlich, daß anläßlich des großen Symposiums ›Man the Hunter‹ vor ein paar Jahren in Chikago die Bedeutung der Fernwaffe für unsere Geschichte in keinem Vortrag und in keiner Diskussion auch nur erwähnt wurde.

Was ich über dieses Thema weiß, verdanke ich meinem Freund Kenneth Oakley und seinen Büchern ›Man the Tool-Maker‹ und ›Frameworks for Dating Fossil Man‹. Pfeil und Bogen wurden in der Gegend des Atlasgebirges zu einer Zeit erfunden, als die Sahara noch von so vielen Tieren bevölkert war wie die Savanne heute. In diesem verschwundenen Jagdparadies gab es vor 25 000 oder 30 000 Jahren noch ein Neandertalervolk, dessen Kulturstufe wir als Atèrien bezeichnen.

Europa war damals alles andere als ein Paradies; die gewaltigen Gletscher der letzten großen Eiszeit, des Würms, bedeckten den Kontinent. Hier hatte der moderne Mensch bereits den Neandertaler abgelöst. Hier hatte er bereits begonnen, an den Wänden der Höhlen zu zeichnen, zu malen, und der Weg zum Magdalénien, der ersten echten Kunststufe, bereitete sich vor. In nicht allzu großer Entfernung, nur durch das Mittelmeer getrennt, entwickelten die letzten Neandertaler ihr gewichtiges Erbe an die Welt: den Tod auf Entfernung.

Die Erfindung war einfach. Bisher hatte niemand die Basen der Steinwaffen so behauen, daß sie sich sauber an einem Schaft befestigen ließen. Die Franzosen, die das Atèrien sehr eingehend studiert haben, nennen diese Artefakte *pièces pédonculées*. Die gestielten Spitzen ähneln den Pfeilspitzen der Indianer. Einige waren lang und ergaben, an einem Schaft befestigt, einen viel besseren Wurfspeer, als jemals zuvor existiert hatte. Die meisten aber waren klein und sicherlich nichts anderes als Pfeilspitzen.

Wir wissen nicht, wie weit diese Neandertalerjäger umherkamen, jedenfalls fand man die Pfeilspitzen auch in Südspanien bei Parpallo, nahe Valencia. Etwas später tauchten Pfeil und Bogen auf Felsmalereien in Spanien auf. Damals waren die Neandertaler – warum, wissen wir nicht genau – wahrscheinlich schon verschwunden. Ihr Erbe aber blieb erhalten. Im allgemeinen zeigen die Wandmalereien Jäger, die sich an das Wild heranpirschen. In einer Felshöhle nahe Castellón aber fand man auch die Darstellung von erbittert kämpfenden Männern.

Nach Oakleys Ansicht verbreiteten sich Pfeil und Bogen nicht weit oder ersetzten den Jagdspeer, bevor die Würmeiszeit zu Ende ging. Der Rückzug der Eisdecke erfolgte sehr plötzlich, vor genau 11 000 Jahren. Tausend Jahre später begann im Nahen Osten der Getreidebau. Der Mensch von heute entwickelte sich.

Ich glaube, daß die Erfindung von Pfeil und Bogen für den prähistorischen Menschen die gleiche Bedeutung hatte wie die

Erfindung der Kernwaffen für den Menschen von heute. Unsere Beziehung zur Umwelt wurde unwiderruflich verändert. Bis dahin hatten wir – sogar mit unserem großen Gehirn – als eine Tierspezies unter vielen gelebt. Wir waren überlegene Raubtiere, überlegen an Verstand, an sozialen Fähigkeiten, überlegen in unseren Kommunikationsmöglichkeiten. Aber wir jagten kaum anders als der Wolf oder der Löwe. Unsere Waffen waren nichts als ein Ersatz für Fänge und Klauen. Daß die Beutetiere uns mehr gefürchtet haben als andere Tiere, ist nicht wahrscheinlich. Daß die Raubtiere uns fürchteten, ist ziemlich ausgeschlossen. Als aber Pfeil, Bogen und Wurfspeer den Tod auf Entfernung als neues Faktum in das Leben der Tierwelt einführten, da wurden wir mit einemmal zu geheimnisvollen, angsterweckenden Wesen im Gedächtnis der Tiere. Eine neue Zeit brach an.

Auch für den Menschen war es eine neue Welt. Jetzt konnte der Jäger allein die Beute erlegen, ohne sein Leben aufs Spiel zu setzen. Vermutlich hat er – wie Pygmäen und Buschmänner – schon sehr bald vergiftete Pfeilspitzen verwendet. Die Jagdbande war nicht länger unersetzlich. Wir brauchten einander nicht mehr, weder für den Erfolg, wenn wir auf die Jagd gingen, noch als Schutz, wenn wir gejagt wurden. Und so gibt es heute nur bei wenigen jagenden Völkern die großen Jagdbanden. Die Gruppen der Jäger sind meist klein. Colin Turnbull beschreibt die Mbuti-Pygmäen, die im Ituriwald im Kongo leben und zwei Jagdtraditionen kennen: die Bogenschützen, die mit ihren vergifteten Pfeilen zu zweit oder zu dritt auf die Jagd gehen und in kleinen Gruppen leben; und die Netzjäger, die viele Hände brauchen, um die Netze zu spannen. Sie leben in größeren Gruppen und müssen eben irgendwie miteinander auskommen. Ihre Lebensart ist jene unserer frühesten Vorfahren; doch sind sie eine winzige Minderheit.

Ich behaupte, daß das Individuum erst durch Pfeil und Bogen möglich wurde. Vielleicht war das auch der Beginn der Familie, wie wir sie kennen; zur Zeit der Jagdbanden war die Familie, wenn sie überhaupt existierte, nur von geringer sozialer Bedeutung. Jetzt hingegen konnten ein oder zwei Männer ihre Frauen und Kinder unabhängig von einer Bande erhalten. Und obwohl wir notgedrungen immer noch in Gruppen lebten, entwickelte sich ein völlig neuer Vertrag: Jetzt konnte die natürliche Auslese die Vielfalt und soziale Gruppen mit einer Struktur der Unordnung begünstigen. Mittelmaß und Konformität waren nicht mehr die obersten Tugenden.

Ich weiß nicht, ob eine Verbindung zwischen der Jagd und den landwirtschaftlichen Revolutionen besteht. Es wäre denkbar, daß erst dieser neue Menschenschlag imstande war, den Ackerbau zu entwickeln. Damit wäre eine Koinzidenz erklärt, für die man bisher keine Antwort wußte: warum die Domestizierung der Pflanzen unabhängig voneinander und fast gleichzeitig im Nahen Osten, in Südostasien und in Amerika vor sich ging. Soweit wir wissen, ging ihr überall die Erfindung von Pfeil und Bogen voran.

Eines jedenfalls steht fest: das große Gehirn war nur wenig mehr wert als das kleine, solange unsere Faustkeile und andere unzulängliche Handwaffen eine gemeinsame Jagd erforderlich machten. Ordnung war alles, die Fähigkeit, sich einzuordnen, von größtem selektivem Wert. Mit der »Erfindung« des Individuums und der Schaffung eines neuen Gesellschaftsvertrages wurde das Gehirn von seinen Fesseln befreit, war die Menschheit bereit zum großen Aufbruch.

Warum das Gehirn selbst schon Hunderttausende von Jahren früher seine heutige Größe entwickelt hatte, ist eine andere Frage.

2

Warum wurde das Gehirn größer? Es gibt da eine so phantastische Hypothese, daß jeder, der auf seinen guten Ruf zu achten hat, sich weigern würde, sie zu veröffentlichen. Anderseits ist es eine so schöne Geschichte, daß es schade wäre, sie dem Leser vorzuenthalten. Da ich meinen guten Ruf so oft verliere wie ein Laubbaum seine Blätter, präsentiere ich hiermit die »Ardrey-Theorie des Menschen als kosmischer Zufall«. Allerdings muß ich vorausschicken, daß ich kein Wort davon glaube.

Und so lautet die Geschichte: Vor 700 000 Jahren ereignete sich ein heftiger Zusammenstoß eines Himmelsobjektes von etwa 300 Meter Durchmesser mit der Erde. Das ist keine Erfindung von mir. Das Objekt, vermutlich ein kleiner Asteroid, trat an einem unbekannten Punkt in unsere Atmosphäre ein und scheint irgendwo westlich von Australien explodiert zu sein. Glasige Fragmente – von der Hitze geschmolzen – wurden von Japan bis Madagaskar gefunden. Die Geologen nennen sie

Tektiten, sie kommen in einem Gebiet von 6400 mal 9600 Kilometern vor. Gleichzeitig wechselten die Erdpole ihren Standort: vor 700 000 Jahren hätte ein Kompaß nach Süden gezeigt. Seither zeigt er nach Norden.

Davor hatten bereits mehrmals Umkehrungen des Magnetfeldes der Erde stattgefunden; die Ursachen kennen wir nicht. Da sich die Wissenschaft erst seit kurzem mit diesen Erscheinungen befaßt, ist es fast ein Wunder, daß wir überhaupt etwas darüber wissen. Aus dem Meeresboden gebohrtes Gestein weist jedenfalls darauf hin, daß die Erde während einer solchen Umkehrung ungefähr durch 5000 Jahre überhaupt kein magnetisches Feld besitzt. Doch schützt eben dieses Feld vor den eindringenden kosmischen Strahlen.

1963 stellte Robert Uffen, Vorsitzender des kanadischen Defense Research Board (Ausschuß für Rüstungsforschung), eine Hypothese auf, wonach in diesen Umkehrungsperioden – wenn das Leben infolge Fehlens des schützenden Magnetfeldes der kosmischen Strahlung ausgesetzt war – zahlreiche Mutationen auftraten, neue Spezies entstanden und alte ausstarben. In der Erdgeschichte gibt es viele solcher ungeklärten Perioden. Für das plötzliche Aussterben von Reptilien (Saurier) am Ende der Kreidezeit gibt es keine befriedigende Erklärung. In der Mitte des Miozäns, zur Zeit des Auftretens des Hominiden, kam es weltweit zu Veränderungen von Spezies, die selbst so alte Erdbewohner wie Mollusken und Korallen erfaßten.

Die Untersuchungen über eine mögliche Beziehung zwischen magnetischen Umkehrungen und biologischen Veränderungen sind noch sehr jung. So ist Uffens Hypothese vorläufig nur eine verblüffende Theorie. Aber ein Geologenteam des Lamont Observatoriums der Columbia University unter der Leitung von J. D. Hays und N. D. Opdyke ist dabei, diese Theorie ernsthaft zu untersuchen. Sie haben sich auf jene mikroskopischen Wesen spezialisiert, die man Radiolarien oder Strahlentierchen nennt und deren Überreste den Meeresboden bedecken. Durch Bohrungen in der Antarktis stießen sie auf biologisches Material aus den letzten fünf Millionen Jahren. Vier durch Veränderungen der Strahlentierchenspezies klar unterscheidbare Faunazonen fallen mit den magnetischen Umkehrungen zusammen. Seit der letzten Umkehrung vor 700 000 Jahren hat man es fast ausschließlich mit heute noch lebenden Spezies zu tun. Der Einschnitt vor 700 000 Jahren ist also eindeutig erkennbar.

Physiker lehnen die Umkehrungshypothese im allgemeinen strikt ab. Teils sind sie der Ansicht, daß das Fehlen eines magnetischen Feldes noch keine Intensivierung der kosmischen Strahlung bewirkt, teils wiederum, daß die kosmische Strahlung keinen nennenswerten Einfluß auf die Mutationsrate hat. Die erfolgreichen Abenteuer unserer Astronauten außerhalb des schützenden magnetischen Erdfeldes scheinen den Physikern recht zu geben, obwohl es sich nur um einzelne Menschen handelt und sie dort oben nicht 5000 Jahre verbringen. Aber die Frage der kosmischen Strahlung ist für die »Ardrey-Theorie des Menschen als kosmischer Zufall« nicht entscheidend.

Ohne jeden Zweifel fand vor 700000 Jahren ein Zusammenstoß mit irgend etwas Großem statt. Daß die gleichzeitige magnetische Umkehrung ein Zufall war, scheint etwas unwahrscheinlich. Unumstritten aber ist der Zeitpunkt des Zusammenstoßes und die mit ihm verbundene Hitzeentwicklung.

Ein vergleichbares historisches Ereignis war der Einschlag eines Meteors im Tunguska-Wald in Sibirien an einem frühen Morgen des Jahres 1908. Der Meteor mochte ungefähr die Größe eines oder zweier Badezimmer gehabt haben. Er war gleichfalls durch Reibung in unserer Atmosphäre explodiert und brannte den Wald im Umkreis von 25 Meilen nieder. Noch an der Peripherie der Einschlagstelle starben die Rentiere. Man hat geschätzt, daß die frei gewordene Energie ungefähr jener entsprach, die 1883 die Vulkaninsel Krakatoa in die Luft sprengte. In den sibirischen Wäldern verstreut fand man die gleichen kleinen Tektiten. Glass und Heezen, zwei Geologen des Lamontteams, schätzen jedoch, daß unser Besucher vor 700000 Jahren eine Viertelmilliarde Tonnen wog und seine Fragmente sich über 64 Millionen Quadratkilometer der Erdoberfläche verteilten.

Die Folgen eines Atomkrieges erscheinen uns unvorstellbar. Genauso unvorstellbar sind jene Katastrophen, die damals irgendwo über dem Indischen Ozean stattgefunden haben müssen. Wenn sich die durch den sibirischen Meteor freigesetzte Energie mit der des Krakatoa vergleichen läßt, wie gewaltig muß dann die Explosionsenergie jenes Monsters vor 700000 Jahren gewesen sein? Und wie stark muß die Welttemperatur als Folge eines solchen Weltbrandes angestiegen sein?

Vor etwa 25 Jahren untersuchte Raymond Cowles die Wirkung anormaler Temperaturen auf die männliche Samenzelle.

Kälte unterdrückt vorübergehend die Samenbildung, abnorme Hitze dagegen hat einen zweifachen Effekt. Sie reduziert einerseits die männliche Fruchtbarkeit, fördert aber anderseits die Variation. In seinem Buch ›Causes of Evolution‹ zitiert Haldane Beweismaterial, wonach die Hitze zwar die Mehrzahl der weiblichen Eier tötet, bei den verbliebenen jedoch eine hohe Mutationsrate bewirkt. Eine enorme Vermehrung der Varianten beim männlichen Sperma und eine Unzahl von Mutationen beim weiblichen Ei: waren das – abgesehen von der Wirkung kosmischer Strahlung – die Folgen eines feuerdurchglühten Tages vor 700 000 Jahren?

War das menschliche Gehirn ein Zufall? Ich habe bereits festgestellt, daß ich kein Wort von der Geschichte glaube, und es gibt auch gewichtige Gegenargumente. Jede derart radikale Veränderung des Hominiden hätte auch bei anderen Tierspezies radikale Veränderungen bewirken müssen. Abgesehen von den Ergebnissen des Lamontteams besitzen wir noch kaum weiteres Material. In Kenia allerdings zeigte sich ungefähr um die gleiche Zeit bei vielen Tierspezies eine Tendenz zum Riesenwuchs. Man kann in Nairobis Corydonmuseum die fossilierten Überreste eines Giraffenbeins bestaunen, mit dem verglichen unsere heutigen Giraffen die Größe eines Vogel Strauß haben. Es gibt aber auch Überreste vom Strauß, neben denen unser heutiger Strauß wie ein Storch aussieht. Man kann etwas fassungslos den *Bularchus arok* betrachten, dessen Hornabstand der Breite einer zweispurigen Landstraße entspricht und Vergleiche mit unserem heutigen Rind ziehen. Oder den *Pelorovis oldowayensis* mit unserem Merinobock; sein Hornabstand ist viermal so groß, er stammt aus der Olduvaischicht BK II, jener der Periode der Menschwerdung. Wer genug Zeit hat, kann auch einen gewaltigen Stoßzahn aus jener Zeit bewundern, der früher als Elefantenzahn klassifiziert wurde. Heute weiß man, daß es der Stoßzahn eines ausgestorbenen Warzenschweins ist.

Alles das stammt aus Ostafrika, dem uralten Schauplatz der menschlichen Evolution. Seit vielen Jahren – seit mir Leakey 1957 zum erstenmal seine Raritätenschau ausgestorbener Riesentiere zeigte – spiele ich mit dem Gedanken, daß irgendein örtliches Ereignis – zum Beispiel vulkanische Tätigkeit – die plötzliche Explosion des Menschengehirns verursachte. Aber es ließ sich keine befriedigende Erklärung finden, da die Vulkane Ostafrikas seit den Tagen unserer Vorfahren durchaus regelmäßig vor sich hinspeien. Heute haben wir nun eine Art von Erklärung, auch wenn sie noch so phantastisch klingt. Überdies liegt Ostafrika nahe dem Indischen Ozean und damit nahe jenen himmlischen Ereignissen vor 700 000 Jahren; infolge seiner Höhenlage gab es nur minimalen atmosphärischen Schutz gegen die Hitze. Ob der *Homo sapiens* nun seine Veränderung in Europa oder sonstwo erlebte, die Waffen jenes ältesten Ungarn, des *Vértesszöllös*-Menschen waren jedenfalls eindeutig afrikanischen Stils. Und ebenso die des ältesten Engländers, eines etwas jüngeren Herrn, des *Swanscombe*-Menschen.

Mit dem heute vorhandenen Material läßt sich dieses komplexe Problem nicht lösen. Und doch – jene kosmische Katastrophe, die genau um die Zeit zwischen den letzten Hominiden mit dem kleinen Gehirn und dem Auftreten des Menschen mit dem großen Gehirn fällt, begleitet uns wie ein Gespenst – unsichtbar und unnachweisbar.

Die sogenannte funktionale Erklärung für die Entstehung des menschlichen Gehirns hat mich – wie die meisten Forscher – befriedigt, bis ich von Leakeys Nachweis des Fleischfressens der *Ramapithecinen* bei Fort Ternan erfuhr. 15 Millionen Jahre hat man gejagt, 15 Millionen Jahre wäre ein größeres Gehirn für die Erfordernisse der gemeinsamen Jagd von Vorteil gewesen – warum geschah bis vor etwa einer Million Jahren rein gar nichts? Und warum geschah es dann in einem evolutiven Blitztempo? Wir können eine funktionale Notwendigkeit annehmen, einen selektiven Vorteil für jene jagenden Gruppen oder Populationen, die ein besseres Gehirn besaßen. Wir können den Zufall der Mutation annehmen und die Notwendigkeit zu warten, bis die Veränderung sich vollzog. Aber wir haben erschreckend lang gewartet.

Ich kann mich mit der funktionalen Erklärung nicht mehr zufriedengeben. Daß wir für die Herstellung von Waffen und Werkzeugen eine bessere Koordinierung von Hand und Gehirn gebraucht haben, ein besseres Gedächtnis zur Informationsspeicherung, daß wir vor allem Neuronenzentren zur Kommunikation brauchten, die das kleine Gehirn des Hominiden nicht hatte – alles das ist sicherlich richtig. Daß allerdings so wenig geschah, als wir das große Gehirn endlich bekamen, widerlegt jede funktionale Erklärung. Beschämend, aber wahr: die Geburt jenes herrlichen Organs, dem wir den Aufstieg des Menschen zuschreiben, hatte auf unser Leben kaum Einfluß.

Wenn jene wundersamen Mutationen, deren Kombination uns das Gehirn schenkte, außergewöhnliche selektive Vorteile boten, so wurde jedenfalls 500000 Jahre lang der Wert dieser Gaben nicht offenbar. Das große Gehirn wurde erst dann von Wert, als die natürliche Auslese Individuen bevorzugen konnte. Wir haben also ein evolutives Phänomen vor uns, wo der Wagen vor dem Pferd da ist – oder der Rolls-Royce vor der Erfindung des Benzins.

Wir können das große Gehirn mitten im Pleistozän ruhig mit einem Rolls-Royce vergleichen. Wir haben ihn sicherlich sehr bewundert. Wir schoben ihn ein wenig hin und her und wunderten uns, daß er sich bewegte, wir setzten uns hinein und fragten uns, wofür dieses merkwürdige Etwas eigentlich gut sein sollte. Erst mit der Erfindung des Benzins – beziehungsweise mit dem Individuum – erkannten wir auf einmal, wozu ein Rolls gut sein kann.

Warum das große Gehirn? Die tatsächliche Entwicklung widerspricht den Gesetzen der natürlichen Auslese, die besagen, daß alle Lebewesen mit überlegenen Eigenschaften durch sofortige Anwendung dieser ihrer Überlegenheit in größerer Anzahl überleben als ihre minderbegabten Vorgänger. Im Pleistozän hat jedoch nichts Derartiges stattgefunden. Es gibt den Begriff der Präadaption: die Idee, daß Veränderungen eintreten können, deren Vorteile erst später sichtbar werden. Für eine so einschneidende Veränderung wie das große Gehirn wäre dieses Konzept jedoch ebenso unsystematisch und unwahrscheinlich wie etwa die »Ardrey-Theorie des Menschen als kosmischer Zufall«. Es gibt allerdings ein wesentlich plausibleres Konzept des evolutiven Fortschritts, und zwar von dem genialen Genetiker Sewall Wright: Alle räumlich weit voneinander entfernten Fortpflanzungsgemeinschaften, wie wir sie im Pliozän annehmen müssen, entwickelten jede für sich einen Genpool, der den örtlichen Gegebenheiten ausgezeichnet angepaßt war. Sobald diese lange voneinander geschiedenen Populationen durch Umweltveränderungen in Fortpflanzungskontakt kamen, konnte eine genetische Explosion die Folge sein. Das eben war es, was die Regenfälle des Pleistozäns bewirkten. Die bis dahin getrennt lebenden menschlichen Populationen des Pliozäns gerieten in Bewegung und kamen miteinander in Berührung. So konnte, mit Wrights Worten, alles und jedes geschehen.

Ist man halbwegs vernünftig, so setzt man auf Wrights Theorie. Nur wer sein Glück mit einem hoffnungslosen Außenseiter versuchen will, kann sein Geld auf die »Ardrey-Theorie des Menschen als kosmischer Zufall« verwetten.

3

Arthur Koestler hat die düstere Hypothese aufgestellt, daß mit dem menschlichen Gehirn etwas nicht in Ordnung sei. Ich kann ihm nur beipflichten, wie es jeder tun muß, der aufmerksam die Zeitungen liest. Der aufgerichtete Affe zeigt permanent Symptome völliger Verwirrung in bezug darauf, wohin sein Weg gehen soll, hinauf oder hinunter! Auch Konrad Lorenz bezeichnete den *Homo sapiens* einmal als Zwischenstation auf halbem Weg vom Affen zum Menschen. Trotzdem sehe ich die Lage nicht ganz so pessimistisch wie Koestler. Vielleicht, weil ich kein Ungar bin, dessen Vorfahre nach 500000 Jahren des Wartens auf eine Besserung heute ein sehr enttäuschtes Fossil sein muß. Ich bin einer der neuen Barbaren mit schottischen Vorfahren, die bis vor 150 Jahren nichts Schöneres kannten, als sich gegenseitig umzubringen. Seitdem haben sie zumindest gewisse Fortschritte zur Zivilisation gemacht. Und was mit den Schotten geschah, kann vielleicht auch mit anderen Völkern, etwa den Papuas, geschehen.

Koestler hat völlig richtig erkannt, daß – was immer die entwicklungsgeschichtliche Ursache war – der Mensch sein Gehirn zu schnell bekommen hat. »Die Evolution geht nach dem Prinzip von Versuch und Irrtum vor sich, also dürfen wir uns nicht wundern, wenn sich herausstellt, daß die Schaltkreise in unserem Gehirn einen Konstruktionsfehler aufweisen, der das ganze traurige Debakel unserer Geschichte erklärt.« Ein Irrtum in der Schaltung wäre keineswegs erstaunlich. Wie viele Millionen Jahre hat es gebraucht, bis wir vollkommen aufrecht gingen? Und noch immer ist das Kreuzbein für viele Menschen ein Fluch. Seit wie vielen Millionen Jahren tappen wir auf zwei Beinen umher? Und trotzdem plagt der Plattfuß noch sehr viele Menschen. Wir sind entwicklungsgeschichtliche Experimente, und viel verwunderlicher als unsere Unvollkommenheit erscheint mir, daß wir uns doch so gut bewährt haben.

Was wir über die mißglückte Gehirnexplosion des Pleistozäns wissen, verdanken wir hauptsächlich der Arbeit von Paul MacLean. Er ist Neurophysiologe und arbeitet wie John Calhoun am amerikanischen National Institute for Mental Health. Sein Fach ist das Studium des limbischen Systems. »Limbisch« bezieht sich auf jene ältesten Teile unseres Gehirns, die sich nicht viel verändert haben, während in der Neocortex die bewußte

Explosion zur Größe stattfand. Ein verbreiteter Irrtum ist es, unser Gehirn als ein einziges Organ anzusehen wie die Leber oder das Herz. MacLean ist der Ansicht, daß das menschliche Gehirn drei Entwicklungsstadien durchgemacht hat; wir besitzen sozusagen drei Gehirne.

Den ältesten zentralen Teil nennt er das Reptiliengehirn; es enthält das Rückenmark und gewisse Ganglien. Dieses Gehirn hat früher einmal bestimmte festgelegte Verhaltensformen programmiert. »Mit anderen Worten«, schreibt MacLean, »es scheint in erster Linie bei instinktiv festgelegten Funktionen eine Rolle zu spielen, beispielsweise bei der Errichtung eines Territoriums, beim Schutzsuchen, Jagen, bei der Paarung und der Errichtung sozialer Hierarchien, der Wahl von Führern und ähnlichem.« Der Präzedenzfall war das leitende Prinzip. »Es wäre gut zu wissen, in welchem Ausmaß der dem Reptiliengehirn entsprechende Teil des Menschengehirns den Gehorsam gegenüber dem Präzedenzfall, dem Überlieferten, bei zeremoniellen Riten, gesetzlichen Aktionen, politischen und religiösen Überzeugungen bestimmt.«

Nur wenn wir vergessen, daß das menschliche Gehirn nicht allein aus der prächtigen rationalen Cortex besteht, können wir das Tierische in uns leugnen. Die Evolution ging über das Reptil hinweg, denn der Fehler des ältesten Gehirns war seine Unbeholfenheit gegenüber neuen Situationen. Die sparsame Natur, meint MacLean, wirft jedoch nichts weg. Das Reptiliengehirn blieb uns erhalten, es wurde jedoch von der Cortex überlagert, behielt aber wie in einer Vorratskammer seine alten Instruktionen und Muster; in jedem Augenblick können sie hervorbrechen, um das menschliche Verhalten in dieser oder jener Richtung zu beeinflussen.

Das sich entwickelnde Säugetier brachte nicht nur lebende Junge zur Welt, das Fell, ein zentrales Heizungssystem und eine neue Anordnung der Zähne, sondern auch eine »Denkkappe«, wie MacLean dies ausdrückt. Es war ein Lappen des primitiven Cortex, der wie ein Ring das alte Reptiliengehirn umgibt und bei allen Säugetieren vorkommt. Etwa hundert Millionen Jahre alt, hatte er genügend Zeit, seine Verbindungen mit dem alten Reptiliengehirn zu perfektionieren. Diese beiden tierischen Gehirne bezeichnet man beim Menschen als »limbisches System«.

Die Hinzufügung des primitiven Großhirns der Säuger bewirkte bessere Lernfähigkeit, bessere Anpassungsfähigkeit an neue Gegebenheiten, bessere emotionelle Ausdrucksmöglichkeiten. Der für alle Säugetiere – mit Ausnahme der fortgeschrittenen Primaten – so wichtige Geruchssinn erlangte wesentliche Bedeutung bei sexueller Aktivität, bei der Identifikation, verschiedenen Akten der Selbsterhaltung, von der Angst bis zur Nahrung. Der Hypothalamus, ein Reptilienerbe, eine Art Schaltbrett und Schiedsrichter der Emotionen, entwickelte neurale Verbindungen mit der limbischen Cortex, die so stark sind, daß manche Nervenbündel dick sind wie ein Bleistift. Mit der Neocortex gibt es keine so auffallenden Verbindungen; einige der Wege sind so fein, daß man die Nerven bisher nicht finden konnte.

Wir hatten zuwenig Zeit. Dem Säugetier standen 100 Millionen Jahre oder mehr zur Verfügung, um durch evolutiven Versuch und Irrtum die beiden alten tierischen Gehirne zu integrieren. Die Neocortex, das dritte tierische Gehirn, ist ein hervorstechendes Merkmal der Affen; sie vergrößerte sich langsam bis zum Auftreten des *Homo habilis* und der anderen *Australopithecinen.* In dieser neuen Struktur fand auch die explosionsartige Vergrößerung des menschlichen Gehirns statt. Uns blieben lediglich 500000 Jahre, um die Verbindungen mit dem zerebralen Erbe des Tieres herzustellen.

Als ob dieses neurophysiologische Problem allein nicht genügte, zeigt MacLean noch ein weiteres auf. Das neue Gehirn spricht eine Sprache, die das alte nicht versteht. Durch die gigantische Ansammlung neuer Zellen wurden Ausdehnungen von Gedächtnis und Planung, symbolische Sprache, abstrakte Begriffsbildung und Selbsterkenntnis möglich. Das Tiergehirn aber versteht diese Sprache nicht. Durch Stimmungen und Emotionen kann sich das alte Gehirn dem neuen zwar bemerkbar machen, aber nur unter größten Schwierigkeiten können wir antworten, denn es entspricht genau dem Problem der Verständigung mit den Tieren. Wir kennen daher zum Beispiel die Ursache eines psychosomatischen Leidens zwar sehr genau, können aber oft nicht das geringste dagegen tun. Wir »handeln wider besseres Wissen«, lassen uns von Gefühlen hinreißen, erklären, daß wir die Selbstbeherrschung verloren hätten.

Dr. Paul MacLean hat das uralte Tier, das immer noch in uns wohnt, sorgfältig freigelegt. Und wie jeder gute Chirurg hat er nicht nur operiert, sondern sucht auch Wege zur Heilung. Tiere können bekanntlich zumindest bis zu einem gewissen Grad gezähmt werden.

Für jene, die die entwicklungsgeschichtlichen Einflüsse auf das menschliche Verhalten immer noch beharrlich leugnen, ist jede Hoffnung dahin. Das Tier in uns, dessen Existenz man leugnet, dessen Wesen man nicht kennt, das man aber dennoch fürchtet und haßt, wird immer ein wildes Tier bleiben. Das Tier jedoch, dessen Existenz wir akzeptieren, dessen Natur uns vertraut ist, zu dem wir in seiner und nicht in unserer Sprache sprechen, könnte ein zahmes Tier werden. Auch Hedigers Löwenbändiger konnte seinen Dompteurakt nur dank genauer Kenntnis der Löwennatur durchführen.

Wir können das Tier in uns ebensowenig leugnen wie den Wolf in den Wäldern des Nordens. Doch der Wolf ist zähmbar, wenn auch nicht hundertprozentig verläßlich. Wer weiß, vielleicht könnte er in ein paar tausend Generationen einer verständnisvollen, freundschaftlichen Beziehung zu einem Hund werden.

Das ist sicherlich eine utopische Hoffnung, und sie bietet dem Menschen von heute und morgen in seiner quälenden Angst nur geringen Trost. Vorläufig bleiben wir die wilde Spezies, wie Huxley sie beschrieben hat. Was wir an Verständnis und Zähmung des Tieres in uns erreichen, ist ein erworbenes Merkmal und kann nicht an unsere Nachkommen weitergegeben werden. Wir müssen mit jeder neuen Generation von vorne anfangen. Wenn wir aber den Wolf leugnen, dann gibt es nicht einmal einen Ansatzpunkt.

4

Wenn wir die Wirkung des neuen entwicklungsgeschichtlichen Denkens in unserem Jahrhundert auf die vielgeliebten Sozialphilosophien prüfen, so scheint ein Punkt besonders bemerkenswert. Im 18. Jahrhundert konnten wir in der Natur keine soziale Ordnung erkennen. Ob wir Rousseaus Ansicht vom Urmenschen teilten, der einsam und friedlich durch die Wälder streifte – oder die älteren Vorstellungen von Hobbes – des urzeitlichen Kampfes aller gegen alle –, immer sahen wir im Individuum die ursprüngliche Realität und in der Gesellschaft eine menschliche Erfindung. Heute steht fest: Die Gesellschaft war und ist für fast alle Lebewesen die natürliche Wiege. Die soziale Ordnung –

mit ihren Vorschriften und Regeln, mit ihren Alphas und Omegas, ihren Territorien und Hierarchien, ihrem Wettstreit und ihrer Xenophobie – ist Teil der Entwicklungsgeschichte. Und das Individuum, wie wir es kennen, ist – wenn ich nicht irre – eine menschliche Erfindung.

Hätten wir schon vor 15 000 Jahren den Menschen als emporgestiegenen Affen bezeichnet? Ich glaube schon, denn eben damals entstanden die großartigen Wandmalereien in den Höhlen von Lascaux. Und obwohl auch der Schimpanse nicht unbegabt ist, wie Desmond Morris nachwies, die Hirsche von Lascaux hat er nicht aufzuweisen. Und dann gab es jene Neandertaler, die auf immer in der grünen Sahara verschwanden, uns jedoch als Erbe den Tod auf Entfernung hinterließen. So wurden Mörder möglich und ein Shakespeare. Daß sonst viel geschehen wäre, kann man nicht behaupten. Der Affe war emporgestiegen – aber noch nicht sehr weit.

In Wahrheit wurde der Mensch erst gestern geboren. Die soziale Ordnung ist in unserer tierischen Vergangenheit verankert, eingeprägt in die Muster unseres tierischen Gehirns. Das Individuum ist das Geschöpf der menschlichen Zukunft, und noch wissen wir nichts Rechtes damit anzufangen. Koestler schreibt:

»Es scheint also, daß die aggressiven, Ich-behauptenden Triebe des menschlichen Individuums für die Gattung weniger gefährlich sind als sein selbstloser, ›Ich-transzendierender‹ Drang, sich an eine höhere Gesellschaftseinheit und an dessen Glaubensstrukturen zu binden. Den meisten Kulturen in der Geschichte ist es im großen und ganzen recht gut gelungen, den jungen Menschen zu lehren, seine Ich-behauptenden aggressiven Tendenzen zu sublimieren. Es ist uns jedoch nicht gelungen, die selbstlosen, Ich-transzendierenden Impulse auf ähnliche Art zu sublimieren. In diesem Fehlschlag liegt der Kern der Tragödie. Die Zahl der Opfer individueller Verbrechen, die aus selbstsüchtigen Motiven in irgendeiner Periode der Geschichte begangen wurden, ist verschwindend klein verglichen mit den Massen, die fröhlich *ad majorem gloriam* geopfert wurden, in blinder Ergebenheit für die einzig wahre Religion, Dynastie oder politische Bewegung.«

Das sind Feststellungen von gerade atemberaubender Häresie, denn hier leugnet Koestler, daß das Böse seine Wurzeln in der Selbstsucht und der Gier des Individuums hat; in den von der sozialen Handlung ausgelösten Eigenschaften dagegen, wie

Selbstaufopferung, Gefolgschaftstreue, Hingabe an ein Ziel, Gemeinsinn, und sofort sieht er jene gefährlichen Kräfte, die zu kontrollieren wir nicht imstande sind. Diese häretische Behauptung muß sehr sorgfältig untersucht werden. Wenn nämlich die sozialen Mechanismen Teil unseres tierischen Erbes sind, dann ist es verständlich, warum wir sie so schwer kontrollieren können. Und wenn das Individuum formbar ist, so deshalb, weil es eine menschliche Erfindung ist. Wenn wir zu ihm in der Sprache der Neocortex sprechen, kann es diese Sprache verstehen.

Denken wir an die große Masse, an den Mob. Was sonst treibt ihn an, wenn nicht die tierische Sprache? Geschrei, Rhythmus, Schlagwörter, Gesten, die dem erhobenen Schwanz nicht unähnlich sind, das brennende Symbol eines Kreuzes, ein Hakenkreuz, eine Strohpuppe auf dem Galgen. Ein Mob überrennt seine Führer, wird zu einem einzigen wilden, glücklichen Etwas, das alle Bedürfnisse befriedigt: Identität, Stimulierung, Nachfolgereaktion, Xenophobie, die uralten Freuden der *Australopithecinen* an der Jagd und am Töten. Ein Etwas, das sich durch fiebernde soziale Selbstbestätigung aller neocorticalen Hemmungen entledigt. Einen Mob subhuman zu nennen, ist falsch; er hört einfach auf zu handeln, wie es Individuen täten.

Einen Ausbruch der Unordnung in ihm zu sehen ist genauso falsch, denn der Mob ist durchaus ein ordentliches menschliches Phänomen: erhebt sich in ihm nur eine Stimme des vernünftigen Widerspruchs, dann geschieht Furchtbares mit diesem Abtrünnigen.

Man kann den Mob zu Recht als ein Monster bezeichnen, denn ob es sein Ziel ist, einen Neger zu lynchen, eine Universität niederzubrennen oder im Namen Christi andere Christen umzubringen – der Kern ist immer das Reptil. Wenn Koestler die sozialen Verbrechen unserer Geschichte aufzeigt, wenn ich mich hier mit der zivilen Gewalttätigkeit unserer Gegenwart und Zukunft befasse, so beschreiben wir im Grunde die gleiche Erscheinung: jene vom Individuum nicht beherrschbaren Ausbrüche, die von unseren tierischen Gehirnpartien gesteuert werden.

Der Mob kann niemals lernen, das Individuum kann es. Dieser post-neocorticale Bewohner unseres Schädels kann die Zukunft abwägen, kann Bündnisse schließen, Kompromisse eingehen, Gewalttätigkeit zügeln, wenn sie letztlich nur ihn selbst zerstört. Mag er auch versucht sein, die Gesellschaft zu sprengen, er wird sich doch fragen, wie er ohne sie leben kann. Der Reptilien-Mob besitzt alle diese Fähigkeiten nicht.

Das Individuum kann und muß mit dem Tier in uns fertig werden. Anthony Storr schreibt: »Obwohl wir entsetzt zurückschrecken, wenn wir die Zeitung aufschlagen oder in den Geschichtsbüchern von den Grausamkeiten lesen, die der Mensch gegen den Menschen begangen hat, wissen wir doch im tiefsten Innern, daß in uns allen die gleichen brutalen Instinkte wohnen, die zu Folter, Mord und Kriegen führen.« Das Individuum mit seiner neuerworbenen post-neocorticalen Selbsterkenntnis kann dies erkennen, begreifen und sich dagegen schützen. Der Reptilien-Mob kann es nicht.

Das Individuum mit seinen post-neocorticalen Begabungen spricht die Sprache der Menschen. Mag es sich der Stimme der Vernunft auch nicht beugen, es kann wenigstens auf sie hören. Ein Wort kann für den einen etwas anderes bedeuten als für den anderen. Immerhin können wir darüber debattieren. Der eine spricht Zulu, der andere schwedisch – sie können einen Dolmetscher zu Rate ziehen. Unser logisches Denkvermögen ist nicht allzu verschieden. Eltern und Kinder – mit Erfahrungswelten, die voneinander so weit entfernt sind wie die Sterne – können sich zusammensetzen und Lösungen finden, wenn sich der Mob nicht dazwischendrängt. Der Mob allerdings spricht keine menschliche Sprache.

Wir unterdrücken das Individuum zu unserem eigenen Schaden. Wir errichten monolithische Staaten als gigantische Imitationen der uralten Jagdbande; unsere Auslese fördert – wie in urzeitlichen Tagen – das Überleben des Mittelmäßigen, aber wir haben nicht genug Zeit, unsere soziale Struktur einer solchen Selektion anzupassen. Nur mit Polizeigewalt kann ein Staat das Individuum zur Konformität zwingen. Wir fördern größere und immer größere Organisationen, die Bedeutung des Individuums schrumpft immer mehr zusammen, die Würde geht verloren, das Selbstvertrauen, mit dem der Mensch einst Pfeil und Bogen ergriffen hatte.

Das Individuum hat unsere Kulturen geschaffen. Nach Millionen Jahren sozialer Einengung konnte das befreite Individuum endlich sein großes Gehirn nutzen. In Ägypten gab es einmal einen Mann namens Imhotep, und er war der erste Baumeister der Welt. Er erbaute die Stufenpyramide von Sakkara, das älteste Steinbauwerk, das wir kennen. Und noch heute, 5000 Jahre später, ragen die Überreste aus dem Sand. Individuen haben uns Pyramiden und Gedichte geschenkt. Philosophien und Rebellionen, das Wissen um Sterne und Atome; Verbrecher und Helden, Tyrannen und Träumer, Jagos und Othellos, die Melancholie eines Proust, die Visionen eines Plato, die Siegeszüge eines Cäsar und den Wahnwitz eines Hitler. Dem Individuum verdanken wir das, was wir Kultur nennen. Aber: was wird in 5000 Jahren von General Motors übrig sein?

Wir werden Kompromisse schließen. Die Gesellschaft muß erkennen, was der Gesellschaftsvertrag diktiert: Das Individuum ist die einzige Chance menschlicher Erfüllung. Wie die Regierung der Diener des Volkes ist, so wird sich die Organisation als Diener des Individuums erkennen, ohne dessen Genie jede Organisation ein Fischnetz im leeren kosmischen Raum bleiben muß. Und wir werden – um jeden Preis – dem Individuum Ellbogenfreiheit verschaffen.

Aber auch das Individuum muß Kompromisse schließen. Es wird auf den Mob verzichten. Und es wird akzeptieren, daß wir ungleich erschaffen wurden.

George Bernard Shaw schreibt in seinem Vorwort zu ›Androklus und der Löwe‹: »Eine Regierung ohne Religion ist unmöglich.« Damit benennt er eine Reihe von Annahmen und Voraussetzungen, die von allen akzeptiert werden; und was für die Regierung gilt, kann ebensogut auf die Gesellschaft angewandt werden. Es gibt keine Tiergesellschaft ohne bestimmte Regeln. Es gibt keinen Wasserbock ohne Territorium, der auf die Gunst einer Geiß hoffen kann. Es gibt keinen afrikanischen Büffel ohne Alpharang, der sich an eine Kuh heranmacht. Es gibt keinen Alpha-Pavian, der sich nicht – wird seine Horde von einem Raubtier bedroht – dem Feind entgegenwirft und sein Leben für die Gruppe riskiert. Es gibt kein Rotkehlchenmännchen, das sich nicht die Flügel wundfliegt, um seine Jungen zu füttern. Es gibt keine Tiergesellschaft ohne Religion, eine Anzahl von allgemein unbestrittenen und befolgten Grundregeln.

Aus unerklärlichen Gründen fehlt uns eine solche Religion. Vielleicht schon seit dem Neandertaler, als wir unsere Leichen mit Ocker bemalten, sehen wir im Tod das Einswerden der Menschen. Voll Hoffnung und Angst haben wir Riten geschaffen, um uns dieser letzten Vereinigung zu erinnern. Ob mit Dämonen, Orakeln oder Priestern, wir erreichten unseren Zusammenschluß durch wachsende Angst, sei es vor Hexen oder Flüchen, sei es vor dem Teufel selbst. Oder, viel später, durch den Glauben an einen persönlichen Gott. Das konnte nicht von Dauer sein. Denn die menschliche Neocortex mit ihrem rationalen Verstand mußte erfahren, daß der persönliche Gott, zu dem ich bete, auch auf andere hört. Seit jeher und innerhalb jedes Glaubensbekenntnisses muß es Abweicher und Außenseiter gegeben haben. Und mit dem Zeitalter der Vernunft, mit der wissenschaftlichen Explosion wurden alle Visionen von Himmel und Hölle, von Göttern und Dämonen zunichte. Weder in Furcht noch im Glauben konnten sie uns mehr vereinen.

Daß unsere Götter immer geographisch, territorial, stammesgebunden und intolerant gewesen sind, ist eines unserer größten Probleme. Malachi Martin analysiert in seinem Buch ›The Encounter‹ mit Brillanz und Scharfsinn die Krisen der großen Religionen, die in ihrer Projektion der Herrschaft als Gottesmerkmal nur ihre eigenen Anhänger befriedigen können. Niemals haben wir eine Religion gekannt, die sich mit der »Religion« der Tiere vergleichen läßt – eine Anzahl von Voraussetzungen und Regeln, die bedingungslos von der ganzen Spezies akzeptiert wird.

Seit dem 18. Jahrhundert suchen wir nach einem neocorticalen, vom Menschen geschaffenen Glauben. Thomas Jeffersons Unabhängigkeitserklärung verkündete, alle Menschen seien gleich erschaffen. Als rebellischer Aufschrei, der die dümmsten und die besten Amerikaner gegen ihre Herren vereinigen sollte, war es ein guter Propagandaslogan. Ob ihn irgend jemand jemals geglaubt hat, weiß ich nicht. Die natürliche angeborene Gleichheit der Menschen wurde allerdings mit der Zeit zu einem allgemeinen Glaubenssatz, einer nahezu universellen Religion. Einen Nachteil hatte sie jedoch. Niemand mit auch nur einem Funken menschlicher Erfahrung konnte eine so irreale Doktrin ernst nehmen – außer einer Masse von Ungleichen und ein paar weltfremden Intellektuellen, die ihren Glauben sehr schnell verlören, hätten sie auch nur einmal die Macht in der Hand.

Trotzdem, wir taten unser Bestes. Der Mensch des 19. Jahrhunderts wurde wohlhabender und verband natürliche Gleichheit mit Materialismus. Wenn wir alle einmal genug verdienen, so hieß es, wird sich die angeborene Gleichheit schon zeigen. Eine Religion, aufgebaut auf der Befriedigung materieller Bedürfnisse, war zwar nicht eben sehr vergeistigt – aber wer konnte, solange praktisch alle Not litten, das Gegenteil beweisen? Mittlerweile wurden die Reichen reicher und damit auch das Los der Armen erträglicher. Wäre dieser Trend nicht in einigen Gesellschaften so erfolgreich gewesen, wir stünden heute nicht vor einer völlig neuen Krise. Der Wohlstand hat die Not verdrängt. Und doch hat sich der Haß vervielfältigt, und die Ungleichheiten machen sich krasser bemerkbar als je zuvor.

Wir sind eine Spezies ohne Religion. Wir sind Mitglieder einer Gesellschaft, die keine gemeinsamen Voraussetzungen kennt. Wir sind Bankrotteure der Philosophie. Ausgeliefert jedem Banditen, der des Weges kommt, jedem Mob, der sich irgendwo zusammenrottet. Schuldgefühle quälen uns. Was haben wir falsch gemacht? Es muß unser Fehler sein. Angstgefühle verhindern jedes klare Denken. Was wird das Morgen bringen? Wir haben die Orientierung verloren, und kein Licht erhellt unseren Weg. Vergängliche Geschöpfe in einem bedrückenden Universum. Je mehr wir wissen, desto mehr werden wir uns unserer Bedeutungslosigkeit bewußt, unserer Hilflosigkeit, unserer Sterblichkeit. Wir wenden uns an die Wissenschaft, den modernen Tempel. Doch die Priester sind sich uneins.

Dennoch ist die Wissenschaft zweifellos der einzige allgemein akzeptierte Tempel. Sie ist für den Großteil der Menschheit das delphische Orakel. Wir beten sie an. Wir deuten ihre Sprüche. Wir erwarten Wunder. Wenn der Mensch auf dem Mond spazierengeht, beugen wir uns in Ehrfurcht. Ob die Priester sich einig sind oder nicht, der *Homo sapiens* kennt nur den einen Tempel; er erwartet auf alles Antworten und erhält sie nicht.

Dieser Tempel ist vorhanden, er wird von der überwiegenden Mehrheit der Menschen anerkannt, er verfügt über eine Autorität, wie sie einst nur die Götter besaßen. Hier ist der Ort, von dem etwas Neues ausgehen könnte. Allerdings kann man vom Wissenschaftler selbst nicht allzuviel erwarten, denn er ist Spezialist. Ist sein Spezialfach das Molekül, dann weiß er nur wenig über die Zelle. Beschäftigt er sich mit Zellforschung, weiß er nur wenig über den Körper. Studiert er den Körper, weiß er deshalb noch nicht viel über die Menschheit. Und wenn sein Fachgebiet die Gesellschaft ist, weiß er vermutlich sehr wenig über die Zelle.

Uns fehlt eine evolutive Philosophie. Zu lange schon ist der Philosoph bei uns ein als Exzentriker betrachteter ungebetener Gast. Das ist wahrscheinlich auch einer der Gründe, warum wir keine Philosophie haben. Unser Wissen wächst, unser Verstehen schwindet. Sicherlich gibt es manche unter uns, die über die Struktur der Doppelhelix Bescheid wissen. Ebenso sicher gibt es nur wenige unter uns, die zu einem evolutiven Verständnis der zweifachen Natur des Menschen gelangt sind. Der Spezialist – ob er nun Autos herstellt oder Enzyme, ob er den Kosmos erforscht oder die Neurosen – hat auf den Philosophen reagiert, wie jeder territoriale Besitzer auf einen Eindringling reagiert.

Ich bin nur ein Beobachter der Wissenschaften und kann nicht für die »Eingeweihten des Heiligtums« sprechen. Trotzdem darf ich die Vermutung äußern, daß in der evolutiven Natur des Menschen eine Union des Sichtbaren und des Unsichtbaren erkennbar ist. Das sichtbare Wesen: der Mensch, der vor dir sitzt, der vielleicht einen Haarschnitt braucht oder vielleicht gestern zuviel getrunken hat; klug, ehrgeizig, schuldbewußt, weil seine Auslastung mit dem Bemühen um das Erreichen seiner beruflichen Ziele dazu beiträgt, daß seine Frau sexuell unbefriedigt ist; erstaunt, daß er seine Sekretärin, die ihn wie ein Pavianweibchen werbend umstreicht, so reizvoll findet; unsicher, ob er seine Ziele erreichen wird, aber fest entschlossen, alles dazu zu tun; eine fortwährende Sehnsucht im Herzen, aufs Land zurückzukehren, wo er seine Kindheit verbracht hat, anstatt in der verpesteten Stadt zu leben. Das ist die Kurzskizze eines Mannes.

Was wir vor uns haben, ist der Phänotypus, ein Lebewesen mit einer genetischen Ausstattung und einer guten oder weniger guten Anpassung an die Umwelt. Er ist kein statisches Geschöpf, er reagiert unausgesetzt.

Der Mensch vor dir, der Phänotypus, das ist die Substanz. Aber dahinter liegt noch ein Schatten, die Vereinigung von Ei und Samen, der Zufall einer Nacht, der genetische Vorschlag, der sich in der Auseinandersetzung mit der Umwelt vielleicht zufällig gut oder schlecht entwickelt. Diese Betrachtungsweise des Genetikers, der Sichtbares und Unsichtbares einbezieht, ist notwendigerweise streng.

Eine Philosophie, die auf den harten Fakten der Wissenschaft basiert, bringt uns den Wahrheiten aller Religionen näher, tierischer wie menschlicher. Wir sehen das Sichtbare, aber wir beziehen das Unsichtbare mit ein, das sich kaum von dem unterscheidet, was man einst als Seele bezeichnete. Durch seine nichtegalitären Konsequenzen trennt uns der Zufall der Nacht voneinander. Und doch vereint er uns auch. Wir bewahren alle Geschichte in uns, doch so planlos, wie wir mit der Zukunft umgehen. Wir werden geboren, wir sterben als verletzliche Individuen, aber wir tragen in uns jene genetische Vereinigung, unseren Anteil an dem großen Genpool der Population. Das Unsichtbare ist unsere Gemeinschaft und die Ewigkeit unserer Interessen. Und obwohl die genetische Ausstattung eine Population von der anderen und eine Rasse von der anderen trennt, müssen wir in der Geschichte unserer Spezies nicht allzu weit zurückgehen, um auf jene Zeit zu stoßen, als alle Populationen und Rassen eins waren.

Das Sichtbare ist dreidimensional; das Unsichtbare vierdimensional. Haß in seiner schlimmsten Form ist Abscheu zwischen Sichtbaren, Liebe in ihrer höchsten Innigkeit Vereinigung von Unsichtbaren. Verachtung sieht nur den Augenblick. Gegenseitiger Respckt ist Anerkennung der Geschichte. Daß wir, du und ich, leben, ist ein Beweis für jene Dimension, die ich das Unsichtbare nenne. Daß wir, du und ich, einem Größenwahn huldigen, mag Anzeichen einer Selektion unter Ungleichen sein, die eben jetzt im Gange ist: zwischen jenen, die die vierdimensionale Natur des Seins akzeptieren und daher überleben, und jenen, die das nicht können und daher letztlich zugrunde gehen werden.

Die evolutive Natur des Menschen ist ein Thema für künftige Philosophen und künftige Theologen. Ein Kodex gemeinsamer Voraussetzungen, gemeinsamer Verpflichtungen, gemeinsamer Sicherheiten kann – auch wenn man die Beschränkungen des *Homo sapiens* berücksichtigt – eines Tages möglich werden. Obwohl die Explosion der Wissenschaften alle bisherigen Glaubensartikel hinweggefegt hat, ist eine von der Wissenschaft unangreifbare Religion immer noch ein Ziel, das wünschenswerter ist denn je.

Nur dürfen wir uns nicht selbst belügen. Das ist ein Gesetz des Tieres, wie es eines des Menschen sein sollte. Bis in alle Ewigkeiten, falls uns die Auslese solche zubilligt, werden wir Streitigkeiten austragen. Wir werden hochfahrend mit dem Gesellschaftsvertrag experimentieren, bis ein biologisches Gebot eingreift. Wir werden uns größenwahnsinnigen Unternehmungen widmen, die der Intellektuelle oder der Pöbel verlangen. Doch zuletzt werden wir uns beugen. Wir werden den evolutiven Vermittlungsvorschlag annehmen – die Philosophie des Möglichen.

Hören wir nur gut genug hin, so klingt in unserem ganzen Leben die Erfahrung der Entwicklungsgeschichte mit: Naturgesetze, die einem Jean-Jacques Rousseau trotz seines forschenden Geistes unbekannt waren, fördern und beschränken das menschliche Abenteuer. Naturgesetze, die heute noch diskutiert und auch bestritten werden, werden eines Tages – wenn sie ausreichend erforscht sind – Zeugnis ablegen für das ewig Unsichtbare; für die schattenhaften Zeiten jenseits unserer Erinnerung, für Definitionen von Erfahrungen, die sich unserem Gedächtnis entzogen haben, der gesammelten Weisheit, die im üppigen Miozän ausgeprägt, in den Entbehrungen des Pliozäns erhärtet und in jenen launenhaften Zeiten des Pleistozäns gesichtet, gesiebt, verworfen wurden oder überdauert haben, bis schließlich der Mensch vorhanden war.

Der Trommelrhythmus, der von den Ufern längst vergessener Seen zu uns herüberklingt, erregt unseren Körper. Der Choral uralter Stimmen, der geheimnisvoll jenseits geologischer Formationen emporsteigt, erfüllt unser soziales Sein. Doch es ist der Trompetenstoß – die klare scharfe Verkündigung der Geburt des Individuums und seines Aufstiegs –, der den Menschen, wie wir ihn kennen, proklamiert. Unsere Herzen schlagen schneller. Das Unsichtbare umhüllt das Sichtbare. Wir spüren es – mehr wissen wir nicht. Hell bläst das Horn zum Tagesanbruch; klagend verkündet es, der Tag ist zu Ende.

Es wird ein trauriger Morgen sein, wenn du und ich aufwachen und es keine Leoparden mehr gibt; wenn in den Bäumen keine Stare mehr zwitschern; wenn die Rotkehlchen nicht mehr ihren herausfordernden Gesang anstimmen; wenn im Himmel keine Lerchen mehr schweben und sich in den Büschen keine sexbesessenen Kaninchen mehr tummeln; wenn die Geier nicht mehr ihre ewigen Kreise ziehen und es in den Möwenkolonien still wird; wenn die Vielfalt der Spezies und die Vielfalt des Menschen verschwunden ist wie der letzte Stern am Morgen. Wenn ein solcher Morgen kommt, dann, lieber Gott, möchte ich im Schlaf sterben.

Und doch ist es der Morgen, dem wir – wissentlich oder unwissentlich – entgegenstreben: du und ich, Kapitalisten und Sozialisten, gelb, weiß oder braun. Es ist der Morgen, den Professoren und Polizisten fordern, den die Philosophie zweier Jahrhunderte gepriesen hat – der Morgen der allgemeinen Konformität, des gemeinsam erlernten bedingten Reflexes, der »tapferen neuen Welt«, der absoluten Ordnung jenseits jeder Diskussion – der Morgen grauer Schatten ohne Unterscheidung, gleichmäßiger Reaktionen auf gleiche Reize, der Morgen, wo ein kleines Glöckchen läutet und alle Schafe auf die Weide gehen. Laßt mich niemals erwachen.

Das ist der Morgen, für den wir in unseren Industriekolossen beten, in unseren Kollektivfarmen, in unseren Kirchenräten und Regierungsinstitutionen, in unseren zwischenstaatlichen Beziehungen, in unseren selbstgerechten Rufen nach einer Weltregierung, in unserem Flehen, daß eines Tages alle gleich sein mögen. Es ist dieser Morgen, gegen den unsere Jugend – wissentlich oder unwissentlich – Protest erhebt. Und ich glaube, daß dieser Morgen – dem Himmel sei gedankt für unseren Ursprung – niemals kommen wird.

Das Leben ist größer als der Mensch und weiser. Die Evolution hat uns geschaffen, die Evolution wird über uns richten. Die natürliche Auslese hat uns herangebildet, und sie wird uns – sollte unser Hochmut überhand nehmen – wieder ausmerzen. Aber dieser düstere graue Morgen braucht niemals zu kommen, denn Gesetze, die größer sind als wir, werden über uns zu Gericht sitzen, werden unsere Spezies zum Aussterben verdammen – oder, und das ist wahrscheinlicher, uns das Gesetz alles Lebenden aufzwingen.

Bibliographie

Adler, Alfred: *Problems of Neurosis.* London 1929.
Adler, Alfred: *What Life Should Mean to You.* London 1932.
Allee, W. C.: *Analytical studies of group behavior in birds;* in ›Wilson Bull.‹, Jg. 1936, Nr. 48, S. 145–151.
Allee, W. C.: *Population problems in protozoa;* in ›Amer. Naturalist‹, Jg. 1941, Nr. 75, S. 473–487.
Allee, W. C.: *Social Life of Animals.* Boston 1958.
Allen, Durward L., and L. D. Mech: *Wolves vs. moose on Isle Royale;* in ›National Geographic‹, Jg. 1963.
Altman, Irvin, and W. Haythorn: *Ecology of isolated groups;* in ›Behavioral Science‹, Jg. 1967, Nr. 12, S. 169–182.
Altmann, S. A. (Hrsg.): *Social Communication Among Primates.* Univ. of Chicago Press 1967.
Altmann, S. A.: *Structure of primate social communication.* In: Altmann, 1967.
Altmann, S. A.: *Field study of the sociobiology of rhesus monkeys;* in ›Ann. N. Y. Acad. Science‹, Jg. 1962, Nr. 102, S. 338–435.
Altus, W. D.: *Birth order and its sequalae;* in ›Science‹, Jg. 1966, Nr. 151, S. 44–49.
Banks, Edwin M.: *Social organization in red jungle fowl hens;* in ›Ecology‹, Jg. 1956, Nr. 37, S. 239–248.
Barghoorn, E. S., and J. W. Schopf: *Micro-organisms 3 billion years old from the Pre-Cambrian of South Africa;* in ›Science‹, Jg. 1966, Nr. 152, S. 758–762.
Barnett, S. A. (Hrsg.): *A Century of Darwin.* London 1958.
Barnett, S. A.: *Social stress;* in ›Viewpoints in Biology‹, Jg. 1964, Nr. 3, S. 170–218.
Bartholomew, G. A., and J. B. Birdsell: *Ecology and the proto-hominids;* in ›Amer. Anthropologist‹, Okt. 1953.
Bartholomew, G. A., and Paul G. Hoel: *Reproductive behavior of the Alaska fur seal;* in ›Jour. Mammalogy‹, Jg. 1953, Nr. 34, S. 417–436.
Beadle, George and Muriel: *Die Sprache des Lebens.* Frankfurt/Milibrium.
Birdsell, J. B.: *Some predictions for the Pleistocene based on equilibrium systems among recent hunter-gatherers.* In: Lee and De Vore, 1968.
Bishop, W. W., and J. D. Clark (Hrsg.): *Background to Evolution in Africa.* Univ. of Chicago Press 1967.
Blanc, Alberto C.: *Some evidence for the ideologies of early man.* In: Washburn, 1961.
Bolwig, Niels: *Study of the behavior of the chacma baboon;* in ›Behavior‹, Jg. 1959, Nr. 14, S. 136–163.
Bourlière, François: *The Natural History of Mammals.* New York 1954.
Boycott, Brian B.: *Learning in the octopus;* in ›Scientific American‹, März 1965.
Bradt, Glenn W.: *Study of beaver colonies in Michigan;* in ›Jour. Mammalogy‹, Jg. 1938, Nr. 19, S. 139–162.
Braestrup, F. W.: *Study of the Arctic fox in Greenland;* in ›Meddelelser Om Gronland‹, Jg. 1941, Nr. 131, S. 1–101.
Braidwood, Robert J.: *The agricultural revolution;* in ›Scientific American‹, Sept. 1960.
Brain, C. K.: *New finds at the Swartkrans Australopithecine site;* in ›Nature‹, Jg. 1970, Nr. 225, S. 1112–1118.
Brant, D. H., and J. L. Kavanau: *Unrewarded exploration and learning complex by wild and domestic mice;* in ›Nature‹, Jg. 1964, Nr. 204, S. 267ff.
Breder, C. M., Jr., and C. W. Coates: *Population stability and sex ration of Lebistes;* in ›Copeia‹, Jg. 1932, S. 147–155.

Brey, J. R.: *Forest growth and glacial chronology;* in ›Nature‹, Jg. 1965, Nr. 205, S. 440–443.
Brothwell, D. R.: *Evidence of early population change in Central and Southern Africa;* in ›Man‹, Juli 1963.
Buckner, Charles H.: *Populations and ecological relationships of shrews in tamarack bogs of Manitoba;* in ›Jour. Mammalogy‹, Jg. 1966, Nr. 47, S. 181–194.
Buechner, H. K.: *Territoriality as a behavioral adaptation to environment in the Uganda kob;* in ›Proc. XVI Int. Cong. Zool.‹, Jg. 1963, Nr. 3, S. 59–62.
Burgers, J. M.: *Curiosity and play;* in ›Science‹, Jg. 1966, Nr. 154, S. 1680f.
Burt, W. H.: *Territorial behavior and populations of some small animals in Southern Michigan;* in ›Misc. Pub. Museum of Zoology‹, Univ. of Michigan, Jg. 1940, Nr. 45, S. 1–58.
Calhoun, J. B.: *Social aspects of population dynamics;* in ›Jour. Mammalogy‹, Jg. 1952, Nr. 33, S. 139–159.
Calhoun, J. B.: *Population density and social pathology;* in ›Scientific American‹, Feb. 1962.
Campbell, Bernard: *Human Evolution.* London 1967.
Carpenter, C. R.: *Naturalistic Behavior of Nonhuman Primates.* Univ. Park, Pennsylvania State Univ. Press 1964.
Carr-Saunders, Sir Alexander: *The Population Problem.* Oxford 1922.
Carrick, Robert: *Ecological significance of territory in the Australian magpie;* in ›Proc. XIII Int. Ornithological Cong.‹, S. 740–753, 1965.
Carrighar, Sally: *War is not in our genes.* I: Montagu, 1968.
Caspari, E. W., and R. E. Marshak: *The rise and fall of Lysenko;* in ›Science‹, Jg. 1965, Nr. 149, S. 275–278.
Cassirer, Ernest: *The Question of Jean-Jacques Rousseau,* introduction by Peter Gay. Bloomington 1963.
Chance, M. R. A.: *Attention structure as the basis of primate rank orders;* in ›Man‹, Dez 1967.
Chipman, R. K., et al.: *Pregnancy failure in laboratory mice after multiple short-term exposure to strange male;* in ›Nature‹, Jg. 1966, Nr. 210, S. 653.
Chitty, Dennis: *Population processes in the vole and their relevance to general theory;* in ›Canadian Jour. Zoology‹, Jg. 1960, Nr. 38, S. 99–113.
Chomsky, Noam: *Aspects of the Theory of Syntax.* Cambridge, Mass. 1965.
Christian, J. J., and D. E. Davis: *Endocrines, behavior and population;* in ›Science‹, Jg. 1964, Nr. 146, S. 1550–1560.
Clulow, F. V., and J. R. Clarke: *Pregnancy block in Microtus agrestis and induced ovulator;* in ›Nature‹, Jg. 1968, Nr. 219, S. 511.
Coleman, James S., et al.: *Equality of Educational Opportunity.* Washington 1966.
Collias, N. E.: *Social life and the individual among vertebrate animals;* in ›Ann. N. Y. Acad. Sci.‹, Jg. 1950, Nr. 51, S. 1074–1092.
Coser, Lewis A.: *Durkheim's conservatism.* In: E. Durkheim, ›Essays on Sociology and Philosophy‹. New York 1964.
Cowles, Raymond B.: *Heat induced sterility and its possible bearing on evolution;* in ›Amer. Naturalist‹, Jg. 1945, Nr. 79, S. 160–175.
Craik, K. J. W.: *White plumage in sea-birds;* in ›Nature‹, Jg. 1944, Nr. 153, S. 288.
Crook, J. H.: *Two closely related weaver bird species;* in ›Behavior‹, Jg. 1963, Nr. 21, S. 177 bis 232.
Crook, J. H.: *The nature and function of territorial aggression.* In: Montagu, 1968.
Crook, J. H., and J. S. Gartlan: *Evolution and primate societies;* in ›Nature‹, Jg. 1966, Nr. 210, S. 1200–1203.
Cullen, Esther: *Adaptations in the kittiwake to cliff-nesting;* in ›Ibis‹, Jg. 1957, Nr. 99, S. 275 bis 302.
Darling, F. F.: *A Herd of Red Deer.* London und New York 1937.
Darling, F. F.: *Social behavior and survival;* in ›Auk‹, Jg. 1952, Nr. 69, S. 183–191.
Darlington, C. D.: *Evolution of Genetic Systems.* London 1939.

Dart, R. A.: *The predatory transition from ape to man;* in ›International Anthropological and Linguistic Review‹, Bd. 1, Nr. 4, 1953.
Darwin, Charles: *Die Entstehung der Arten.* Wien 1963.
Darwin, Charles: *Die Abstammung des Menschen.* New York und London 1874.
Darwin, Charles: *Dokumente zur Begründung der Abstammungslehre vor 100 Jahren.* Stuttgart 1959.
Davis, D. E.: *Physiological analysis of aggressive behavior.* In: Etkin, 1964.
Davis, D. E.: *Territorial rank in starlings;* in ›Animal Behavior‹, Jg. 1959, Nr. 7, S. 214–221.
De Kock, L. L., and A. E. Robinson: *A lemming movement in Jämtland, Sweden, in autumn, 1963;* in ›Jour. Mammalogy‹, Jg. 1966, Nr. 47, S. 490–499.
De Lumley, Henry: *Paleolithic camp at Nice;* in ›Scientific American‹, Mai 1969.
De Vore, Irven (Hrsg.): *Primate Behavior.* New York 1965.
De Vore, Irven, and K. R. L. Hall: *Baboon ecology.* In: De Vore, 1965.
De Vore, Irven, and S. L. Washburn: *Baboon ecology and human evolution.* In: Howell and Bourlière, 1963.
Dickson, D. P., et al.: *Social relationships in a herd of dairy cows;* in ›Behavior‹, Jg. 1967, Nr. 29, S. 195–203.
Dobzhansky, Th.: *Mankind Evolving.* New Haven 1962.
Dobzhansky, Th.: *Species after Darwin.* In: Barnett, 1958.
Dubos, René: *Humanistic biology;* in ›Amer. Scientist‹, Jg. 1965, Nr. 52, S. 4–19.
Durant, Will and Ariel: *Rousseau and Revolution.* New York 1967.
Eibl-Eibesfeldt, Irenäus, and S. Kramer: *Ethology, the comparative study of animal behavior;* in ›Q. Rev. Biol.‹, Jg. 1958, Nr. 33, S. 181–211.
Eibl-Eibesfeldt, Irenäus: *Fighting behavior of animals;* in ›Scientific American‹, Dez. 1961.
Eklund, Carl R.: *The Antarctic skua;* in ›Scientific American‹, Feb. 1964.
Elton, C. S.: *Periodic fluctuations in the numbers of animals;* in ›Jour. Exp. Biol.‹, Jg. 1924, Nr. 2, S. 119–163.
Errington, Paul: *Fluctuation in populations of muskrats;* in ›Amer. Naturalist‹, Jg. 1951, Nr. 85, S. 273–292.
Errington, Paul: *Factors limiting higher vertebrate populations;* in ›Science‹, Jg. 1956, Nr. 124, S. 304–307.
Esser, Aristide H., et al.: *Territoriality of patients on a research ward;* in ›Recent Advances in Biological Psychiatry‹, Jg. 1964, Nr. 7, S. 37–44.
Esser, Aristide H.: *Dominance hierarchy and clinical course of psychiatrically hospitalized boys;* in ›Child Development‹, Jg. 1968, Nr. 39, S. 147–157.
Estes, Richard D.: *Comparative behavior of Grant's and Thomsons's gazelles;* in ›Jour. Mammalogy‹, Jg. 1967, Nr. 48, S. 189–209.
Estes, Richard D.: *Behavior and life history of the wildebeest;* in ›Nature‹, Jg. 1966, Nr. 212, S. 999f.
Etkin, William (Hrsg.): *Social Behavior and Organization Among Vertebrates.* Chicago 1964.
Ewing, L. S.: *Fighting and death from stress in cockroach;* in ›Science‹, Jg. 1967, Nr. 155, S. 1035f.
Fisher, Edna M.: *Habits of the southern sea otter;* in ›Jour. Mammalogy‹, Jg. 1939, Nr. 20, S. 21–36.
Fisher, Ronald A.: *Genetical Theory of Natural Selection.* New York 1958.
Fooden, J.: *Complementary specialization of male and female reproductive structure in bear macaque;* in ›Nature‹, Jg. 1967, Nr. 214, S. 939–941.
Friedan, Betty: *Der Weiblichkeitswahn.* Hamburg 1965.
George, Wilma: *Biologist Philosopher.* New York und London 1964.
Glass, B., and B. Heezen: *Tektites and geomagnetic reversals;* in ›Nature‹, Jg. 1967, Nr. 214, S. 372.

Glass, B., and B. Heezen: *Tektites and geomagnetic reversals;* in ›Scientific American‹, Juli 1967.
Goodall, Jane van Lawick: *Feeding behavior of the wild chimpanzee;* in ›Symp. Zool. Soc. London‹, Jg. 1963, Nr. 10, S. 39–47.
Goodall, Jane van Lawick: *My life among wild chimpanzees;* in ›National Geographic‹, Aug. 1963, Nr. 124, S. 272–308.
Goodall, Jane van Lawick: *New discoveries among wild chimpanzees;* in ›National Geographic‹, Dez. 1965, Nr. 128, S. 802–831.
Gorer, Geoffrey: *Man has no »killer« instinct.* In: Montagu, 1968.
Gottesman, Irving: *Genetic aspects of intelligent behavior.* In: Norman R. Ellis (Hrsg.), ›Handbook of Mental Deficiency‹. New York 1963.
Gudger, E. W.: *Fishes that swim heads to tails in single file;* in ›Copeia‹, Jg. 1944, S. 152ff.
Guhl, A. M., and W. C. Allee: *Measurable effects of social organization in flocks of hens;* in ›Phys. Zool.‹, Jg. 1944, Nr. 17, S. 320–347.
Haldane, J. B. S.: *The Causes of Evolution.* London 1932.
Haldane, J. B. S.: *Quantitative measurements of rates of evolution;* in ›Evolution‹, Jg. 1949, Nr. 3, S. 51–56.
Hall, Edward T.: *The Hidden Dimension.* New York 1966.
Hall, K. R. L.: *Sexual, agonistic, and derived social behavior patterns of wild chacma baboon;* in ›Prof. Zool. Soc. London‹, Jg. 1962, Nr. 139, S. 283–327.
Hall, K. R. L.: *Behavior of patas monkeys;* in ›Folia Primatologica‹, Jg. 1965, Nr. 3, S. 22–49.
Hall, K. R. L.: *Social organization of Old World monkeys and apes;* in ›Symp. Zool. Soc. London‹, Jg. 1965, Nr. 14, S. 265–289.
Hall, K. R. L., and I. de Vore: *Baboon social behavior.* In: De Vore, 1965.
Hall, K. R. L., and J. S. Gartlan: *Ecology and behavior of the vervet monkey;* in ›Proc. Zool. Soc. London‹, Jg. 1965, Nr. 145, S. 37–56.
Hardy, Alister: *The Living Stream.* London 1965.
Harlow, Harry, F.: *Evolution of learning.* In: Roe and Simpson, 1958.
Harlow, Harry F. and Margaret: *A Study of animal affection.* In: Southwick, 1963. Vorher in ›Natural History‹, Jg. 1961, Nr. 70, S. 48–55.
Harlow, Harry F. and Margaret: *Social deprivation in monkeys;* in ›Scientific American‹, Nov. 1962.
Harlow, Harry F. and Margaret: *Affection in primates;* in ›Discovery‹, Jan. 1966.
Harrison, C. G. A., and F. H. Chamalaun: *Behavior of the earth's magnetic field during a reversal;* in ›Nature‹, Jg. 1966, Nr. 212, S. 1193ff.
Hays, J. D.: *Radiolaria in late Tertiary and Quaternary history of Antarctic seas;* in ›Antarctic Res. Series‹, Jg. 1965, Nr. 5, S. 125–184.
Hays, J. D., and N. D. Opdyke: *Antarctic radiolaria, magnetic reversals, and climate change;* in ›Science‹, Jg. 1967, Nr. 158, S. 1001–1011.
Hediger, H.: *Beobachtungen zur Tierpsychologie im Zoo und im Zirkus.* Basel 1961.
Hinde, R. A.: *Biological significance of territories in birds;* in ›Ibis‹, Jg. 1956, Nr. 98, S. 340–369.
Hinkle, L. E., Jr., et al.: *Occupation, education, and coronary heart disease;* in ›Science‹, Jg. 1968, Nr. 161, S. 238–246.
Hirsch, Jerry: *Behavior genetics and individuality understood;* in ›Science‹, Jg. 1963, Nr. 142, S. 1436–1442.
Hogan-Warburg, A. J.: *Social behavior of the ruff;* in ›Ardea‹, Jg. 1966, Nr. 54, S. 111–229.
Howard, Eliot: *Territory in Bird Life.* London 1948.
Howard, W. E., and J. T. Emlen, Jr.: *Intercovey social relations in the valley quail;* in ›Wilson Bull‹, Jg. 1942, Nr. 54, S. 162–170.
Howell, F. Clark: *Early Man.* New York 1965.
Howell, F. Clark: *Remains of Hominidae ... in the lower Omo Basin, Ethiopia;* in Nature‹, Jg. 1969, Nr. 223, S. 1234–1239.

Howell, F. Clark, and F. Bourlière (Hrsg.): *African Ecology and Human Behavior*. Chicago 1963.
Huxley, Julian: *Der Mensch in der modernen Welt*. Nürnberg 1950.
Huxley, Julian: *Evolution: A Modern Synthesis*. London 1942.
Huxley, Julian: *Essays of a Humanist*. New York 1964.
Huxley, Julian: *Ich sehe den künftigen Menschen*. München 1965.
Imanishi, Kinji: *Social behavior in Japanese monkeys*. In: Southwick, 1963.
Itani, Janichiro: *Paternal care in wild Japanese monkeys*. In: Southwick, 1963.
James, W.: *The application of Theory Y at Rotterdam;* in ›Oil and Gas Journal‹, 1970.
Jay, Phillis: *The Indian langur monkey*. In: Southwick, 1963.
Jensen, Arthur H.: *How much can we boost IQ and scholastic achievement?;* in ›Harvard Educational Review‹, Jg. 1969, Nr. 39, S. 1–122.
Jordan, P. A., P. C. Shelton, and D. A. Allen: *Numbers, turnover and social structure of the Isle Royale wolf population;* in ›Amer. Zoology‹, Jg. 1967, Nr. 7, S. 233–252.
Jung, C. G.: *Über die Psychologie des Unbewußten*. Zürich 1943.
Kaufman, John H.: *Social relations of males in a free ranging band of rhesus monkeys*. In: Altmann, 1967.
Kavanau, J. Lee: *Behavior of captive white-footed mouse;* in ›Science‹, Jg. 1967, Nr. 155, S. 1623–1639.
Kawamura, Syunza: *Process of sub-culture propagation among Japanese monkeys*. In: Southwick, 1963.
Keith, Arthur: *A New Theory of Human Evolution*. London 1948.
Kenyatta, Jomo: *Facing Mount Kenya*. London 1938. Mercury Books 1961.
Kern, James A.: *Observations on the habits of the proboscis monkeys;* in ›Zoologica‹, Jg. 1964, Nr. 49, S. 183–192.
King, John, A.: *Social behavior . . . and population dynamics in a black-tailed prairie-dog town;* in ›Contributions from the Laboratory of Vert. Biol., Univ. of Michigan‹, Jg. 1955, Nr. 67, S. 1–123.
Kinzel, Augustus: *Body-buffer zones in violent prisoners;* in ›Amer. Jour. Psychiatry‹, 1970.
Koestler, Arthur: *The predicament of man;* in ›Der Monat‹, 20. Jg. 1968, Nr. 241, S. 34.
Koford, Carl B.: *Rank of mothers and sons in bands of rhesus monkeys;* in ›Science‹, Jg. 1963, Nr. 141, S. 356f.
Korn, N., and F. Thompson (Hrsg.): *Human Evolution*. New York 1967.
Kortlandt, A.: *Aspects and Prospects of the Concept of Instinct*. Leyden 1955.
Kortlandt, A., and M. Kooij: *Protohominid behavior in primates;* in ›Symp. Zool. Soc. London‹, Jg. 1963, Nr. 10, S. 61–88.
Krebs, C. J., and K. T. Delong: *A microtus population with supplemental food;* in ›Jour. Mammalogy‹, Jg. 1965, Nr. 46, S. 566–573.
Kruuk, Hans: *Clan system and feeding habits of spotted hyenas;* in ›Nature‹, Jg. 1966, Nr. 209, S. 1257f.
Kruuk, Hans: *Hyenas, the hunters nobody knows;* in ›National Geographic‹, Juli 1968, Nr. 134, S. 44–57.
Kuhme, Wolfdietrich: *Communal food distribution and division of labor in Africa hunting dogs;* in ›Nature‹, Jg. 1965, Nr. 205, S. 443f.
Kummer, H., and F. Kurt: *Social units of a free-living population of hamadryas baboons;* in ›Folia Primatologica‹, Jg. 1963, Nr. 1, S. 4–19.
Kuriloff, A. H.: *Experiment in management;* in ›Personnel‹, Nov.–Dez. 1963.
Kuriloff, A. H.: *Reality in Management*. New York 1966.
Lack, David: *The Life of the Robin*. London 1953.
Lack, David: *Natural Regulation of Animal Numbers*. Oxford 1954.
Lack, David: *Significance of clutch-size in swift and grouse. (With Wynne-Edward's reply);* in ›Nature‹, Jg. 1964, Nr. 203, S. 98f.

Lack, David, et al.: *Survival in relation to brood size in tits;* in ›Proc. Zool. Soc. London‹, Jg. 1957, Nr. 128, S. 313–326.
Lancaster, Jane B., and R. B. Lee: *Annual reproductive cycles in monkeys and apes.* In: De Vore, 1965.
Laughlin, William S.: *Hunting: an integrating biobehavior system and its evolutionary significance.* In: Lee and De Vore, 1968.
Laws, R. M., and I. S. C. Parker: *Recent studies of elephant populations in East Africa;* in ›Symp. Zool. Soc. London‹, Jg. 1968, Nr. 21, S. 319–359.
Leakey, L. S. B.: *A new Lower Pliocene fossil primate from Kenya;* in ›Ann. & Magazine Nat. Hist.‹, Ser. XIII, Jg. 1961, Nr. 4, S. 689–696.
Leakey, L. S. B.: *Olduvai Gorge 1951–1961.* Cambridge 1965.
Leakey, L. S. B.: *Notes on the mammalian faunas of East Africa.* In: Bishop and Clark, 1967.
Leakey, L. S. B.: *Bone-smashing by Late Miocene hominid;* in ›Nature‹, Jg. 1968, Nr. 218, S. 528ff.
Leakey, L. S. B., P. V. Tobias, and J. R. Napier: *A new species of genus Homo from Olduvai Gorge;* in ›Nature‹, Jg. 1964, Nr. 202, S. 7ff.
Leakey, L. S. B. and Mary: *Recent discoveries in Tanganyika;* in ›Nature‹, Jg. 1964, Nr. 202, S. 5ff.
Leakey, Mary: *Review of the Olduwan culture form Olduvai Gorge;* in ›Nature‹, Jg. 1966, Nr. 210, S. 462–466.
Lee, Richard B.: *What hunters do for a living.* In: Lee and De Vore, 1968.
Lee, Richard B., and Irven de Vore (Hrsg.): *Man the Hunter.* Chicago 1968.
Le Gros Clark, Wilfred: *Man-Apes of Ape-Man?* New York 1967.
Lenneberg, Erich: *Biological Foundations of Language.* New York 1967.
Lévi-Strauss, Claude: *Social and psychological aspects of chieftainship in a primitive tribe;* in ›Comparative Political Systems‹, New York 1967.
Leyhausen, Paul: *The sane community and density problem;* in ›Discovery‹, Sept. 1965.
Leyhausen, Paul: *Communal Organization of solitary animals;* in ›Symp. Zool. Soc. London‹, Jg. 1965, Nr. 14, S. 249–263.
Lindley, Mary: *Keep off the gras;* in ›Nature‹, Jg. 1967, Nr. 216, S. 1166f.
Livingstone, Frank B.: *On the non-existence of human races.* In: Korn and Thompson, 1967.
Lorenz, Konrad: *The companion in the bird's world;* in ›Auk‹, Jg. 1937, Nr. 54, S. 245–273.
Lorenz, Konrad: *Er redete mit dem Vieh, den Vögeln und den Fischen.* Wien 1965.
Lorenz, Konrad: *Das sogenannte Böse. Zur Naturgeschichte der Aggression.* Wien 1963.
Loveridge, Arthur: *Cannibalism in the common coral snake;* in ›Copeia‹, Jg. 1944, S. 254.
Malthus, Thomas: *Essay on the Principles of Population.* London 1798.
Marais, Eugène: *Baboons, hypnosis, and insanity;* in ›Psyche‹, Jg. 1926, Nr. 7, S. 104–110.
Marais, Eugène: *The Soul of the Ape.* New York 1969.
Martin, Malachi: *The Encounter.* New York 1969.
Maslow, A. H.: *Motivation and Personality.* New York 1954.
Maslow, A. H.: *Synergy in the society and in the individual;* in ›Jour. Individ. Psych.‹, Jg. 1964, Nr. 20, S. 153–164.
Mason, William A.: *Effects of environmental restriction on the social development of rhesus monkeys.* In: Southwick, 1963.
Mast, S. O., and L. C. Pusch: *Modification of response in the amoeba;* in ›Biol. Bull‹, Jg. 1924, Nr. 46, S. 55–59.
Masters, Roger D.: *The Political Philosophy of Rousseau.* Princeton 1968.
Masure, R. H., and W. C. Allee: *Social order in the ... chicken and pigeon;* in ›Auk‹, Jg. 1934, Nr. 51, S. 306–327.
Mather, Kenneth: *Human Diversity.* London 1964.
Mather, Kenneth: *Variation and selection of polygenic characters;* in ›Jour. Genetics‹, Jg. 1941, Nr. 41, S. 159–193.

Matthews, G. V. T.: *Orientation of untrained pigeons;* in ›Jour. Exp. Biol.‹, Jg. 1953, Nr. 30, S. 268–276.
Mayr, Ernst: *Animal Species and Evolution.* Cambridge, Mass. 1963.
Mayr, Ernst: *Behavior and systematics.* In: Roe and Simpson, 1958.
Mayr, Ernst: *Speciation phenomenon in birds;* in ›Amer. Naturalist‹, Jg. 1940, Nr. 74, S. 249 bis 278.
Moe, Henry Allen: *On the need for an aristocracy.* Washington, D. C. 1965.
Moffat, C. B.: *Spring rivalry of birds;* in ›Irish Naturalist‹, Jg. 1903, Nr. 12, S. 152–166.
Montagu, M. F. Ashley: *Man and Aggression.* Nw York 1968.
Morris, Desmond: *Biologie der Kunst.* Düsseldorf 1963.
Morris, Desmond: *Der Menschen-Zoo.* München, Zürich 1969.
Morris, Desmond: *Homosexuality in the ten-spined-stickleback;* in ›Behaviour‹, Jg. 1952, Nr. 4, S. 233–261.
Murphy, Robert F.: *Social distance and the veil;* in ›Amer. Anthropologist‹, Jg. 1964, Nr. 66, S. 1257–1274.
Myers, K.: *Morphological changes in the adrenal glands of wild rabbits;* in ›Nature‹, Jg. 1967, Nr. 213, S. 147–150.
Mykytowycz, R.: *Territoriality in rabbit populations;* in ›Australian Nat. Hist.‹, Jg. 1964, Nr. 14, S. 326–329.
McBride, Glen: *The conflict of overcrowding;* in ›Discovery‹, Apr. 1966.
McGregor, Douglas: *The Human Side of Enterprise.* New York 1960.
MacLean, Paul D.: *Psychosomatic disease and the »Visceral Brain«;* in ›Psychosomatic Medicine‹, Jg. 1949, Nr. 11, S. 338–353.
MacLean, Paul D.: *Man and his animal brains;* in ›Modern Medicine‹, 3. Feb. 1964.
MacLean, Paul D.: *Alternative neutral pathways to violence.* In: Ng, 1968.
MacLulich, D. A.: *The varying hare;* in ›Univ. Toronto Biol. Series‹, Jg. 1937, Nr. 43, S. 1–136.
McMahon, B. E., et al.: *Kiaman magnetic interval in Western U.S.;* in ›Science‹, Jg. 1967, Nr. 155, S. 1012f.
Napier, John: *The antiquity of human walking;* in ›Scientific American‹, Apr. 1967.
Napier, John: *Five steps to man;* in ›Discovery‹, Juni 1964.
Nice, M. M., and J. Ter Polkwyk: *Enemy recognition by the song sparrow;* in ›Auk‹, Jg. 1941, Nr. 58, S. 195–214.
Noble, G. K.: *Sexual selection among fishes;* in ›Biol. Reviews‹, Jg. 1938, Nr. 13, S. 133–158.
Oakley, K. P.: *Man the Tool-maker.* London 1949.
Oakley, K. P.: *Frameworks for Dating Fossil Man.* Chicago 1968.
Oakley, K. P.: *Of man's use of fire ... tool-making.* In: Washburn, 1962.
Oliver, Roland: *History of East Africa.* Oxford 1963.
Palmgren, Pontus: *Short-term fluctuations of numbers in northern birds and mammals;* in ›Oikos‹, Jg. 1949, Nr. 1, S. 114–121.
Perrins, C. M.: *Population fluctuations and clutch-size in great tits;* in ›Jour. Anim. Ecol.‹, Jg. 1965, Nr. 34, S. 601.
Petter, J.-J.: *L'Ecologie et l'Ethologie des Lémuriens Malgaches;* in ›Mémoires du Musée National d'Histoire Naturelle‹, Tome XXVII, Fascicule 1, 1962.
Phillips, W. W. A.: *Observations of nesting of the Ceylon black-backed pied shrike;* in ›Ibis 4 (Reihe 14)‹, Jg. 1940, S. 450–454.
Pilbeam, David: *Gigantopithecus and the origins of Hominidae;* in ›Nature‹, Jg. 1970, Nr. 225, S. 516ff.
Pittendrigh, Colin S.: *Adaptation, natural selection, and behavior.* In: Roe and Simpson, 1958.
Posnansky, M.: *Bantu genesis;* in ›Uganda Journal‹, Jg. 1961, Nr. 25, S. 86–93.
Read, Carveth: *The Origin of Man.* Cambridge 1925.
Rensch, Bernard: *Increase of learning capability with increase of brain size;* in ›Amer. Naturalist‹, Jg. 1956, Nr. 90, S. 81–95.

Reynolds, V.: *Open groups in hominid evolution;* in ›Man‹, Jg. 1966, Nr. 1, S. 441–452.
Reynolds, V.: *Behavior and social organization of forest chimpanzees;* in ›Folia Primatologica‹, Jg. 1963, Nr. 1, S. 95–102.
Ripley, Suzanne: *Pattern of socialization in Ceylon langurs;* in ›Amer. Anthropological Soc. Symp.‹, 23. Nov. 1963.
Ripley, Suzanne: *Intergroup encounters among Ceylon gray langurs.* In: Altmann, 1967.
Roe, Anne, and G. G. Simpson (Hrsg.): *Behavior and Evolution.* New Haven 1958.
Roeder, K. D.: *Sexual behavior of the praying mantis;* in ›Biol. Bull‹, Jg. 1935, Nr. 69, S. 203–220.
Roeder, K. D.: *Control of tonus and locomotor activity in the praying mantis;* in ›Jour. Exp. Zool.‹, Jg. 1937, Nr. 76, S. 353–374.
Romer, Alfred S.: *Major steps in vertebrate evolution;* in ›Science‹, Jg. 1967, Nr. 158, S. 1629 bis 1637.
Rousseau, Jean-Jacques: *Der Gesellschaftsvertrag.* Zürich 1946.
Rousseau, Jean-Jacques: *First and Second Discourses,* hrsg. Roger D. Masters. New York 1964.
Rousseau, Jean-Jacques: *Emile oder Über die Erziehung.* Paderborn 1962.
Rousseau, Jean-Jacques: *Die Bekenntnisse.* Frankfurt am Main 1961.
Russell, Claire: *Violence, Monkeys and Men.* London 1968.
Sackett, Gene P.: *Monkeys reared in isolation with pictures as visual input: evidence for IRM;* in ›Science‹, Jg. 1966, Nr. 154, S. 1468–1473.
Sahlins, Marshall D.: *The origins of society;* in ›Scientific American‹, Sept 1960.
Schaller, George B.: *The Mountain Gorilla.* Chicago 1963.
Schaller, George B.: *The Deer and the Tiger.* Chicago 1967.
Schaller, George B.: *Life with the king of the beasts;* in ›National Geographic‹, Jg. 1969, Nr. 135, S. 494–519.
Schaller, George B., and Gordon R. Lowther: *The relevance of carnivore behavior to the study of early hominids;* in ›Southwestern Jour. Anthropology‹, Jg. 1969, Nr. 25, S. 307–341.
Schenkel, R.: *Ausdrucksstudien an Wölfen;* in ›Behavior‹, Jg. 1947, Nr. 1, S. 81–129.
Scott, John W.: *Mating behavior of the sage grouse;* in ›Auk‹, Jg. 1942, Nr. 59, S. 477–498.
Sebeok, Thomas A.: *Animal communication;* in ›Science‹, Jg. 1965, Nr. 147, S. 1006–1014.
Shaw, Bernard: *Androclus und der Löwe.* Ebenhausen 1969.
Silberbauer, G.: *Bushman Survey, 1st and 2nd report.* Mafeking 1960/61.
Simons, Elwyn L.: *The early relatives of Man;* in ›Scientific American‹, Juli 1964.
Simons, Elwyn L.: *Late Miocene Hominid from Fort Ternan, Kenya;* in ›Nature‹, Jg. 1969, Nr. 221, S. 448–451.
Simons, Elwyn L., and P. C. Ettel: *Gigantopithecus;* in ›Scientific American‹, Jan. 1970.
Simpson, G. G.: *Behavior and evolution.* In: Roe and Simpson, 1958.
Simpson, G. G.: *The Meaning of Evolution.* New Haven 1951.
Skinner, B. F.: *The phylogeny and ontogeny of behavior;* in ›Science‹, Jg. 1966, Nr. 153, S. 1205 bis 1213.
Skinner, B. F.: *Science and Human Behavior.* New York 1953.
Solomon, M. E.: *Natural control of animal numbers;* in ›Jour. Anim. Ecol.‹, Jg. 1949, Nr. 18, S. 1–35.
Sommer, Robert: *Studies in personal space;* in ›Sociometry‹, Jg. 1959, Nr. 22, S. 247–260.
Southwick, C. H. (Hrsg.): *Primate Social Behavior.* New York 1963.
Southwick, C. H.: *Patterns of intergroup social behavior in primates;* in ›Ann. N. Y. Acad. Sci.‹, Jg. 1962, Nr. 102, S. 436–454.
Southwick, C. H.: *Experimental study of intragroup agonistic behavior in rhesus monkey;* in ›Behavior‹, Jg. 1967, Nr. 28, S. 182–209.
Steward, Julian H.: *Scientific responsibility in modern life;* in ›Science‹, Jg. 1968, Nr. 159, S. 147f.

Storr, Anthony: *Human Aggression*. New York 1968.
Struhsaker, Thomas T.: *Social structure among vervet monkeys;* in ›Behavior‹, Jg. 1967, Nr. 29, S. 83–120.
Struhsaker, Thomas T.: *Behavior of vervet monkeys and other Cercopithecines;* in ›Science‹, Jg. 1967, Nr. 156, S. 1197–1203.
Sugiyama, Yukimaru: *Social organization of Hanuman langurs*. In: Altmann, 1967.
Suttles, Gerald B.: *The Social Order of the Slum*. Chicago 1968.
Tattersall, Ian: *Ecology of north Indian Ramapithecus;* in ›Nature‹, Jg. 1969, Nr. 221, S. 451 f.
Tax, Sol (Hrsg.): *Horizons of Anthropology*. London 1964.
Thoday, J. M.: *Components of fitness;* in ›Symp. Soc. Exp. Biology‹, Jg. 1953, Nr. 7, S. 96–113.
Thoma, A.: *L'Occipital de l'Homme Mindélien de Vérteszöllös;* in ›L'Anthropologies (Paris)‹, Jg. 1966, Nr. 70, S. 495–534.
Thomas, J. W., et al.: *Social behavior in a white-tailed deer herd containing hypogonadal males;* in ›Jour. Mammalogy‹, Jg. 1965, Nr. 46, S. 314–327.
Thorpe, W. H.: *Learning and Instinct in Animals*. London 1962.
Tiger, Lionel: *Men in Groups*. New York 1969.
Tinbergen, N.: *Die Welt der Silbermöwe*. Göttingen/Berlin/Frankfurt 1958.
Tinbergen, N.: *Instinktlehre*. Berlin/Hamburg 1952.
Tinbergen, N.: *Tiere untereinander*. Berlin/Hamburg 1955.
Tixier, J.: *Ensembles industriels ... dans l'Afrique du Nord-Ouest*. In: Bishop and Clark, 1967.
Tobias, P. V.: *Cranial capacity in anthropoid apes, australopithecus, and Homo habilis;* in ›South-African Jour. Sci.‹, Jg. 1968, Nr. 64, S. 81–91.
Turnbull, Colin M.: *The importance of flux in two hunting societies*. In: Lee and De Vore, 1968.
Uffen, Robert J.: *Influence of earth's core on origin and evolution of life;* in ›Nature‹, Jg. 1963, Nr. 198, S. 143 f.
Vallois, Henri: *Evidence of skeletons*. In: Washburn, 1962.
Waddington, C. H.: *Theories of evolution*. In: Barnett, 1958.
Waddington, C. J.: *Paleomagnetic field reversals and cosmic radiation;* in ›Science‹, Jg. 1967, Nr. 158, S. 913 ff.
Wallace, Alfred R.: *Origin of human races and the antiquity of man ...*; in ›Jour. Anthropological Soc.‹, London 1864: CLVIII.
Washburn, S. L. (Hrsg.): *Social Life of Early Man*. London 1962.
Washburn, S. L., and Virginia Avis: *Evolution of Human Behavior*. In: Roe and Simpson, 1958.
Washburn, S. L., and Irven de Vore: *Social Life of Baboons;* in ›Scientific American‹, Juni 1961.
Washburn, S. L., and D. Hamburg: *Implications of primate research*. In: De Vore, 1965.
Washburn, S. L., and C. S. Lancaster: *The evolution of hunting*. In: Korn and Thompson, 1967.
Watson, Adam: *Population control by territorial behavior in red grouse;* in ›Nature‹, Jg. 1967, Nr. 215, S. 1274 f.
Watson, James D.: *The Double Helix*. New York 1968.
Wecker, Stanley C.: *Habitat selection;* in ›Scientific American‹, Okt. 1964.
White, Theodore H.: *Caesar at the Rubicon*. New York 1968.
Whyte, L. L.: *Internal Factors in Evolution*. London 1965.
Whyte, William H.: *The Organization Man*. New York 1956.
Wickler, Wolfgang: *Mimicry in Plants and Animals*. London 1968.
Wiesenfeld, S. L.: *Sickle cell trait in human biological and cultural evolution;* in ›Science‹, Jg. 1967, Nr. 157, S. 1134–1140.
Wilson, E. O.: *Competitive and aggressive behavior*. Smithsonian symposium, Mai 1969.
Wilson, E. O., et al.: *The first mesozoic ant.;* in ›Science‹, Jg. 1967, Nr. 157, S. 1038 ff.

Woodburn, James: *An introduction to Hazda ecology*. In: Lee and De Vore, 1968.
Wright, Sewall: *Evolution in Mendelian populations;* in ›Genetics‹, Jg. 1931, Nr. 16, S. 97–159.
Wright, Sewall: *Modes of selection;* in ›Amer. Naturalist‹, Jg. 1956, Nr. 90, S. 5–24.
Wynne-Edwards, V. C.: *Animal Dispersion in Relation to Social Behavior*. London 1962.
Wynne-Edwards, V. C.: *Population control in animals;* in ›Scientific American‹, Aug. 1964.
Zigler, Edward: *Familial mental retardation: a continuing dilemma;* in ›Science‹, Jg. 1967, Nr. 155, S. 292–298.

Register